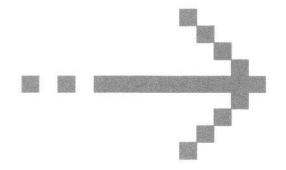

comunicação de dados

## o autor

**Juergen Rochol** é bacharel em física (1966) e mestre em física aplicada (1972) pelo Instituto de Física da UFRGS e doutor em ciência da computação (2001) pelo Instituto de Informática da UFRGS. Estagiou em Marburg (1963) e Karlsruhe, Alemanha (1982). Atuou no desenvolvimento de diversos equipamentos de comunicação de dados para empresas como Digitel, Parks e STI. Pesquisador do curso de pós-graduação em ciência da computação da UFRGS desde 1976, é também professor convidado do Grupo de Redes de Computadores do Instituto de Informática da UFRGS, trabalhando com redes de banda larga, comunicações ópticas e sistemas sem fio.

R681c  Rochol, Juergen.
    Comunicação de dados / Juergen Rochol. – Porto Alegre : Bookman, 2012.
    xxvii, 366 p. : il. ; 23 cm.

    ISBN 978-85-407-0037-6

    1. Ciência da computação. 2. Comunicação de dados. I. Título.

    CDU 004

Catalogação na publicação: Ana Paula M. Magnus – CRB 10/2052

juergen rochol

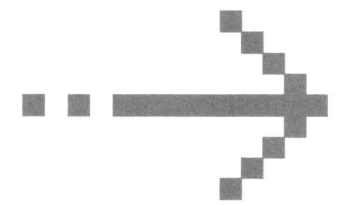

# comunicação
# de dados

bookman

2012

Copyright © 2012, Artmed Editora S.A.

Capa e projeto gráfico interno: *Tatiana Sperhacke*

Imagem de capa: © *iStockphoto.com/3dts*

Leitura final: *Susana de Azeredo Gonçalves*

Assistente editorial: *Viviane Borba Barbosa*

Gerente editorial – CESA: *Arysinha Jacques Affonso*

Editoração eletrônica: *Techbooks*

Reservados todos os direitos de publicação, em língua portuguesa, à
ARTMED® EDITORA S.A.
(BOOKMAN® COMPANHIA EDITORA é uma divisão da ARTMED® EDITORA S. A.)
Av. Jerônimo de Ornelas, 670 – Santana
90040-340 – Porto Alegre – RS
Fone: (51) 3027-7000   Fax: (51) 3027-7070

É proibida a duplicação ou reprodução deste volume, no todo ou em parte, sob quaisquer formas ou por quaisquer meios (eletrônico, mecânico, gravação, fotocópia, distribuição na Web e outros), sem permissão expressa da Editora.

Unidade São Paulo
Av. Embaixador Macedo Soares, 10.735 – Pavilhão 5 – Cond. Espace Center
Vila Anastácio – 05095-035 – São Paulo – SP
Fone: (11) 3665-1100   Fax: (11) 3667-1333

SAC 0800 703-3444

IMPRESSO NO BRASIL
*PRINTED IN BRAZIL*

Dedico a:

Gabriel
Manuela e
Antônio

# epígrafe

"Sim, naturalmente vãos foram todos os homens que ignoraram a DEUS e que, partindo dos bens visíveis, não foram capazes de conhecer AQUELE que é, nem, considerando as obras, de conhecer o ARTÍFICE."

(Sabedoria: 13, 1)

## apresentação

A série *Livros Didáticos* do Instituto de Informática da Universidade Federal do Rio Grande do Sul tem como objetivo a publicação de material didático para disciplinas ministradas em cursos de graduação em computação, ou seja, para os cursos de bacharelado em ciência da computação, de bacharelado em sistemas de informação, de engenharia de computação e de licenciatura em computação. A série é desenvolvida tendo em vista as Diretrizes Curriculares Nacionais do MEC e é resultante da experiência dos professores do Instituto de Informática e dos colaboradores externos no ensino e na pesquisa.

Os primeiros títulos, *Fundamentos da matemática intervalar* e *Programando em Pascal XSC* (esgotados), foram publicados em 1997 no âmbito do Projeto Aritmética Intervalar Paralela (ArInPar), financiados pelo ProTeM – CC CNPq/Fase II. Essas primeiras experiências serviram de base para os volumes subsequentes, os quais se caracterizam como livros-texto para disciplinas dos cursos de computação.

Em seus títulos mais recentes, a série *Livros Didáticos* tem contado com a colaboração de professores externos que, em parceria com professores do Instituto, estão desenvolvendo livros de alta qualidade e valor didático. Hoje a série está aberta a qualquer autor de reconhecida capacidade.

O sucesso da experiência com esses livros, aliado à responsabilidade que cabe ao Instituto na formação de professores e pesquisadores em computação, conduziu à ampliação da abrangência e à institucionalização da série.

Em 2008, um importante passo foi dado para a consolidação e ampliação de todo o trabalho: a publicação dos livros pelo Grupo A, por meio do selo Bookman. Hoje são 22 títulos publicados – a lista, incluindo os próximos lançamentos, encontra-se nas orelhas desta obra –, ampliando a oferta aos leitores da série. Sempre com a preocupação em manter o nível compatível com a elevada qualidade do ensino e da pesquisa desenvolvidos no âmbito do Instituto de Informática da UFRGS e no Brasil.

*Prof. Paulo Blauth Menezes*
*Comissão Editorial da Série Livros Didáticos*
*Instituto de Informática da UFRGS*

# prefácio

O início da digitalização das telecomunicações situa-se na década de 1940 do século passado, na mesma década em que Shannon publicou seu trabalho basilar intitulado: *The mathematical theory of communication* (Shannon, 1948), considerado um marco na área das comunicações, pois estabelece as bases matemáticas das comunicações digitais, além dos fundamentos teóricos da teoria de informação.

Na década de 1970, observa-se a disseminação frenética das infraestruturas de computação, seja pelos sistemas de pequeno porte como os PCs (*Personal Computers*) conectados em redes locais ou LANs (*Local Aerea Networks*), seja pela interconexão destas LANs com os sistemas de grande porte, em distâncias longas, dando origem à internet. A partir da década de 1990, a internet torna-se a rede global de informação, um ente simbiótico formado a partir da moderna tecnologia de informação (TI) com os mais recentes avanços tecnológicos das telecomunicações, o que dá origem a um novo conceito de computação, conhecido como computação ubíqua (qualquer informação, de qualquer lugar, a qualquer hora).

Para disciplinar e padronizar a interconexão entre os sistemas de computação e de comunicação, surge em 1975 no âmbito da ISO (*International Standard Organization*), o Modelo de Referência para a Interconexão de Sistemas Abertos, genericamente denominado de RM-OSI (*Reference Model for Open System Interconnection*).

Este livro aborda os principais aspectos associados ao "nível um" do RM-OSI, também conhecido como o nível físico, que trata das funcionalidades como a codificação da informação, a sua associação a símbolos elétricos e, finalmente, a transmissão desses símbolos através de um canal físico. O livro adota uma estrutura que cobre todos os aspectos referentes às funcionalidades do "nível um" e que genericamente definem o que chamamos de um sistema de comunicação de informação.

O texto é didático e serve de subsídio para estudantes dos cursos de engenharia da computação, engenharia de telecomunicações e ciência da computação, num curso de graduação de um semestre, de quatro a seis horas de aula por semana de uma disciplina de comunicação de dados. A estratégia adotada neste livro é a de apresentar inicialmente a fundamentação teórica dos tópicos enfocados e a seguir mostrar com exemplos práticos como estes conceitos são aplicados na prática.

O capítulo 1 revisa os principais conceitos da teoria de informação, como fonte de informação, codificação de fonte e valor médio de informação associado a um símbolo (entropia) de um alfabeto. A seguir é introduzido o conceito de canal binário e como o canal pode ser modelado. O capítulo é concluído com o problema da capacidade máxima de um canal, estabelecido por Shannon com uma relação em que é utilizado como referencial na avaliação de desempenho de um canal físico real.

No capítulo 2 é feita uma breve revisão do RM-OSI, com o foco principal no nível um, que engloba as funções de transmissão e recepção do canal, os diferentes meios físicos e as técnicas de codificação de canal utilizadas para obter um fluxo de dados robusto em relação a ruído e interferências do canal. O final do capítulo apresenta o modelo de sistema de comunicação de dados sugerido por Shannon, que foi adaptado ao RM-OSI e servirá de base para a análise dos diferentes aspectos de um sistema de comunicação de dados nos capítulos subsequentes. Desta forma, observa-se que o *"nível um"* do RM-OSI engloba todos os aspectos de engenharia de telecomunicações aplicados na interconexão de sistemas de arquitetura aberta (OSI).

No capítulo 3 são apresentados os conceitos básicos referentes à representação elétrica de informação e a análise desses símbolos elétricos utilizando-se as técnicas de Fourier. A partir da representação de sinais periódicos no tempo de uma série de Fourier infinita, é abordado o conceito de espectro de um sinal no domínio frequência. Mostra-se que a extensão desta análise para pulsos permite a obtenção do espectro de frequência desses pulsos através da transformada de fourier. Neste capítulo também vemos como é possível obter o conteúdo espectral de um sinal com o processamento digital de sinais pela técnica da transformada discreta de Fourier ou DFT (*Discrete Fourier Transform*). Por fim, é apresentado o algoritmo da transformada rápida de Fourier, ou FFT (*Fast Fourier Transform*), que simplifica o processamento para obtenção da transformada discreta de Fourier (DFT) e se mostra a sua aplicação em comunicação de dados.

O capítulo 4 faz um estudo dos principais meios físicos utilizados em comunicação de dados como: o par de fios, o cabo coaxial e a fibra óptica. O meio físico pode ser modelado através de um circuito baseado em parâmetros elétricos distribuídos, chamados de parâmetros primários, que correspondem a uma unidade de comprimento específica deste meio. É abordado também o conceito de banda de passagem de um meio e a partir deste conceito pode-se caracterizar também um meio físico pela sua característica de amplitude e fase, também conhecidas como parâmetros secundários do meio. Ao final do capítulo temos um rápido estudo dos fundamentos da física óptica para melhor entendimento do mecanismo de condução de um feixe de luz infravermelho através de uma fibra óptica. O estudo inclui os diversos tipos de fibras utilizadas atualmente e os diferentes fatores que degradam o desempenho destas fibras em sistemas reais. O capítulo termina com a apresentação de alguns tipos de fibra que foram padronizadas pelo ITU (*International Telecommunication Union*).

O capítulo 5 faz uma análise detalhada do canal de transmissão. São abordados aspectos como a sua capacidade máxima, as condições de não distorção e a equalização do canal.

É caracterizado o canal de transmissão banda base e são detalhados os diferentes códigos de linha utilizados na sua realização. Ênfase especial é dada aos aspectos de distorção do canal como o ruído e a interferência entre símbolos e vemos como o padrão olho pode ser utilizado na avaliação de desempenho de um canal.

O capítulo 6 aborda as diferentes técnicas de modulação que podem ser aplicadas a uma portadora, ou um conjunto de portadoras. Inicialmente são vistas as técnicas de modulação em fase, ou PSK, nas suas diferentes variantes como BPSK, QPSK, DPSK, 8PSK e 16PSK. A seguir é detalhada a modulação QAM, e suas variantes, que dependem do número de bits associados a cada símbolo de modulação. A variante QAM destacada é a chamada modulação em treliça, ou TCM. Ao final do capítulo vemos também as modernas técnicas de acesso múltiplo baseadas em múltiplas portadoras. Essas portadoras podem tanto ser digitais, no domínio tempo, como no caso do CDMA, quanto ser no domínio frequência, como é o caso do OFDM. No primeiro caso estamos diante das diferentes técnicas de espalhamento espectral, enquanto no segundo caso é utilizado um conjunto de subportadoras no domínio frequência, às quais é aplicado o fluxo de informação a ser transmitido. O OFDM é considerado atualmente a técnica de modulação e transmissão mais eficiente e por isso o capítulo termina com um exemplo de aplicação desta técnica em um sistema de comunicação de dados.

O capítulo 7 aborda especificamente o bloco *codificador de canal* de um sistema de comunicação de dados. São detalhados os diferentes códigos que podem ser aplicados a um fluxo de dados visando torná-lo mais robusto às imperfeições do canal, como o ruído e a interferência entre símbolos. O capítulo trata também dos fundamentos da teoria de erros e como esses conceitos podem ser aplicados a um sistema de comunicação de dados. São apresentadas as técnicas de detecção de erros bem como a fundamentação teórica que está por trás da técnica de correção de erros conhecida como FEC (*Forward Error Correction*). São analisados diferentes códigos de FEC, tais como: Reed Solomon, Códigos Convolucionais, Códigos de entrelaçamento, *Turbo Codes* e os códigos LPCD (*Low Density Parity Check*).

Por fim, o capítulo 8 apresenta um estudo dos diferentes subsistemas inteligentes que podem ser encontrados no *nível físico* dos modernos sistemas de telecomunicações. Esses sistemas normalmente são estruturados como sistemas de multiplexação e transmissão de dados para longas distâncias, e por isso são conhecidos também como plataformas de transporte digital ou redes de transporte de dados. A técnica de multiplexação destes sistemas é TDM e são suportados no nível de transmissão por fibras ópticas. Os principais sistemas abordados são (em ordem cronológica):

PDH (*Plesiochronous Digital Hierarchy*)

SDH/SONET (*Synchronous Digital Hierarchy/Synchronous Optical Network*)

NG-SDH/SONET (*Next Generation*-SDH/SONET)

OTN (*Optical Transport Network*)

A rede de transporte OTN é considerada a mais inovadora e sofisticada rede óptica da atualidade. No nível de transmissão, a OTN utiliza modernas técnicas de multiplexação por comprimentos de onda, conhecidas como WDM (*Wave-length Division Multiplex*) e alcança taxas da ordem de dezenas de Tera bits por segundo.

Destacamos que, ao final de cada capítulo, são apresentados diversos exercícios que visam a aplicação prática dos conceitos teóricos desenvolvidos ao longo do capítulo, tornando, desta forma, o processo de aprendizado mais pragmático.

Externamos aqui também os nossos agradecimentos ao Prof. Roberto da Silva, do Departamento de Informática Teórica do Instituto de Informática da UFRGS e ao nosso orientando de mestrado Alan Diego dos Santos pelas revisões do capítulo três. Os nossos agradecimentos também ao Instituto de Informática da UFRGS pelo apoio a esta série de *Livros Didáticos*.

Apesar de nossos esforços na revisão do texto deste livro, podem ter ocorrido erros. Agradecemos desde já críticas e sugestões de melhorias em relação ao texto.

Juergen Rochol<br>
juergen@inf.ufrgs.br

## lista de abreviaturas

| | |
|---|---|
| ADM | Add Drop Multiplexer |
| ADPCM | Adaptable Differential PCM |
| ADSL | Asymmetric Digital Subscriber Loop |
| AMI | Alternate Mark Inversion |
| ANSI | America National Standard Institute |
| APS | Automatic Protection Switching |
| ASCII | American Standard Code for Information Interchange |
| ASK | Amplitude Shift Keying |
| ASON | Automatic Switched Optical Network |
| ASP | Analogical Signal Processing |
| ATM | Asynchronous Transfer Mode |
| AUG | Administration Unit Group |
| AWGN | Additive White Gaussian Noise |
| BASK | Binary Amplitude Shift Keying |
| BC | Binary Channel |
| BCC | Block Check Character |
| BEC | Binary Erasure Channel |
| BER | Bit Error Rate |
| BFSK | Binary Frequency Shift Keying |
| BNZS | Binary N Zero Substitution |
| BPSK | Binary Phase Shift Keying |
| BRASCII | Brazilian Standard Code for Information Interchange |
| BSC | Binary Symmetric Channel |
| BWP | BandWidth Product |
| BWs | BandWidth signal |
| C | Container |
| CAD | Conversor Analógico Digital |
| CATV | Community Antenna TV |
| CBA | Canal Binário de Apagamento |
| CC | Convolucional Code |

## Lista de Abreviaturas

| | |
|---|---|
| CCAT | Contigous conCATenation |
| CCITT | Comitê Consultativo Internacional de Telecom. e Telegrafia do ITU |
| CD ROM | Compact Disk Read Only Memory |
| CDA | Conversor Digital Analógico |
| CDMA | Code Division Multiple Access |
| CELP | Code Excited Linear Prediction |
| CEP | Connection End Point |
| CFTV | Circuito Fechado de TV |
| CRC | Cyclic Redundancy Check |
| CS-ACELP | Conjugate Structure-Algebraic CELP |
| dB | Decibel |
| DFT | Discrete Fourier Transform |
| DMT | Discrete Multi-Tone |
| DoD | Department of Defense |
| DPSK | Differential PSK |
| DSF | Dispersion Shifted Fiber |
| DSP | Digital Signal Processing |
| DS-SS | Direct Sequence Spread Spectrum |
| DVD | Digital Video Disk |
| DWDM | Dense Wavelength Division Multiplex |
| ECD | Equipamento de Comunicação de Dados |
| EDFA | Erbium Doped Fiber Amplifier |
| EFM | Eight to Fourteen Modulation |
| EIA | Electronics Industries Association |
| ETD | Equipamento de Terminação de Dados |
| ETSI | European Telecommunication Standard Institute |
| FAS | Frame Alignment Sequence |
| FC | Fiber Channel |
| FCS | Frame Check Sequence |
| FDM | Frequency Division Multiplex |
| FEC | Forward Error Correction |
| FFT | Fast Fourier Transform |
| FH-SS | Frequency Hoping – Spread Spectrum |
| FR | Frame Relay |
| FSK | Frequency Shift Keying |
| FTFL | Fault Type Fault Localization |
| FWM | Four Wave Mixing |
| GCC | General Communication Channel |
| GFP | Generic Frame Procedure |
| GSM | Global System Mobile |
| H | Header (Cabeçalho) de uma PDU |

| | |
|---|---|
| HDBn | High Density Bipolar order "n" |
| HDLC | High-Level Data Link Control |
| HDVA | Hard Decision Viterbi Algorithm |
| IaDi | Intra Domain Interface |
| IF | Integral de Fourier |
| IP | Internet Protocol |
| IrDi | Inter Domain Interface |
| ISI | InterSimbol Interference |
| ISP | Internet Service Provider |
| ITU | International Telecommunication Union |
| ITU-T | ITU Telecommunication Standardization Sector |
| JC | Justification Control (bits de justificação) |
| JPEG | Joint Photographic Experts Group |
| LAN | Local Area Network (Rede Local) |
| LAP | Link Access Procedure |
| LCAS | Link Capacity Adjustment Scheme |
| LDPC | Low Density Parity Check |
| LFSR | Linear Feedback Shift Register |
| LLC | Logical Link Control |
| LOH | Line OverHead |
| LTE | Long Term Evolution |
| LTE | Line Terminating Equipment |
| LZW | Código Lampel, Ziv e Welch |
| MLT | MultiLevel Transmit |
| MMF | Multi Mode Fiber |
| MNP | Microcom Networking Protocol |
| MPEG | Moving Picture Experts Group |
| MPLS | Multi-Protocol Label Switching |
| MSPP | Multi Service Provisioning Platform |
| NDSF | Non Dispersion Shifted Fiber |
| NG-SDH | Next Generation SDH |
| N-QAM | N order QAM |
| NRZ | Non Return to Zero |
| NRZI | NRZ Inverted |
| NRZ-M | NRZ-Mark |
| NRZ-S | NRZ-Space |
| NZ-DSF | Non Zero Dispersion Shifted Fiber |
| OAM | Operating Administration Management |
| OAMP | Operation Administration Management Provisioning |
| OC | Optical Carrier |
| OCC | Optical Channel Carrier |

## Lista de Abreviaturas

| | |
|---|---|
| OCG | Optical Channel Group |
| OCh | Optical Channel |
| ODU | Optical Data Unit |
| OFDMA | Orthogonal Frequency Division Multiple Access |
| OPU | Optical Payload Unit |
| OSC | Optical Supervisory Channel |
| OSI | Open System Interconnection |
| OTN | Optical Transport Network |
| OTU | Optical Transport Unit |
| OXC | Optical Cross Connect |
| PCC | Protection Control Channel |
| PCI | Protocol Control Information |
| PCI | Peripheral Component Interconnect (Barramento de PC) |
| PCM | Pulse Code Modulation |
| PDH | Plesiochronous Digital Hierarchy |
| PDU | Protocol Data Unit |
| PER | Packet Error Rate |
| PM | Path Monitoring |
| PMD | Polarization Mode Dispersion |
| PMD | Physical Medium Dependent |
| PPP | Point to Point Protocol |
| PSD | Power Spectrum Density |
| PSI | Payload Structure Identifier |
| PSK | Phase Shift Keying |
| PST | Pair Selected Ternary |
| PTE | Path Terminating Equipment |
| QAMn | Quadrature Amplitude Modulation order "n" |
| QaS | Queuing and Scheduling |
| QoS | Quality of Service |
| QPSK | Quaternary PSK |
| RM-OSI | Reference Model OSI |
| RPE-LPC | Regular Pulse Excited – Linear Predictive Coder |
| RS | *Reed Solomon* |
| RZ | Return to Zero |
| SAN | Storage Area Network |
| SAP | Service Access Point |
| SBS | Stimulated Brillouin Scattering |
| SCD | Sistema de Comunicação de Dados |
| SDH | Synchronous Digital Hierarchy |
| SDU | Service Data Unit |
| SDVA | Soft Decision Viterbi Algorithm |

| | |
|---|---|
| SF | Série de Fourier |
| SLIP | Serial Line Internet Protocol |
| SM | Section Monitoring |
| SMF | Single Mode Fiber |
| SOH | Section OverHead |
| SONET | Synchronous Optical Network |
| SPE | *Synchronous Payload Envelope* |
| SPM | Self Phase Modulation |
| SRS | Stimulated Raman Scattering |
| SSMF | Standard Single Mode Fiber |
| STE | Section Terminating Equipment |
| STM | Synchronous Transport Module |
| STS | Synchronous Transport Signal |
| T | Trailer (Rabeira) de uma PDU |
| TC | Transmission Convergence |
| TCM | Trellis Code Modulation |
| TCM | Tandem Connection Monitoring |
| TCP | Transmission Control |
| TDM | Time Division Multiplex |
| TF | Transformada de Fourier |
| TH-SS | Time Hoping – Spread Spectrum |
| TIA | Telecommunication Industries Association |
| TOH | Transport OverHead |
| TU | Transport Unit |
| TUG | Transport Unit Group |
| UWB | Ultra Wide Band |
| VC | Virtual Container |
| VCAT | Virtual conCATenation |
| VCG | Virtual Container Group |
| VPN | Virtual Private Network |
| VT | Virtual Transport |
| WAN | Wide Area Network |
| WDM | Wavelength Division Multiplex |
| WEB | Rede de alcance mundial (de WWW – World Wide Web) |
| XOR | Exclusive Or |
| XPM | Cross-Phase Modulation |

## sumário

**1** → **fundamentos de comunicação de informação** .................................................. 1

**1.1** introdução .................................................................................................................. 2

**1.2** o sistema de comunicação de informação ............................................................. 4

**1.3** fonte de informação e codificador de fonte ........................................................... 6
    1.3.1   o alfabeto de símbolos ........................................................................ 8
    1.3.2   eficiência de fonte e eficiência de código de fonte ........................ 10

**1.4** modelagem do canal ............................................................................................... 12
    1.4.1   transinformação, equivocação e dispersão ..................................... 14
    1.4.2   o canal binário (BC) ............................................................................ 16
    1.4.3   o canal binário simétrico (BSC) ........................................................ 17
    1.4.4   o canal binário de apagamento (BEC) ............................................. 20

**1.5** capacidade máxima de um canal .......................................................................... 21
    1.5.1   capacidade máxima de um canal sem ruído .................................. 22
    1.5.2   o teorema de Shannon ...................................................................... 24
    1.5.3   máxima velocidade de transmissão de informação ....................... 27

**1.6** exercícios ................................................................................................................. 28

## 2 → o sistema de comunicação de dados OSI — 31

**2.1** a era da informação .................................................. 32

**2.2** o modelo de referência OSI (RM-OSI) ........................ 33

**2.3** elementos estruturais de uma camada OSI ................ 36

**2.4** interações entre camadas adjacentes de dois sistemas OSI ........ 38

**2.5** a padronização das camadas do RM-OSI .................. 39

**2.6** aplicação do RM-OSI a uma rede de computadores ........ 41

**2.7** o sistema de comunicação de dados (SCD) no RM-OSI ........ 44
  2.7.1 RM-OSI e o modelo de comunicação de informação de Shannon ........ 45
  2.7.2 codificador de canal ........ 47
  2.7.3 bloco de modulação e demodulação de dados ........ 48
  2.7.4 funções estendidas do nível físico ........ 48

**2.8** exercícios .................................................. 50

## 3 → análise de sinais — 53

**3.1** tipos de sinais ........................................ 54

**3.2** representação elétrica de informação ................ 56

**3.3** funções senoidais .................................... 59
  3.3.1 propriedades das funções senoidais ........ 61
  3.3.2 representação discreta de funções senoidais ........ 64
  3.3.3 amostragem de sinais ........ 67
  3.3.4 representação complexa de sinais senoidais ........ 68

**3.4** espectro de um sinal periódico – análise de Fourier ........ 71

| 3.5 | representação complexa das séries de Fourier .................................... 76 |
| 3.6 | integral de Fourier e transformada de Fourier ................................... 79 |
|     | 3.6.1 potência de um sinal e densidade espectral de um sinal ................87 |
| 3.7 | a transformada discreta de Fourier (DFT) .............................................. 88 |
| 3.8 | a transformada rápida de Fourier (FFT) .................................................. 90 |
|     | 3.8.1 demonstração gráfica de aplicação da FFT....................................91 |
| 3.9 | exercícios.................................................................................................... 96 |

# 4 → meios de comunicação — 99

| 4.1 | introdução ................................................................................................ 100 |
| 4.2 | a linha de transmissão ............................................................................. 101 |
|     | 4.2.1 linhas de transmissão sem perdas................................................103 |
| 4.3 | o par de fios............................................................................................... 104 |
|     | 4.3.1 o par trançado telefônico .............................................................107 |
|     | 4.3.2 o par trançado em redes locais ...................................................108 |
| 4.4 | o cabo coaxial ........................................................................................... 110 |
|     | 4.4.1 o cabo coaxial de CATV................................................................112 |
| 4.5 | a fibra óptica.............................................................................................. 113 |
|     | 4.5.1 fundamentos de física óptica.......................................................114 |
|     | 4.5.2 tipos de fibra óptica......................................................................122 |
|     | 4.5.3 fator de mérito de uma fibra óptica.............................................123 |
|     | 4.5.4 janelas de transmissão de uma fibra ...........................................126 |
|     | 4.5.5 distorções em fibras ópticas ........................................................128 |
|     | 4.5.6 as fibras padronizadas do ITU-T ..................................................133 |
| 4.6 | exercícios................................................................................................... 136 |

## 5 → o canal de transmissão — 139

**5.1** introdução .................................................................................................. 140

**5.2** características de um canal de transmissão ........................................ 141
    5.2.1 largura de banda de um canal .......................................................142
    5.2.2 capacidade máxima de um canal ..................................................142
    5.2.3 condição de não distorção de um canal........................................144
    5.2.4 equalização de um canal ................................................................146

**5.3** o canal de transmissão banda-base.................................................... 148
    5.3.1 blocos funcionais de um sistema de transmissão banda-base......150

**5.4** códigos de linha.................................................................................... 152
    5.4.1 códigos banda-base para interfaces locais ...................................152
    5.4.2 códigos banda-base em blocos......................................................158

**5.5** distorções em um canal ....................................................................... 162
    5.5.1 ruído e probabilidade de erro em um canal .................................164
    5.5.2 interferência entre símbolos – critérios de Nyquist......................168

**5.6** avaliação de desempenho de um canal – padrão olho............................172

**5.7** exercícios............................................................................................... 176

## 6 → técnicas de modulação — 179

**6.1** conceito de modulação discreta.......................................................... 180

**6.2** fundamentação teórica de modulação digital de uma portadora....... 184

**6.3** modulação PSK ..................................................................................... 187
    6.3.1 modulação BPSK.............................................................................188
    6.3.2 modulação QPSK............................................................................191
    6.3.3 modulação DPSK ...........................................................................195
    6.3.4 modulação 8PSK e 16PSK ..............................................................197

**6.4** modulação QAM .................................................................................. 198
    6.4.1    modulação 16QAM.................................................................200
    6.4.2    sistemas de modulação N-QAM.................................................202

**6.5** modulação TCM .................................................................................. 204
    6.5.1    fundamentação teórica do TCM ................................................204
    6.5.2    codificador convolucional..........................................................206
    6.5.3    funcionamento básico do TCM .................................................208

**6.6** técnicas de acesso por múltiplas portadoras ..................................... 215

**6.7** técnicas de espalhamento espectral por códigos (CDMA) ................. 216
    6.7.1    DS-SS (*Direct Sequence Spread-Spectrum*) ...................................217
    6.7.2    FH-SS (*Frequency Hopping-Spread Spectrum*) ............................223
    6.7.3    TH-SS (*Time Hopping Spread-Spectrum*)......................................224

**6.8** técnicas de transmissão OFDM........................................................... 226
    6.8.1    as transformadas FFT e IFFT ....................................................230
    6.8.2    o sistema de transmissão OFDM................................................232
    6.8.3    blocos funcionais de um transmissor e receptor OFDM ..............236

**6.9** exercícios............................................................................................. 238

# 7 codificação de canal — 241

**7.1** introdução ........................................................................................... 242

**7.2** funções de convergência de transmissão (TC)..................................... 245

**7.3** embaralhadores de entrada ................................................................ 247

**7.4** fundamentos de teoria de erros .......................................................... 249
    7.4.1    taxa de erro e probabilidade de erro...........................................251
    7.4.2    taxa de pacotes errados e probabilidade de erro de pacote........252
    7.4.3    técnicas de detecção de erros ...................................................254
    7.4.4    eficiência do método CRC .........................................................258

| 7.5 | códigos de correção de erros (FEC) ................................................................. 259 |
|---|---|
| | 7.5.1     códigos *Reed Solomon* (RS) ............................................................ 260 |
| | 7.5.2     códigos convolucionais ..................................................................... 265 |
| | 7.5.3     códigos de entrelaçamento ............................................................. 272 |
| | 7.5.4     *turbo-codes* ...................................................................................... 277 |
| | 7.5.5     códigos LDPC (*Low Density Parity Check*) ..................................... 279 |
| 7.6 | exercícios ............................................................................................................ 285 |

| 8 | redes de transporte de dados | 289 |
|---|---|---|
| 8.1 | introdução ......................................................................................................... 290 | |
| 8.2 | a hierarquia digital plesiócrona (PDH) ............................................................. 293 | |
| 8.3 | a hierarquia digital síncrona (SDH/SONET) .................................................... 297 | |
| | 8.3.1     arquitetura da plataforma de transporte SDH/SONET ................. 298 | |
| | 8.3.2     funcionalidades da hierarquia digital síncrona SDH/SONET .......... 301 | |
| | 8.3.3     os protocolos de seção, linha e rota do SDH/SONET ................... 304 | |
| | 8.3.4     convergência do PDH para o SDH/SONET ................................... 305 | |
| | 8.3.5     o mecanismo do ponteiro do SDH/SONET ................................... 309 | |
| | 8.3.6     concatenação contígua (CCAT) no SDH/SONET ........................... 311 | |
| 8.4 | a plataforma de transporte NG-SDH ................................................................ 317 | |
| | 8.4.1     arquitetura do NG-SDH/SONET ...................................................... 319 | |
| | 8.4.2     o protocolo GFP do NG-SDH/SONET ............................................ 322 | |
| | 8.4.3     a concatenação virtual (VCAT) ........................................................ 326 | |
| | 8.4.4     o esquema de ajuste da capacidade do enlace (LCAS) ................. 329 | |

**8.5** rede de transporte óptica (OTN) .......................................................... 331
      8.5.1    arquitetura da OTN do ITU ......................................................... 336
      8.5.2    subnível de convergência de transmissão (TC) ............................ 340
      8.5.3    o subnível físico de transmissão óptica (OT) – DWDM ................. 347

**8.6** exercícios ................................................................................................ 350

**referências**       355

**índice**       361

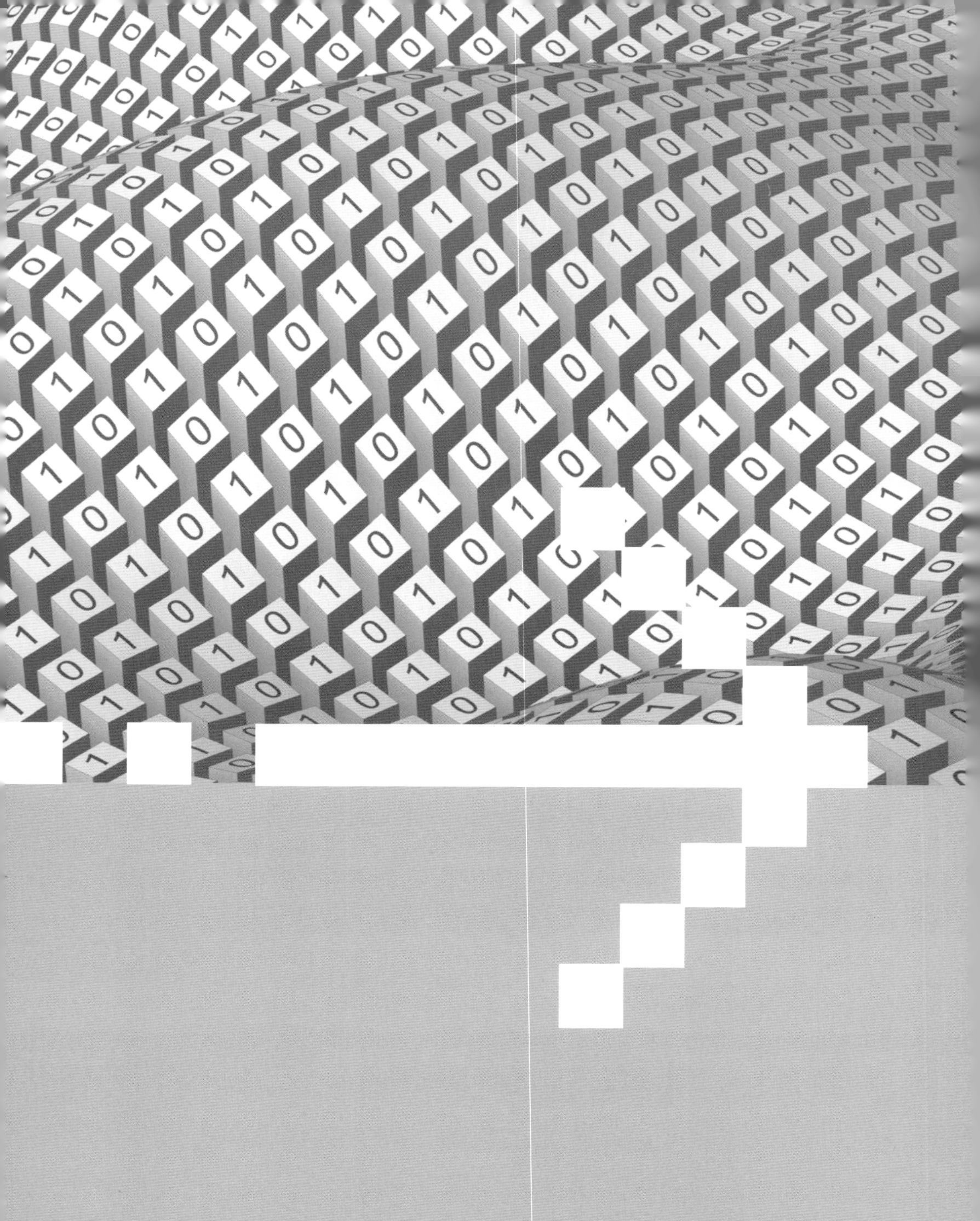

capítulo 1

# fundamentos de comunicação de informação

■ ■ ■ Em 1948, C. E. Shannon publicou a sua *Mathematical Theory of Communication*, que estabeleceu os modernos fundamentos matemáticos da área de *comunicação de dados*. Neste capítulo são introduzidos os conceitos básicos dessa teoria como: fonte de informação, codificação de fonte, alfabeto de símbolos e entropia de um alfabeto. Shannon mostrou que o processo de geração de informação pode ser avaliado a partir das eficiências da fonte de informação e do codificador dessa fonte. Além disso, introduziu o conceito de canal de comunicação de informação e estabeleceu as condições de máxima transferência de informação por esse canal, levando em conta suas imperfeições e seus ruídos.

## 1.1 introdução

Comunicação de dados pode ser considerada a função básica inerente a um sistema de comunicação de informação. Os dados neste contexto são essencialmente os dígitos binários, *zero* e *um*, e, portanto, podem ser considerados como uma forma de representação da informação. A informação é gerada a partir de uma fonte de informação, que gera um fluxo de símbolos de informação. Esses símbolos podem ser codificados segundo dígitos binários e a seguir associados a símbolos elétricos, podendo ser propagados através de um meio até um destinatário. O destinatário, ao receber os símbolos elétricos, associa dígitos binários aos mesmos com base no mesmo código do transmissor e, desta forma, recupera os símbolos de informação enviada pela fonte. É esta, em linhas gerais, a função de um sistema de comunicação de informação.

Antes de introduzirmos os conceitos fundamentais da teoria de informação que serão necessários na análise de um sistema de comunicação de informação, vamos apresentar inicialmente os principais blocos funcionais que compõem um sistema de comunicação de informação básico. O modelo que vamos adotar na nossa análise foi proposto pela primeira vez por C. E. Shannon (1948), e, com pequenas modificações, continua sendo até hoje o modelo de referência, tanto para o estudo como para a análise dos modernos sistemas de comunicação de dados (SCD).

Na figura 1.1 é mostrado o modelo do sistema de comunicação de informação que foi proposto por Shannon, com seus principais blocos funcionais. O sistema é conhecido também como um sistema *ponto-a-ponto* de comunicação de informação. A informação gerada por uma fonte de informação local passa por um codificador de fonte, a seguir, por um codificador de canal e, por último, é transmitido por um meio físico ao destinatário. O destinatário remoto recebe o sinal transmitido, executa um processo de decodificação de canal e, a seguir, um processo de decodificação de fonte, recuperando a informação original, que finalmente é repassada ao destinatário.

Observam-se também na figura 1.1 as diferentes áreas das ciências exatas relacionadas com os dois grandes blocos funcionais do sistema. O primeiro trata especificamente da geração e codificação de informação e está relacionado com a teoria de informação. O segundo bloco compreende essencialmente o canal de comunicação e está essencialmente relacionado com a engenharia. A análise desse sistema, portanto, envolve conhecimentos tanto da área de teoria da informação como da área de telecomunicações e da engenharia.

Os estudos das fontes de informação e dos codificadores de fonte são especificamente da teoria de informação, que é estudada tanto em cursos de graduação de ciência da computação como em informática. Já a codificação de canal e os aspectos de transmissão e recepção pelo meio são das áreas de engenharia tais como telecomunicações e engenharia de computação. O segundo bloco, formado pelo transmissor/receptor mais o meio, vamos definir como formando o canal de comunicação,[1] ou o SCD (Sistema de Comunicação de Dados).

---

[1] Chamamos a atenção que, no contexto deste livro, o canal é definido como constituído pelo conjunto transmissor/receptor mais o meio de comunicação. Desta forma, os conceitos de *canal* e *sistema de comunicação de dados*, para nós, são idênticos; assim como *canal físico* ou *meio*, são considerados sinônimos.

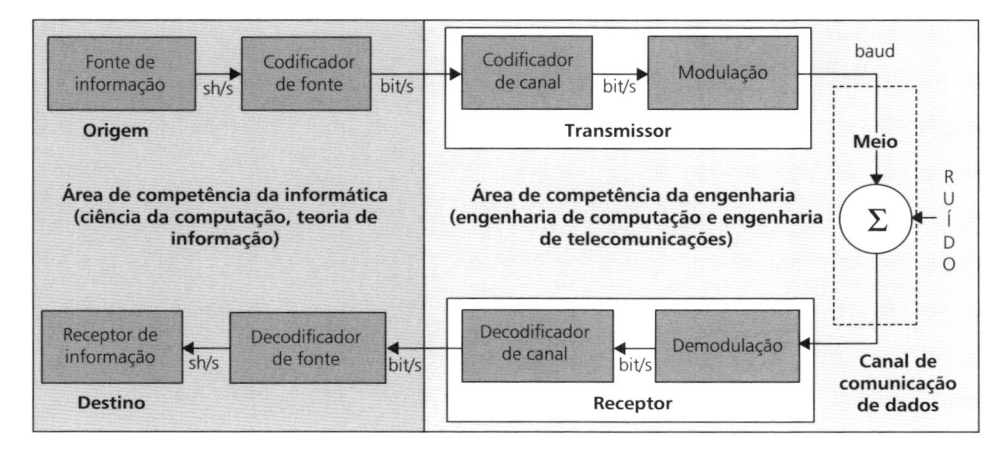

**figura 1.1** Blocos funcionais de um sistema de comunicação de informação genérico conforme sugerido por C. E. Shannon (1948).

O principal objetivo no estudo de um sistema de comunicação de informação é tentar aperfeiçoar o sistema, o que significa o aperfeiçoamento individual de todos os blocos funcionais que compõem o sistema. Quem pela primeira vez enfrentou este desafio e estabeleceu critérios de otimização baseados em um modelo matemático foi Claude E. Shannon, em 1948. Neste capítulo vamos tentar chegar de forma simplificada às conclusões de Shannon.

O capítulo está estruturado da seguinte forma: na seção 1.2 são detalhados os principais blocos funcionais de um modelo de sistema de comunicação de informação sugerido por Claude Shannon, em 1948. O modelo pode ser dividido em dois grandes blocos funcionais: o primeiro abrange a geração-de-informação/recepção-de-informação e sua codificação/decodificação, e o segundo compreende o transmissor e o receptor, além do meio, formando o que foi definido como o canal de comunicação. A seguir, na seção 1.3, apresenta-se a formulação matemática de informação, as características de uma fonte de informação e do codificador de fonte. São definidos os conceitos de alfabeto de símbolos, fluxo médio de informação de um alfabeto, além de análises de eficiência, tanto da fonte de informação como do codificador de fonte. Na seção 1.4 é introduzido um modelo de canal de comunicação de informação a partir do conceito de fonte dependente. São definidos conceitos como transinformação, equivocação e dispersão, que permitem estabelecer parâmetros para as condições de máxima transferência de informação pelo canal. Na seção 1.5 é abordado o problema da capacidade máxima de um canal. Inicialmente, se estabelece a capacidade máxima de um canal sem ruído e, a seguir, a análise é estendida para a capacidade máxima teórica de transmissão por um meio que tem determinada largura de banda B e uma relação sinal ruído S/N, que é conhecido como o teorema de Shannon. O capítulo é concluído com uma expressão matemática que estabelece a máxima velocidade de transmissão de informação para o modelo de comunicação de informação completo de Shannon e que constitui a grande conclusão do trabalho de Shannon.

## 1.2 o sistema de comunicação de informação

De modo geral, podemos dizer que fonte ou receptor de informação é qualquer dispositivo capaz de gerar ou receber informação. Equipamentos deste tipo são chamados também de Equipamentos Terminais de Dados (ETDs). São exemplos de ETDs o computador, o servidor, uma câmera de vídeo, dispositivos de áudio e assim por diante. Em sistemas reais, os ETDs operam normalmente no modo duplex, isto é, podem transmitir e receber, simultaneamente, informação. A fonte, como será visto melhor na seção 1.3, envia unidades elementares e discretas de informação, chamadas de *shannons*, segundo uma cadência medida em *shannons* por segundo [sh/s]. O fluxo de informação gerado pela fonte, portanto, não é contínuo, mas discreto.

Os codificadores e decodificadores de fonte executam algoritmos específicos para cada tipo de fluxo de informação, visando, principalmente, a compactação dos dados gerados pela fonte. Os diferentes tipos de informação podem ser agrupados em quatro grandes classes, a saber: dados de computação, imagens, vídeos e áudio. Já o fluxo gerado na saída do codificador de fonte apresenta-se como um fluxo de bits/s.

Existem algoritmos específicos de compactação para cada uma das quatro classes de informação. Na tabela 1.1 apresentam-se alguns códigos de fonte importantes para cada uma das quatro classes de informação, os quais são de uso corrente nestas fontes de informação. Pode-se observar também, na tabela, a evolução cronológica destes códigos, além dos diferentes organismos de padronização envolvidos.

Já o transmissor/receptor pode ser dividido em dois blocos: o codificador/decodificador de canal e o modulador/demodulador de sinal. O codificador de canal executa funções no sentido de conformar o fluxo de bits para otimizar a sua associação aos símbolos elétricos. As funções incluem técnicas de codificação que permitem recuperação de erros, conhecidas como FEC (*Forward Error Correction*) e técnicas de conformação do sinal a ser transmitido para torná-lo robusto a interferências e ruídos observados no meio. São exemplos típicos destas técnicas os diferentes processos de modulação e/ou codificação que visam a facilitar a transmissão do fluxo dos símbolos elétricos pelo meio.

Na tabela 1.2, apresentam-se algumas técnicas usuais de codificadores de canal. No capítulo 5, serão vistos em mais detalhes alguns destes códigos de transmissão, bem como as principais técnicas de modulação serão vistas no capítulo 6.

O principal objetivo do estudo de comunicação de dados é a otimização de um sistema de comunicação de informação como o da figura 1.1. Para alcançar este objetivo, procura-se otimizar cada um dos blocos funcionais que compõem o sistema. Otimização aqui deve ser entendida como os diversos processos a serem adotados para tornar o sistema o mais eficiente possível.

Em nosso estudo, vamos apresentar, inicialmente, os princípios fundamentais da teoria da informação e como podem ser aplicados aos blocos funcionais da fonte de informação e do codificador de fonte para torná-los eficientes.

O segundo bloco do modelo de Shannon, que definimos como o canal de comunicação ou também como o sistema de comunicação de dados em si, terá seu desdobramento ao longo do restante deste livro. O estudo de comunicação de dados tem exatamente como objetivo a otimização de um sistema de comunicação de dados. Desta forma, no restante deste livro, serão estudados e analisados os diferentes blocos funcionais que compõem um sistema de comunicação de dados visando a sua otimização.

**tabela 1.1** Codificadores de fonte padronizados

| Fonte de informação | Codificadores de fonte padronizados | Ano | Observação |
|---|---|---|---|
| Imagens | JPEG | 1990 | JPEG (*Joint Photographic Experts Group*) Imagens estáticas, fotos. Compressão típica 24:1 |
|  | JPEG 2000 | 2000 | Padrão amplo, fotografias a imagens médicas (tecnologia de compressão baseada em *wavelets*) |
| Vídeo e TV | MPEG-1 | 1991 | Taxa ~1,5 Mbit/s, 24 a 30 fps (frames/s) |
|  | MPEG-2 | 1994 | Imagens de TV, Taxa de 4 a 8 Mbit/s |
|  | Rec. H.261 ITU-T | 1990 | Vídeo em taxas de 64 a 2048 kbit/s |
|  | Rec. H.263 ITU-T | 1996 | Vídeo para amplas taxas. Sucedâneo do H.261 |
| Voz e áudio | Rec. G.711 ITU-T | 1960 | PCM (*Pulse Code Modulation*) com compressão A-law ou u-law, de 64 kbit/s |
|  | Rec. G.722 ITU-T | 1988 | Codificador de áudio até 7kHz com taxa de 64kbit/s |
|  | Rec. G.726 ITU-T | 1990 | ADPCM (*Adaptative Differential PCM*) para telefonia de multiplas taxas: 16, 24, 32 e 40 kbit/s |
|  | Rec. G.727 ITU-T | 1990 | ADPCM de 2, 3, 4, e 5 bits/amostragem e taxas: 16, 24, 32 e 40 kbit/s |
|  | Rec G.728 ITU-T | 1992 | CELP (*Code Excited Linear Prediction*) 16 kbit/s |
|  | Rec G.729 ITU-T | 1996 | CS-ACELP (*Conjugate Structure-Algebraic CELP*), 8 kbit/s |
|  | GSM ETSI 13 kbits/s full-rate | 1992 | GSM (*Global System Móbile*): Código RPE-LPC (*Regular Pulse Excited – Linear Predictive Coder*) |
|  | 4.8 kbits/s CELP | 1991 | DoD: American Department of Defense (DoD) 4.8 kbits/s CELP |
| Dados | Código de Huffman | 1950 | Compressão de Fax e textos |
|  | Código de Tunstall | 1967 | Variante do código Huffman |
|  | Código Lempel e Ziv | 1977 | Compressão de dados em modems (V.42 bis ITU) |
|  | Código Welch | 1984 | Extensão do código Lempel e Ziv |
|  | Código LZW | 1984 | Lempel Ziv e Welch aplicado em ZIP, PKZIP, ARJ. |

ETSI: *European Telecommunication Standard Institute* ITU-T: *International Telecommunication Union–Telecommunications.*

**tabela 1.2** Codificadores de canal

| Codificador de canal | Técnica | Observação |
|---|---|---|
| Codificação banda-base | AMI | *Alternate Mark Inversion* – Usado em troncos de Telecom |
|  | Manchester ou Bi-fase | Usado em Redes Locais |
|  | $HDB_3$ | Usado em enlaces de fios em distâncias curtas |
| Técnicas de modulação (Canais de radiofrequência ou cabos) | BASK | *Binary Amplitude Shift Keying*. Modulação discreta em amplitude. |
|  | BFSK | *Binary Frequency Shift Keying*, ou Modulação em frequência |
|  | BPSK | *Binary Phase Shift Keying*. Modulação em fase |
|  | QAMn | Técnicas mistas, amplitude e fase (n: número de valores discretos, pode ser 4, 8, 16, 32, 64, 128 e 256. |
| Técnicas mistas (codificação + modulação) | Spread Spectrum CDMA | Espalhamento espectral em suas diferentes variações. Ex.: CDMA (Code Division Multiple Access) |
|  | OFDM (Ortogonal FDM) | Também chamado de DMT (*discrete multi-tone*). Transmissão paralela em várias sub-portadoras com interferência mútua mínima |
|  | UWB | *Ultra wide-band*. Pulsos ultracurtos e de pouca energia |

## 1.3 fonte de informação e codificador de fonte

Informática, segundo a definição do Aurélio, é a *"ciência que visa ao tratamento da informação através do uso de equipamentos e procedimentos da área de processamento de dados"*. A partir desta definição, podemos perguntar: e o que é informação? Quem primeiro se preocupou em dar uma resposta a esta pergunta foi Claude Edward Schannon, no seu memorável trabalho: *"A Mathematical Theory of Communication*, publicado em duas partes, nas edições de julho e outubro de 1948 no *Bell System Technical Journal*. O trabalho de Shannon é, hoje, considerado a base da moderna teoria da informação (Shannon, 1948).

Shannon partiu da ideia de que a **informação** está associada a um processo de seleção de símbolos, a partir de um determinado conjunto de símbolos, também chamado de alfabeto de símbolos (figura 1.2). A quantidade de informação gerada ao ser escolhido um determinado símbolo deve ser inversamente proporcional à probabilidade de ocorrência do símbolo. Quanto maior a probabilidade de ocorrer a seleção deste símbolo, menor a informação, e vice-versa. As seleções de vários símbolos formam a mensagem à qual está associada uma quantidade de informação dada pela soma das informações de cada símbolo que compõe a mensagem.

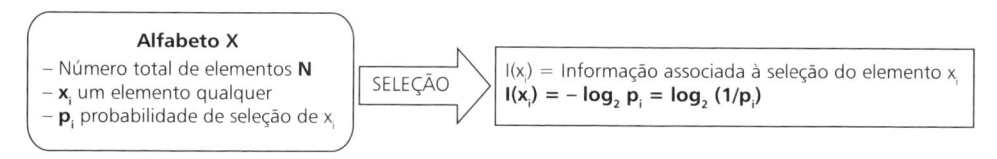

```
┌─────────────────────────────────────┐
│           Alfabeto X                │                    ┌──────────────────────────────────────────────┐
│ – Número total de elementos N       │      SELEÇÃO       │ I(x_i) = Informação associada à seleção do   │
│ – x_i um elemento qualquer          │  ═══════════▷     │         elemento x_i                         │
│ – p_i probabilidade de seleção de x_i│                   │ I(x_i) = – log_2 p_i = log_2 (1/p_i)         │
└─────────────────────────────────────┘                    └──────────────────────────────────────────────┘
```

**figura. 1.2** O processo de geração de informação.

Considerando-se um alfabeto $X$ com $N$ símbolos e um particular símbolo $x_i$ com uma probabilidade $p_i$ de ser escolhido, podemos definir que a informação $I(x_i)$ gerada pela seleção deste símbolo pode ser dada por:

$$I(x_i) = f(p_i) \tag{1.1}$$

Para termos uma forma analítica de representar a informação, faltaria agora encontrar esta função da probabilidade, $f(p_i)$, que caracteriza adequadamente a informação gerada pela seleção do caractere. Pelas considerações anteriores, esta função deve atender às seguintes propriedades:

a) se há certeza de que a seleção vai ocorrer, então $p_i = 1$, portanto $I(x_i) = 0$,
b) se a seleção tem probabilidade nula de ocorrer, $p_i = 0$, então $I(x_i) = \mu$,
c) $I(x_i)$ deve ser mono tonicamente decrescente com $p_i$.

A função que atende a estas três exigências é $I(x_i) = -log(p_i)$. Por questão de conveniência, foi escolhida a base *dois* para a função *log*, e, neste caso, a unidade de informação é o *shannon* [sh], em homenagem ao pai da teoria da informação, Claude E. Shannon.

$$I(x_i) = -log_2 p_i = log_2 \frac{1}{p_i} \tag{1.2}$$

Note que a informação é uma função discreta relacionada com a probabilidade de seleção de cada caractere de uma mensagem. A quantidade de informação $Q$ associada a uma mensagem $M$ de $k$ caracteres de um alfabeto será dado por:

$$Q(M) = \sum_{i=1}^{k} -log_2 p_i \tag{1.3}$$

O processo de geração de informação pode ser caracterizado pela seleção de símbolos a partir de um alfabeto. Esta seleção de símbolos é geralmente cadenciada no tempo e, portanto, podemos falar na geração de um fluxo de informação. Sendo a informação uma variável probabilística discreta, podemos também definir uma função de distribuição de probabilidades e um valor esperado ou um valor médio de informação gerado por esta fonte em determinado intervalo de tempo, como é mostrado na figura 1.3. Da mesma forma, pode-se definir também um desvio padrão e uma variância para a informação.

Qualquer tipo de evolução temporal que é passível de análise em termos de probabilidades é chamada de processo estocástico. Em outras palavras, um processo estocástico é uma função

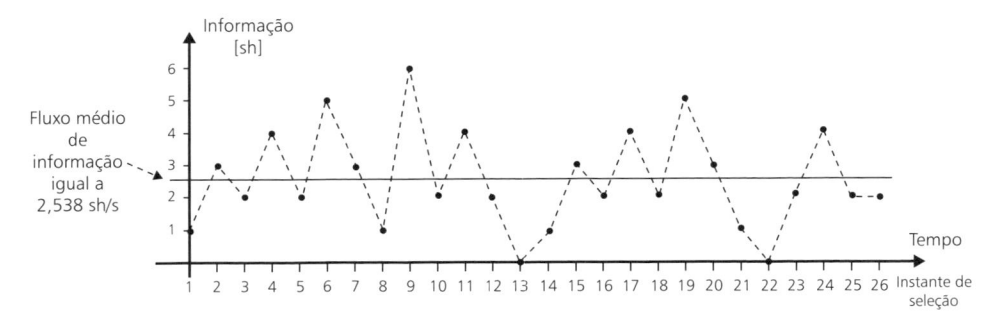

**figura 1.3** Processo aleatório de geração de informação e fluxo médio de informação.

*temporal* que varia aleatoriamente. Processo estocástico também é utilizado para designar um processo no qual a movimentação de um estado para o seguinte é determinada por uma variável independente do estado inicial e final. Pelo exposto acima, pode-se inferir que a geração de informação é um processo estocástico.

Os fluxos de informação de bits muitas vezes são agregados sob forma de pacotes de dados. Neste caso, os parâmetros estatísticos associados a determinado fluxo de informação, sob a forma de pacotes, dependem essencialmente do tipo de informação que é gerada. Assim, a variação do número de pacotes que chegam por unidade de tempo na porta de um servidor segue aproximadamente uma distribuição discreta de Poisson. Já a variação do tempo entre a chegada dos pacotes em uma rede de pacotes segue tipicamente uma distribuição exponencial contínua.

### 1.3.1 o alfabeto de símbolos

Em comunicação de informação podem ser utilizados os mais diversos alfabetos de símbolos. Um alfabeto muito usado em comunicação de informação no Brasil é o chamado alfabeto brasileiro para troca de informação, ou BRASCII.[2] Este alfabeto está baseado no alfabeto internacional n.5 do ITU-T, Rec. V.3 (figura 1.5). Neste caso, há um duplo processo de seleção. Ao ser formada a mensagem, é feita inicialmente a seleção do caractere e, a seguir, uma codificação deste caractere a partir de um alfabeto de elementos binários ou dígitos binários chamados bits, como mostrado na figura 1.4.

O número total $N$ de configurações que podem assumir os bits de um caractere ou símbolo é definido como a variedade deste alfabeto. A variedade de um símbolo é definida como $v = log_2 N$. Lembrando que o número total $N$ de combinações possíveis de $n$ elementos $m$ a $m$

---

[2] BRASCII: *Brazilian Standard Code for Information Interchange*, é o equivalente brasileiro do ASCII (*American Standard Code for Information Interchange*).

## Capítulo 1 → Fundamentos de Comunicação de Informação

```
┌─────────────────────────────────────┐         ┌─────────────────────────────────────┐
│   Alfabeto de caracteres BRASCII    │         │      Alfabeto de elementos          │
│ Número total de caracteres, N=256   │ ⇐ Seleção ⇒ │ Número total de elementos, n=2      │
│ – x_i, caractere qualquer           │         │ – dígito binário 1                  │
│ – p_i, probabilidade de seleção de x_i │     │ – dígito binário 0                  │
│                                     │         │ Número de bits por caracter, m=8    │
└─────────────────────────────────────┘         └─────────────────────────────────────┘
                        ⇓
        ┌──────────────────────────────────────────────┐
        │ Caracteres são codificados a partir dos      │
        │ arranjos de n elementos tomados m a m        │
        │ Número de Caracteres: N=n^m ⇒ 2^8=256        │
        │ caracteres                                   │
        └──────────────────────────────────────────────┘
```

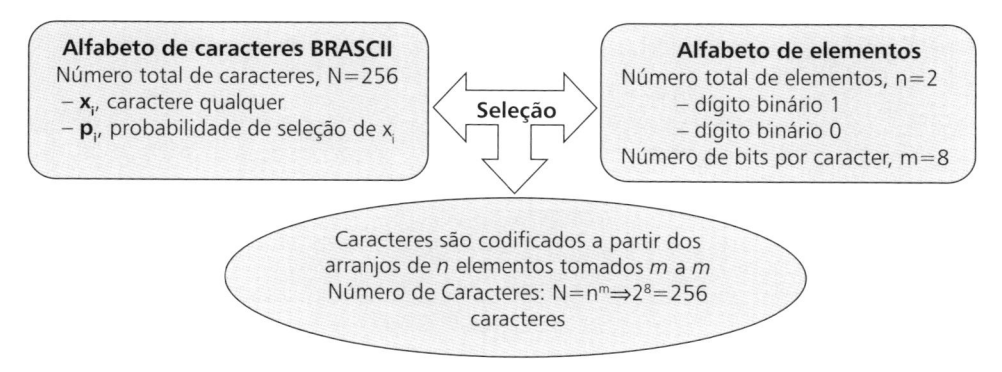

**figura 1.4** Codificação dos caracteres do BRASCII.

é dado por $N = n^m$, e que nosso alfabeto de elementos tem apenas dois elementos ($n = 2$), logo teremos que a variedade de um símbolo pode ser expressa por:

$$v = \log_2 N = \log_2 2^m = m \qquad (1.4)$$

Vamos definir variabilidade de uma fonte, ou taxa de sinalização de uma fonte, como sendo: $R = \dfrac{v}{\tau}$ [bit/s], onde $\tau$ é o tempo de duração de um símbolo. Podemos definir também taxa de sinalização (ou modulação) como sendo: $R_s = \dfrac{1}{\tau}$ [baud]. Lembrando que, pela expressão (1.4), temos que $v = \log_2 N = \log_2 2^m = m$. Portanto, podemos escrever que:

$$R = R_s m \quad [\text{bit/s}] \qquad (1.5)$$

A informação média associada a um caracter de um alfabeto é chamada de **entropia** do alfabeto. A entropia $H(X)$ de um alfabeto $X$, com $N$ elementos, será dada por:

$$H(X) = \sum_{i=1}^{N} p_i \cdot I(x_i) = -\sum_{i=1}^{N} p_i \cdot \log_2 p_i \quad [\text{sh/simb.}] \qquad (1.6)$$

Quanto maior a entropia de um alfabeto, maior é a informação média gerada. Pode-se demonstrar que a entropia de um alfabeto será máxima se a probabilidade de seleção dos seus elementos for equiprovável, isto é, por $p_i = 1/N$. Neste caso, podemos expressar a entropia máxima como:

$$H(X)_{max} = \sum_{i=1}^{N} p_i I(x_i) = -\log_2(1/N) = \log_2 N \qquad (1.7)$$

Pode-se concluir, portanto, que a quantidade de informação gerada por uma fonte depende da entropia do alfabeto utilizado por esta fonte de informação.

| Codifica- | 8 | 0 | 0 | 0 | 0 | 0 | 0 | 0 | 0 | 1 | 1 | 1 | 1 | 1 | 1 | 1 | 1 |
| ção | 7 | 0 | 0 | 0 | 0 | 1 | 1 | 1 | 1 | 0 | 0 | 0 | 0 | 1 | 1 | 1 | 1 |
| dos 8 | 6 | 0 | 0 | 1 | 1 | 0 | 0 | 1 | 1 | 0 | 0 | 1 | 1 | 0 | 0 | 1 | 1 |
| bits | 5 | 0 | 1 | 0 | 1 | 0 | 1 | 0 | 1 | 0 | 1 | 0 | 1 | 0 | 1 | 0 | 1 |
| 1 | 2 | 3 | 4 | \multicolumn{13}{c}{Caracteres de 8 bits do Alfabeto BRASCII} |
|---|---|---|---|---|---|---|---|---|---|---|---|---|---|---|---|---|---|
| 0 | 0 | 0 | 0 | NUL | DLE | SP | 0 | @ | P | ` | p |   | ° | À | Ð | à | ð |
| 0 | 0 | 0 | 1 | SOH | DC1 | ! | 1 | A | Q | a | q |   | ± | Á | Ñ | á | ñ |
| 0 | 0 | 1 | 0 | STX | DC2 | " | 2 | B | R | b | r | ¢ | ² | Â | Ò | â | ò |
| 0 | 0 | 1 | 1 | ETX | DC3 | # | 3 | C | S | c | s | £ | ³ | Ã | Ó | ã | ó |
| 0 | 1 | 0 | 0 | EOT | DC4 | $ | 4 | D | T | d | t | ¤ | ´ | Ä | Ô | ä | ô |
| 0 | 1 | 0 | 1 | ENQ | NAK | % | 5 | E | U | e | u | ¥ | µ | Å | Õ | å | õ |
| 0 | 1 | 1 | 0 | ACK | SYN | & | 6 | F | V | f | v | ¦ | ¶ | Æ | Ö | æ | ö |
| 0 | 1 | 1 | 1 | BEL | ETB | ' | 7 | G | W | g | w | § | · | Ç | × | ç | ÷ |
| 1 | 0 | 0 | 0 | BS | CAN | ( | 8 | H | X | h | x | ¨ | ¸ | È | Ø | è | ø |
| 1 | 0 | 0 | 1 | HT | EM | ) | 9 | I | Y | i | y | © | ¹ | É | Ù | é | ù |
| 1 | 0 | 1 | 0 | LF | SUB | * | : | J | Z | j | z | ª | º | Ê | Ú | ê | ú |
| 1 | 0 | 1 | 1 | VT | ESC | + | ; | K | [ | k | { | « | » | Ë | Û | ë | û |
| 1 | 1 | 0 | 0 | FF | FS | , | < | L | \ | l | \| | ¬ | ¼ | Ì | Ü | ì | ü |
| 1 | 1 | 0 | 1 | CR | GS | - | = | M | ] | m | } | - | ½ | Í | Ý | í | ý |
| 1 | 1 | 1 | 0 | SO | RS | . | > | N | ^ | n | ~ | ® | ¾ | Î | Þ | î | þ |
| 1 | 1 | 1 | 1 | SI | US | / | ? | O | _ | o | DEL |   | ¿ | Ï | ß | ï | ÿ |

▪ Caracteres especiais de Controle de Transmissão.

**figura 1.5** Código brasileiro para troca de informação (BRASCII) baseado no Alfabeto Internacional n.5 do ITU-T.

### 1.3.2 eficiência de fonte e eficiência de código de fonte

A partir da expressão (1.7), que define a condição de máxima entropia de um alfabeto de símbolos, pode-se definir a eficiência $\eta_f$ de uma fonte como:

$$\eta_f = \frac{H(X)}{H(X)_{max}} = \frac{H(X)}{\log_2 N} \qquad (1.8)$$

Um código qualquer, por outro lado, pode ser avaliado pelo número médio $\bar{n}$ de bits associado a cada símbolo, ou seja, $\bar{n} = \sum_{i=1}^{N} p_i n_i$, em que $n_i$ representa o número de bits associados ao i-ésimo elemento do alfabeto. Podemos, então, definir a eficiência do código de fonte como:

$$\eta_{cod} = \frac{H(X)}{\bar{n}} \quad \text{[sh/bit]} \qquad (1.9)$$

A eficiência ótima do código fonte será aquela que consegue associar 1sh a cada bit, pois neste caso teremos $\eta_{cod} = 1$

Por último, dado um alfabeto de N símbolos, caracterizado por sua entropia $H(x)$, podemos definir como redundância $r$ deste alfabeto a diferença entre $H(X)_{max}$ e a entropia atual $H(X)$.

$r(X) = H(X)_{max} - H(x)$, ou, considerando (1.7),

$r(X) = \log_2 N - H(X) = 1 - H(X)/\log_2 N$, e devido a (1.8),

$r(X) = 1 - \eta_f$ \hfill (1.10)

## ■ exemplo de avaliação de um código

Dado um alfabeto com 6 símbolos com suas probabilidades de ocorrência e com sua codificação segundo o código Huffman, conforme a tabela 1.3 abaixo, deseja-se obter:

a) o número médio de bits por símbolo do código;
b) a entropia associada ao alfabeto;
c) a eficiência do código utilizado;
d) a eficiência da fonte;
e) a redundância do código.

Para o desenvolvimento dos itens solicitados, as últimas três colunas contêm informações que facilmente podem ser derivadas das colunas de dados. Desta forma, podemos calcular os itens solicitados como mostrado a seguir.

a) o comprimento médio de cada símbolo será:

$$\bar{n} = \sum_{i=o}^{5} p_i n_i = 2,06 bit / símbolo$$

b) a entropia associada ao código será:

$$H(A) = -\sum_{i=0}^{5} p_i \log_2 p_i = 1,99 bit / símbolo$$

**tabela 1.3** Codificação Huffman de um alfabeto de elementos

| | Dados | | | Desenvolvimento | |
|---|---|---|---|---|---|
| Elementos do alfabeto Ai | Probabilidade de ocorrência pi | Codificação Huffmann [1] | bits por símbolo [ni] | pi.ni | pi.log2.pi |
| $A_0$ | 0,4 | 1 | 1 | 0,4 | 0,5287 |
| $A_1$ | 0,3 | 00 | 2 | 0,6 | 0,5210 |
| $A_2$ | 0,2 | 010 | 3 | 0,6 | 0,4643 |
| $A_3$ | 0,04 | 0111 | 4 | 0,16 | 0,1857 |
| $A_4$ | 0,04 | 01100 | 5 | 0,2 | 0,1857 |
| $A_5$ | 0,02 | 01101 | 5 | 0,1 | 0,1128 |

c) a eficiência do código será:

$$\eta_{cod} = \frac{H(A)}{\bar{n}} = \frac{1,99}{2,06} = 0,97 \quad (97\%)$$

d) a eficiência da fonte será:

$$\eta_f = \frac{H(A)}{\log_2 N} = \frac{1,99}{2,805} = 0,709 \quad (70,9\%)$$

e) a redundância do código será:

$$r = 1 - \eta_{cod} = 1 - 0,97 = 0,03 \quad (3\%)$$

Pode-se observar que há coerência nos resultados obtidos, como era de se esperar. Em primeiro lugar, a fonte de informação é pouco eficiente (71%), isto se deve à grande heterogeneidade das probabilidades associadas aos símbolos. Quanto mais os símbolos estiverem próximos da condição de equiprobabilidade, mais eficiente será a fonte. Além disto, observa-se que o código de Huffman possui uma alta eficiência (97%), pois associa mais bits a símbolos pouco prováveis e menos bits a símbolos muito prováveis, o que explica também a sua baixa redundância.

## 1.4 modelagem do canal

Até aqui consideramos a geração de informação como um processo de seleção a partir de um conjunto único de eventos *(X, $x_i$)*, com probabilidade de ocorrência de cada evento dado por $p_i$, gerando a informação *I($p_i$, $x_i$)* ou *I(X)*. A geração de informação é um processo sequencial de seleção de símbolos, que é caracterizado por uma variável aleatória que depende do tempo *X(t)*, portanto, um processo estocástico. Vimos que a informação média gerada por um alfabeto com eventos independentes pode ser caracterizada através da entropia desta fonte e que é dada por:

$$H(X) = E[I(X)] = \sum_{i=1}^{N} p(x_i)I(x_i) = \sum_{i=1}^{N} p(x_i)\log_2\left(\frac{1}{p(x_i)}\right) \quad (1.11)$$

Para que a informação gerada na fonte seja reconhecida de forma unívoca no destinatário, vamos construir agora um modelo que se encarregue desta função.

Vamos partir de um modelo de sistema de comunicação de informação simples, constituído apenas de uma fonte e de um receptor de informação, de acordo com Ribeiro e Barradas (1980). A fonte gera informação a partir de um alfabeto de eventos *(X, $x_i$)* com uma entropia dada em (1.11). Vamos supor que o destinatário tem conhecimento do alfabeto *X* da fonte. A informação que chega ao destinatário forma igualmente um conjunto de eventos *(Y, $y_i$)* que deverá estar relacionado, ou condicionado, aos eventos *(X, $x_i$)* da fonte. A abrangência do alfabeto *(Y, $y_i$)*, no entanto, pode ser maior que o alfabeto *(X, $x_i$)*. A base do nosso sistema de comunicação de informação, portanto, está estruturada sobre dois alfabetos de eventos que estão relacionados ou condicionados entre si, como mostrado na figura 1.6.

Desta forma, se a fonte envia o símbolo $x_i$ com probabilidade $p_i$, o destinatário recebe este símbolo como $y_k$, com uma probabilidade $p_k$ e uma probabilidade conjunta dada $p(x_i,y_k)$. Vamos representar a probabilidade condicional entre os dois eventos por $p(y_k|x_i)$. A probabilidade condicional refere-se à probabilidade de ocorrência do evento $y_k$, supondo que tenha ocorrido o evento $x_i$ com probabilidade $p_i$. A probabilidade condicional $p(y_k|x_i)$ e a probabilidade conjunta $p(x_i,y_k)$ dos dois eventos $x_i$ e $y_i$, estão relacionadas entre si pelas seguintes expressões:

$$p(x_i,y_k) = p(x_i).p(y_k|x_i) \quad \text{ou} \quad p(y_k,x_i) = p(y_k).p(x_i|y_k) \qquad (1.12)$$

Podemos, então, associar uma informação a estas probabilidades equivalente à expressão (1.2). Assim, podemos definir para o par de eventos $(x_i, y_k)$ uma informação conjunta $I(x_i, y_k)$ dada por:

$$I(x_i,y_k) = \log_2 \frac{1}{p(x_i,y_k)} = \log_2\left(\frac{1}{p(x_i)} \cdot \frac{1}{p(y_k|x_i)}\right) = I(x_i) + I(y_k|x_i)$$

Ou então:

$$I(x_i,y_k) = \log_2 \frac{1}{p(y_k,x_i)} = \log_2\left(\frac{1}{p(y_k)} \cdot \frac{1}{p(x_i|y_k)}\right) = I(y_k) + I(x_i|y_k) \qquad (1.13)$$

A partir dessas relações de informação, podemos definir também as entropias associadas a cada uma das informações, ou seja, o valor esperado dessas informações. Assim, a partir de (1.12), temos:

$$H(X,Y) = H(X) + H(Y/X) \quad \text{e também:} \quad H(X,Y) = H(Y) + H(X|Y) \qquad (1.14)$$

Vamos tentar associar alguma interpretação física a estas entropias obtidas a partir do nosso modelo de sistema de comunicação de informação formado por duas fontes dependentes, como mostra a figura 1.6.

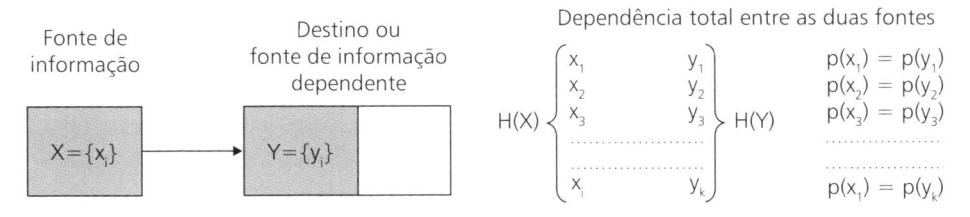

**figura 1.6** Modelo de um sistema de comunicação de informação ideal e simples, utilizando-se duas fontes completamente dependentes.

### 1.4.1 transinformação, equivocação e dispersão

A interpretação das diferentes entropias obtidas na expressão (1.14) pode ser feita com base numa extensão ao nosso modelo de sistema de comunicação de informação que é mostrado na figura 1.7. Pode-se observar, a partir da figura, que as entropias condicionais, $H(Y|X)$ e $H(X|Y)$, agora definem o grau de acoplamento entre a fonte e o destino. $H(X,Y)$ corresponde à entropia conjunta dos dois alfabetos, enquanto $T(X,Y)$ corresponde aos eventos comuns da fonte e destino. Sendo assim, pode-se considerar três situações em relação ao acoplamento entre a fonte e o destinatário da informação que discutiremos a seguir (Ribeiro; Barradas, 1980).

Na primeira situação, figura 1.7(a), fonte e destinatário estão parcialmente acoplados. Vamos definir a área que corresponde à sobreposição dos dois campos de eventos, $H(X)$ e $H(Y)$, como a transinformação e representar por $T(X,Y)$. A transinformação, portanto, é a porção da informação que sai da fonte e, efetivamente, chega ao destino. Esta situação corresponde a um sistema real de comunicação de informação. Em outras palavras, a informação efetiva que chega ao destino $H(Y)$ é diferente da informação $H(X)$ que foi emitida na fonte, ou seja, $H(X) \neq H(Y)$. Pode-se escrever, a partir da figura 1.7(a), que a transinformação $T(X,Y)$ obedece às seguintes relações:

$$T(X,Y) = H(X) - H(X/Y) \quad \text{ou} \quad T(X,Y) = H(Y) - H(Y|X) \quad (1.15)$$

Desta forma, a fonte emite H(X) de informação. Porém, uma parcela H(X|Y) desta informação não chega ao destino, é perdida. Da mesma forma, a informação H(Y) no destino corresponde a T(X,Y), mais uma parcela H(Y|X) que não tem correspondência com a fonte de origem.

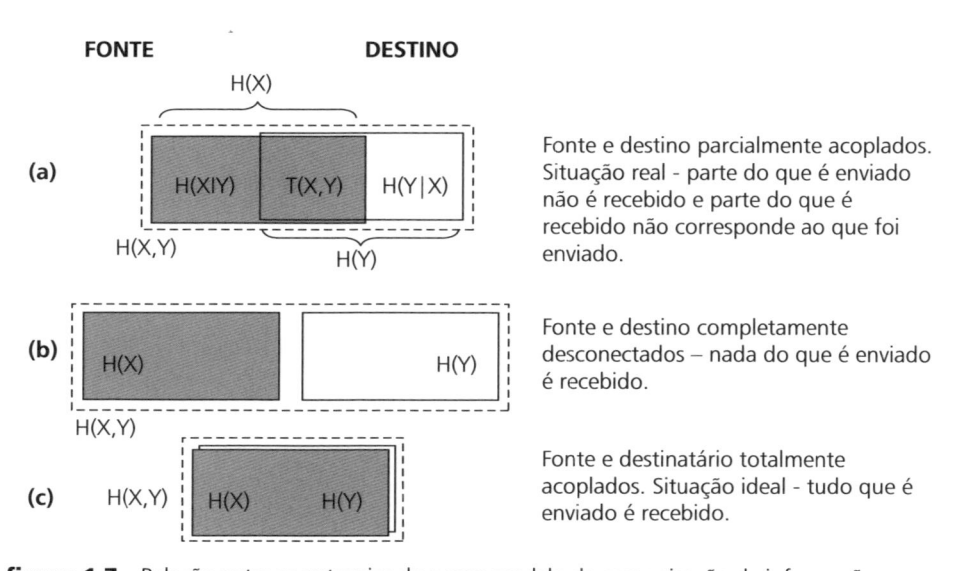

**figura 1.7** Relação entre as entropias do nosso modelo de comunicação de informação.

(a) Fonte e destino parcialmente acoplados. Situação real - parte do que é enviado não é recebido e parte do que é recebido não corresponde ao que foi enviado.

(b) Fonte e destino completamente desconectados – nada do que é enviado é recebido.

(c) Fonte e destinatário totalmente acoplados. Situação ideal - tudo que é enviado é recebido.

Na segunda situação, figura 1.7(b), a fonte e o destinatário estão completamente desacoplados ou desconectados entre si, ou seja, $H(Y|X) = H(X|Y) = 0$. Nada da informação gerada na fonte chega ao destino. Neste caso, as expressões em (1.14) se reduzem a:

$$H(X|Y) = H(X) \quad \text{e} \quad H(Y|X) = H(Y) \tag{1.16}$$

e, portanto:

$$H(X,Y) = H(X) + H(Y) \tag{1.17}$$

Na terceira situação, figura 1.7(c), ao considerar que fonte e destinatário estão completamente acoplados, há uma sobreposição total entre $H(X)$ e $H(Y)$, ou seja, a informação que é emitida na fonte chega integralmente ao destino e, portanto, $H(X|Y) = H(Y|X) = 0$ corresponde, assim, à situação ideal em comunicação de informação. Pode-se escrever então que:

$$H(X,Y) = H(X) = H(Y) \tag{1.18}$$

As diferentes entropias do nosso modelo de comunicação de informação também podem ser interpretadas fisicamente a partir de um modelo de canal como está esquematizado na figura 1.8. Pode-se observar, neste modelo, que a transinformação $T(X,Y)$, na realidade, corresponde à informação que efetivamente sai da fonte e chega integralmente ao destinatário. Já $H(X|Y)$ pode ser interpretada como uma equivocação, ou seja, uma porção da informação de $H(X)$ que sai da fonte, mas que não chega ao destino, é perdida. Finalmente, vamos chamar de dispersão (alguns autores preferem irrelevância), a informação $H(Y|X)$ que chega ao destinatário, mas que não possui relação com a informação enviada pela fonte.

Com este modelo, fica visível, e pode-se concluir, que maximizar a transferência de informação pelo canal corresponde a maximizar a transinformação $T(X,Y)$. Se considerarmos a transinformação $T(X,Y)$ por unidade de tempo, podemos falar em um fluxo de informação entre fonte e destino dado por $R(T(X,Y))$, em que $R$ (*rate* ou taxa) é medido em bits/s. O fluxo $R$ depende tanto das propriedades do canal como da própria fonte de informação.

Schannon demonstrou que, em um canal com perturbação na fonte, pode-se, através de codificadores de fonte cada vez mais sofisticados, eliminar a dependência do fluxo de informação da própria fonte, ou seja, anular a equivocação da fonte. Esta situação corresponde à condição de codificador de fonte ideal conforme definido em (1.9). Em outras palavras,

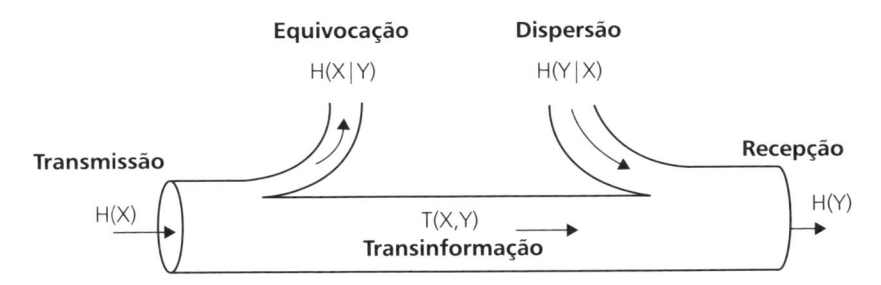

**figura 1.8** Modelo de um canal com perturbação, de acordo com Berger (1962).

nessas condições, a capacidade máxima $R_{max}$ de um canal depende unicamente da dispersão, ou seja, das perturbações do próprio canal físico e não mais da fonte. O fluxo $R_{max}$ é chamado de capacidade máxima do canal, representado por C e medido em bit/s.

Com base nessas conclusões, pode-se afirmar que a capacidade máxima C de um canal (físico) com codificador de fonte ideal (1 bit/shannon) depende essencialmente de dois fatores: 1) das características deste canal e 2) das perturbações que o fluxo de informação (dispersão) sofre ao passar por ele. Na seção 1.5 apresentaremos como pode ser determinado C, com base unicamente nas características físicas do canal.

Antes, porém, vamos apresentar, na seção 1.4.2 a seguir, um exemplo prático de aplicação dos conceitos de transinformação, equivocação e dispersão, aplicados a um canal que utiliza uma *fonte binária dependente* entre origem e destino e, por isso, chamado de **canal binário**.

### 1.4.2 O canal binário (BC)

Em comunicação de dados é especialmente relevante a fonte binária, na qual os elementos do alfabeto da fonte são unicamente *zeros* e *uns*, ou seja, $X\{0,1\}$. Sendo assim, podemos estruturar um canal binário ou BC (*Binary Channel*) que será constituído de dois alfabetos binários dependentes entre si, $X\{0,1\}$ e $Y\{0,1\}$, como é mostrado na figura 1.9(a). O canal binário genérico pode ser representado pelas probabilidades condicionais $p(1|1)$, $p(1|0)$, $p(0|1)$ e $p(0|0)$, ou por uma matriz de probabilidades, onde as linhas correspondem aos símbolos de entrada e as colunas aos símbolos de saída.

$$\begin{bmatrix} p(1|1) & p(0|1) \\ p(1|0) & p(0|0) \end{bmatrix}$$

A representação gráfica de um canal binário genérico é mostrada na figura 1.9(a). A figura também mostra dois tipos de modelos de canais binários muito utilizados: o canal binário simétrico ou BSC (*Binary Symmetric Channel*) e o canal binário de apagamento ou BEC (*Binary Erase Channel*). Em ambos, a probabilidade de *zero* e *um* é igual a $p$, e a de ocorrer um erro na transmissão de *zero* ou *um* é igual a $q$. No canal binário de apagamento ou BEC, a condição de erro de *zero* ou *um* define um estado que é chamado de bit *apagado* ou *erase* bit. A condição de bit *apagado* define uma situação de indefinição em relação ao dígito binário enviado, como é mostrado na figura 1.9(c).

Para o canal binário genérico, baseado na relação (1.6), podemos escrever as seguintes equações de entropia:

$$H(X) = p(x_1)I(x_1) + p(x_2)I(x_2) \quad \text{e} \quad H(Y) = p(y_1)I(y_1) + p(y_2)I(y_2)$$
$$H(X|Y) = p(x_1|y_1)I(x_1|y_1) + p(x_2|y_2)I(x_2|y_2)$$
$$H(Y|X) = p(y_1|x_1)I(y_1|x_1) + p(y_2|x_2)I(y_2|x_2) \qquad (1.19)$$

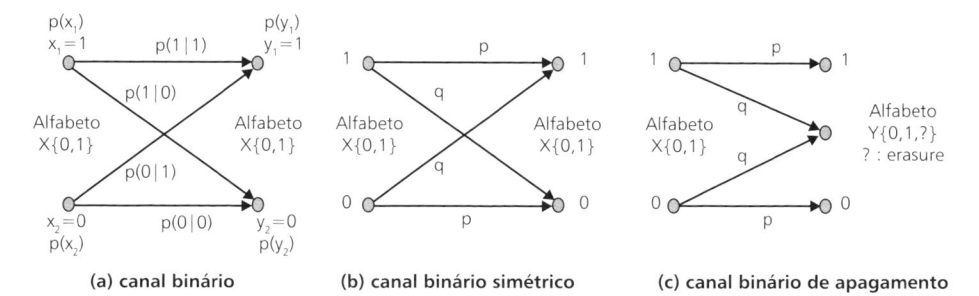

**figura 1.9** Canal binário: (a) canal binário genérico, (b) canal binário simétrico e c) canal binário de apagamento.

A transinformação é definida em (1.15) como:

$$T(X,Y) = H(X) - H(X|Y) = H(Y) - H(Y|X)$$

Temos que $(x_i | y_j) \neq 0$ e $p(y_j | x_i) \neq 0$ para $i \neq j$ e, portanto, que:

$H(Y|X) \neq 0$ e $H(X|Y) \neq 0$ e também que $T(X,Y) < H(X)$ e $T(X,Y) < H(Y)$

A capacidade máxima do canal binário genérico com ruído será então: $C = T(X,Y)_{max}$. Para que a transinformação seja máxima, devemos ter que:

$$T(X,Y)_{max} = H(X)_{max} - H(X|Y) \quad \text{ou então que} \quad T(X,Y)_{max} = H(Y)_{max} - H(Y|X) \quad (1.20)$$

Estas condições implicam que:

$$H(X)_{max} = H(Y)_{max} \quad \text{e também que} \quad H(X|Y) = H(Y|X), \quad (1.21)$$

ou seja, que os eventos binários de entrada e de saída sejam equiprováveis e também que as probabilidades condicionais dos símbolos sejam idênticas. Um canal que atende essas condições é chamado de canal binário simétrico e será analisado a seguir.

### 1.4.3 o canal binário simétrico (BSC)

Um caso especial de canal binário, devido a sua importância em comunicação de dados, é o canal binário simétrico, ou BSC (*Binary Symmetric Channel*), mostrado na figura 1.9(b). Por definição, um canal binário é simétrico quando são obedecidas as seguintes relações de probabilidades condicionais:

$$p(x_1 | y_1) = p(x_1 | y_1) = p \quad \text{e} \quad p(x_1 | y_2) = p(x_2 | y_1) = q \quad (1.22)$$

Em transmissão de dados, é especialmente importante o BSC cujo alfabeto de fonte X e o alfabeto relacionado de destino Y são constituídos pelos dígitos binários 0 e 1, ou seja,

$X = \{0, 1\}$ e $Y = \{0,1\}$. As relações (1.22) que caracterizam um BSC genérico, neste caso, podem ser resumidas como:

$$p(1|1) = p(0|0) = p$$
$$p(1|0) = p(0|1) = q \quad \text{e}$$
$$p + q = 1 \quad (1.23)$$

A principal característica de um BSC, portanto, é que não há predileção de erros quanto aos símbolos da fonte. Os erros incidem igualmente sobre o bit 1 e o bit 0 transmitidos. Por outro lado, quando houver predileção na distribuição dos erros por algum dos símbolos 0 ou 1, o canal será assimétrico. Devido à simplicidade de análise do BSC em sistemas de comunicação de dados reais e em telecomunicações em geral, procura-se atender estas condições.

De acordo com (1.20), a capacidade máxima de transmissão de informação de um BSC com $X = \{0,1\}$ e $Y\{0,1\}$ é dada por:

$$T(X,Y)_{max} = H(X)_{Max} - H(X|Y) = H(Y)_{max} - H(Y|X) \; [sh/simb] \quad (1.24)$$

A condição de $T(X,Y)_{max}$ será obtida quando $H(X)$ ou $H(Y)$ forem máximos. A entropia máxima $H(X)_{max}$ e $H(Y)_{max}$ será obtida quando os dígitos binários 1 e 0 forem equiprováveis. Neste caso teremos que:

$$H(X)_{max} = H(Y)_{max} = \log_2 2 = 1 \quad (1.25)$$

As entropias condicionais $H(X|Y)$ e $H(Y|X)$, considerando-se as relações (1.19) e (1.23), serão expressas por:

$$H(X|Y) = H(Y|X) = p(1) \, [p \log_2 p + q \log_2 q] + p(0) \, [p \log_2 p + q \log_2 q] \quad \text{ou}$$
$$H(X|Y) = H(Y|X) = [\, p(1) + p(0)] \, [p \log_2 p + q \log_2 q]$$

Como $p(1) + p(0) = 1$, temos, então, que:

$$H(X|Y) = H(Y|X) = p \log_2 p + q \log_2 q \quad (1.26)$$

Substituindo-se (1.25) e (1.26) na expressão (1.24), obtemos para a capacidade máxima do BSC simétrico:

$$T(X,Y)_{max} = 1 - [\, p \log_2 p + q \log_2 q] \quad (1.27)$$

Lembrando que $q = 1 - p$, então a parcela $[p \log_2 p + q \log_2 q]$ pode ser escrita em função de $p$ somente como: $p \log_2 p + q \log_2 q = p \log_2 p + (1 - p) \log_2 (1 - p)$

Vamos definir $S(p)$ [3] $= - [\, p \log_2 p + (1 - p) \log_2 (1 - p)]$ e com isso podemos reescrever (1.27) como:

$$T_{max} = 1 - S(p) \quad (1.28)$$

---

[3] A função $S(p) = - [p \log 2\, p + (1 - p) \log 2\, (1 - p)]$ é conhecida também como a função de Shannon, segundo uma sugestão de Berger (1962).

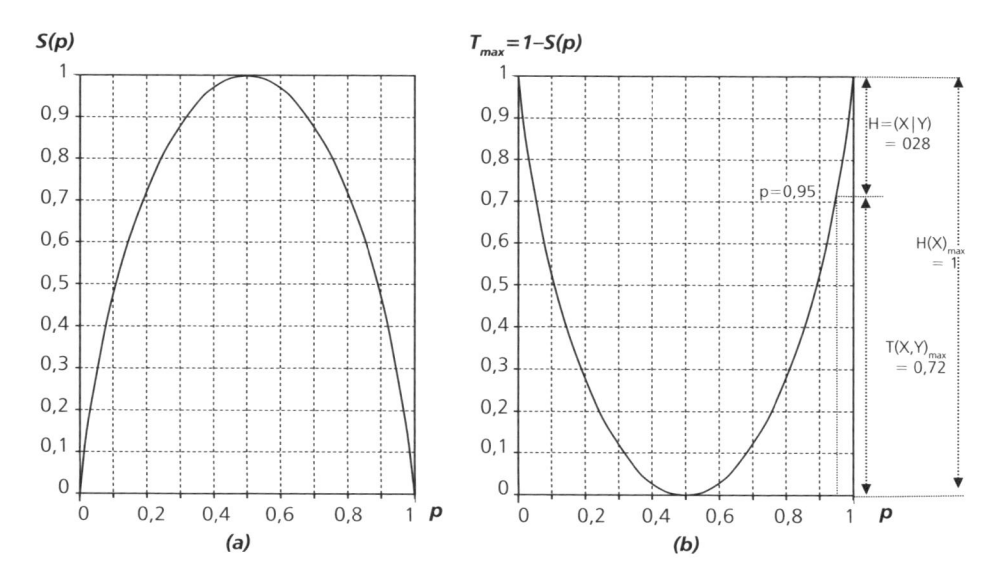

**figura 1.10** Representação gráfica da equação S(p) = − [p log$_2$ p + (1 − p) log$_2$ (1 − p)]; (a) corresponde a S(p) e (b) a 1 − S(p) (Bocker, 1976).

A representação gráfica de S(p) e de $T_{max}$ = 1 − S(p) mostrada nas figuras 1.10(a) e (b), respectivamente. A partir desses gráficos, podemos facilmente obter as diferentes relações que caracterizam um BSC, que é o modelo normalmente adotado em sistemas de comunicação de dados práticos.

Note que a transinformação máxima $T_{max}$ é obtida quando S(p) é mínimo, ou seja, quando S(p) = 0, que corresponde a p = 0 ou p = 1. Neste caso, temos que $T_{max}$ = 1.

■ **exemplo de aplicação**

Vamos considerar um BSC em diferentes condições, e em que se quer determinar: a entropia máxima da fonte H(X)$_{max}$ e da fonte dependente H(Y)$_{max}$, a equivocação H(X|Y) e a dispersão H(Y|X), além da capacidade máxima $T_{max}$, nas seguintes condições:

a) O BSC sem erro, ou p = 1
b) O BSC com erro total, ou p = 0
c) O BSC com p = 0,95

Vamos determinar esses valores de forma analítica e/ou de forma gráfica, a partir dos gráficos de $S(p)$ e $T_{max} = 1 - S(p)$ das figuras 1.10(a) e (b), respectivamente.

a) O BSC sem erro, ou p = 1

Já que o canal é simétrico e equiprovável, pela equação (1.25) e pelo gráfico da figura 1.10(b) temos que:

$$H(X)_{max} = H(Y)_{max} = log_2 2 = 1 \quad [sh/bit]$$

A equivocação e a dispersão, pela equação (1.26) e pelo gráfico, são nulas:

$$H(X|Y) = H(Y|X) = S(p) = 0 \; [sh/bit]$$

A capacidade máxima de informação do canal, pela equação (1.27) e pelo gráfico da figura 1.10(b), será:

$$T_{max} = 1 - S(p) = 1 \; [sh/bit]$$

b) O BSC com erro total, ou p = 0

O canal apresenta resultados iguais ao anterior. Como o canal é simétrico e equiprovável, pela equação (1.25) e pelo gráfico da figura 1.10(b) temos que:

$$H(X)_{max} = H(Y)_{max} = log_2 2 = 1 \quad [sh/bit]$$

Pela equação (1.26) e pelo gráfico da figura 1.10(b), temos que a equivocação e a dispersão são nulos, ou seja:

$$H(X|Y) = H(Y|X) = S(p) = 0$$

Por último, pela equação (1.28) e pelo gráfico de figura 1.10(b), temos que:

$$T_{max} = 1 - S(p) = 1 \quad [sh/bit]$$

Esses resultados podem parecer surpreendentes, mas devemos lembrar que o canal totalmente errado transfere totalmente, sem equivocação ou dispersão, toda a informação da entrada para a saída, o que é perfeitamente explicado pelo gráfico da figura 1.10(b).

c) O BSC com p = 0,95

Pode-se obter os parâmetros desejados deste BSC diretamente do gráfico, como é mostrado na figura 1.10 (b). Assim, temos que:

$$H(X)_{max} = H(Y)_{max} = log_2 2 = 1 \quad [sh/bit]$$

$$H(X|Y) = H(Y|X) = S(p) = 0{,}28 \quad [sh/bit]$$

$$T_{max} = 1 - S(p) = 1 - 0{,}28 = 0{,}72 \quad [sh/bit]$$

### 1.4.4 o canal binário de apagamento (BEC)

Este modelo de canal binário é conhecido também como BEC (*Binary Erasure Channel*). O modelo é muito simples e pode ser descrito a partir do esquema da figura 1.9(c). O alfabeto da fonte X{0, 1} está vinculado ao alfabeto de destino Y{0, 1,?}, em que "?" representa a condição de *erasure* ou *apagamento*, o que significa que não foi recebido um símbolo válido. As probabilidades condicionais do BEC podem ser definidas como no BSC, ou seja:

$$p(1|1) = p(0|0) = p$$
$$p(0|?) = p(1|?) = q = 1 - p,$$

em que $q$ (ou $1 - p$) é a probabilidade de ocorrer o *apagamento* de um símbolo, que pode ser tanto *zero* como *um*. Pode-se dizer que o canal BEC é um canal sem erros com uma capacidade definida por $C = R.p$ [bit/s], em que R é a taxa de bit na entrada e C é a capacidade em [bit/s] na saída que, com certeza, estão corretos. É claro que deve ser definido algum mecanismo que permita recuperar os símbolos (bits) que foram "*apagados*".

Esse modelo é usado muitas vezes em teoria de códigos e em teoria de informação devido a sua grande simplicidade. Foi introduzido pela primeira vez por Peter Elias do MIT em 1954. É usado por nós no capítulo 7, na seção 7.5.5, em que se utiliza esta modelagem no processo de decodificação do código LDPC.

## 1.5  capacidade máxima de um canal

Na seção anterior, vimos que um canal pode ser caracterizado por um esquema de dependência entre dois alfabetos: *X (origem)* e *Y (destino)*. A ocorrência de um evento $x_i$ com uma probabilidade $p_i$ na fonte gera um evento $y_k$ com probabilidade $p_k$ em *Y*. Impõe-se como condição, porém, que o evento $x_i$ tenha ocorrido primeiro e que, só após, com uma probabilidade $p_k$, ocorra o evento $y_k$. Este esquema de dependência entre os elementos das duas fontes é chamado de *probabilidade condicional*.

Desta forma, baseado na dependência entre os dois alfabetos, é introduzido por Shannon o conceito de equivocação na fonte e o conceito de dispersão no destino. De acordo com Shannon e Weaver (1969), a perturbação do canal, assim caracterizada, não leva em conta as características do meio físico em si, mas explica unicamente os efeitos dessas perturbações sobre o fluxo de informação.

Um canal físico, ou meio, possui a sua caracterização própria através de parâmetros físicos específicos. A maximização da eficiência de um canal, portanto, deve, necessariamente, levar em conta esses parâmetros físicos que caracterizam o canal. Por isso, vamos a seguir apresentar os parâmetros mais significativos que caracterizam um canal físico.

Um dos parâmetros mais importantes na caracterização de um meio é o conceito de banda passante *B* deste meio, expresso em Hz. A banda passante *B* é um valor máximo que está associado ao sinal de maior frequência que consegue passar por este meio, sujeito a determinados limites de atenuação e distorção do sinal.

Um segundo parâmetro importante na caracterização de um meio é o ruído associado ao meio. O ruído em um meio físico pode ser de origem externa (poluição eletromagnética ou interferência) ou interna, causado principalmente pela agitação da estrutura cristalina do meio, a qual é provocada pela temperatura ambiente. Para o nosso estudo, vamos chamar de ruído (*noise*) o conjunto dessas perturbações. Em comunicação de dados, devido à sua praticidade, usa-se geralmente uma razão entre a potência S do sinal de dados e a potência N do ruído do canal, chamada de *razão sinal ruído*, ou simplesmente S/N. A razão S/N, assim definida, é um número puro e adimensional.

A questão que se impõe agora é a seguinte: dado um meio físico caracterizado por uma largura de banda B e por uma razão sinal ruído S/N, qual será a capacidade máxima de sinalização através deste meio? Representaremos a capacidade máxima de um meio por C, e ela é medida em unidades de bit/s. Chamaremos de R (*rate*) a taxa de sinalização efetiva utilizada no meio, tal que R<C. A partir destes dois parâmetros, podemos definir também uma eficiência $\eta$ de utilização deste meio,

$$\eta = \frac{R}{C} \qquad (1.29)$$

em que tanto C como R são expressos em [bit/s].

## 1.5.1 capacidade máxima de um canal sem ruído

Para analisar a capacidade máxima de um canal, vamos considerar inicialmente um meio caracterizado unicamente por sua banda passante B [Hz], sem ruído ou interferência. O conceito de banda passante B foi introduzido por Nyquist, em 1928, ao estabelecer uma relação entre a capacidade máxima C em pares metálicos, levando em conta somente a banda passante B do meio e o tipo de codificação utilizado. Essa relação é conhecida também como teorema de Nyquist e pode ser escrito como:

$$C = 2B \quad [bit/s] \qquad (1.30)$$

Nessa expressão, a banda passante B do meio é expressa em Hz, e os símbolos elétricos utilizados na transmissão são do tipo binário (dois símbolos). A cada símbolo binário é associado um dígito binário, 0 ou 1. A taxa de sinalização de símbolos por unidade de tempo é medida em *bauds*, ou seja, um baud corresponde a um símbolo por segundo. Na relação (1.30), consideramos um bit associado a cada símbolo. Neste caso, a taxa de símbolos [baud] é idêntica à taxa de [bit/s]. Pode-se concluir, portanto, que, pela relação de Nyquist e supondo símbolos binários, a capacidade máxima de um meio sem ruído é duas vezes a banda passante deste meio.

Se associarmos a um símbolo elétrico mais de um bit, o número total N de símbolos deve aumentar. Em comunicação de dados, é usual utilizar um conjunto de N símbolos elétricos, em que N corresponde ao número de arranjos de m elementos binários (bits) tomados m a m. O número total de símbolos elétricos assim obtidos deve obedecer à relação $N = 2^m$, em que m representa o número de bits associados a cada símbolo. Considerando-se a expressão (1.4), o número m de bits associados a cada um dos N símbolos elétricos será dado por:

$$m = \log_2 N \qquad (1.31)$$

E, pela expressão (1.5), a taxa R [bits/s] pode ser relacionada à taxa de sinalização de símbolos $R_s$ [baud] pela expressão:

$$R = R_s m \quad [bit/s]$$

Levando-se em conta a expressão (1.31), podemos escrever que:

$$R = R_s log_2 N \quad [bit/s] \quad (1.32)$$

A partir dessa expressão, pode-se verificar que a condição $R = R_s$ ocorre somente quando $N$ é constituído por dois símbolos e, somente neste caso, temos que 1 baud = 1 bit/s.

Se definirmos um conjunto de $N$ símbolos elétricos, de tal forma que a cada símbolo correspondam $m$ bits, de acordo com a condição (1.31), a expressão do teorema de Nyquist pode ser generalizada para:

$$C = 2B.m = 2B.log_2 N \quad (1.33)$$

Observa-se que, se $m = 1$, ou seja, se a cada símbolo elétrico está associado somente um bit, a expressão (1.33) fica reduzida à expressão (1.30).

Pode-se concluir, portanto, que a capacidade máxima teórica prevista pela relação de Nyquist leva em conta apenas a banda passante e o número de bits associados a cada símbolo, mas não leva em conta o ruído e a interferência no canal. Desta forma, a capacidade do canal, segundo a expressão (1.33), pode ser estendida a infinito, já que teoricamente o número de símbolos $N$, e, portanto $m$, pode tender ao infinito, o que evidentemente não corresponde à realidade. Quem resolveu esta limitação da expressão (1.33) foi Shannon, que apresentou uma nova equação para a capacidade máxima $C$ de um canal, mais realista, que leva em conta a relação sinal ruído $S/N$ e a banda passante $B$ do meio. Essa nova equação será apresentada na seção 1.5.2 a seguir.

### ■ exemplo de aplicação

Viu-se que, quando mapeamos $m$ dígitos binários a um conjunto de $N$ símbolos elétricos, deve ser satisfeita a relação (1.31). Essa relação estabelece que as **N** permutações dos $m$ dígitos binários devem ser igual a 2 elevado à potência $m$. Na tabela 1.4, mostra-se como os bits de informação podem ser associados a conjuntos de símbolos elétricos que, neste caso, são definidos a partir de níveis discretos de amplitude de um sinal elétrico. Todos os esquemas,

**tabela 1.4** Esquemas de mapeamento de conjuntos de bits a níveis elétricos de um sinal

| Número de bits por símbolo | Símbolo elétrico correspondente | Número de níveis discretos do sinal elétrico N | Relação entre Rs [baud] e R [bits/s] |
|---|---|---|---|
| 1 bit | bit | sinal binário (2 níveis) | $Rs = R$ |
| 2 bit | dibit | sinal quaternário (4 níveis) | $2Rs = R$ |
| 3 bits | tribit | sinal de 8 níveis | $3Rs = R$ |
| 4 bits | quadribit | sinal de 16 níveis | $4Rs = R$ |
| : | : | : | : |
| $log_2 N$ bits | multibit | sinal de $N$ níveis | $log_2 N.Rs = R$ |

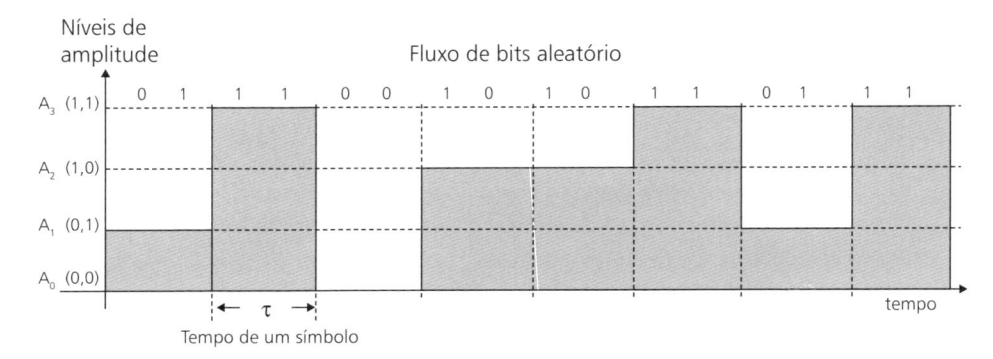

**figura 1.11** Exemplo de codificação de um fluxo de bits aleatório com dibits, formando um sinal de quatro níveis discretos.

porém, obedecem à condição estabelecida em (1.31) e, portanto, vale a relação entre $R$ e $Rs$ dada pela expressão (1.32).

Deve-se mencionar que um conjunto de símbolos elétricos pode ser definido a partir de outros critérios, não só de amplitudes. Assim, podemos definir um conjunto de símbolos a partir de valores discretos de frequências ou de fases de uma portadora elétrica senoidal. Portanto, os critérios a serem adotados para a obtenção dos $N$ valores discretos são amplos e genéricos. Em comunicação de dados, porém, para todos os critérios deve ser obedecida a relação (1.32).

Na figura 1.11, apresenta-se como exemplo um esquema de transmissão de dados baseado em quatro níveis, e a cada nível são associados dois bits. Neste caso, temos que $N = 2^2 = 4$ níveis e, portanto, a cada símbolo estão associados 2 bits

A análise da capacidade $C$ de um canal, que foi feita até aqui, não leva em conta um limite para $N$, ou seja, $N$ pode aumentar arbitrariamente e, portanto, a capacidade $C$ também. Foi Shannon quem estabeleceu uma nova relação que permite determinar a capacidade máxima $C$ de um canal de forma mais realista, levando em conta a banda passante $B$ e a relação sinal ruído $S/N$ deste canal, como veremos a seguir.

### 1.5.2 o teorema de Shannon

Em 1948, o cientista norte-americano Claude Shannon lançou as bases matemáticas do que hoje é conhecido como teoria da informação. Entre outras coisas, a teoria da informação também se ocupa com a questão da capacidade máxima de transmissão por um meio físico com uma determinada banda passante $B$ e uma determinada relação sinal ruído $S/N$. O resultado foi a obtenção de uma expressão matemática que pode ser escrita como:

$$C = B\log_2\left(1 + \frac{S}{N}\right) \quad \text{[bit/s]} \qquad (1.34)$$

A expressão anterior pode ser derivada a partir da própria relação de Nyquist, $C = 2B.m$. Essa relação, pela equação (1.33), também pode ser escrita como $C = 2B\log_2 N$. Nessa expressão, $N$ representa o número de níveis discretos de amplitude de um sinal elétrico, ou os possíveis valores discretos de uma portadora. É intuitivo que o valor máximo de $N$ é limitado pela relação sinal/ruído e que, portanto, existe um valor máximo $N_{max}$, para uma determinada relação sinal ruído, ou seja:

$$C = 2B \log_2 N_{max} \qquad (1.35)$$

O problema agora se resume em determinar o valor de $N_{max}$. Supondo que o sinal possui uma determinada amplitude máxima em volts dada por $s$, e que o ruído possui uma determinada amplitude máxima em volts dada por $n$, neste caso podemos dizer que o número máximo de níveis de amplitude discretos possíveis deste sinal será dado por:

$$N_{max} = \left(\frac{n+s}{n}\right) = \left(1 + \frac{s}{n}\right) \qquad (1.36)$$

A relação sinal ruído em comunicação de dados, porém, é dada geralmente como uma relação de potências. Vamos definir S como a potência do sinal e N como a potência do ruído do canal[4]. Tanto S como N, neste caso, são dados em unidades de $[v^2]$. Podemos escrever, portanto, que:

$$N_{max}^2 = \frac{S+N}{N} = 1 + \frac{S}{N}, \quad \text{ou}, \quad N_{max} = \sqrt{1 + \frac{S}{N}}$$

Substituindo este valor em (1.35) resulta:

$$C = 2B\log_2 \sqrt{1 + \frac{S}{N}}$$

e finalmente:

$$C = B\log_2\left(1 + \frac{S}{N}\right) \quad \text{[bit/s]} \qquad (1.37)$$

O teorema de Shannon, portanto, permite obter a capacidade máxima $C$ de um canal caracterizado por uma largura de banda $B$ e uma relação sinal ruído $S/N$. Lembramos que esta expressão fornece a capacidade máxima C de um canal sem levar em conta a fonte e o codificador de fonte do sistema de comunicação de informação. Isto significa que a capacidade máxima $C$ da expressão (1.37) é um limite superior que só depende dos parâmetros físicos do meio. Por isso, esta capacidade às vezes é grafada como $C_T$, isto é, capacidade máxima de transmissão pelo meio.

Na figura 1.12, apresenta-se o desempenho de diversos canais com diferentes larguras de banda em função da relação sinal ruído observada no meio. Lembramos que a capacidade máxima observada é um limite teórico que, na prática, não é atingido ou ultrapassado, tendo em vista as técnicas de codificação ou modulação não ideais.

---

[4] A potência $S$ do sinal e $N$ do ruído serão iguais à soma dos componentes discretos de potência do sinal e do ruído, ou seja, $S = \sum_i s_i^2$ e $N = \sum_i n_i^2$.

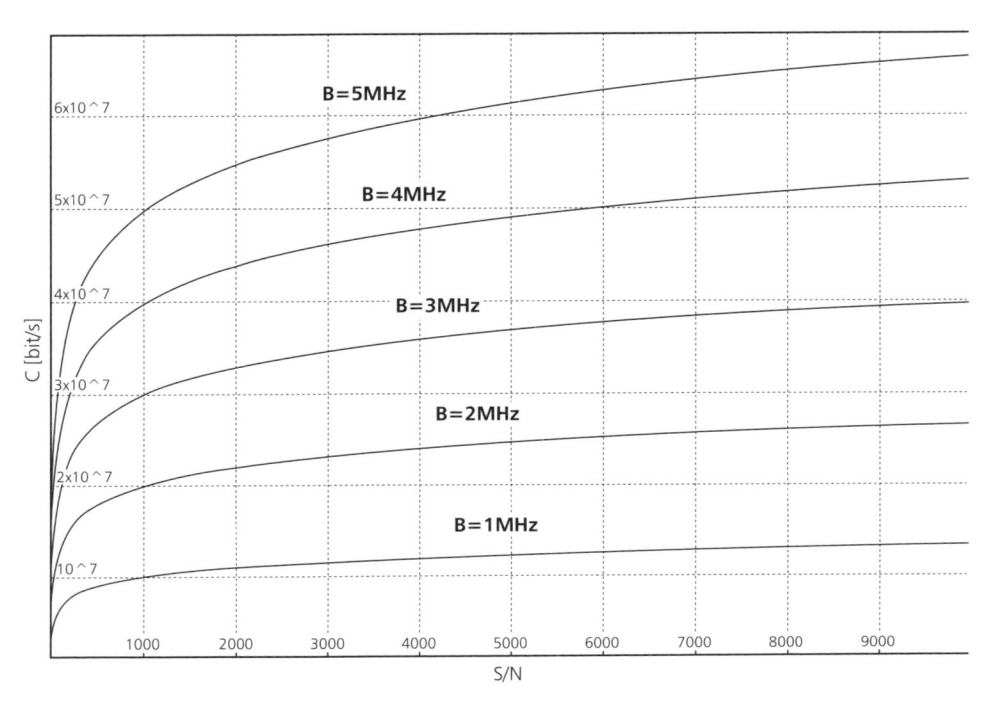

**figura 1.12** Capacidade máxima C de canais com diferentes larguras de banda B em função da relação sinal ruído (S/N) no canal.

### ■ exemplo de aplicação do teorema de Shannon

Determinar a capacidade máxima de transmissão por um canal de voz telefônico cuja largura de banda é *3,1kHz* e que possui uma relação sinal ruído de *30 dB*.

Solução: A unidade dB (decibel) é definida como [dB] = 10log (S/N), portanto, *30dB* = *10log S/N* ⇒ *30/10* = *log S/N* ⇒ *log S/N* = *3*

$$S/N = \text{anti log } 3 = 1000$$

Substituindo em (1.37) resulta:

$$C = 3100 \log_2 (1 + 1000) = 3100 \log_2 1001$$
$$C = 3100 \,(\log 1001/\log 2) = 3100 \cdot 3/0{,}3$$
$$C = 31.000 \text{ bit/s}$$

### 1.5.3 máxima velocidade de transmissão de informação

Até aqui vimos que a capacidade de transmissão máxima C por um canal com uma determinada relação sinal ruído e uma determinada largura de banda B é determinada pelo teorema de Shannon expresso por (1.37).

Shannon também analisou o sistema de comunicação de informação da figura 1.1 como um todo, desde a fonte até o destino, como mostram Ribeiro e Barradas (1980, p. 91-92). Para isso, o sistema deve ser avaliado em relação aos dois grandes blocos que o compõem: 1) o canal e 2) a fonte de informação e seu codificador. Em relação ao canal, o teorema de Shannon estabelece que a capacidade máxima de transmissão do canal é dada pela expressão (1.37), em que C é expresso em unidades de bit/s.

Para avaliar a eficiência do sistema de comunicação de informação como um todo, vamos partir da seguinte hipótese: podemos sempre representar um canal qualquer em função de seu canal binário equivalente, o qual é supostamente adaptado de forma otimizada a uma fonte casada com entropia $H_{FC}(X)$. Neste caso, o valor médio de bits por símbolo será dado por:

$$\bar{n} = \frac{H_{FC}(X)}{\eta_{cod}} \quad \text{em unidades de [bit/simb]} \tag{1.38}$$

A capacidade do sistema de transmitir informação ($C_{sh/bit}$) em sh/bit será então:

$$C_{sh/bit} = \frac{T(X,Y)}{\bar{n}} \frac{[sh/simb]}{[bit/simb]} \quad \text{em unidades de [sh/bit]} \tag{1.39}$$

Substituindo nesta expressão $\bar{n}$ dado por (1.38), obtemos:

$$C_{sh/bit} = \frac{T(X,Y)}{H_{FC}(X)} \cdot \eta_{cod} \quad \text{em unidades de [sh/bit]} \tag{1.40}$$

Vamos definir a eficiência de transmissão como $\eta_T = T(X,Y)/H_{FC}$. O significado de $\eta_T$ é a quantidade de informação transmitida por unidade de informação gerada pela fonte casada ao canal.

$$C_{sh/bit} = \eta_T \cdot \eta_{cod} \quad \text{em unidades de [sh/bit]} \tag{1.41}$$

A eficiência de transmissão $\eta_T$ é um número adimensional que varia de zero a um. Multiplicando-se a expressão (1.41) pela capacidade de transmissão máxima C do canal, dada pela expressão (1.37), tem-se finalmente a velocidade máxima $C_I$ de transmissão de informação pelo sistema como:

$$C_I = \eta_T \cdot \eta_{cod} \cdot C \quad \text{em unidades de [sh/s]} \tag{1.42}$$

Considerando-se a expressão (1.41), podemos escrever também que $C_I = C_{sh/bit} \cdot C$. A expressão (1.42) fornece a máxima velocidade de transmissão de informação para um determinado sistema de comunicação de informação e é conhecida como a lei de Shannon. A expressão relaciona a capacidade máxima de geração e codificação de informação com a capacidade máxima de transmissão de informação pelo canal de comunicação. A lei de Shannon pode ser considerada como o coroamento do trabalho que Shannon publicou em 1948 intitulado: *A Mathematical Theory of Communication*.

## 1.6 exercícios

**exercício 1.1** Faça uma pesquisa na WEB e obtenha as principais características de cada tipo de codificador de fonte: voz, imagens, vídeo e dados, da tabela 1.1.

**exercício 1.2** Faça um histograma e calcule a variância ($\sigma^2$) e o desvio padrão do fluxo de informação mostrado na figura 1.3.

**exercício 1.3** Considerando-se um baralho, ao tirar uma carta, qual a probabilidade de que esta carta seja:

a) vermelha,
b) figurada,
c) figurada e vermelha.
d) figurada ou vermelha.

**exercício 1.4** Uma fonte de informação é constituída dos 10 caracteres numéricos (0,1,...,8,9) equiprováveis. Supondo a codificação BCD (*Binary Coded Decimal*), qual a entropia associada à fonte? Qual a eficiência desse código? Compare a eficiência desse código com a eficiência do código hexadecimal.

**exercício 1.5** Dado um alfabeto de 6 elementos com as seguintes probabilidades: $p1 = p2 = 0{,}05$, $p3 = p4 = 0{,}2$ e $p5 = p6 = 0{,}25$. Cada símbolo é codificado por três bits. Qual a entropia desse código? Qual a eficiência da fonte e qual a eficiência do código?

**exercício 1.6** Um alfabeto é constituído de 5 vogais e 20 consoantes. Uma linguagem que utiliza este alfabeto associa às vogais uma probabilidade de 0,08 e às vinte consoantes uma probabilidade de 0,03. Assim sendo:

a) Qual a entropia associada a este alfabeto?
b) Quanto aumenta a entropia se for considerada equiprobabilidade para todas as letras?

**exercício 1.7** Um canal BSC possui probabilidade $p = 0{,}01$. Obtenha a transinformação e a dispersão desse canal. Como ele poderá ser utilizado?

**exercício 1.8** Utilizando a ferramenta Graphmatica (Graphmatica, 2011), ou outra qualquer, obtenha, a partir da equação de Shannon, uma família de curvas C *versus* B com S/N fixo igual a 1000, 5000, 10.000 e 50.000. Considere o intervalo de C entre 1 kbit/s a 100 kbit/s e a banda B de 1 kHz a 10 kHz. Interprete os gráficos obtidos.

**exercício 1.9** Um canal suporta, no máximo, sinais com uma amplitude de 7 V. O canal possui um nível de ruído de 1 V e banda passante de 10 kHz. Qual a capacidade máxima deste canal segundo Shannon? Supondo uma codificação multinível, quantos níveis o canal suporta?

**exercício 1.10** A equação de Shannon pode ser escrita também como $C/B = \log_2(1 + S/N)$. Nessa expressão, C/B é definido como a eficiência espectral do canal e tem dimensões de [bits/Hz]. Obtenha um gráfico C/B *versus* S/N usando Graphmatica, com C/B variando de 0 a 15 e S/N variando de 0 a 10.000. Interprete o gráfico obtido. Com S/N = 2000, quanto vale B/C?

**exercício 1.11** O código 2B1Q substitui 2 bits por 1 símbolo quaternário (4 níveis). Considerando-se que o fluxo médio de informação que chega ao ETD é de 144 kbit/s e a taxa de modulação é de 80 kbaud:
a) qual a variedade do alfabeto?
b) qual a variedade dos símbolos?
c) qual a taxa de transmissão em bit/s?
d) qual a taxa (ou banda) consumida pelo protocolo de comunicação entre rede e terminal?

**exercício 1.12** Supondo que um terminal transmite blocos de informação constituídos de 46 bits cada e que o tempo de duração de cada bit é $T_b = 15{,}625$ µs:
a) qual a taxa de transmissão do terminal?
b) supondo que o terminal emite em média 5683 blocos por hora, qual a taxa média de bits/s do terminal?
c) supondo que, em cada bloco, 18 bits são redundantes (não contêm informação), qual a taxa efetiva de transferência de informação, supondo que o codificador de fonte possui uma entropia de 0,76 sh/bit?

## Termos-chave

canal binário, p. 16
capacidade máxima de um canal, p. 21
codificador de fonte, p. 6
dispersão, p. 14
eficiência de código, p. 10
eficiência de fonte, p. 10

entropia, p. 9
equivocação, p. 14
fonte de informação, p. 6
informação, p. 6
transinformação, p. 14

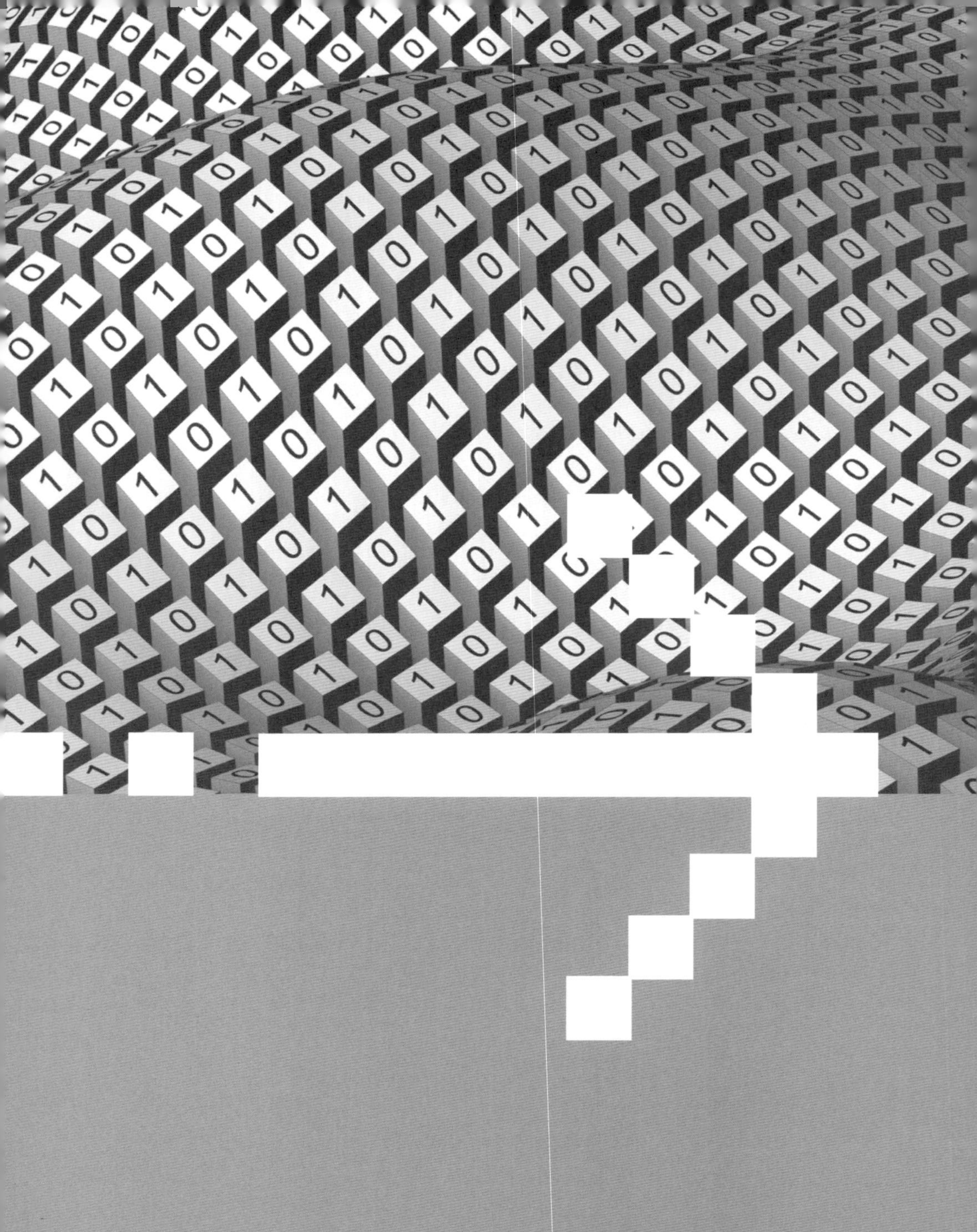

capítulo 2

# o sistema de comunicação de dados OSI

■ ■ Com a rápida disseminação dos computadores na década de 1970 e sua interconexão em redes locais e de longa distância, os órgãos de padronização foram pressionados a criar um modelo padrão de arquitetura de sistema que facilitasse a interconexão desses sistemas entre si. Assim, surge em 1975 o RM-OSI (*Reference Model for Open System Interconnection*), que adota uma estratégia de interação em camadas, sendo que a camada mais baixa (ou nível 1) engloba as funções de um subsistema de comunicação de dados genérico. As funções desse nível, que vão desde as diversas técnicas de codificação de canal até as diferentes tecnologias de transmissão e recepção, visam obter um fluxo de dados robusto em relação ao ruído e às interferências e serão o foco principal do restante deste livro.

## 2.1 a era da informação

A década de 1970 foi marcada pelo surgimento e disseminação rápida, em larga escala, de três tecnologias que provocaram uma verdadeira revolução em todas as atividades humanas: 1) Os sistemas de computação de grande porte,[1] 2) os minicomputadores, também chamados de microcomputadores ou *desktops* e, por último, 3) as tecnologias de redes de computadores. Com a popularização e disseminação dos computadores, principalmente os de pequeno porte, a cooperação entre os sistemas de computação tornou-se uma necessidade, tendo em vista o surgimento de numerosas aplicações que necessitam interagir com diferentes computadores geograficamente distribuídos em distâncias cada vez maiores. A interconexão de um conjunto de computadores para oferecer serviços de aplicações que necessitam da cooperação de diferentes computadores forma a base do que chamamos de redes de computadores.

A interconexão de dois computadores que elaboram serviços de uma aplicação em conjunto implica que esta interação se dê através de interfaces próprias e segundo um protocolo de comunicação comum a ambos. Tendo em vista a heterogeneidade dos sistemas de computação, cada qual com interfaces e protocolos de comunicação próprios, tornava-se extremamente difícil e complexo efetuar a cooperação entre dois sistemas heterogêneos; que dirá entre um número maior de sistemas.

Para ver como este problema foi abordado e resolvido, vamos inicialmente apresentar um modelo simples de um sistema de comunicação de dados (ou informação) entre dois computadores, também chamado de enlace físico ponto-a-ponto. Os principais componentes do modelo são: os equipamentos de computação nas pontas, também chamados de Equipamentos Terminal de Dados (ETDs), local e remoto, e o enlace de comunicação formado por um par de Equipamentos de Comunicação de Dados (ECDs), interligados por um meio físico, como é mostrado na figura 2.1. Neste modelo, o meio físico pode ser um par de fios, um cabo coaxial, uma fibra óptica ou um canal de radiofrequência. Além desses blocos funcionais, podemos identificar as interfaces digitais entre os ETDs e os ECDs. É nessas interfaces que se desenvolvem os protocolos de comunicação que vão permitir a troca de informação (dados) entre os ETDs. O conjunto formado pelos ECDs mais o meio de comunicação forma a chamada conexão física[2] ou o canal de comunicação de dados, que fornece principalmente os serviços de transmissão e recepção confiável dos dados.

Salientamos o fato de que a área de comunicação de dados está essencialmente ligada ao estudo da conexão física de dados assim definida. Comunicação de dados, portanto, é um ramo das telecomunicações que visa à análise e otimização das tecnologias utilizadas em conexões físicas de comunicação de dados.

Fica claro também, a partir do modelo da figura 2.1, que, para resolver os problemas de comunicação de dados entre ETDs de diferentes fabricantes, é essencial que tanto a interface

---

[1] Sistemas de computação de grande porte, também conhecidos como *main frames* ou sistemas centralizados, oferecem, de forma centralizada, suporte a todas as atividades de uma corporação, seja em nível de gerenciamento, administração ou no controle da produção e distribuição de seus produtos.

[2] São usuais também os termos canal ou enlace físico para a conexão física. Ao longo deste texto, usaremos de forma equivalente estas expressões.

## Capítulo 2 ⇢ O Sistema de Comunicação de Dados OSI

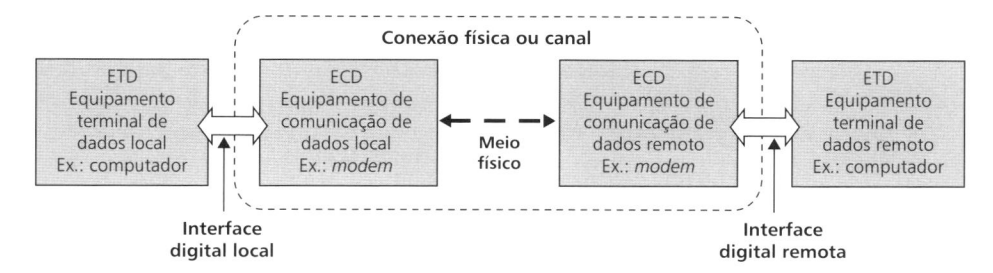

**figura 2.1** Modelo de um sistema de comunicação de dados.

digital ETD/ECD como os protocolos que se estabelecem nestas interfaces sejam idênticos nos dois sistemas, ou seja, padronizados. As vantagens dessa padronização foram reconhecidas rapidamente, tanto pelos fabricantes como pelos usuários. Essa padronização implica tanto na definição das características funcionais e elétricas das interfaces digitais quanto na dos protocolos de comunicação que se desenvolvem nestas interfaces para viabilizar a troca confiável de informação entre os ETDs das pontas.

O esforço internacional para esta padronização resultou num modelo que é conhecido como *Reference Model for Open System Interconnection* (RM-OSI) ou Modelo de Referência para **Interconexão de Sistemas Abertos**. A iniciativa foi encabeçada pela *International Standardization Organization* (ISO) e deu origem, em 1983, a um documento de padronização, ISO 7498, que em 1984 foi acolhido também pelo CCITT do ITU através da Recomendação X.200 (International Standardization Organization, 1981).

A seguir, mostraremos as principais características do RM-OSI que, dentro de sua abrangência, como veremos, define também, no nível mais baixo de interação, as funcionalidades de um sistema de comunicação de dados como o da figura 2.1, no qual os blocos funcionais assinalados como canal ou conexão física serão o objeto preferencial de nosso estudo ao longo deste livro. Nas seções a seguir, apresentaremos um estudo resumido do RM-OSI da ISO, principalmente no que se refere ao nível mais baixo, também chamado de nível físico.

### 2.2 ⇢ o modelo de referência OSI (RM-OSI)

A principal estratégia adotada na definição do modelo RM-OSI foi dividir a complexidade desta interação em camadas hierarquizadas. A complexidade da interoperabilidade entre dois sistemas genéricos é atacada no RM-OSI de uma maneira *"top-down"*, de cima para baixo. Nesta técnica, começa-se por uma descrição abstrata ampla do modelo de arquitetura a ser adotado pelo sistema para que possa ser chamado de aberto, até chegar a uma descrição funcional de como se dará a interação entre as diferentes camadas e os protocolos a serem utilizados nestas interações. De acordo com esta abordagem, pode-se identificar três níveis de abstração distintos no modelo RM-OSI, como pode ser observado na figura 2.2.

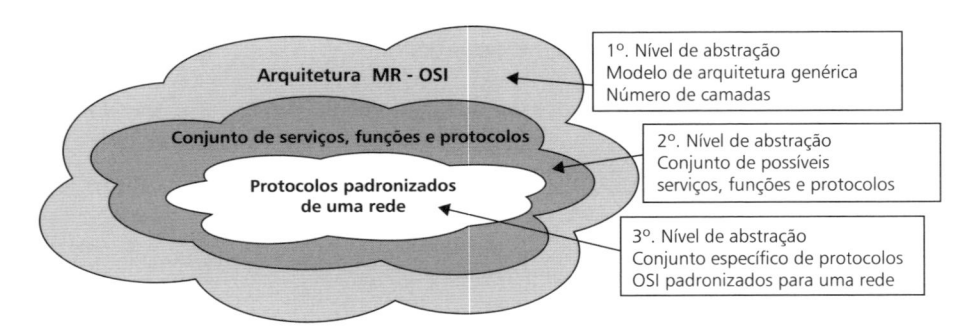

**figura 2.2** Níveis de abstração do RM-OSI.

Diagrama com níveis:
- 1º. Nível de abstração: Modelo de arquitetura genérica — Número de camadas (Arquitetura MR - OSI)
- 2º. Nível de abstração: Conjunto de possíveis serviços, funções e protocolos
- 3º. Nível de abstração: Conjunto específico de protocolos OSI padronizados para uma rede (Protocolos padronizados de uma rede)

Num primeiro momento de abstração, o RM-OSI apresenta a estratégia ou a filosofia que está por trás do modelo de arquitetura aberto (**modelo de camadas**). Esta descrição é bastante genérica e ampla e fixa as diretrizes que deverão ser adotadas na arquitetura de um sistema para que possa ser considerado um sistema de arquitetura aberta, ou do tipo OSI (*Open System Interconnection*).

Num segundo momento de abstração, são definidas, a partir do universo genérico de funções e serviços desta interação, as possíveis funções e os serviços que serão adotados pelo RM-OSI, e como podem ser distribuídos ao longo de um conjunto limitado de camadas que formam a arquitetura do sistema.

Num terceiro momento de abstração, o RM-OSI define as especificações funcionais para uma pilha de protocolos específicos de uma determinada arquitetura de rede, ou seja, os protocolos OSI desta rede.

A principal característica da arquitetura RM-OSI é sua estrutura hierarquizada em camadas ou níveis,[3] que funcionalmente são isoladas entre si. A definição de uma camada segue critérios de afinidade das funções e serviços que serão elaborados nesta camada. Desta forma, se visa a segmentar a complexidade da interação entre os dois sistemas em tarefas menores e sequenciais que, a seguir, serão executadas passo a passo à medida que se aprofunda a interação entre os dois sistemas (International Standardization Organization, 1996). O princípio da independência das funções e serviços de uma camada é fundamental no RM-OSI, pois somente desta maneira pode-se assegurar que alterações em uma camada não causem alterações em outras camadas (Day; Zimermann, 1983).

A dinâmica do RM-OSI é tal que os serviços elaborados em uma camada são sempre oferecidos para serem usados pela camada imediatamente superior. Já as funções elaboradas em uma camada são consumidas na própria camada. Portanto, existe uma diferença conceitual entre serviço e função.

---

[3] Neste texto, usaremos de forma indistinta e equivalente as expressões "nível" e "camada".

A interação entre os dois sistemas se dá através de protocolos específicos em cada camada. Os protocolos se estabelecem sempre entre entidades de camadas pares (de mesmo nível ou mesmo *peer*) para elaboração de seus serviços. O bom funcionamento de uma camada depende do bom funcionamento de todas as camadas inferiores. Desta forma, a interação entre as aplicações dos dois sistemas só se dará se todas as camadas abaixo, e seus respectivos protocolos, funcionarem corretamente.

Na figura 2.3(a), apresenta-se um exemplo de arquitetura de comunicação entre dois sistemas, *A* e *B*, para viabilizar a interação entre dois processos aplicativos destes sistemas na camada mais alta. Observe que, na base dos dois sistemas, é definido um meio de comunicação físico genérico que estabelece a conexão física entre os dois sistemas.

O fluxo dos dados resultante da troca de informações entre os processos aplicativos dos dois sistemas geralmente ocorre nos dois sentidos (*duplex*) e corresponde à linha cheia que interliga os dois processos. Vamos supor, por exemplo, que um processo aplicativo no sistema local *A* troca informações com um aplicativo correspondente no sistema remoto *B*. As informações se propagam pelas diferentes camadas intermediárias dos sistemas *A* e *B*, passam pelo meio físico e, finalmente, chegam ao processo aplicativo equivalente do sistema remoto *B*. A interação é progressiva, cada camada do Sistema *A* interage com a camada correspondente (camada par) do sistema *B* através de um protocolo padronizado e de uma estrutura de dados também padronizada.

A estrutura de dados utilizada na troca de informação entre duas camadas pares genéricas *N* é a *protocol data unit N* (*PDU-N*), como pode ser observado na figura 2.3(b). A *PDU-N* consiste em um bloco de dados formado por três campos: um cabeçalho (ou *header*), a carga útil (*payload*) ou *service data unit* (*SDU-N*), que é repassado integralmente para a camada acima,

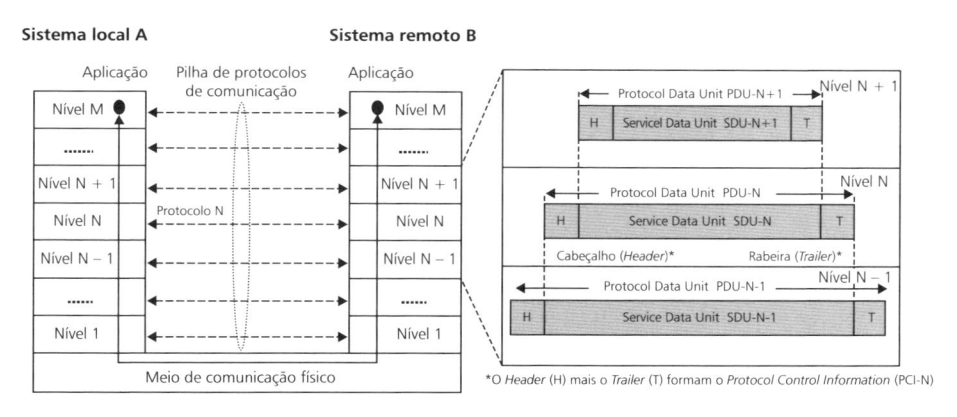

(a) arquitetura em camadas do RM-OSI     (b) estrutura dos dados utilizada entre as camadas

**figura 2.3** Interações entre dois sistemas segundo o RM-OSI.

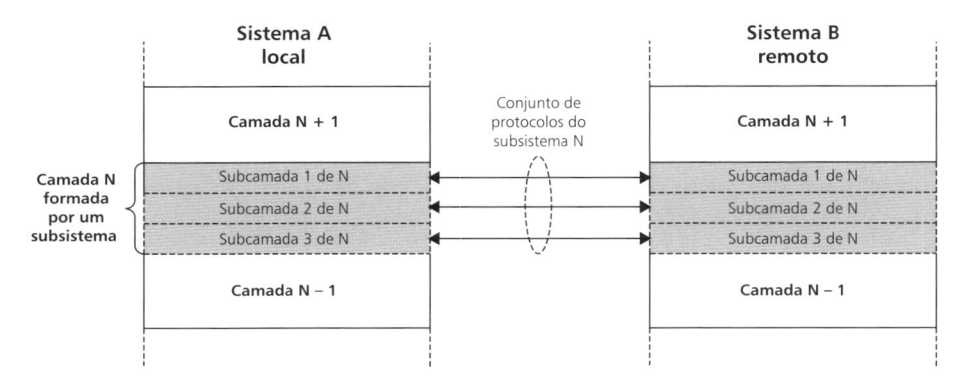

**figura 2.4** Conceito de subsistema no RM-OSI.

e, por último, a rabeira (ou *trailer*). O *trailer* e o *header* formam o *Protocol Control Information N* (*PCI-N*) da *PDU-N*, que é consumida na camada *N* pelo protocolo *N* na elaboração dos serviços *N*.

Uma camada na modelagem OSI também pode ser dividida em duas ou mais subcamadas. Desta forma, o conjunto das subcamadas de uma camada OSI pode formar um subsistema inteligente que interage com o subsistema par correspondente, segundo os mesmos conceitos da arquitetura RM-OSI.

Na figura 2.4, apresenta-se como exemplo a interação entre dois sistemas *A* e *B* que, na camada *N*, apresentam um **subsistema inteligente** formado por três subcamadas. O conjunto dos protocolos das três subcamadas forma o protocolo de interação dos subsistemas *N*, local e remoto.

## 2.3 elementos estruturais de uma camada OSI

Em uma camada genérica *N* de um sistema (ou subsistema), podemos identificar os seguintes elementos estruturais (ver figura 2.5):

### ■ entidades

As entidades que compõem a camada de um sistema são blocos de *hardware* (circuitos) e/ou *software* (programas) que elaboram as funções e os serviços próprios de uma camada. As entidades pares de um mesmo nível *N* operam de forma coletiva para fornecer serviços *N* para a camada superior *N* + *1*.

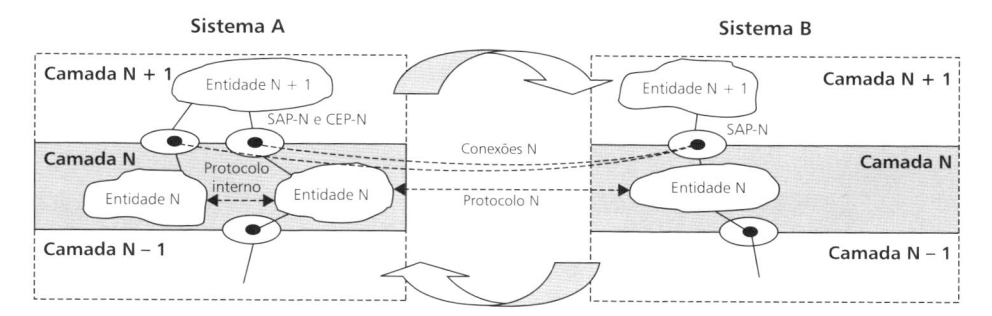

**figura 2.5** Componentes de uma camada e suas interações com as camadas adjacentes e com as entidades pares remotas (ou *peer*) de outro sistema (Carissimi; Rochol; Granville, 2009a).

### ■ serviços e funções

Os serviços são elaborados dentro de uma camada *N*, mas são oferecidos para serem utilizados pela camada *N + 1*. Por exemplo: o serviço de conexão *N* fornecido pela camada *N* será utilizado pela camada *N + 1*. As funções, por sua vez, são elaboradas pelas entidades da camada e são consumidas pelas entidades da própria camada. Exemplo: controle de fluxo, controle de erros e sequenciação dos dados. As funções não podem ser oferecidas à camada superior.

### ■ protocolos de comunicação e protocolos internos

Os protocolos de comunicação de uma camada são as regras de semântica, de sintaxe e do formato das estruturas de dados, utilizadas por entidades pares (de mesma camada) dos dois sistemas para se comunicarem visando à elaboração de algum serviço. Os protocolos de comunicação entre dois sistemas são padronizados no ambiente OSI. Já os protocolos internos, utilizados na comunicação entre entidades de uma mesma camada de um sistema, portanto não visíveis fora do sistema, são proprietários e não padronizáveis.

### ■ interfaces ou pontos de acesso de serviços

Os serviços de uma camada *N* são oferecidos às entidades da camada N + 1 através de interfaces entre as duas camadas que podem ser de dois tipos: lógicas, e neste caso falamos de ponto de acesso de serviço *N* ou *SAP-N* (*Service Access Point*), ou uma interface física padronizada. Exemplos: portas RS232 e USB em terminais (ETDs) e *AUI* (*Attachment Unit Interface*) em dispositivos de rede. Um *SAP-N* só pode estar ligado a uma entidade *N + 1*, porém uma entidade *N* pode estar ligada concorrentemente a um ou mais *SAP-N-1*.

### ■ conexões e pontos de acesso de conexões

Para cada *SAP-N* pode ser definido um identificador de conexão *N* ou simplesmente um identificador de *CEP-N* (*Conection End Point N*). Dentro de um *SAP-N*, o *CEP-N* é usado pela entidade *N* e pela entidade *N* + *1*, por ambos os lados do *SAP-N* para identificar a conexão.

## 2.4 interações entre camadas adjacentes de dois sistemas OSI

Um dos serviços mais importantes que a camada *N* oferece à camada *N* + *1* é a transferência de informação entre as entidades *N* + *1* cooperantes dos dois sistemas. Essa transferência se dá sempre através de uma conexão *N*. Na figura 2.6, apresentam-se os componentes funcionais de uma interação entre duas camadas *N* equivalentes quaisquer (*peer layers*) de dois sistemas. O serviço de conexão da camada *N* é oferecido à camada *N* + *1* através de um *SAP-N* ou de uma interface física. A conexão *N* começa e termina nos *CEP-N* que se localizam dentro de *SAP-N* (Carissimi; Rochol; Granville, 2009a).

A dinâmica de interação entre duas camadas adjacentes na solicitação de um serviço qualquer da camada *N* por uma entidade *N* + *1* é definida através de quatro primitivas. Essas primitivas são solicitações e respostas desencadeadas sempre pela camada superior. O serviço é solicitado pela camada superior *N* + *1* através da primitiva de *Request*, e a resposta correspondente da camada inferior *N* é feita através da primitiva de resposta *Confirm*. No sistema remoto, teremos a sinalização da camada inferior N para a camada superior *N* + *1* através do *Indication* e teremos a resposta da camada superior para a inferior através do *Response*, como pode ser observado na figura 2.7.

Assim, por exemplo, para a solicitação de um serviço de conexão *N* por parte do nível *N* + *1* teremos: *Request Connect N*, *Confirm* Connect *N*, *Indication Connect N* e *Response Connect N*. Como resultado, teremos a ativação de uma conexão *N*, que será usada pelas entidades *N* + *1* na troca de informações segundo um protocolo *N* + *1* (ver figura 2.7).

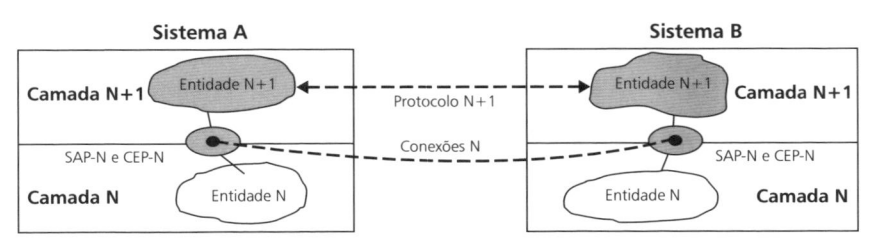

As entidades N+1 trocam informação pela conexão N utilizando o protocolo N+1

**figura 2.6** Interação entre camadas pares de dois sistemas OSI.

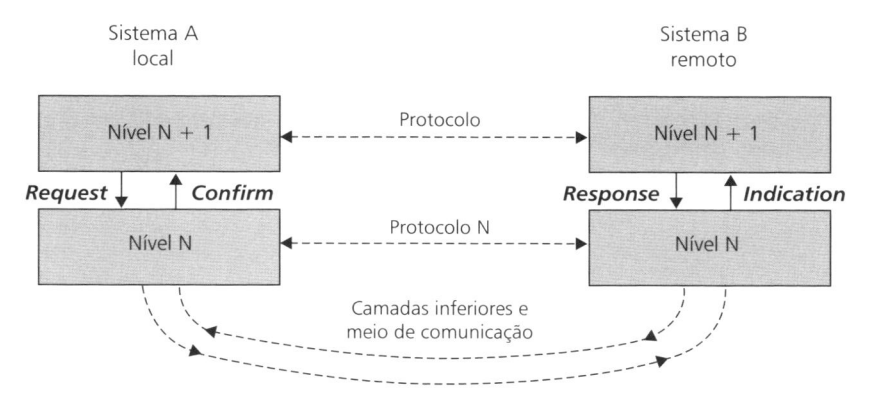

**figura 2.7** Interação entre camadas adjacentes do RM-OSI segundo primitivas básicas.

Podemos resumir as fases para o estabelecimento de uma conexão N como sendo:

- a entidade N + 1 pede o estabelecimento de uma conexão N entre o SAP-N local que a entidade N + 1 usa e outro SAP-N remoto.
- uma vez estabelecida a conexão N, ambas as entidades, N + 1 e N, usarão o CEP-N para identificar esta conexão localmente.
- para que a conexão N seja estabelecida, é preciso que haja uma conexão N-1 ativa, que por sua vez exige que haja uma conexão N-2 ativa, e assim por diante.

A seguir vamos apresentar como foram definidas as diferentes camadas e as principais funções e serviços em cada camada.

## 2.5 a padronização das camadas do RM-OSI

O RM-OSI, como foi concebido, é essencialmente um modelo abstrato de conceituação genérico. Para que o modelo pudesse ser aplicado na prática, era essencial que o grupo de trabalho da ISO sugerisse também um modelo prático com um determinado conjunto de camadas e serviços que pudesse ser aplicado à realidade de um ambiente de redes de computadores da época.

A tarefa de interação entre computadores ou terminais de dados, interligados através de uma rede de comunicações é muito complexa. Isto obrigou o grupo de trabalho a definir: primeiro, um conjunto de camadas mínimo e, segundo, as funções e os serviços a serem elaborados em cada camada. As camadas foram definidas tendo em vista funções ou serviços afins, para que, desta forma, quaisquer alterações das funções ou dos serviços de uma camada não provocassem alterações nas camadas adjacentes. Esta propriedade é conhecida como isolação entre as camadas e é essencial na definição das funções e serviços de uma camada.

A realidade de redes de computadores no início da década de 1980, quando foi finalizado o RM-OSI, era principalmente a interconexão de terminais de dados conectados de forma remota a sistemas do tipo *main frames*, executando tarefas de teleprocessamento. A Arpanet, que daria origem à internet, ainda estava engatinhando, e as redes locais, como a Ethernet, ainda se encontravam em um estágio inicial.

Baseado nesta realidade, o grupo de trabalho da ISO sugeriu um modelo de sete camadas, com as principais funções e serviços em cada camada, que fosse o mais abrangente possível, como está resumido na tabela 2.2. O padrão foi publicado pela primeira vez em 1984 através do documento ISO 7498, que imediatamente após foi acolhido pelo CCITT do ITU, em 1985, através da Recomendação X.200. O documento apresenta, nas seções 6 e 7, uma descrição de uma arquitetura OSI baseada em sete camadas, com o detalhamento dos respectivos serviços e funções em cada camada. A própria ISO afirma que seria difícil provar que sete camadas formam a "melhor" arquitetura para a interconexão de sistemas abertos. Atualmente, a tendência das modernas redes de informação com integração de serviços é a utilização de uma arquitetura de rede mais enxuta, com o menor número possível de camadas, visando com isto minimizar o processamento nos sistemas intermediários (nós) e, assim, diminuir a latência da rede. Esta estratégia favorece as aplicações multimídia que atualmente formam um dos tráfegos mais importantes nessas redes e que, como sabemos, é sensível ao atraso. Por isso, em arquiteturas de redes de alto desempenho, são definidas apenas quatro ou cinco camadas. Porém, a dinâmica de interação entre estas camadas segue os princípios do RM-OSI (Moura et al., 1986).

Alguns dos critérios que orientaram a definição dessa arquitetura de sete camadas, conforme Tarouco (1986), foram:

a) Criar uma camada com funções e serviços que fossem afins para que, quando houvesse necessidade de re-projetar os protocolos ou os serviços desta camada devido a avanços tecnológicos, isto não acarretasse mudanças nas camadas adjacentes.
b) Criar uma camada em que existe um nível diferente de abstração no manuseio dos dados. Por exemplo, morfologia, sintaxe, semântica. A camada é definida em função do formato e/ou do tratamento específico dos dados.
c) Subagrupar e organizar as funções para formarem subcamadas dentro de uma camada nos casos em que sejam necessários serviços ou funções distintas de comunicação dentro de uma camada.
d) A ISO não se preocupou muito com as interfaces entre as camadas, mas somente com serviços, funções e protocolos. Interfaces, sejam elas físicas ou lógicas, são padronizadas dentro de arquiteturas específicas de rede.

Baseado nestes critérios, a ISO definiu sete camadas numeradas desde o nível físico até o nível de aplicação, com denominações, como apresentado na tabela 2.1.

O processamento nas camadas intermediárias propicia melhoria progressiva dos serviços de comunicação em direção à aplicação. A fronteira ou a interface entre duas camadas identifica um estágio dessa melhoria de serviço. Em cada camada deverá ser definido um ou mais serviços OSI, enquanto o processamento das camadas é governado por protocolos padronizados.

**tabela 2.1** As sete camadas sugeridas pela ISO, sua nomenclatura e numeração, conforme Tarouco (1986)

| Numeração | Denominação | Nome original | Abreviatura |
|---|---|---|---|
| Nível 7 | Nível de aplicação | *Application layer* | A |
| Nível 6 | Nível de apresentação | *Presentation layer* | P |
| Nível 5 | Nível de sessão | *Session layer* | S |
| Nível 4 | Nível de transporte | *Transport layer* | T |
| Nível 3 | Nível de rede | *Network layer* | N |
| Nível 2 | Nível de enlace | *Link layer* | L |
| Nível 1 | Nível físico | *Physical layer (Level)* | Ph |
| Nível 0 | Às vezes utilizado para designar o meio físico. Não forma um nível OSI | | |

## 2.6 ⋯→ aplicação do RM-OSI a uma rede de computadores

Vamos considerar inicialmente como exemplo de aplicação do RM-OSI uma conexão de rede em uma topologia de rede de computadores simples como a mostrada na figura 2.8. Nesta topologia, vamos considerar a conexão de rede entre os terminais T1 e T2 como indicado na figura. Esta conexão, como pode ser observada, é formada por uma concatenação de diferentes conexões físicas ponto-a-ponto, a saber:

Conexão física de acesso, T1 até A;
Conexão física ponto-a-ponto do nó A até o nó B;
Conexão física ponto-a-ponto do nó B até o nó E;
Conexão física de acesso do nó E até T2.

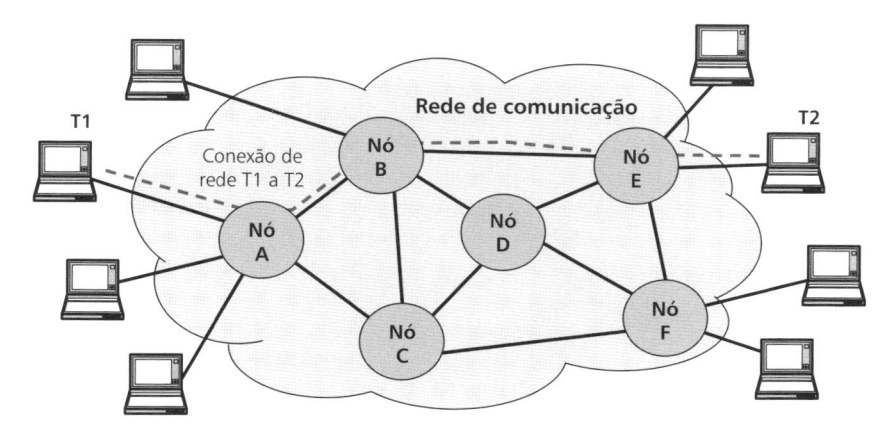

**figura 2.8** Topologia de uma rede de computadores simples com destaque para uma conexão de rede entre os terminais T1 e T2.

A camada de aplicação, que é a camada mais alta no RM-OSI, executa os processos de aplicação através da interação entre as entidades de aplicação pares de T1 e T2, o que, em última análise, é o objetivo principal do RM-OSI. Todas as demais camadas abaixo da camada de aplicação fornecem serviços para que as entidades de aplicação de T1 e T2 possam cooperar entre si.

Os sistemas que interagem na conexão entre T1 e T2 são de dois tipos: os equipamentos de terminação de dados (ETDs) e os sistemas intermediários que correspondem aos nós A, B, e E. A função principal de um nó de rede é encaminhar as estruturas de dados entre duas terminações de rede de forma confiável.

Os nós da rede podem ser de dois tipos: roteadores ou comutadores. Tanto os roteadores como os comutadores são sistemas de comunicação intermediários utilizados em arquiteturas específicas de rede, conforme Moura e colaboradores (1986).

Os roteadores são utilizados principalmente em redes de pacotes do tipo datagrama, como a internet. Um datagrama, ao chegar num roteador, é processado em função de seu endereço de destino que está disponível no cabeçalho do pacote. A seguir, é encaminhado (*roteado*) para a porta de saída mais conveniente para chegar ao endereço desejado.

Comutadores, ou *switches*, são utilizados principalmente em redes locais ou LANs (*Local Área Networks*) como, por exemplo, em uma rede local Ethernet. A estrutura de dados utilizada na comunicação em redes locais é o quadro (*frame*). O endereço final de um quadro está contido no próprio quadro e também está tabelado no *switch*, com a respectiva porta de saída, o que torna o encaminhamento do quadro em cada nó muito mais simples e rápido.

A figura 2.9 dá uma ideia da interação hierarquizada entre as diferentes camadas do RM-OSI envolvidas em um processo de aplicação entre dois terminais de uma rede de computadores. Assim podemos dizer que a concatenação de uma ou mais conexões físicas suporta uma conexão de enlace e, da mesma forma, a concatenação de uma ou mais conexões de enlace forma uma conexão de rede. A partir da conexão de rede, os ETDs interagem diretamente

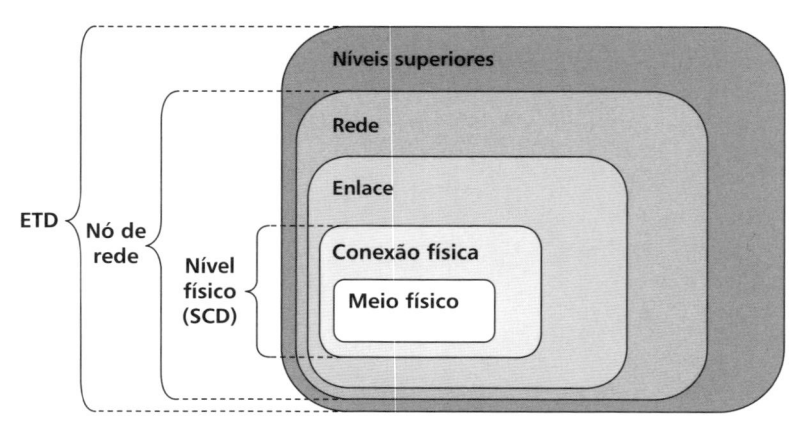

**figura 2.9** Hierarquização progressiva das camadas no RM-OSI.

entre si segundo os protocolos de aplicação do nível superior. No entanto, todo o transporte de dados entre as duas terminações será suportado pela conexão de rede.

## ■ exemplo de aplicação do RM-OSI

Vamos mostrar, a seguir, como modelar, segundo o RM-OSI, a comunicação entre os dois terminais, T1 e T2, da topologia de rede da figura 2.8, considerando-se dois tipos de nós: roteadores e comutadores (*switches*). Os nós de rede são chamados também de sistemas intermediários. Um nó, portanto, é um sistema intermediário inteligente, estruturado em dois ou três níveis básicos (físico, enlace e rede), com funções específicas, que visam essencialmente ao repassamento confiável das estruturas de dados entre as duas terminações de rede, T1 e T2.

Inicialmente, vamos considerar os nós como sendo constituídos por roteadores. A modelagem RM-OSI, neste caso, corresponde à figura 2.10(a). Observa-se que os roteadores (nós) que formam os sistemas intermediários entre os dois terminais implementam apenas os três primeiros níveis do RM-OSI.

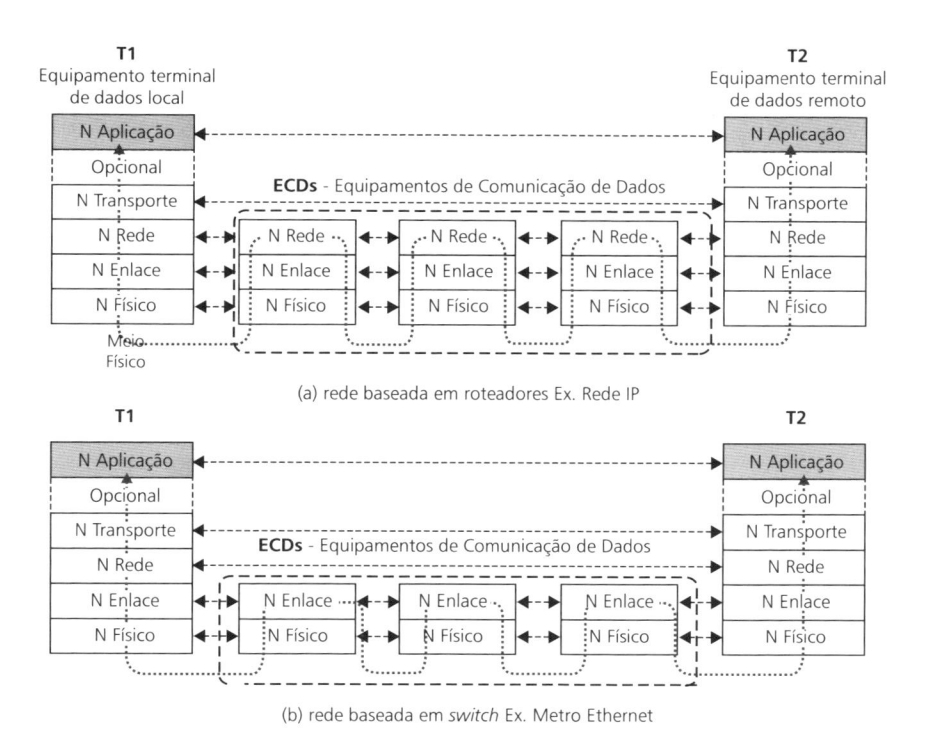

**figura 2.10** Modelagem RM-OSI da conexão de rede entre T1 e T2 da figura 2.8
(a) rede baseada em roteadores (internet).
(b) rede baseada em comutadores ou *switches* (rede local Ethernet).

Em redes com roteadores, encontramos dois tipos de filosofias de encaminhamento dos pacotes de dados. No primeiro caso, é estabelecida uma conexão de rede, fim-a-fim, logicamente implementada por uma tabela de encaminhamento que é montada por demanda em cada nó intermediário, no início da comunicação. A rede, neste caso, trabalha com o conceito de conexão fim-a-fim de rede. Exemplos desse tipo de rede são o ATM (*Asynchronous Transfer Mode*), *Frame Relay*, *Multiprotocol Label Switching* (MPLS) e outros.

Na segunda filosofia de encaminhamento, os pacotes de dados são formados por datagramas, isto é, cada datagrama contém o endereço completo do seu destino final. Cada nó, portanto, deve ler o endereço completo do datagrama e determinar qual é o melhor próximo nó de encaminhamento do datagrama. A rede não possui o conceito de conexão. O exemplo clássico desse tipo de rede é a internet.

O outro tipo de sistemas intermediários em redes de computadores são os comutadores, também chamados de *switches*. Na figura 2.10(b), mostra-se a modelagem RM-OSI da conexão entre os terminais T1 e T2 da figura 2.8, supondo os nós intermediários formados por comutadores (*swithes*). Neste caso, os pacotes de dados são chamados de quadros (*frames*) e cada quadro carrega o endereço de destino dos dados. Cada comutador possui internamente informações atualizadas sobre a rede, de modo que o quadro é encaminhado rapidamente até o seu destino.

Como se observa na figura 2.10, tanto o roteador como o comutador são suportados por um nível físico de comunicação de dados. A função de comunicações de dados na visão do RM-OSI restringe-se ao nível físico. O suporte de comunicação entre as entidades do nível físico é o próprio meio físico. Desta forma, o meio físico pode ser considerado como o nível zero que oferece uma conectividade física às entidades do nível um. O conjunto, entidade de nível físico, mais o meio de transmissão, definem o sistema de comunicação de dados ponto-a-ponto básico, também chamado de canal de comunicação de dados, que será detalhado a seguir.

## 2.7 O sistema de comunicação de dados (SCD) no RM-OSI

Na figura 2.11, apresenta-se um diagrama em blocos de um SCD simples, dentro do nível físico, na visão do RM-OSI. Os quatro principais componentes deste SCD são:

a) interface de acesso ao nível físico.
b) equipamentos de comunicação de dados (ECDs).
c) protocolo do nível físico (código e/ou processo de modulação).
d) meio físico.

A seguir uma breve descrição de cada um desses componentes.

a) **interface de acesso ao nível físico**
A interface de acesso ao nível físico pode ser desde um ponto de acesso de serviço virtual (SAP), definido logicamente no nível de enlace, até interfaces físicas padronizadas como

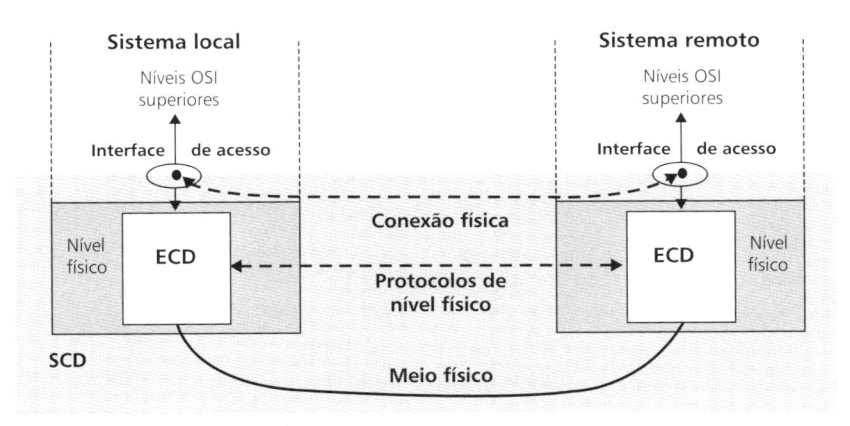

**figura 2.11** Estrutura de um SCD segundo o RM-OSI.

a *Access Unity Interface* (*AUI*) em redes locais, a interface serial RS232 da EIA, o *Universal Serial Bus* (*USB*), etc.

b) equipamentos de comunicação de dados (ECDs)
ECDs podem ser desde dispositivos simples como *modems*, regeneradores ou **transceptores** de redes locais, até subsistemas inteligentes, constituídos de vários subníveis, oferecendo serviços de comunicação de dados mais complexos.

c) protocolos de nível físico
Os protocolos de nível físico podem ser desde um protocolo único, quando, por exemplo, o ECD é um dispositivo único, até um conjunto de protocolos, quando o ECD forma um subsistema inteligente com diversos subníveis e, portanto, diversos protocolos.

d) meio físico
Na base do nível físico vamos encontrar o meio físico que suporta a efetiva transmissão e recepção dos dados. Os meios mais utilizados em SCD são: o par de fios trançados, o cabo coaxial, a fibra óptica e o canal de radiofrequência (RF). O estudo detalhado das características dos diferentes meios de comunicação será objeto específico do capítulo 4.

### 2.7.1 RM-OSI e o modelo de comunicação de informação de Shannon

Podemos aplicar também o RM-OSI ao sistema de comunicação de informação de Shannon, introduzido no capítulo 1 e representado na figura 1.1. Reconhecemos de imediato que o bloco da direita, definido como o canal de comunicação de dados (formado pelo transmissor, pelo receptor e pelo meio físico), forma o nível físico do RM-OSI, e identificamos o bloco transmissor/receptor com o ECD do RM-OSI.

Vamos introduzir, entre os blocos codificador de fonte e a entrada do canal de Shannon, um bloco funcional genérico que leve em conta as funcionalidades das camadas OSI localizadas acima da camada física, como mostrado na figura 2.12.

O estudo de comunicação de dados, portanto, está delimitado ao detalhamento do nível físico, representado na figura 2.12 como o canal de comunicação de dados, correspondendo ao macrobloco delimitado à direita na figura 2.12. O canal, como se observa, é formado por três blocos funcionais:

**1** o bloco codificador e decodificador de canal;
**2** o bloco de modulação e demodulação do sinal de dados; e
**3** o meio físico.

Ao longo de nosso estudo, será este o modelo de SCD a ser considerado, a não ser quando for redefinido explicitamente. O meio físico, como vimos, entra no RM-OSI apenas como uma especificação que define as características do meio físico. Para o nosso estudo, do ponto de vista dos serviços e funções elaborados pelo nível físico OSI, vamos considerar o ECD constituído basicamente pelos dois primeiros blocos funcionais: o bloco codificador e decodificador de canal e o bloco de modulação e demodulação de dados.

Ao nos referirmos a estes dois blocos, vamos designá-los daqui por diante simplesmente de **codificador de canal** e **bloco de modulação de dados**, supondo que na designação está implicitamente incluída a parte dual do *decodificador* e do *demodulador* do receptor. A figura 2.13 localiza esses blocos funcionais dentro do canal de comunicação de dados, ou SCD, no nível físico do RM-OSI. Apresentaremos a seguir as principais funções e serviços que são elaborados por cada um desses blocos.

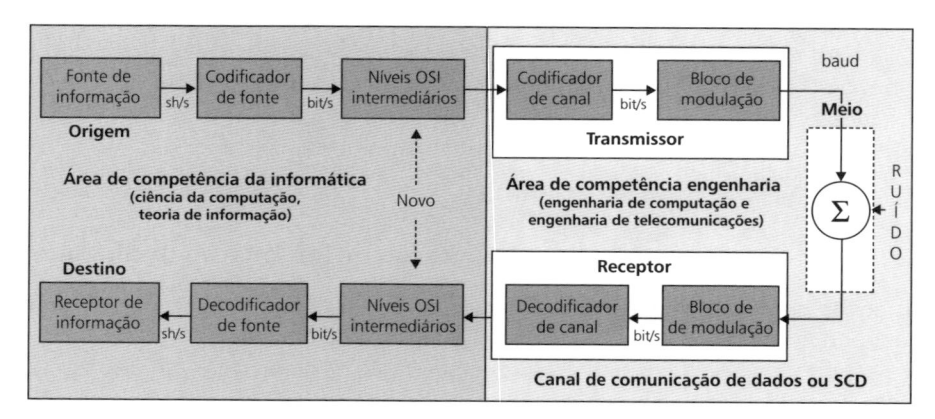

**figura 2.12** Modelo do sistema de comunicação de dados de Shannon adaptado para o RM-OSI.

### 2.7.2 codificador de canal

O bloco codificador do canal age essencialmente sobre o fluxo de bits para obter uma maior eficiência e confiabilidade na transmissão dos dados pelo meio físico. Já o bloco de modulação dos dados define as técnicas de transmissão do enlace físico, considerando principalmente o tipo de meio e suas características.

Entre as principais funções do codificador de canal podemos destacar:

- funções de convergência de transmissão ou *Transmission Convergence* (TC).
  Corresponde às funções de adaptação das estruturas de dados do nível de enlace para as estruturas de dados utilizados na transmissão e recepção dos dados no nível físico.

- embaralhamento (*scrambling*) do fluxo de bits
  Tem como objetivo principal a obtenção da equiprobabilidade dos símbolos binários *um* e *zero*, antes de serem enviados ao bloco de transmissão. Essa condição, como mostrado no capítulo anterior, é necessária para obtenção de um canal binário simétrico (BSC) que, como foi visto, assim estará otimizado.

- controle de Erros
  Os modernos sistemas de comunicação de dados utilizam como técnica de controle de erros a estratégia de *Forward Error Correction* (FEC). Nesta técnica, é adicionada

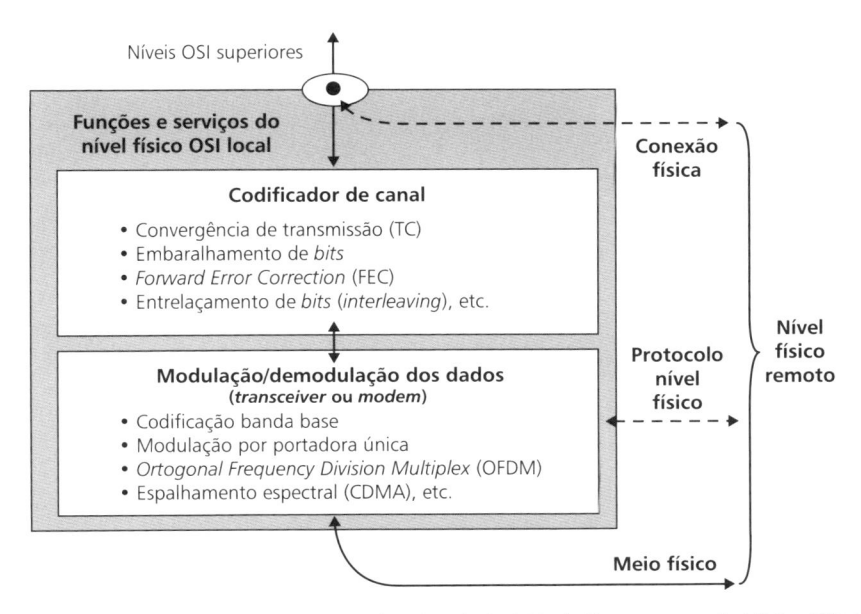

**figura 2.13** Localização dos dois blocos funcionais do SCD de Shannon no nível físico OSI: bloco codificador de canal e bloco de modulação de dados.

uma redundância à informação que, desta forma, permite detectar e corrigir erros na recepção dos dados. No capítulo 7 abordaremos alguns códigos importantes utilizados em FEC.

- entrelaçamento de bits ou *interleaving*.
  Através desta técnica procura-se evitar a concentração de erros em intervalos de tempo curtos, que de outra forma prejudicariam o desempenho da técnica FEC. Consegue-se isto através de algoritmos de distribuição temporal dos bits de informação segundo um esquema previamente acertado entre fonte e destino. Desta forma, regiões de concentração de erros ou rajadas de erro serão espalhados ao longo do fluxo, tornando mais efetivo o FEC.

Um detalhamento mais completo deste bloco é objeto do capítulo 7 – codificação de canal.

### 2.7.3 bloco de modulação e demodulação de dados

Este bloco funcional representa as técnicas utilizadas para transmitir o sinal de dados de forma adequada pelo meio físico. As técnicas variam em função do meio físico e dos parâmetros que o caracterizam. As técnicas podem ser muito simples ou extremamente complexas dependendo do grau de eficiência que queremos obter na utilização do canal. Podemos agrupá-las em três grandes classes em ordem de complexidade crescente:

1 técnicas de codificação por pulsos, também conhecidas como codificação banda-base.
2 processos de modulação de um ou mais parâmetros de uma portadora elétrica única.
3 processo de modulação de múltiplas portadoras. Essas portadoras podem ser caracterizadas no domínio frequência e, neste caso, falamos de transmissão segundo múltiplas portadoras do tipo OFDM (*Orthogonal Frequency Division Multiplex*). Podemos ter também um processo equivalente no domínio tempo, conhecido como CDMA (*Code Division Multiple Access*). Nesta técnica são aplicados simultaneamente diferentes códigos ortogonais sobre uma portadora digital, gerando, desta forma, espectros distintos em torno de uma portadora analógica única. O processo é conhecido também como espalhamento espectral.

Nos capítulos 5 (o canal de transmissão) e 6 (técnicas de modulação), serão abordadas com mais detalhes as principais técnicas de cada uma dessas três classes de modulação.

### 2.7.4 funções estendidas do nível físico

Queremos ainda destacar que o conceito de subsistema inteligente formado por dois ou três níveis OSI, como no caso de comutadores e roteadores, pode ser aplicado também a um único nível, no caso ao nível físico. Desta forma, encontramos subsistemas inteligentes formados por três ou mais subníveis, porém com todos integrando um subsistema inteligente que está totalmente definido dentro do nível físico. Através dessa técnica, podem-se elaborar, além das funções tradicionais do nível físico, funções como comutação e multiplexação, que podem dar um *status* de rede ao próprio nível físico.

Citamos como exemplos as diversas hierarquias de multiplexação e transmissão digital do ITU, que são estruturadas totalmente no nível físico. Dessa forma, o nível físico tem condições de funcionar como uma **plataforma de transporte** de dados inteligente e com capacidade de comutar rotas por demanda entre os usuários. Neste caso, os nós da rede formam um subsistema inteligente, inteiramente alocado no nível físico, muitas vezes também chamado de rede núcleo, rede de transporte de dados ou *backbone*.

Tendo em vista que essas funções estendidas fazem parte do nível físico, entendemos que integram também o estudo de comunicação de dados. Assim sendo, no capítulo 8 – redes de transporte de dados – serão abordadas essas funcionalidades estendidas, representadas principalmente pelos sistemas de multiplexação e transmissão padronizados do ITU como o PDH (*Plesiochronous Digital Hierarchy*), SDH (*Synchronous Digital Hierarchy*), SONET (*Synchronous Optical Network*) e OTN (*Optical Transport Network)*, todos eles definidos no nível físico do RM-OSI.

### ■ exemplo de aplicação

Vamos ilustrar com um exemplo simples o conceito de subsistema inteligente dentro do nível físico. Para isso, vamos considerar a modelagem segundo o RM-OSI de um *modem* inteligente de canal de voz (*smart modem*), ligado a um PC (*Personal Computer*), numa aplicação de acesso à internet como mostrado na figura 2.14.

O *modem* inteligente constitui um subsistema inteligente formado por três subníveis. O subnível inferior, ou físico, cujo protocolo é a própria técnica de modulação utilizada pelo *modem*. O segundo subnível oferece funções de correção de erros, próprias do nível dois e, para isso, utiliza um protocolo padronizado pelo ITU-T através da recomendação V.42. O terceiro subnível funciona como um nível de aplicação, cuja função principal é fazer compressão dos dados com base no algoritmo LZW (Lempel, Ziv, Welch). As funções de correção de erros do subnível dois são fundamentais para o bom funcionamento do algoritmo LZW.

Assim, podemos dizer que o subsistema inteligente (*modem*) do nível físico executa três funções principais: compressão de dados, correção de erros e modulação QAM (*Quadrature Amplitude Modulation*) de uma portadora.

Considerando-se o modelo de Shannon, pode-se dizer que o codificador de canal executa dois códigos: compressão de dados e correção de erros, enquanto o bloco modulador executa uma modulação QAM, específica do padrão do *modem* de canal de voz.

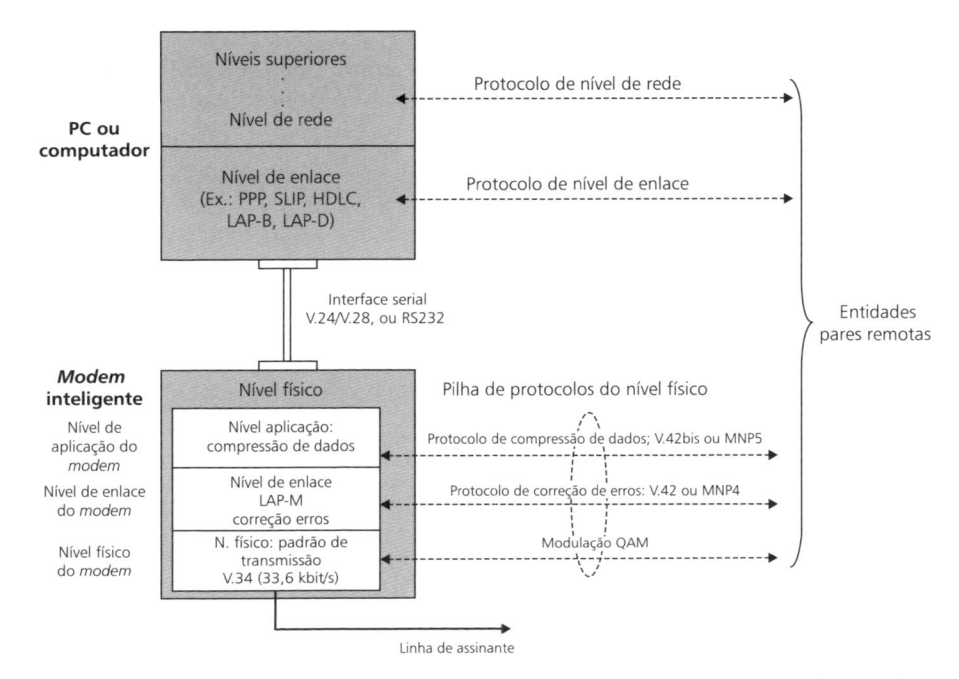

**figura 2.14** Modem de canal de voz do tipo inteligente (*smart modem*) formando um subsistema inteligente de três subníveis dentro do nível físico.

## 2.8 exercícios

**exercício 2.1** Já que a tendência atual é diminuir e simplificar o número de camadas OSI em uma rede, isso significa que, hoje, não se deve mais aplicar o RM-OSI? Como você entende o papel do RM-OSI em sistemas de comunicação de dados modernos?

**exercício 2.2** Qual a principal estratégia que está por trás do modelo de referência para arquiteturas abertas (Open System Interconnection) da ISO?

**exercício 2.3** Qual a diferença entre funções e serviços em uma camada OSI e como são elaborados?

**exercício 2.4** O que são identidades pares de uma camada e como se comunicam?

**exercício 2.5** Por que somente os protocolos que se estabelecem entre entidades pares de dois sistemas em uma camada são padronizáveis, enquanto protocolos entre entidades de uma mesma camada de um mesmo sistema não?

**exercício 2.6** Como você entende o fato de que o RM-OSI não se preocupou em padronizar interfaces, deixando essa tarefa principalmente para o ITU-T?

**exercício 2.7** O que significa o princípio da independência de camadas do RM-OSI e qual a sua importância?

**exercício 2.8** Uma conexão de transporte fim-a-fim entre dois terminais pode ser utilizada por quais entidades e de quais camadas? Exemplifique.

**exercício 2.9** O que são sistemas intermediários e que camadas do RM-OSI realizam? Dê um exemplo de um sistema intermediário e as camadas que realizam.

**exercício 2.10** O sistema de terminação de dados compreende quantas e quais camadas do RM-OSI? Dê um exemplo de um sistema de terminação de dados.

**exercício 2.11** O conceito de subsistema inteligente, dentro de uma camada, implica em quantos protocolos para essa camada?

**exercício 2.12** Pesquise na WEB um *modem* ADSL comercial e identifique as diferentes terminações de camadas do equipamento.

**exercício 2.13** Dê alguns exemplos de subsistemas intermediários cuja função é unicamente o encaminhamento dos dados de forma adequada pela sub-rede de comunicação.

**exercício 2.14** Supondo que em um sistema de comunicação de dados a taxa de transmissão do nível físico é de 120 kbit/s e são transmitidos PDUs de 520 octetos dos quais 12 correspondem ao PCI, e supondo que o espaçamento médio entre as PDUs é de 1 ms, qual é o fluxo médio de informação útil do nível de enlace para o nível de rede?

## Termos-chave

codificador de canal, p. 47

elementos estruturais de uma camada, p. 36

interconexão de sistemas abertos, p. 33

modelo de referência OSI, p. 33

modelo de comunicação de informação de Shannon, p. 45

modelos de camadas, p. 34

plataforma de transporte, p. 49

sistema de comunicação de dados, p. 44

subsistema inteligente, p. 36

transceptores, p. 45

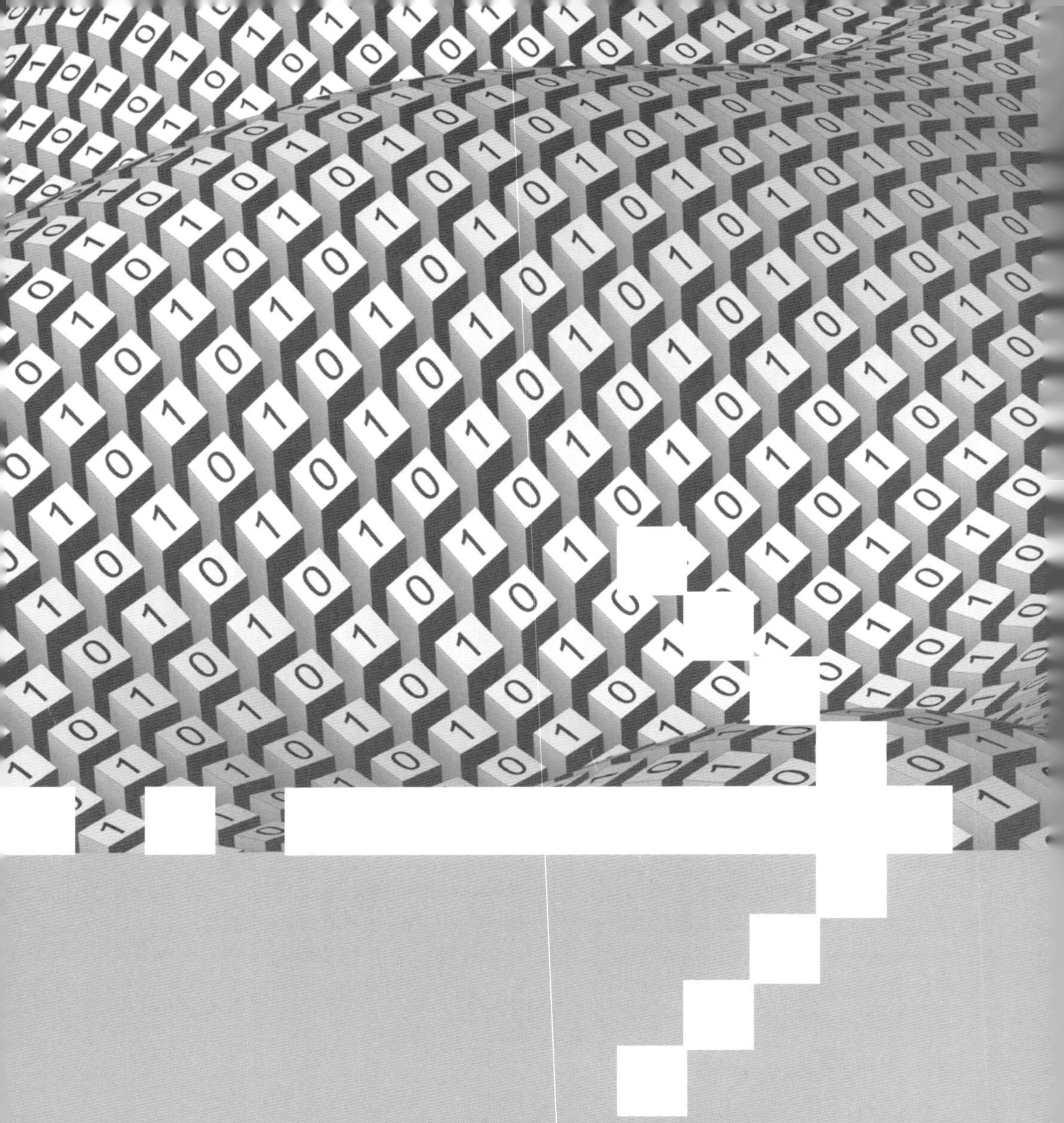

# capítulo 3

# análise de sinais

■ ■ A representação da informação por símbolos elétricos e a análise desses símbolos são essenciais na otimização de um sistema de comunicação de dados. Neste capítulo são apresentados os conceitos básicos referentes à representação elétrica de informação e a análise desses símbolos utilizando-se as técnicas de Fourier. A partir da série infinita de Fourier para sinais periódicos, é abordado o conceito de espectro de um sinal no domínio frequência. Mostra-se que a extensão desta análise para pulsos permite a obtenção do espectro de frequência desses pulsos através da transformada de Fourier. Como os símbolos elétricos atualmente se apresentam sob forma discreta, o seu conteúdo espectral é obtido através da transformada discreta de Fourier ou DFT (*Discrete Fourier Transform*). O algoritmo conhecido como transformada rápida de Fourier, ou FFT (*Fast Fourier Transform*), é uma forma mais rápida e simples de obter a DFT. Ao final do capítulo é abordada também a importância da técnica FFT nos modernos sistemas de comunicação de dados.

## 3.1 ⇢ tipos de sinais

As maiorias dos fenômenos físicos que encontramos na natureza podem ser descritos por sinais analógicos, isto é, por funções contínuas que descrevem o comportamento deste fenômeno ao longo do tempo. Exemplos destes fenômenos físicos são: a intensidade de um som, a variação de temperatura de um corpo, a intensidade luminosa e, principalmente, sinais elétricos de transdutores como, por exemplo, um microfone, que são tipicamente sinais analógicos (Langton, 2008).

Em eletricidade e em comunicações de dados em geral, encontramos uma variedade muito grande de sinais elétricos. Podemos classificá-los em quatro grandes classes, a saber:

a) sinais analógicos ou contínuos;
b) sinais discretos;
c) sinais digitais; e
d) sinais tipo portadora.

Na figura 3.1 apresentam-se exemplos característicos de cada uma dessas classes. Na realidade, um sinal tipo portadora também pertence à classe dos sinais analógicos. No entanto, devido à importância destes sinais em comunicações, foi definida uma classe específica para os mesmos. Vamos apresentar, a seguir, as principais características de cada uma destas classes, com foco principalmente no uso das mesmas em comunicação de dados.

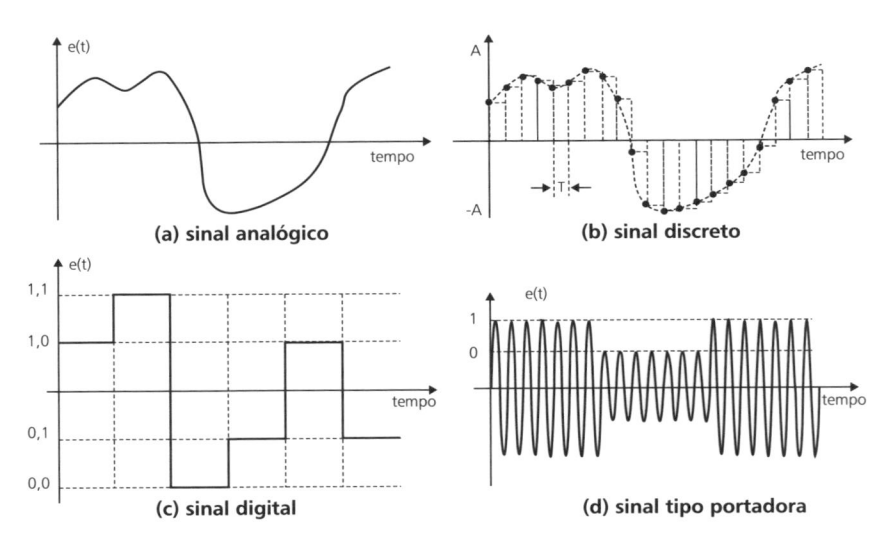

**figura 3.1** Exemplos das quatro classes de sinais utilizadas em comunicação de dados.

## ■ sinais analógicos

Ouve-se, em geral, que estamos na era das comunicações digitais, o que pode nos fazer pensar que os sinais analógicos não estão mais am alta. No entanto, todos os modernos sistemas sem fio se comunicam através de sinais analógicos. O processamento de sinais analógicos (ASP) é feito principalmente por filtros e por equalizadores analógicos. Sinais analógicos também podem ser processados digitalmente (DSP). Neste caso, o sinal analógico deve ser transformado primeiro em um sinal discreto, como mostrado na figura 3.1 (b).

## ■ sinais discretos

Sinais discretos não devem ser confundidos com sinais digitais. A amostragem em valores de amplitude de um sinal analógico corresponde ao valor discreto deste sinal. A partir da representação discreta de um sinal elétrico, pode-se fazer todo o processamento deste sinal utilizando-se técnicas digitais (DSP), em vez do custoso processamento analógico (ASP). Os modernos sistemas de comunicação de dados realizam todo o processamento dos sinais, tanto no transmissor como no receptor, sob forma de sinais discretos. Estes sinais, no entanto, no lado do transmissor, são convertidos no final do DSP em sinais analógicos, antes de serem aplicados à antena do transmissor. Da mesma forma, o sinal recebido na antena do receptor é reconvertido novamente para um sinal discreto e, a seguir, é processado por DSP. Assim sendo, nestes sistemas vamos encontrar, na saída do transmissor, um bloco de conversão digital/analógico (CDA) e, na entrada do receptor, um bloco de conversão analógico/digital (CAD).

## ■ sinais digitais

Sinais digitais ou sinais banda-base são essencialmente sinais definidos para um conjunto de valores discretos aos quais associamos conjuntos de dígitos binários ou bits de forma aleatória. O processo pode ser caracterizado por um código de associação de dígitos binários de informação a símbolos elétricos, como mostrado na figura 3.1(c). O processo, também chamado de codificação banda-base, será melhor detalhado no capítulo 4.

## ■ sinais de portadoras

Estes sinais são todos aqueles que se apresentam sob forma senoidal, como mostra a figura 3.1(d). Este tipo de sinal é chamado de portadora porque é capaz de transportar informação a partir da associação de dígitos binários a parâmetros deste sinal como amplitude, frequência ou fase. O processo é conhecido também como modulação discreta de uma portadora. No exemplo da figura 3.1(d), a portadora tem dois valores discretos de amplitude, aos quais associamos os dígitos binários *um* e *zero*. Os processos de modulação serão apresentados de forma mais detalhada no capítulo 5, no qual serão estudadas as características de alguns dos processos mais tradicionais de modulação utilizados em comunicação de dados.

## 3.2 representação elétrica de informação

No capítulo 1, vimos que o processo de geração de informação é essencialmente um processo discreto de escolha de símbolos a partir de um alfabeto de símbolos, cada qual com uma determinada probabilidade de ocorrência. Esse tipo de processo é chamado também de processo estocástico. O processo estocástico de geração de informação pode ser definido, portanto, como uma função que varia aleatoriamente no tempo segundo valores discretos.

Em comunicação de dados, estes símbolos são elétricos. O alfabeto de símbolos mais simples é o formado por apenas dois símbolos, ao qual associamos os dígitos binários *um* e *zero* respectivamente. Baseados na relação (1.7), para que tenhamos máxima entropia na geração dos símbolos, a probabilidade de ocorrência dos dígitos binários *zero* e *um* deve ser igual, ou seja, $p_0 = p_1 = 0,5$. Lembrando a relação (1.5) que nos diz que, se a taxa de geração de dígitos binários for igual a $R$ e a taxa equivalente de geração de símbolos elétricos for $R_s$, e se associarmos $m$ bits a cada símbolo, com $m = 1,2,3,...,n$, então teremos que:

$$R = R_s m = R_s . \log_2 N = R_s . \log_2 2^m \qquad (3.1)$$

A expressão (3.1) é genérica, pois, quando $N = 2$ teremos que $m = 1$, ou seja, neste caso teremos $R_s = R$. A transmissão de informação, portanto, é essencialmente um processo de associação de um ou mais dígitos binários a um alfabeto de símbolos elétricos de acordo com a relação (3.1).

A questão que se impõe agora é como caracterizar um símbolo elétrico. Podemos definir, por exemplo, símbolos elétricos a partir de uma função $e(t)$, que apresenta um conjunto finito de valores discretos, associando-se um ou mais dígitos binários a cada valor discreto desta função em intervalos de tempo que devem ser múltiplos inteiros do tempo de duração de um símbolo. Pela classificação dos sinais elétricos da figura 3.1, observa-se que são duas as classes de sinais que podem ser utilizadas de forma simples para a definição de símbolos elétricos: 1) sinais digitais e 2) sinais do tipo portadora. A seguir, apresenta-se como definir símbolos elétricos para estes dois **tipos de sinais** (Oppenheim; Wilsky, 1997).

**1** sinais do tipo digital ou funções do tipo $e(t) = Ek_i t$
Nesta função, $E$ é uma tensão fixa constante e $k_i$ é um fator de multiplicação positivo ou negativo, com $i = 0, \pm1, \pm2, \pm3, ..., \pm n$ em intervalos de tempo definidos por $t = jT$, com $j = 0,1,2,3,...,m$, e $T$ correspondente ao tempo de duração de um símbolo elétrico. Observa-se que, nestas condições, $e(t)$ varia em intervalos de tempo que são múltiplos de $T$. Portanto, esta função permite definir um processo estocástico de geração de informação associando-se um ou mais dígitos binários aleatórios a dois ou mais valores fixos de tensão. Este tipo de sinal também é conhecido como sinal de informação

**2** sinais do tipo portadora ou **funções senoidais** como $e(t) = Ek_i(sen\omega t + \phi)$
Nesta função, $E$ é uma tensão fixa constante, também chamada de amplitude da função senoidal, e $k_i$ é um fator de multiplicação, com $i = 0,1,2,3,...,n$. em intervalos de tempo definidos por $t = jT$, com $j = 0,1,2,3,...,m$, e $T$ correspondente ao tempo de duração de um símbolo elétrico. Portanto, estamos diante de um processo estocástico

de geração de informação, em que as amplitudes discretas $Ek_j$ desta senoide são associadas aleatoriamente a um ou mais dígitos binários em intervalos discretos de tempo $t = jT$, com $j = 1, 2, 3,...m$.

No primeiro caso, o processo que associa um ou mais dígitos binários a um ou mais valores discretos elétricos constantes da função $e(t)$, num intervalo de tempo qualquer, múltiplo inteiro de $T$, é conhecido genericamente como codificação banda-base. Se a tensão for constante durante todo tempo de um símbolo, como na função $e(t) = Ek_j$, é conhecido também como um código banda-base NRZ (*Non Return to Zero*), que é largamente utilizado em transmissão de dados em curtas distâncias.

No segundo caso, em que $e(t) = Ek_j(sen\omega t + \theta)$, estamos diante de um processo de modulação discreta de amplitude de uma portadora senoidal. Podemos definir para esta função senoidal, em vez de amplitudes, outros valores discretos. Por exemplo, podemos definir um conjunto de valores discretos de frequência, ou seja, $e(t) = E(senk_j\omega t + \theta)$, ou também um conjunto discreto de valores de fase, ou seja, $e(t) = E(sen\omega t + \theta k_j)$. Neste caso, estamos respectivamente diante de uma modulação discreta de frequência e uma modulação discreta de fase desta portadora senoidal.

Para ilustrar o que acabamos de descrever, vamos apresentar um exemplo simples de codificação banda-base com apenas dois símbolos binários e também uma modulação binária de amplitude de uma portadora. Podemos representar matematicamente estas duas situações como:

$e(t) = Ek_i$, com $i = 0$ ou $1$, codificação banda-base tipo NRZ.

$e(t) = Ek_i(sen\omega t + \theta)$, com $i = 0$ ou $1$, modulação discreta de amplitude.

Vamos assumir, por exemplo, $E = 1$ e os valores de $k$ como $k_1 = 0$ quando o dígito binário for *zero* e $k_2 = 3$ quando o dígito binário for *um*, em ambas as funções. Na figura 3.2, apresenta-se o gráfico resultante destas duas associações em relação a um fluxo de dígitos binários aleatórios, como indicado na figura. Observa-se que o chaveamento das amplitudes dos dois sinais é em tempos múltiplos de $t = jT$, com $j = 1, 2, 3,...,m$.

A tabulação dos diferentes valores desta associação é mostrada na tabela 3.1. Observa-se que, na codificação banda-base, os símbolos elétricos são constantes durante o período de um símbolo. No exemplo de modulação em amplitude de uma portadora senoidal, os símbolos elétricos correspondentes ao dígito binário *um* variam de forma contínua, mas a amplitude é constante, igual a três. Já ao dígito binário *zero* corresponde $e(t)k_0 = 0$ ($k_0 = 0$), amplitude zero.

Pode-se concluir, portanto, que existem duas grandes classes de associação de dígitos binários a símbolos elétricos: a codificação banda-base e a modulação de uma portadora. Cada uma destas classes possui uma variedade enorme de diferentes leis de associação dos dígitos binários a conjuntos de símbolos elétricos discretos destas duas funções.

A otimização do transporte de informação através de um meio físico está intimamente ligada ao tipo de associação a ser adotado, levando-se em conta, principalmente, as características do meio a ser utilizado. Isto se deve principalmente ao fato de que os símbolos elétricos, ao se

(a) codificação banda base de dois níveis

(b) modulação discreta de uma portadora em amplitude

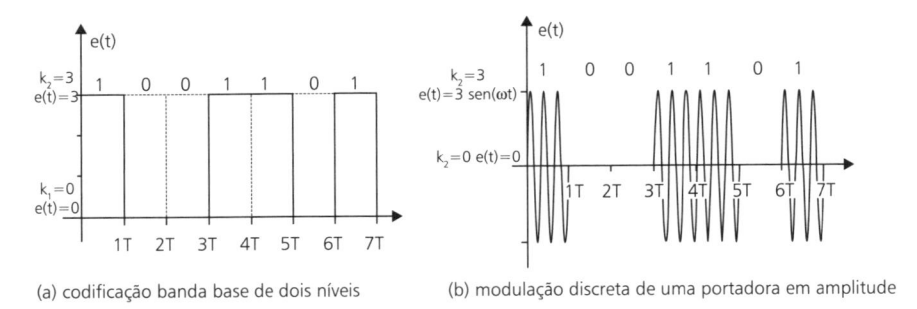

**figura 3.2** Associação de dígitos binários a símbolos elétricos das duas funções básicas:
(a) exemplo de uma codificação banda-base de dois níveis.
(b) exemplo de modulação de uma portadora em duas amplitudes.

propagarem pelo meio, são afetados pelo ruído inerente ao canal que, desta forma, dificulta a recuperação dos símbolos no receptor. Assim, a capacidade máxima do meio e a tolerância dos símbolos ao ruído e à interferências, por exemplo, estão intimamente ligadas aos símbolos elétricos usados e ao número de bits associados a cada símbolo.

O primeiro passo para tentar estabelecer critérios para uma associação eficiente e otimizada de símbolos elétricos a dígitos binários é a análise destes sinais. Esta análise fornecerá respostas para duas questões-chave: 1) como escolher a classe de símbolos elétricos mais eficiente para um determinado meio e 2) dentro do conjunto de símbolos desta classe, qual a melhor maneira de associar um ou mais dígitos binários a cada símbolo elétrico, considerando as características do meio físico.

As características da codificação banda-base, bem como alguns códigos de transmissão que julgamos importantes, serão apresentados no capítulo 5. Já as técnicas de modulação discreta de diferentes parâmetros de uma portadora, devido a sua importância, serão abordadas especificamente no capítulo 6. Veremos também que, em sistemas mais exigentes (e mais eficientes), utilizam-se simultaneamente técnicas de codificação banda-base e de modulação. Já em modernos sistemas sem fio, devido às exigências da mobilidade, são utilizados atualmente

**tabela 3.1** Valores dos símbolos da associação do exemplo da figura 3.2

| Tipo de associação | Associação Dígitos binários | Símbolo elétrico |
|---|---|---|
| Codificação banda-base | zero → $k_i = 0$ | $e(t) = 0$ |
|  | um → $k_i = 3$ | $e(t) = 3$ |
| Modulação de uma portadora | zero → $k_i = 0$ | $e(t) = 0$ |
|  | um → $k_i = 3$ | $e(t) = 3\operatorname{sen}\omega t$ |

processos de modulação cada vez mais sofisticados, que utilizam simultaneamente diversas portadoras e cada portadora modulada segundo diferentes parâmetros.

Nas seções a seguir, analisaremos primeiro as características de símbolos elétricos do tipo senoidal utilizados principalmente em processos de modulação. A seguir, estudaremos os símbolos elétricos baseados em pulsos utilizados principalmente em processos de codificação banda-base.

## 3.3 funções senoidais

A importância das funções senoidais é fundamental em áreas como distribuição de energia elétrica, física, processamento de imagens, processamento de sinais e comunicação de dados. Em 1822, Fourier,[1] matemático francês, demonstrou que uma função periódica qualquer podia ser representada por uma série infinita de somas de funções senoidais,[2] a chamada série de Fourier. Em uma segunda etapa, com base nesta análise, foi desenvolvido um teorema, que, em homenagem a Fourier, recebeu seu nome. Esse teorema, chamado de transformada ou integral de Fourier, estende a representação no domínio frequência também para funções não periódicas no tempo.

Pulsos elétricos, como sabemos, são funções descontínuas no tempo e, portanto, na análise destas funções podemos utilizar os resultados da integral de Fourier. Como veremos, a integral de Fourier é de fundamental importância em comunicação de dados, assim como em muitas outras áreas da física e da engenharia.

No nosso estudo, vamos revisar inicialmente algumas propriedades das funções senoidais e como podem ser representadas a partir da relação de Euler no campo dos números complexos. Apresentaremos, a seguir, a análise de algumas funções representativas, periódicas no tempo, através de séries infinitas de funções ondulatórias. Por último, veremos como podemos, com a integral de Fourier, passar de uma função definida no domínio tempo para o seu equivalente no domínio frequência.

Para a compreensão da análise de sinais elétricos, que é fundamental para o estudo de comunicação de dados, é imprescindível uma revisão das principais propriedades associadas às funções senoidais. A expressão analítica básica de uma função senoidal pode ser dada por:

$$e(t) = V_p \text{sen}(\omega t + \theta) \tag{3.2}$$

Nesta expressão, $V_p$ representa a amplitude máxima da função senoidal, $\omega$ é a velocidade angular expressa em radianos ($\omega = 2\pi f$, em que $f$ é a frequência de repetição da função medida em Hz) e $\theta$ é o ângulo de fase inicial da função. Graficamente, podemos representar esta função como mostra a figura 3.3.

---
[1] Jean Baptiste Joseph, Barão de Fourier, francês, 1768 – 1830.
[2] Consideramos funções senoidais todas as funções do tipo seno ou cosseno, ou uma combinação destas duas.

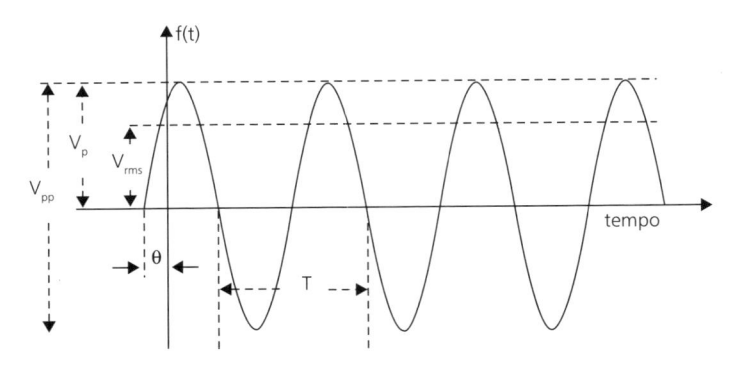

**figura 3.3** A função senoidal e seus parâmetros.

Os diversos parâmetros associados a esta função e suas relações entre eles são listados a seguir:

*e(t):* função senoidal de tensão, o valor em um instante *t* qualquer é medido em volts;

ω: velocidade angular (ω = 2πf), medida em radianos por segundo;

θ: fase inicial, expressa em graus;

*T:* período (T = 1/f), em segundos [s];

*f:* frequência (f = 1/T), medida em Herz [Hz];

$V_p$: tensão de pico em volts [V];

$V_{pp}$: tensão pico a pico ($V_{pp} = 2V_p$), medida em volts [V];

$V_{rms}$: valor médio quadrático ou valor eficaz ($V_{rms} = V_p/1,41$), em volts [V].

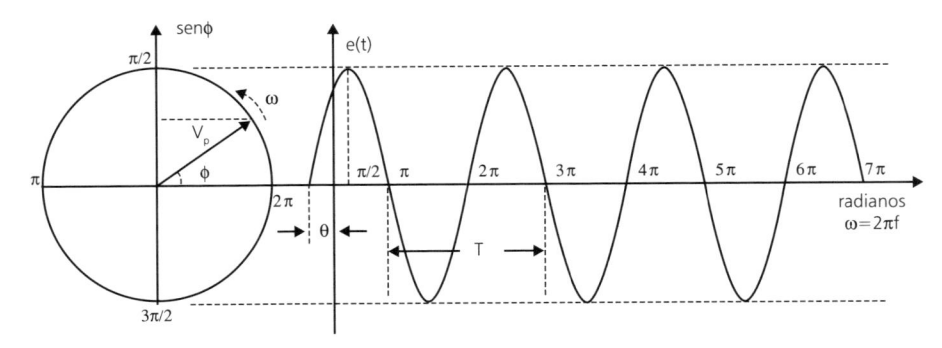

**figura 3.4** A função senoidal *f(t)* como resultante da projeção sobre o eixo das ordenadas de um vetor girante com módulo igual a *Vp*.

Pode-se considerar que a função senoidal f(t) é obtida como a resultante da projeção, em qualquer instante de tempo, de um vetor girante com módulo igual a $V_p$ sobre o eixo das ordenadas, como mostrado na figura 3.4. O vetor gira com uma velocidade angular ω, e as projeções se repetem num período de tempo $T = 1/f$.

### 3.3.1 propriedades das funções senoidais

As principais propriedades das funções senoidais, as que mais nos interessam em nosso estudo são:

a) equivalências entre as funções seno e cosseno;
b) soma de funções senoidais com qualquer argumento; e
c) multiplicação de funções senoidais com argumento qualquer.

■ **equivalências entre as funções seno e cosseno**

A função y = sen.x e a função y = cos.x são representadas graficamente em um período T, como mostrado na figura 3.5. A partir desses gráficos, pode-se verificar que, se deslocarmos a função sen.x de uma fase igual a π/2 (90°), estamos diante da função cos.x, ou, atrasando-se a função cos.x de – π/2 (– 90°), estamos diante da função seno.x. Matematicamente, podemos escrever que:

$$\text{sen}(2\pi t + \pi/2) = \cos(2\pi t)$$

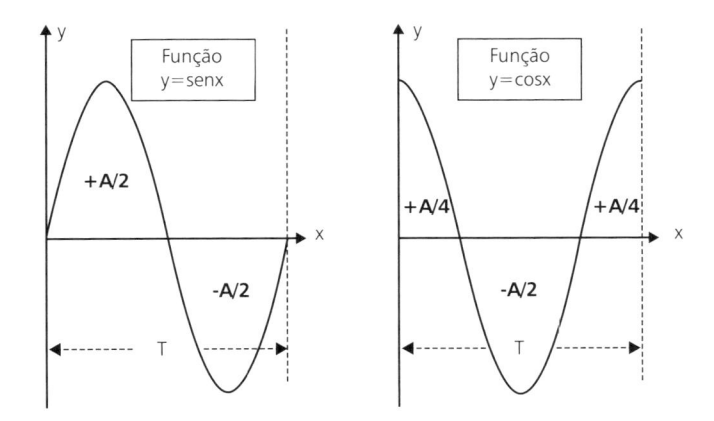

$$\cos(2\pi t - \pi/2) = \text{sen}(2\pi t)$$

**figura 3.5** Gráfico das funções y = sen.x e y = cos.x.

Podemos estabelecer também as seguintes relações entre *seno* e *cosseno*, considerando-se as funções como projeções sobre os dois eixos ortogonais:

$$\text{sen}^2 x + \cos^2 x = 1 \text{ e, portanto,}$$

$$\text{sen}\, x = \sqrt{(1-\cos^2 x)}$$

$$\cos x = \sqrt{(1-\text{sen}^2 x)}$$

Além disso, a integral de uma função senoidal em um período T será sempre zero, ou seja:

$$\int_0^T V_p \text{sen}(\omega t)\, dt = \int_0^T V_p \cos(\omega t)\, dt = 0$$

Isso equivale a dizer que nessas funções a área positiva e a área negativa dentro de um período são iguais e, portanto, se anulam.

### ■ soma de funções senoidais periódicas

A soma de funções senoidais periódicas com qualquer argumento sempre resulta em uma função periódica. Portanto, a integral em um período da resultante dessa soma será também nula. Pode-se observar facilmente essa propriedade pelo exemplo da figura 3.6.

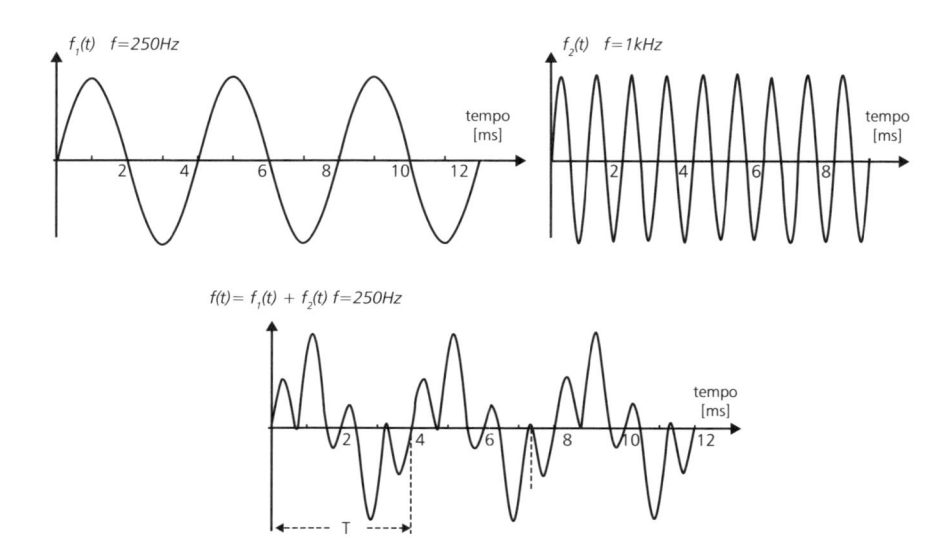

$$f(t) = f_1(t) + f_2(t) = \text{sen}\,\omega nt + \text{sen}(\omega mt) \neq 0$$

**figura 3.6** Soma de funções senoidais resulta sempre em uma função periódica.

A função *f(t)* resultante dessa soma sempre será uma função periódica, ou seja, a integral dentro de um período *T* de *f(t)* será sempre nula:

$$\int_{t}^{t+T} f(t)dt = \int_{t}^{t+T} f_1(t)dt + \int_{t}^{t+T} f_2(t)dt = \int_{t}^{t+T} \text{sen}(\omega nt)dt + \int_{t}^{t+T} \text{sen}(\omega nt)dt = 0 \quad n \neq m$$

### ■ integral sobre um período do produto de funções senoidais

Funções senoidais (*seno* ou *cosseno*) desfrutam das seguintes propriedades em relação a integral dentro de um período *T* (ou área de um período):

**1** a integral sobre um período T do produto de duas funções seno (ou duas funções cosseno), múltiplos inteiros de uma frequência fundamental, é sempre nula.

$$\int_{0}^{T} (\text{sen}\omega nt)(\text{sen}\omega mt)dt = 0, \text{ para } n \neq m$$

Um exemplo de aplicação desta regra é mostrado na figura 3.7

**2** a integral do produto de duas funções seno ou duas funções cosseno de mesma frequência dentro de um período T é diferente de zero.

$$\int_{0}^{T} V_p(\text{sen}\omega_n t).V_p(\text{sen}\omega_m t)dt = (V_p^2 T)/2, \text{ para } n = m$$

Um exemplo de aplicação desta regra é mostrado na figura 3.8, em que temos o produto de uma função $e(t) = V_p \text{sen}\omega t$ por ela mesma.

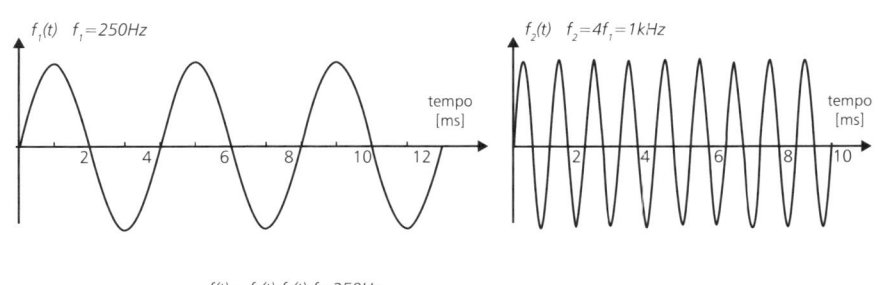

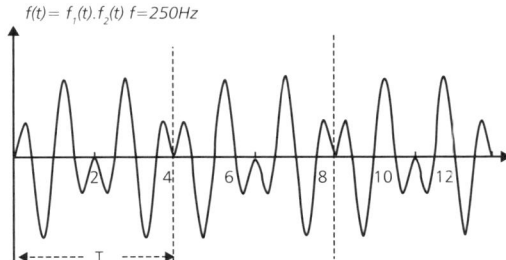

**figura 3.7**  Produto de duas funções seno com frequências $f_1 = 250Hz$ e $f_2 = 1kHz$.

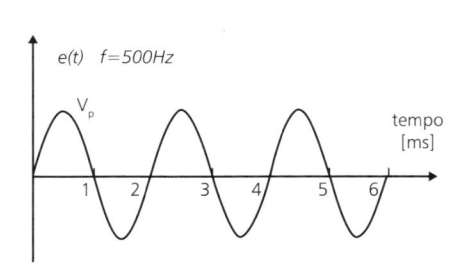

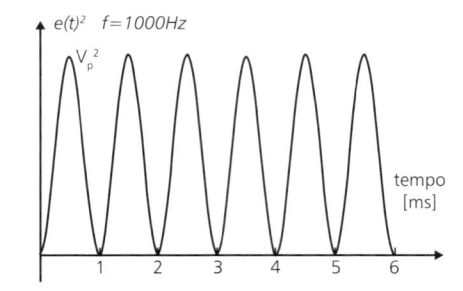

**figura 3.8** O produto de uma função e(t) por ela mesma, ou $e(t)^2$.

**3** a integral sobre um período T do produto de uma função seno por uma função cosseno, de qualquer frequência, é igual a zero. Isso ocorre porque o resultado do produto resulta sempre em uma função periódica. Matematicamente, podemos expressar esta regra como:

$$\int_0^T (\cos\omega_n t)(\sin\omega_m t)dt = 0, \text{ para qualquer } n \text{ e } m$$

Essas três propriedades são de grande importância na análise de sinais por séries de Fourier. Chamamos também a atenção para o fato de que um conjunto de funções que satisfaz as propriedades 1 e 2 é chamado também de conjunto de funções ortogonais. Se normalizarmos as amplitudes destas funções, o conjunto é chamado de conjunto de funções ortonormais.

### 3.3.2 representação discreta de funções senoidais

As funções senoidais, como se sabe, são funções analógicas e contínuas. Portanto, o processamento destes sinais se dá segundo técnicas de ASP (*Analog Signal Processing*), que são difíceis e dispendiosas. Para poder aplicar técnicas de DSP (*Digital Signal Processing*), mais fáceis e econômicas, a estes sinais, deve-se transformá-los primeiro em sinais discretos, que podem ser representados por um fluxo de bits e, portanto, podem ser processados por técnicas de DSP.

Em modernos sistemas de comunicação de dados, como em redes sem fio, todo processamento é inicialmente feito de forma digital e, somente no último estágio do transmissor, o sinal é transformado em um sinal analógico que, por sua vez, é aplicado à antena. No receptor, este sinal é recuperado e imediatamente transformado em um sinal discreto e, assim, pode ser processado digitalmente também no receptor.

Na figura 3.9, apresenta-se, como exemplo, a discretização de um sinal senoidal, fazendo-se oito amostragens de amplitude por período $T$ do sinal, em intervalos de tempo $T_a$, tais que, $T = 8T_a$. As medidas discretas de amplitude da figura 3.9(b) podem ser representadas por números binários (bits) e, desta forma, obteremos um sinal binário periódico, ou um fluxo de bits que é equivalente ao sinal senoidal. A partir deste fluxo de bits podemos, em qualquer momento, reconstruir o sinal senoidal fazendo uma quantização do sinal, como mostrado na figura 3.9(c). Devido às componentes de altas frequências associadas às transições abruptas do sinal quantizado, pode-se filtrar essas componentes fora e, assim, obter um sinal mais próximo do sinal original, como mostrado na figura 3.9(d). A partir da figura 3.9 (a), podemos intuir também, facilmente, que, se estreitarmos o período $T_a$ entre as amostragens, o sinal quantizado correspondente tende a ser cada vez mais fiel ao sinal original.

Pode-se dizer que o processo de discretização de um sinal senoidal contínuo consiste em amostrar o sinal em intervalos de tempo fixos, para obter o valor da amplitude desse sinal em cada instante. A medida desta amplitude é feita segundo uma resolução predefinida. A menor resolução desta medida corresponde a um valor fixo chamado de *quantum*. Todas as amostragens serão múltiplos inteiros deste *quantum*. O tempo $T_a$ entre duas amostragens corresponde ao período da amostragem. Podemos definir também uma taxa, ou uma frequência da amostragem, $f_a$, como sendo $f_a = 1/T_a$. A relação entre $T$ e $T_a$ será objeto de investigação mais detalhada na seção 3.3.3, em que será abordada a questão da amostragem de sinais.

Matematicamente, podemos definir que um sinal periódico discreto desfruta da seguinte propriedade:

$$f(t) = f(t \pm T) \tag{3.3}$$

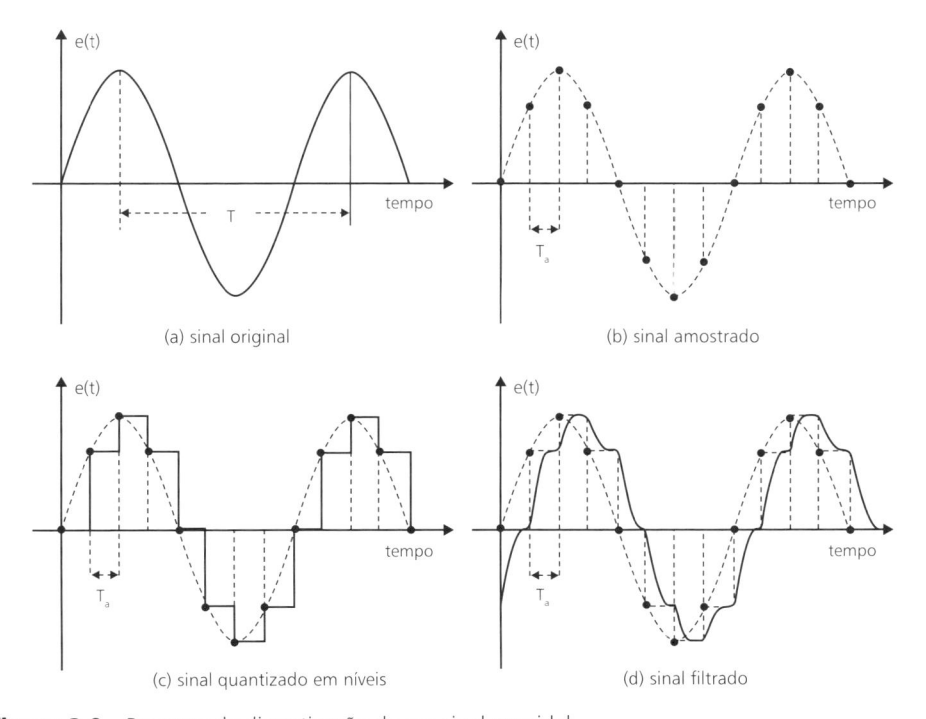

**figura 3.9** Processo de discretização de um sinal senoidal.

Uma função contínua $y = f(t)$ pode ser representada por um conjunto de valores discretos como $y_i = f(x_i)$, em que $x_i = x_0, x_1, x_2,...,x_{n-1}$ corresponde a $N$ valores discretos desta função. Se a função é periódica, o conjunto dos $N$ valores discretos de $x_i$ é definido em um período $T$. Assim, podemos definir os seguintes parâmetros equivalentes para uma função periódica discreta, conforme Langton (2008):

valor médio do sinal:
$$\mu_x = \frac{1}{N}\sum_{n=0}^{n-1} x_n \quad (3.4)$$

energia do sinal:
$$E_x = \sum_{n=0}^{n-1} |x_n|^2 \quad (3.5)$$

potência do sinal:
$$P_x = \frac{E_x}{N} = \frac{1}{N}\sum_{n=0}^{n-1} |x_n|^2 \quad (3.6)$$

valor efetivo ou $x_{RMS}$:
$$x_{RMS} = \sqrt{\frac{1}{N}\sum_{n=0}^{n-1} |x_n|^2} \quad (3.7)$$

a variância $\sigma^2$ deste sinal: $\sigma_x^2 = \frac{1}{N}\sum_{n=0}^{n-1} |x_n - \mu_x|^2$ e $\sigma_x^2 = P_x - \mu_x$ (3.8)

desvio padrão do sinal:
$$\sigma_x = \sqrt{\sigma_x^2} \quad (3.9)$$

Salientamos também o fato de que, num sinal discreto periódico, as integrais utilizadas em funções periódicas contínuas agora são simples somatórios.

## ■ exemplo de aplicação

Para fixar os conceitos expostos, vamos supor, como exemplo, um sinal senoidal com $V_p = \pm 2,048V$ com período $T = 0,01s$, que é amostrado com uma frequência de *1000 Hz*. As medidas são feitas com uma resolução de *8 mV*. Quantos valores discretos de amplitude teremos nestas condições e qual a taxa de bits associada a este sinal quando discretizado?

O intervalo de variação da amplitude deste sinal será entre *+ 2,048 a – 2,048*, que corresponde a um intervalo absoluto de *4,096* volts. O número total $N$ de valores discretos de tensão então será $N = 4,096/0,008 = 512$.

Para representar estes 512 valores discretos são necessários $m = log_2 512 = 9$bits por amostragem. Como a frequência de amostragem é de *1000 Hz*, então o período de amostragens é $T_a = 1/1000 = 1ms$.

O número $n$ de amostragens por um período $T$ do sinal então será: $n = T/T_a = 0,01/0,001 = 10$. A taxa de bits, $R$, será então: $R = (n.m)/T = (10.9)/0,01 = 90 \times 100 = 9k$bit/s.

Verifica-se, portanto, que ao sinal senoidal de frequência $f = 1/0.01 = 100Hz$, nas condições dadas, corresponde um sinal binário de 9kbit/s.

## 3.3.3 amostragem de sinais

Vimos que, num sistema de comunicação de informação, no lado do emissor, podemos associar o fluxo de bits gerados pela fonte de informação a um conjunto de símbolos elétricos analógicos aleatórios que, a seguir, é enviado pelo canal. No lado do receptor, estes símbolos elétricos analógicos são detectados (reconhecidos) e, desta forma, é recuperado o fluxo de bits da informação original.

O grande desafio que se impõe é saber até que ponto um símbolo elétrico recebido no receptor será reconhecido de forma fiel e unívoca para que, assim, possam ser recuperados os bits associados ao símbolo. Em outras palavras, quantas vezes, no mínimo, deve ser amostrado um símbolo analógico para que ele possa ser recuperado sem ambiguidade no lado do receptor.

Quem primeiro se ocupou desta questão foi Nyquist (Harry Nyquist 1889 – 1976) que, em 1927, apresentou um teorema que é conhecido como teorema da amostragem. É chamado também de teorema de Nyquist-Shannon-Kotelnikov, já que todos chegaram a resultados equivalentes de forma independente um do outro.

O teorema de Nyquist foi de fundamental importância para o desenvolvimento da teoria de informação de Shannon e do processamento digital de sinais. Para intuir o que está por trás deste teorema, vamos considerar que um sinal é composto de diversos componentes com diversas frequências. Vamos designar $f_{max}$ a componente com a maior frequência. Neste caso, o teorema estabelece que, para recuperar de forma unívoca estas componentes, a taxa de amostragem $f_a$ deste sinal deve ser duas vezes maior do que a componente de frequência máxima, $f_{max}$. Analiticamente, podemos expressar o teorema como:

$$f_a = 2f_{max}$$

Para comprovar o teorema, vamos supor que a amostragem de um sinal é como mostra a figura 3.10(a). Vamos designar o intervalo entre as amostragens como sendo $T_a$ e o período de repetição das amostragens de $T$. A taxa de amostragem será, portanto, $f_a = 1/T_a$, e a frequência da componente do sinal será $f_s = 1/T$.

Diversos sinais podem ser associados aos pontos de amostragem de dados. Alguns destes sinais são mostrados nas figuras 3.10(b), 3.11(c) e 3.10(d). Todos os sinais passam pelos pontos da amostragem. Precisamos decidir agora, sem ambiguidade, qual o sinal que realmente corresponde a esta amostragem. O único sinal que preenche esta condição é o sinal 3.11(b) e, portanto, 3.11(c) e 3.11(d) devem ser excluídos. Para isto, podemos estabelecer que o sinal da figura 3.10(b) é a componente de sinal com a maior frequência e, portanto, não há componente de frequência maior que esta. Em outras palavras, dada uma taxa de amostragem $f_a$, a frequência máxima do sinal que pode ser amostrado com esta taxa será dada por:

$$f_s = f_{max} = f_a/2, \text{ ou então que } f_a = 2f_{max} \tag{3.10}$$

(a) sinal amostrado

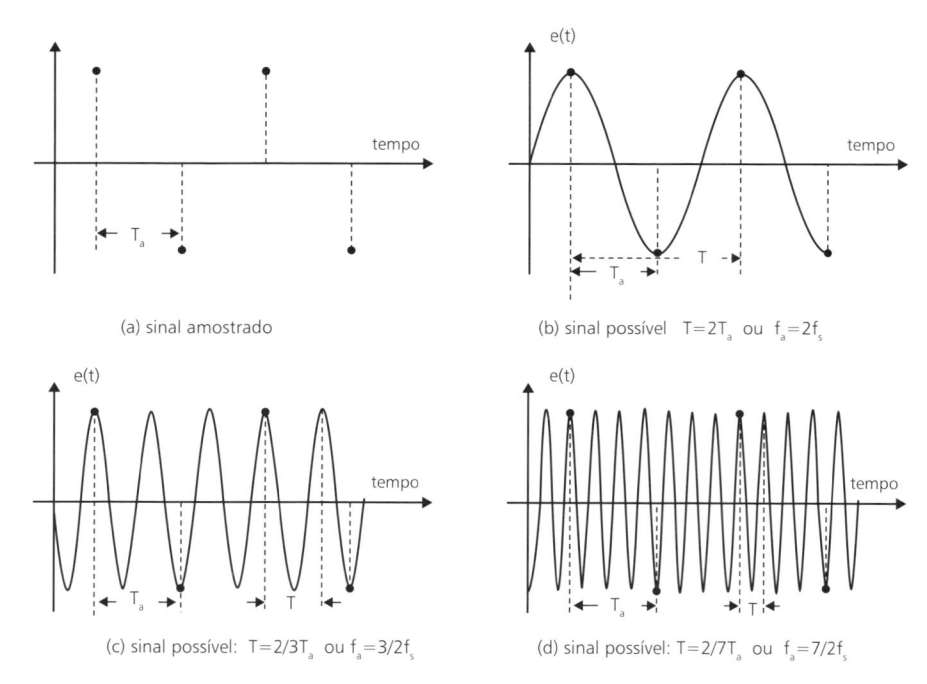

(b) sinal possível  T=2T$_a$ ou f$_a$=2f$_s$

(c) sinal possível:  T=2/3T$_a$ ou f$_a$=3/2f$_s$

(d) sinal possível: T=2/7T$_a$ ou f$_a$=7/2f$_s$

**figura 3.10**   Possíveis sinais a partir da amostragem de um sinal, conforme Langton (2008, p. 10).

Um corolário deste teorema foi apresentado na equação (1.30), do capítulo 1, e pode ser enunciado também como: dado um canal com uma largura de banda B [Hz], a máxima capacidade C de símbolos binários que pode ser transmitida por este canal será dada por:

$$C = 2B \text{ [baud ou bit/s]}$$

O teorema de Shannon, como mostrado na seção 1.6, parte do teorema de Nyquist, adicionando mais um componente, o ruído no canal.

### 3.3.4   representação complexa de sinais senoidais

Antes de entrarmos na representação de funções senoidais no campo dos números complexos, vamos fazer uma rápida revisão sobre números complexos. Números complexos, como sabemos, são compostos de duas dimensões, uma imaginária e outra real, e, portanto, podem ser representados em um sistema cartesiano bidimensional XY. A parte imaginária de um número complexo é representada no eixo das ordenadas Y, e a parte real é

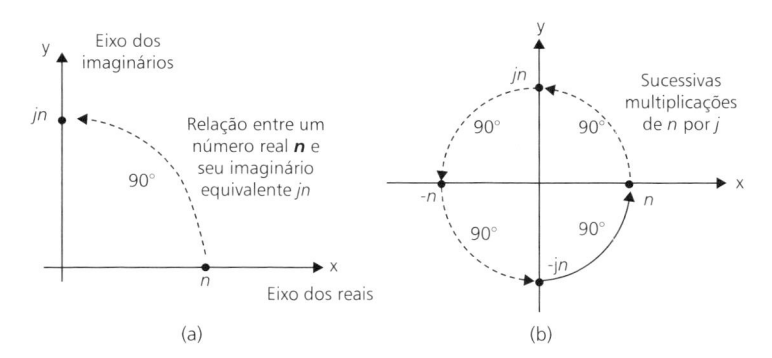

**figura 3.11** Multiplicação de um número real n por j (a) e sucessivas multiplicações de n por j (b).

representada no eixo das abscissas X. A distinção entre estas duas dimensões é feita através do operador $j$ ($j = \sqrt{-1}$).[3]

Para entender melhor a função do operador $j$, vamos considerar um número real $n$ sobre o eixo das abscissas X, como mostrado na figura 3.11(a). Multiplicando $n$ por $j$ (ou aplicando o operador $j$ sobre $n$), obtém-se o equivalente imaginário $j.n$ de $n$ sobre o eixo das ordenadas Y. A multiplicação de $n$ pelo operador $j$ caracteriza, portanto, uma rotação de fase de 90° de $n$, como pode ser observado na figura 3.11(a). Na figura 3.11(b), mostram-se sucessivas multiplicações por $j$, cada uma correspondendo a uma rotação de 90°. Portanto, após a quarta multiplicação, completamos uma rotação completa de 360° em relação ao nosso sistema de eixos polares (Langton, 1998).

Vamos estender o conceito de números complexos para o caso geral, ou seja, a parte numérica do eixo imaginário e do eixo real de um número complexo, que pode ser qualquer número real. Na figura 3.12(a) mostra-se, por exemplo, o gráfico de um número complexo genérico dado por $z = a + jb$, que apresenta os valores numéricos $a$ (no eixo real) e $b$ (no eixo imaginário) para as duas dimensões do número complexo $z$. Pelo gráfico, pode-se inferir também que:

$$r^2 = a^2 + b^2 \quad \text{e} \quad r = |z| = \sqrt{a^2 + b^2} \quad \text{e} \quad \theta = tg^{-2}\left|\frac{b}{a}\right| \quad (3.11)$$

Definimos $r = |z|$ como o módulo do número complexo $z$, e o ângulo $\Phi$ como o argumento de Z. Portanto, podemos representar $z$ de duas formas: a forma canônica e a forma polar.

$$z = a + jb = r\cos(\varphi) + jr\,\text{sen}(\varphi) = r(\cos\varphi + j\,\text{sen}\varphi) \quad (3.12)$$

---
[3] A representação de $\sqrt{-1}$ por $i$ ou $j$ é indiferente na literatura. Em matemática, a preferência é por $i$, enquanto em engenharia é por $j$. Usaremos esta última opção.

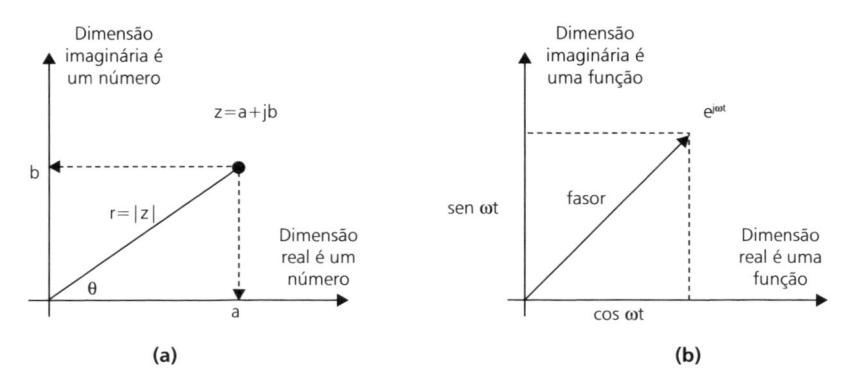

**figura 3.12** Representação gráfica de um número complexo (a) e representação de uma função complexa (b).

Nestas relações, a última corresponde à representação polar de z, que é utilizada com mais frequência.

Em vez de valores numéricos para as duas dimensões que caracterizam z, podemos associar também duas funções, por exemplo, sen $\omega t$ e cos $\omega t$, como mostrado na figura 3.12(b). Nesse caso, as duas dimensões, sen $\omega t$ e cos $\omega t$ respectivamente, não mais caracterizam um número complexo, mas sim uma função complexa. A função complexa caracterizada por estas duas dimensões funcionais é conhecida como a equação de Euler e é escrita como:

$$e^{j\omega t} = \cos\omega t + j\mathrm{sen}\omega t \qquad (3.13)$$

Foi Leonhard Paul Euler, um estudante suíço de Johann Bernouille, que, no início do século XIX, apresentou primeiro essa equação, que mais tarde recebeu seu nome. A equação de Euler estabelece uma vinculação entre o campo dos complexos e as funções senoidais sob a forma de senos e cossenos. A sua aplicação foi de suma importância para o desenvolvimento das mais diversas áreas das ciências, principalmente a da engenharia.

Bertrand Russell (1872-1970), um dos mais influentes matemáticos, filósofos e lógicos que viveram no século XX, chamou esta equação, pela sua importância, como *"a mais bela, a mais sublime e a mais profunda da matemática"*. Richard Feynman (1918-1988), físico norte norte-americano, prêmio Nobel de física em 1965, disse sobre a mesma equação: *"a mais incrível equação de toda a matemática"*.

Para entender melhor esta equação, apresentamos, na figura 3.13, uma representação gráfica tridimensional dessa função, conforme Langton (1998). Observa-se no gráfico que a mesma representa na realidade um *fasor*[4] que gira e que, ao mesmo tempo, se desloca ao longo do tempo, caracterizando uma curva tipo hélice. Se trocarmos o sinal da exponencial ($e^{-j\omega t}$),

---

[4] *Fasor* ou vetor de rotação, ou vetor girante, é um vetor bidimensional para representar uma onda em movimento harmônico simples.

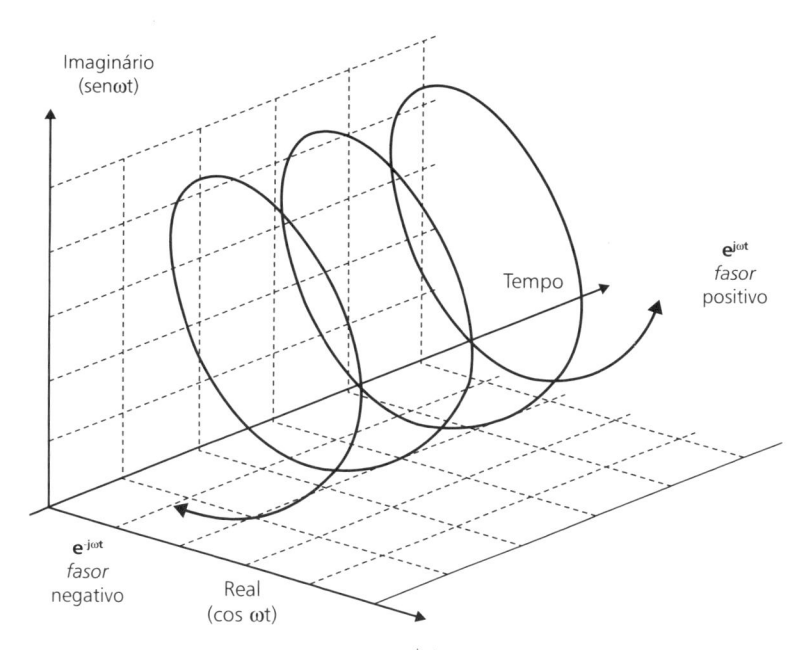

**figura 3.13** Gráfico tridimensional da função $e^{j\omega t} = \cos \omega t + j\sen \omega t$.

a hélice se propaga no sentido contrário ou negativo do tempo. No estudo da integral de Fourier, a equação de Euler será de grande importância.

## 3.4 ⇢ espectro de um sinal periódico – análise de Fourier

Em 1875, o matemático Fourier demonstrou que uma função periódica f(t) qualquer pode ser representada por uma série infinita de somas de funções senoidais e cossenoidais, em que a primeira parcela desta soma possui frequência $f = \omega/2\pi = 1/T$ (frequência fundamental), e as outras parcelas são múltiplos inteiros desta frequência $f_n = n\omega/2\pi = n/T$ (frequências harmônicas de ordem $n = 1, 2, 3,..., \infty$).

Fourier mostrou que uma função f(t), com um período T, que segue as condições de Dirichlet,[5] pode ser expandida segundo a soma de uma série infinita de funções *seno* e *cosseno*, da seguinte forma:

$$f(t) = \frac{a_o}{2} + \sum_{n=1}^{\infty}(a_n \cos n\omega t + b_n \sen n\omega t) \quad (0<t<T) \tag{3.14}$$

---
[5] Condições de Dirichlet: A f(t) deve estar definida em um intervalo T, no qual possui um número finito de descontinuidades e valores máximos e mínimos e, além disso, possuir derivada à esquerda e à direita em cada descontinuidade. A série também deve convergir no intervalo T, e a integral do valor absoluto de f(t) no intervalo existe e é finita.

Nesta expressão, temos que:

$T = 1/f_1$ ($T$ é o período da função e $f_1$ a frequência fundamental)

$n\omega = 2\pi f_n$ ($\omega$ é a velocidade angular)

Os coeficientes são obtidos multiplicando-se $f(t)$ por $\cos n\ \omega t$ e $\sin n\ \omega t$ e integrando-se num período $T$:

$$a_0 = \frac{2}{T}\int_{-T/2}^{T/2} f(t)\,dt \quad \text{(valor médio da função)} \tag{3.15}$$

$$a_n = \frac{2}{T}\int_{-T/2}^{T/2} f(t)\cos\omega_n t\,dt \quad \text{com } n = 1,2,3,\ldots\infty \tag{3.16}$$

$$b_n = \frac{2}{T}\int_{-T/2}^{T/2} f(t)\sin\omega_n t\,dt \quad \text{com } n = 1,2,3,\ldots\infty \tag{3.17}$$

A expressão (3.14) é conhecida como a série de Fourier trigonométrica de uma f(t), conforme Bennet e Davey (1965). Outra maneira, mais compacta, de apresentar a expansão em série de Fourier de uma função $f(t)$ periódica pode ser obtida definindo-se os seguintes parâmetros:

$$A_n = \sqrt{a_n^2 + b_n^2} \quad \text{e também} \quad \theta_n = tg^{-1}\left(\frac{b_n}{a_n}\right) \tag{3.18}$$

Esses dois parâmetros são chamados, respectivamente, de característica de amplitude e de característica de fase da $f(t)$, e são empregados preferencialmente em análise de sinais em transmissão de dados, já que caracterizam melhor as influências do meio de transmissão sobre o sinal $f(t)$ utilizado.

A expansão em série de Fourier equivalente, nessas condições, se apresenta como:

$$f(t) = A_0 + \sum_{n=1}^{\infty} A_n \cos(n\omega t - \theta_n) \tag{3.19}$$

Essa expressão da série de Fourier é chamada também de série de Fourier harmônica. A cada frequência harmônica $n\omega$ está associado um *fasor* com amplitude $An$ e fase $\theta n$. Desta maneira, é possível utilizar o método dos *fasores* na análise de f(t).

A partir das expressões (3.18), obtém-se:

$$\cos\theta_n = \frac{a_n}{\sqrt{a_n^2 + b_n^2}} \quad \sin\theta_n = \frac{b_n}{\sqrt{a_n^2 + b_n^2}} \quad \text{e} \quad A_0 = \frac{a_0}{2}$$

Baseado nessas relações, pode-se mostrar agora que, partindo da série de Fourier harmônica (3.16), chega-se à série de Fourier trigonométrica (3.11). As duas formas das séries de Fourier são exatamente idênticas (Strauch, 2009).

## ■ o padrão repetitivo de bits tipo *um* seguido de *zeros*

Em comunicação de dados, sequências periódicas de bits podem nos ajudar a determinar o formato e a compreender melhor o comportamento do espectro gerado por essas sequências. A sequência mais utilizada é a constituída de um conjunto de bits em que o primeiro é sempre o dígito binário *um*, seguido de uma sequência de dígitos binários *zero*. Vamos chamar de $T$ o período de repetição da sequência e de $T_s$ o tempo de duração de um bit (símbolo), como mostrado na figura 3.14. Neste caso, podemos definir a relação $T/T_s = k$, em que $k$ é um inteiro qualquer, maior que um (Bennet; Davey, 1965).

Vamos supor uma função $f(t)$ que caracterize uma sequência repetitiva genérica de pulsos, com largura $T_s$, amplitude máxima $A$ e período de repetição $T = kT_s$. Lembrando que, quando a escala de tempo pode ser escolhida de tal forma que a função $f(t)$ seja simétrica em torno de $t = 0$, como mostra a figura 3.14, então a função $f(t)$ é uma função par. Portanto, os termos em "$b$" da equação (3.14) se tornam nulos. A expansão trigonométrica dessa $f(t)$, nas condições dadas e aplicadas às expressões genéricas (3.14) a (3.17), nos permitem escrever a série de Fourier desta $f(t)$ como:

$$f(t) = \frac{a_0}{2} + \sum_{n=1}^{\infty} (a_n \cos n\omega t) \quad (0 < t < T) \tag{3.20}$$

Os coeficientes serão calculados através das expressões:

$$a_0 = \frac{2}{T} \int_{-T/2}^{T/2} f(t) dt = \frac{2AT_s}{T} \tag{3.21}$$

$$a_n = \frac{2}{T} \int_{-T/2}^{T/2} \frac{f(t) \cos 2\pi nt}{T} dt = \frac{2}{T} \left[ \frac{A \operatorname{sen}(2\pi nt/T)}{2\pi n/T} \right]_{-T_s/2}^{T_s/2}$$

$$a_n = \frac{2A}{T} \frac{\operatorname{sen}(\pi n T_s/T)}{\pi n/T} = \frac{2AT_s}{T} \frac{\operatorname{sen}(\pi n T_s/T)}{\pi n T_s/T} \tag{3.22}$$

Substituindo os coeficientes assim obtidos na expressão (3.19), obtemos:

$$f(t) = \frac{AT_s}{T} + \sum_{n=1}^{\infty} \frac{2AT_s}{T} \frac{\operatorname{sen}(\pi n T_s/T)}{\pi n T_s/T} \cos n\omega t \tag{3.23}$$

A expressão (3.23) corresponde à série de Fourier trigonométrica de uma sequência periódica de bits formada por um dígito binário "*um*" seguido de um ou mais dígitos binários "*zero*". A relação $T/T_s = k$ (com $k = 2,3,.....$) definirá, portanto, o padrão de bits considerado. Assim, se $k = 2$, estamos diante do padrão que alterna *zeros* e *uns,* ou seja, uma onda quadrada; se

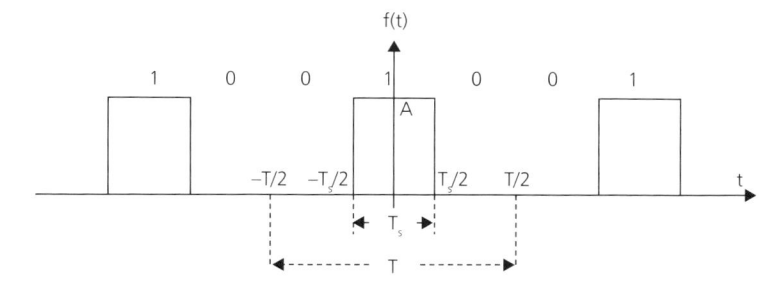

**figura 3.14** Sequência periódica de um fluxo de bits.

$k = 3$, a sequência periódica é constituída de um dígito "*um*" seguido de dois dígitos "*zeros*" e assim por diante.

### ■ exemplo de aplicação

Vamos aplicar a análise de Fourier a um padrão de bits repetitivo tipo $T/T_s = 3$, ou seja, *100100100100*... Além disso, vamos supor que $A = 0,5$ volts e $T = 1ms$ e, portanto, a frequência fundamental será $f_1 = 1kHz$ e a frequência de sinalização será $f_s = 1/T_s = 3$ *kbaud*, ou $R_s = 3$ *kbit/s*. Vamos calcular as primeiras seis raias espectrais desse padrão repetitivo e, a seguir, obter o gráfico do espectro desse padrão no domínio frequência.

A partir da expressão (3.22) podemos calcular $a_0$ e também obter uma expressão genérica para os coeficientes $a_n$.

$$a_0 = \frac{2AT_s}{T} = \frac{1}{3} = 0,333 \qquad a_n = \frac{\text{sen}(n\pi/3)}{n\pi} \qquad (3.24)$$

A expressão da série de Fourier correspondente à função $f(t)$ que representa o padrão de bits repetitivos da figura (3.15) com $k = 3$ será, então, dada por:

$$f(t) = \frac{a_0}{2} + \sum_{n=1}^{\infty} \left( \frac{\text{sen}(n\pi/3)}{n\pi} \right) \cos(n\omega t), (n = 1, 2, 3, \dots, \infty) \qquad (3.25)$$

A partir da expressão geral de $a_n$ dada em (3.21), podemos calcular os seis primeiros coeficientes dessa expansão como:

$$a_1 = \frac{\text{sen}(\pi/3)}{\pi} = 0,275 \qquad a_2 = \frac{\text{sen}(2\pi/3)}{2\pi} = 0,137$$
$$a_3 = \frac{\text{sen}(\pi)}{3\pi} = 0 \qquad a_4 = \frac{\text{sen}(4\pi/3)}{4\pi} = -0,068 \qquad (3.26)$$
$$a_5 = \frac{\text{sen}(5\pi/3)}{5\pi} = -0,055 \qquad a_6 = \frac{\text{sen}(2\pi)}{6\pi} = 0$$

O gráfico no domínio tempo desta função é apresentado na figura 3.15(a), enquanto na figura 3.15(b) apresenta-se o espectro desta função no domínio frequência.

Substituindo os coeficientes obtidos na expressão (3.24), a expansão em série de Fourier trigonométrica de $f(t)$ será dada aproximadamente por:

$$f(t) \approx 0,166 + 0,275\cos(\omega t) + 0,137\cos(2\omega t) - 0,068\cos(4\omega t) - 0,055\cos(5\omega t) + \dots$$

A constante $a_0/2$, ou componente DC de $f(t)$, e as seis primeiras frequências harmônicas, com seus respectivos coeficientes de amplitude, são mostradas na figura 3.16. A figura também mostra, de forma destacada, a curva resultante da soma dessas seis parcelas. Para fins de comparação, é mostrada também a função original do padrão de bits.

A partir dos gráficos da figura 3.16, podemos tirar algumas conclusões:

- no exemplo analisado, todos os coeficientes com índice $n$ múltiplo inteiro de três são nulos.
- a primeira frequência harmônica nula do espectro corresponde à frequência $f_3 = 3kHz$, que corresponde também a taxa de bits $R_s = 1/T_s = 3kbit/s$.

**Capítulo 3** ⋯→ **Análise de Sinais** **75**

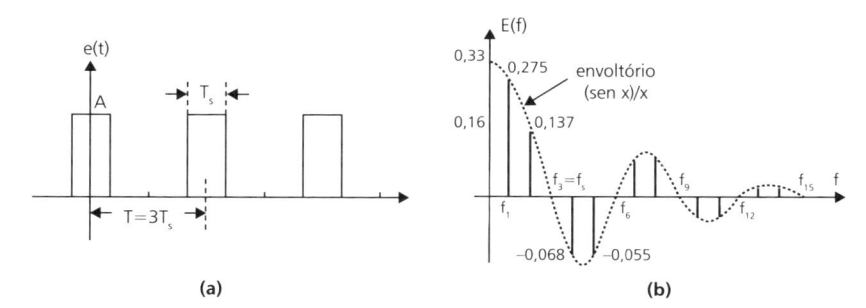

**figura 3.15** Padrão de bits do tipo $T/T_s = 3$: (a) no domínio tempo e (b) no domínio frequência.

- os coeficientes seguem uma envoltória definida pela função $y = sen\ x/x$.
- o coeficiente $a_0/2$ corresponde a uma componente de DC (*Direct Current*) contida em $f(t)$. Temos que $a_0/2 = A/k = A/3\ volts$.
- mesmo considerando apenas algumas parcelas (no nosso caso seis) da expansão em série de Fourier deste padrão de bits, pode-se afirmar que o sinal assim obtido (figura 3.16), já apresenta uma boa semelhança com o sinal original da figura 3.15(a).
- supondo que vamos transmitir este padrão de bits por um meio e que queremos que o sinal que chega ao receptor seja exatamente igual ao sinal original, precisaríamos de infinitas harmônicas, ou seja, $f = \infty$. Em outras palavras, precisaríamos de um meio com largura

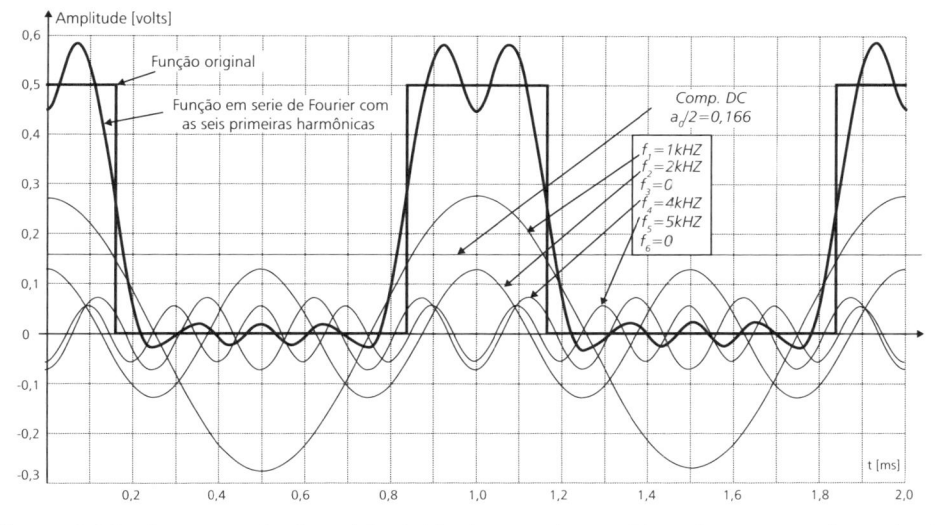

**figura 3.16** Representação do padrão de bits do exemplo, considerando apenas as cinco primeiras harmônicas da expansão em série de Fourier de e(t).

de banda $B = \infty$, o que foge de nossa realidade. Esta questão será retomada no próximo capítulo, no qual estudaremos os meios de comunicação.

## 3.5 representação complexa das séries de Fourier

A análise de Fourier também pode ser estendida para o campo dos números complexos (Langton, 1998). Vimos que as funções trigonométricas básicas podem ser definidas no campo dos números complexos através da equação de Euler (3.13).

$$e^{j\omega t} = \cos\omega t + j\,\text{sen}\,\omega t \quad \text{ou, também;} \quad e^{-j\omega t} = \cos\omega t - j\,\text{sen}\,\omega t \quad (3.27)$$

A partir destas relações, podemos obter facilmente que:

$$\cos\omega t = \frac{e^{j\omega t} + e^{-j\omega t}}{2} \quad \text{e} \quad \text{sen}\,\omega t = \frac{e^{j\omega t} - e^{-j\omega t}}{2j} \quad (3.28)$$

Substituindo estes valores na equação canônica da expansão em série de Fourier de uma função expressa em (3.14), bem como dos seus coeficientes dados em (3.15) a (3.17), e lembrando que, na nossa notação, $n\omega = 2\pi f_n$, $n = 1, 2, 3, ..., \infty$, obtemos:

$$f(t) = \frac{a_0}{2} + \sum_{n=1}^{\infty} \frac{a_n}{2}(e^{jn\omega t} + e^{-jn\omega t}) + \frac{b_n}{2j}(e^{jn\omega t} - e^{-jn\omega t}) \quad (3.29)$$

Considerando que $1/j = -j$, a equação (3.29) pode ser escrita também como:

$$f(t) = \frac{a_0}{2} + \sum_{n=1}^{n=\infty} \left[ \frac{1}{2}(a_n - jb_n)e^{jn\omega t} + \frac{1}{2}(a_n + jb_n)e^{-jn\omega t} \right] \quad (3.30)$$

Os coeficientes podem ser calculados a partir das expressões:

$$a_0 = \frac{2}{T} \int_{-T/2}^{T/2} f(t)dt \quad (3.31)$$

$$a_n = \frac{2}{T} \int_{-T/2}^{T/2} f(t)\frac{1}{2j}(e^{jn\omega t} + e^{-jn\omega t})dt \quad (3.32)$$

$$b_n = \frac{2}{T} \int_{-T/2}^{T/2} f(t)\frac{1}{2}(e^{jn\omega t} - e^{-jn\omega t})dt \quad (3.33)$$

Para simplificar as expressões (3.29) a (3.31), vamos definir novos coeficientes como sendo:

$$C_0 = \frac{a_0}{2}, \quad C_n = \frac{1}{2}(a_n - jb_n) \quad \text{e} \quad C_{-n} = \frac{1}{2}(a_n + jb_n)$$

Os coeficientes $C_n$ podem ser entendidos como sendo das frequências positivas e os $C_{-n}$ como sendo das frequências negativas. Substituindo esses coeficientes em (3.30), obtemos uma expressão da série de Fourier bem mais simples:

$$f(t) = C_0 + \sum_{n=1}^{\infty} (C_n e^{jn\omega t} + C_{-n} e^{-jn\omega t}) \quad (3.34)$$

Nessa expressão, $e^{jn\omega t}$ corresponde às frequências harmônicas positivas, enquanto $e^{-jn\omega t}$ corresponde às frequências harmônicas negativas. Se, no segundo somatório, foram trocados os sinais dos limites da soma, isto provoca uma mudança de sinal no argumento do somatório, e, portanto, obteremos:

$$f(t) = C_0 + \sum_{n=1}^{\infty} C_n e^{jn\omega t} + \sum_{n=-1}^{-\infty} C_n e^{jn\omega t} \qquad (3.35)$$

Se incluirmos no somatório também a frequência *zero* (ou o DC), o termo $a_0/2$ estará automaticamente incluído no somatório. Além disso, se estendemos os limites da soma de $-\infty$ a $+\infty$, podemos usar um único somatório. A expansão de uma função *f(t)* em uma série de Fourier complexa se reduz ainda mais e obtém-se:

$$f(t) = \sum_{n=-\infty}^{\infty} C_n e^{jn\omega t} \qquad (3.36)$$

Nessa expressão, os coeficientes $C_n$ podem ser calculados pelas expressões:

$$C_0 = \frac{1}{T}\int_{-T/2}^{T/2} f(t)\,dt \quad C_n = \frac{1}{T}\int_{-T/2}^{T/2} f(t)e^{-jn\omega t}\,dt \quad \text{e} \quad C_n = A_n + jB_n \qquad (3.37)$$

O módulo e a fase de $C_n$ serão dados por:

$$|C_n| = \sqrt{C_n^2 + C_{-n}^2} \quad \theta_n = tg^{-1}\left(\frac{B_n}{A_n}\right) \qquad (3.38)$$

Conclui-se que a expansão de uma *f(t)*, que obedece às condições de Dirichlet, pode ser feita também, de modo simples e elegante, no campo dos números complexos. O espectro gerado será tanto no campo das frequências positivas como no das frequências negativas, sendo que o eixo de simetria será a frequência zero (ou DC). Pode-se visualizar a expansão complexa como o resultado de dois *fasores*, girando em sentidos opostos, enquanto a expansão trigonométrica pode ser interpretada como o resultado de um único *fasor* real, girando no sentido anti-horário, como pode ser observado na figura 3.17.

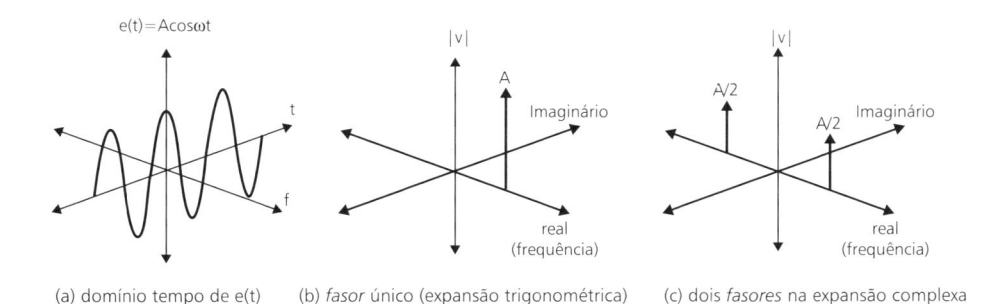

(a) domínio tempo de e(t)   (b) *fasor* único (expansão trigonométrica)   (c) dois *fasores* na expansão complexa

**figura 3.17** Interpretação da expansão de *f(t)* no domínio complexo por dois *fasores*.

A partir das considerações anteriores, podemos destacar alguns pontos importantes relativos à análise de Fourier, conforme Hsu (1973):

1. ondas cossenoidais são o resultado da soma de dois *fasores* girando em direções opostas, dividido por dois. Confira a equação (3.24).
2. ondas senoidais são o resultado da diferença entre dois *fasores*, dividido por dois.
3. assim como qualquer função real periódica pode ser representada como uma soma de senos e cossenos, então também é possível representá-la por uma soma de *fasores* positivos e negativos.
4. frequência é, na realidade, um conceito bidimensional, e o conceito geral que define frequência pode ser expresso por: $f = d\varphi/dt$. Como a fase pode ser positiva ou negativa, podemos ter frequências positivas ou negativas.

Estes pontos serão importantes quando tratarmos de frequência negativa e sinais em quadratura, principalmente quando abordarmos modulação de uma portadora.

### ■ exemplo de expansão de uma *f(t)* em uma série de Fourier complexa

Vamos aplicar a expansão complexa de Fourier ao mesmo exemplo da expansão trigonométrica. Vamos considerar $f(t)$ um padrão repetitivo tipo $T/T_s = 3$ com amplitude $A = 0,5$ volts e período $T = 1ms$. Portanto, a frequência fundamental será $f_1 = 1kHZ$ e a frequência de sinalização será $f_s = 1/T_s = 3k$ baud, ou $R_s = 3$ kbit/s. Vamos calcular as primeiras seis raias espectrais desse sinal e, a seguir, obter o gráfico dessa função no domínio de frequência complexo.

Os coeficientes $C_0$ e $C_n$ são calculados pelas expressões dadas em (3.37):

$$C_0 = \frac{1}{T}\int_{-T/2}^{T/2} f(t)dt \quad C_n = \frac{1}{T}\int_{-T/2}^{T/2} f(t)e^{-jn\omega t}dt \quad (n = \pm 1, 2\pm, 3\pm ...)$$

Então,

$$C_0 = \frac{1}{T}\int_{-T/2}^{T/2} f(t)dt = \frac{AT_s}{T} = \frac{1}{6} = 0,166.$$

Para $C_n$ obtém-se:

$$C_n = \frac{1}{T}\int_{-T/2}^{T/2} f(t)e^{-jn\omega t/2}dt = \frac{A}{T}\int_{-T_s/2}^{T_s/2} e^{-jn\omega t/2}dt = \frac{A}{T}\left[\frac{1}{-jn\omega}e^{-jn\omega t}\right]_{-T_s/2}^{T_s/2}$$

$$C_n = \frac{A}{T}\frac{1}{jn\omega}\left(e^{jn\omega T_s} - e^{-jn\omega T_s}\right) = \frac{AT_s}{T}\frac{1}{(n\omega T_s/2)}\frac{1}{2j}\left(e^{jn\omega T_s/2} - e^{-jn\omega T_s/2}\right)$$

$$C_n = \frac{AT_s}{T}\frac{\text{sen}(n\omega T_s/2)}{(n\omega T_s/2)}$$

Como $n\omega T_s/2 = n\pi T_s/T$, resulta a expressão:

$$C_n = \frac{AT_s}{T}\frac{\text{sen}(n\pi T_s/T)}{(n\pi T_s/T)} \quad (n = \pm 1, \pm 2, \pm 3, ....)$$

Portanto, para o exemplo dado pode-se calcular:

$$C_1 = \frac{1}{6}\frac{\text{sen}(\pi/3)}{(\pi/3)} = \pm\,0{,}137 \quad C_2 = \frac{1}{6}\frac{\text{sen}(2\pi/3)}{(2\pi/3)} = \pm\,0{,}0689$$

$$C_3 = \frac{1}{6}\frac{\text{sen}(\pi)}{(\pi)} = 0 \quad C_4 = \frac{1}{6}\frac{\text{sen}(4\pi/3)}{(4\pi/3)} = \pm\,0{,}0344$$

$$C_5 = \frac{1}{6}\frac{\text{sen}(5\pi/3)}{(5\pi/3)} = \pm\,0{,}0275 \quad C_6 = \frac{1}{6}\frac{\text{sen}(2\pi)}{(2\pi)} = 0 \quad (3.39)$$

A figura 3.18 apresenta os gráficos da função *f(t)* no domínio tempo e no domínio frequência. A figura 3.18(a) apresenta o gráfico da função *f(t)* no domínio tempo.

A figura 3.18(b) apresenta o gráfico da *f(t)* em uma Série de Fourier (SF) trigonométrica.

A figura 3.18(c) apresenta o gráfico da *f(t)* em uma SF complexa (ou exponencial), com os coeficientes $C_n$ dados em valores reais.

A figura 3.18(d) apresenta a expansão de *f(t)* em uma SF complexa, com os coeficientes em valores absolutos $|C_n|$.

Destacamos algumas diferenças entre os dois tipos de espectros gerados: a partir da expansão trigonométrica e a partir da expansão exponencial.

a) os coeficientes complexos $C_n$ possuem um desdobramento nas frequências harmônicas, tanto nas positivas como nas negativas.
b) a amplitude dos coeficientes complexos $C_n$ é exatamente a metade do valor dos coeficientes trigonométricos equivalentes, $a_n$.
c) a potência total da expansão trigonométrica é idêntica à potência total da expansão complexa.
d) os coeficientes trigonométricos $a_n$ possuem um desdobramento somente nas frequências harmônicas positivas.

## 3.6 ⋯▶ Integral de Fourier e transformada de Fourier

As funções *f(t)* que analisamos até aqui, usando a técnica de série de Fourier, tinham como característica comum a exigência de que fossem periódicas, ou seja, deveriam ter a propriedade *f(t) = f(t-T)*. Sinais de informação têm como característica principal a imprevisibilidade da ocorrência dos bits um e zero. A geração de informação é um processo estocástico e, portanto, não periódico, e assim, inadequado à analise por séries de Fourier.

Nos exemplos de aplicação da expansão em série de Fourier de uma *f(t)*, consideramos sempre padrões de bits repetitivos, ou seja, a *f(t)* era periódica. Consideraram-se preferencialmente padrões de bits caracterizados por uma razão inteira $T/T_s$ e uma amplitude *A*. Nessas condições, pode-se calcular facilmente os coeficientes dos espectros utilizando-se a expressão (3.24).

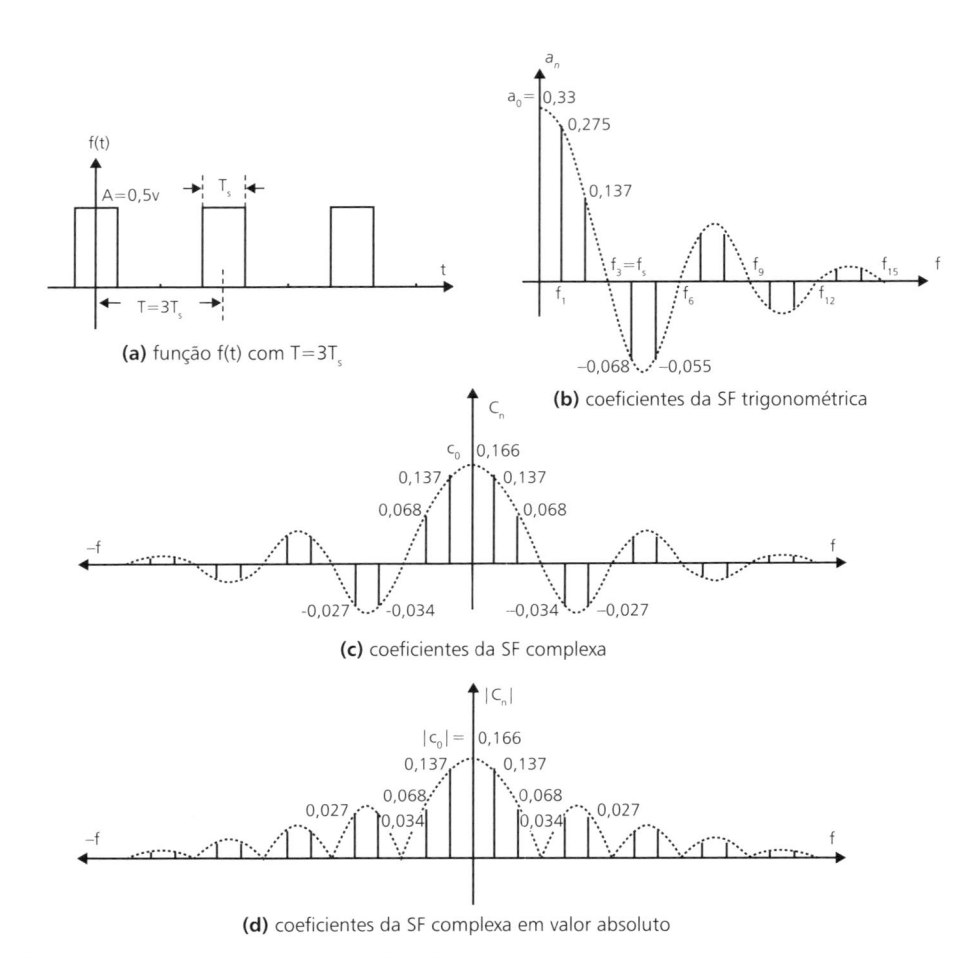

**figura 3.18** Desenvolvimento em série de Fourier do exemplo proposto.
a) gráfico da função $f(t)$ do padrão de bits $T/T_s = 3$ no domínio tempo;
b) gráfico dos coeficientes da série de Fourier trigonométrica;
c) gráfico dos coeficientes da série de Fourier complexa $C_n$;
d) gráfico dos coeficientes complexos em valor absoluto $|C_n|$.

Na figura 3.19 apresentam-se alguns desses padrões de bits repetitivos, com diferentes razões $T/T_s$ e com seus correspondentes espectros. Examinando esses diferentes espectros na figura 3.19, suas formas e desdobramentos, pode-se tirar algumas conclusões importantes.

- observa-se que, à medida que a razão $T/T_s$ aumenta, há um adensamento de linhas espectrais cada vez maior. Utilizando como referencial a banda de frequência entre zero e $1/T_s$, que corresponde à primeira raia espectral nula, observa-se que o número de raias espectrais nesta banda cresce com o aumento da razão $T/T_s$.

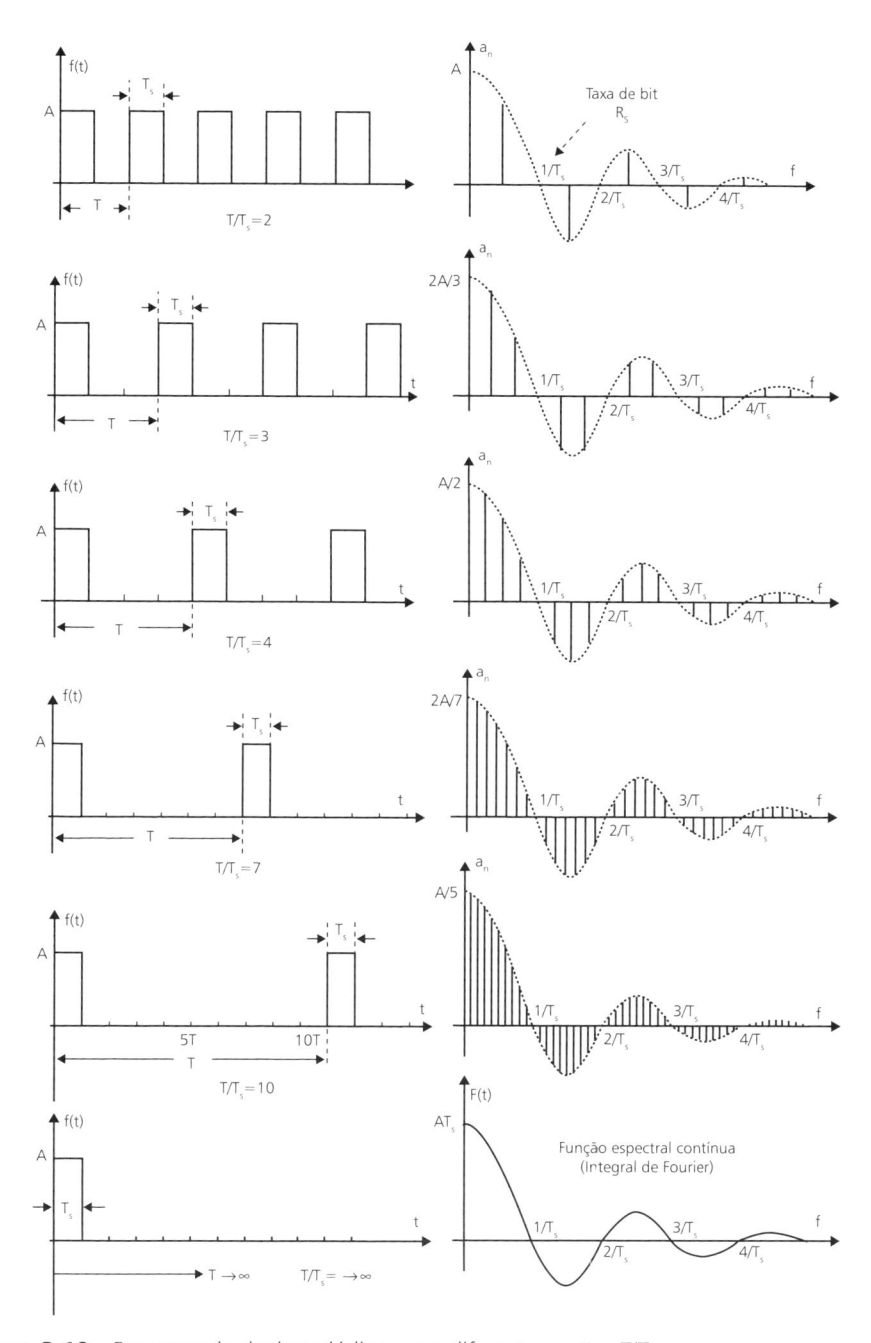

**figura 3.19** Espectros de sinais periódicos com diferentes razões $T/T_S$.

- assim sendo, se aumentarmos $T$ e mantivermos $T_s$ fixo, a razão aumentará e haverá um adensamento cada vez maior de raias espectrais nesta banda, ou, em outras palavras, se fizermos $T \to \infty$ teremos que o número de raias espectrais $n \to \infty$.
- neste caso, o espectro que era discreto passará a ser contínuo, e a função $f(t)$ tenderá para um único pulso não periódico.

Na tabela 3.2, estão resumidas as principais consequências que observamos na análise de Fourier quando fazemos $T \to \infty$ (Strauch, 2009).

As constatações listadas na tabela 3.2, em que $T \to \infty$ e, portanto, $T/T_s \to \infty$, nos permitem fazer algumas considerações em relação à expansão em série de Fourier de uma $f(t)$ nessas condições. Recordamos que, na nossa análise das séries de Fourier complexas, vimos que uma função periódica $f(t)$ pode ser representada pelo par de funções (3.36) e (3.37):

$$f(t) = \sum_{n=-\infty}^{\infty} C_n e^{jn\omega t}, \text{ com } C_n = \frac{1}{T}\int_{-T/2}^{T/2} f(t)e^{-jn\omega t}\, dt \qquad (3.40)$$

em que os coeficientes são dados por:

$$C_n = \frac{1}{T}\int_{-T/2}^{T/2} f(t)e^{-jn\omega t}\, dt \quad \text{e } n = 0, \pm 1, \pm 2, \pm 3, \ldots \qquad (3.41)$$

Vamos substituir $f(t)$ na expressão de $C_n$ (3.40) para obtermos uma única expressão:

$$f(t) = \sum_{n=-\infty}^{\infty} \frac{1}{T}\left[\int_{-T/2}^{T/2} f(t')e^{-jn\omega t'}\, dt'\right]e^{jn\omega t} \qquad (3.42)$$

Ao substituirmos os coeficientes $C_n$ por sua integral, trocamos a variável $t$ (interna) por $t'$, para não ser confundida com a variável $t$ (externa) da função $f(t)$.

**tabela 3.2** Mudanças analíticas na série de Fourier quando $T \to \infty$

| $T \to \infty$ | Antes | Depois |
|---|---|---|
| $f(t)$ | Periódica | Aperiódica |
| Linhas espectrais no intervalo $(0, 1/T_s)$ | $T/T_s = k$ | $T/T_s \to \infty, k \to \infty$ |
| Espaçamento $\Delta\omega = \omega_{n-1} - \omega_n$ | $\Delta\omega$ | $\Delta\omega \to d\omega$ |
| Análise de Fourier | Série: $\sum_{n=-\infty}^{n=\infty}$ | Integral: $\int_{-\infty}^{\infty}$ |
| Frequência: $\frac{1}{T} = \frac{\omega}{2\pi}$ | $\frac{\omega}{2\pi}$ | $\frac{d\omega}{2\pi}$ |

Pode-se agora proceder ao processo de transição analítica da expressão (3.37), levando em conta as mudanças que deverão ser introduzidas a partir do que consta na tabela 3.2. Assim, obtém-se:

$$f(t) = \frac{1}{2\pi} \int_{-\infty}^{\infty} d\omega \left[ \int_{-\infty}^{\infty} f(t')e^{-j\omega t'} dt' \right] e^{j\omega t} \qquad (3.43)$$

Nessa expressão, a integral entre os colchetes faz o papel de coeficiente de Fourier, e vamos representá-la por $F(\omega)$.

$$F(\omega) = \int_{-\infty}^{\infty} f(t)e^{-j\omega t} dt \qquad (3.44)$$

O novo par de Fourier no ambiente contínuo, com $f(t)$ não periódico, será então dado por:

$$f(t) = \frac{1}{2\pi} \int_{-\infty}^{\infty} F(\omega)e^{jn\omega t} dt \quad \text{integral de Fourier} \qquad (3.45)$$

$$F(\omega) = \int_{-\infty}^{\infty} f(t)e^{-j\omega t} dt \quad \text{transformada de Fourier} \qquad (3.46)$$

Na expressão (3.46) voltamos a usar a variável t ao invés de t', já que agora está dissociado da expressão (3.43).

A relação (3.45) é chamada de **integral de Fourier**, que substitui a série de Fourier das funções periódicas.

A relação (3.46), que define o coeficiente de Fourier, é chamada de **transformada de Fourier**. Destaca-se aqui que $F(\omega)$ é realmente uma transformada no mesmo sentido que a transformada de Laplace. Observa-se que:

transformada de Fourier → transformada de Laplace

$$F(\omega) = \int_{-\infty}^{\infty} f(t)e^{-j\omega t} dt \to F(s) = \int_{0}^{\infty} f(t)e^{-jst} dt$$

Pode-se observar que as duas expressões, em certo sentido, são equivalentes, se substituirmos $\omega \to s$. Verifica-se que a transformada de Laplace é unilateral, vai de $0 \to \infty$, enquanto a transformada de Fourier vai de $-\infty$ a $\infty$.

Conclui-se que o par (3.45) e (3.46) é constituído pela integral de Fourier, que representa a $f(t)$ no domínio tempo, e pela transformada de Fourier $F(\omega)$, que representa a função $f(t)$ no domínio frequência, numa estreita analogia com a série de Fourier e seus coeficientes.

A notação usada para designar a operação transformada de Fourier de uma função $f(t)$ é feita através de um operador que representaremos por $\mathcal{F}$. Portanto,

$$\mathcal{F}\{f(t)\} \to \text{transformada de Fourier de } f(t)$$

$$\mathcal{F}\{f(t)\} = F(\omega) = \int_{-\infty}^{\infty} f(t)e^{-j\omega t} dt \qquad (3.47)$$

Pode-se definir também a transformada inversa de F(ω), que vamos representar por:

$\mathscr{F}^{-1}\{F(\omega)\} \rightarrow$ transformada Inversa de F(ω)

$$\mathscr{F}^{-1}\{F(\omega)\} = \frac{1}{2\pi} \int_{-\infty}^{\infty} F(\omega)e^{j\omega t}\, d\omega = f(t) \qquad (3.48)$$

Observa-se que recuperamos a f(t) representada pela sua integral de Fourier.

## ■ exemplo de aplicação

Dado um pulso de amplitude A e tempo de duração d, vamos representá-lo por sua integral de Fourier e obter o gráfico do espectro de amplitude deste pulso. O gráfico no domínio tempo deste pulso é mostrado na figura 3.20. O problema pode ser formulado como: dada a f(t), obter a transformada de Fourier F(ω) desta função significa obter o espectro desta função (Strauch, 2009).

Para obter o gráfico de |F(ω)| versus ω, precisamos inicialmente calcular a integral de Fourier F(ω) de f(t). Por definição, F(ω) é dada pela expressão (3.46) e, portanto,

$$F(\omega) = \int_{-\infty}^{\infty} f(t)e^{-j\omega t}\, dt = A \int_{-d/2}^{d/2} e^{-j\omega t}\, dt$$

Usando as propriedades de integrais com limites simétricos de funções pares, obtemos:

$$F(\omega) = A \int_{-d/2}^{d/2} e^{-j\omega t}\, dt = 2A \int_{0}^{d/2} \cos\omega t\, dt = \left[2A \frac{\operatorname{sen}\omega t}{\omega}\right]_{0}^{d/2} = 2A \frac{\operatorname{sen}(\omega d / 2)}{\omega}$$

$$F(\omega) = Ad \frac{\operatorname{sen}(\omega d / 2)}{(\omega d / 2)} \qquad (3.49)$$

A expressão (3.49) se apresenta novamente na forma da função sen(x)/x, cujo gráfico pode ser observado na figura 3.21. Fazendo x = ωd/2, esta função apresentará zeros equivalentes nos pontos πn = ωd/2, ou seja, nas frequências:

$f_n = \dfrac{n}{d}$ com n = ±1, ±2, ±3,....... e o gráfico será equivalente a $\left|\dfrac{\operatorname{sen} x}{x}\right|$

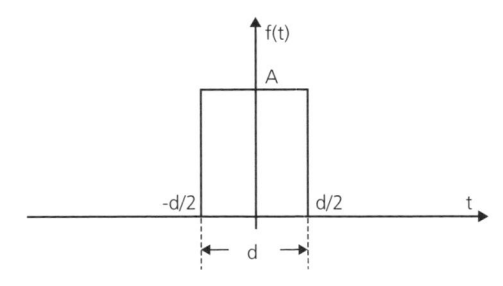

**figura 3.20** Pulso no domínio tempo com amplitude A e duração d.

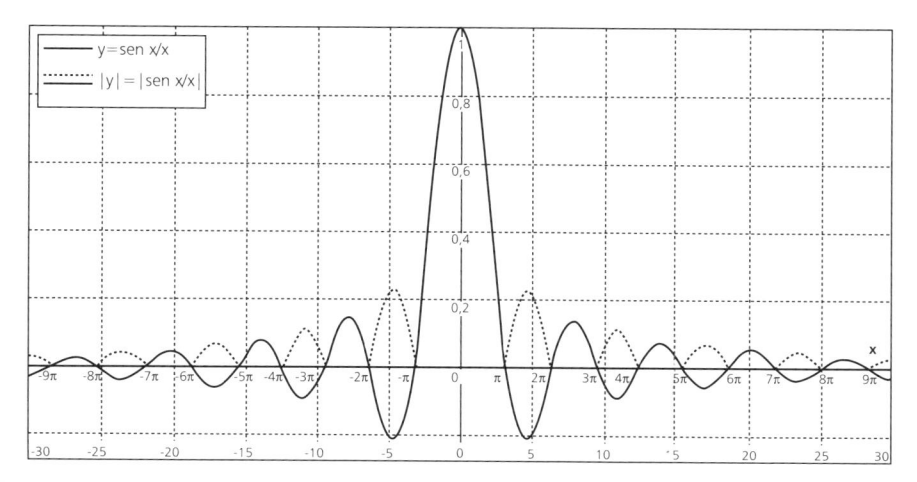

**figura 3.21** Gráfico da função *sen x/x*.

O espectro de amplitude em valores absolutos será dado então por:

$$|F(\omega)| = Ad \left| \frac{\text{sen}(\omega d/2)}{(\omega d/2)} \right|$$

Na figura 3.22, apresenta-se o gráfico de *f(t)* no domínio tempo e no domínio frequência.

Podemos agora obter a integral de Fourier de *f(t)* substituindo a transformada de Fourier dada em (3.49) na expressão (3.43), e obtemos:

$$f(t) = \frac{1}{2\pi} \int_{-\infty}^{\infty} F(\omega) e^{j\omega t} d\omega = \frac{A}{\pi} \int_{-\infty}^{\infty} \frac{\text{sen}(\omega d/2)}{\omega} \cos \omega t \, d\omega$$

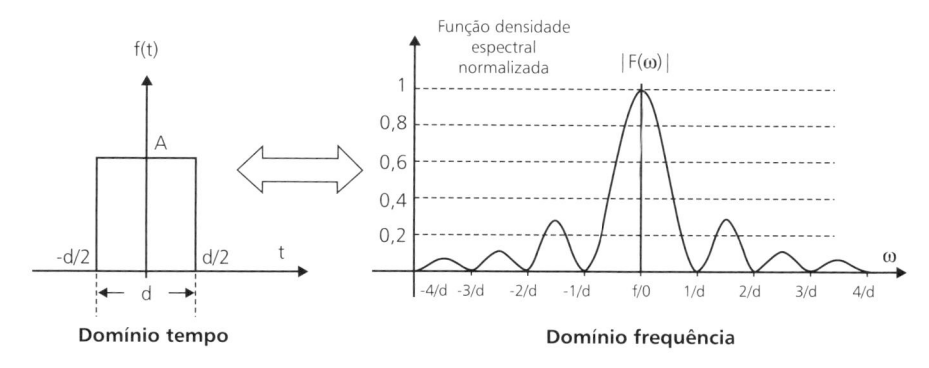

**figura 3.22** A transformada de Fourier $|F(\omega)|$ do pulso com amplitude A e largura d.

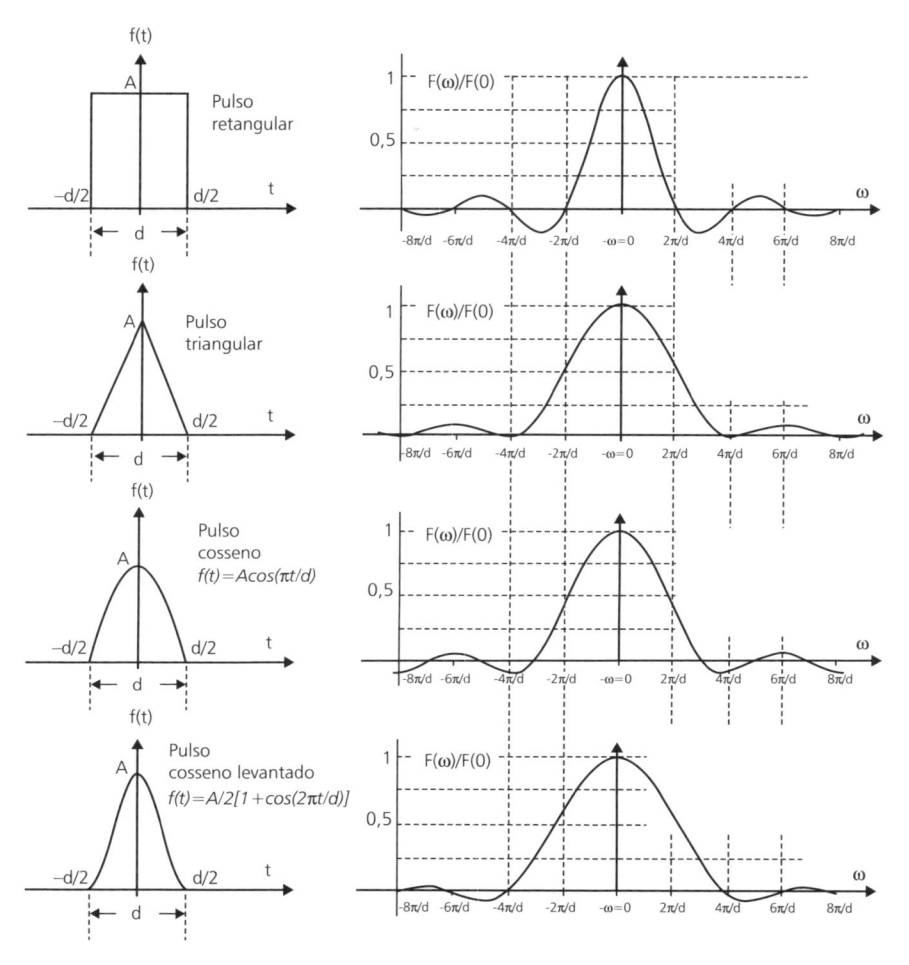

**figura 3.23** Funções densidade de amplitude de alguns pulsos notáveis utilizados em comunicação de dados, conforme Bennet e Davey (1965, p.50).

Como a função *sen x/x* é uma função par, portanto somente o integrando par prevalecerá. Assim, teremos:

$$f(t) = \frac{2A}{\pi} \int_0^\infty \frac{\text{sen}(\omega d/2)}{\omega} \cos\omega t \, d\omega \qquad (3.50)$$

Essa é a forma final da integral de Fourier para um pulso de largura *d* e amplitude *A*.

Na figura 3.23 apresenta-se, a título de ilustração, o gráfico e as expressões analíticas de algumas formas de pulsos notáveis e de uso comum em comunicação de dados. Os critérios a serem utilizados para a escolha de um determinado pulso em comunicação de dados serão abordados no capítulo 5, que trata especificamente da transmissão de pulsos por um meio (confira seção 5.5.2).

### 3.6.1 potência de um sinal e densidade espectral de um sinal

Vimos que em comunicação de dados são utilizados símbolos elétricos e, portanto, podemos falar em potência elétrica associada a um sinal. A potência elétrica P, medida em unidades de watts, associada a uma tensão constante E, aplicada sobre uma resistência R é dada por:

$$P = IE, \text{ como } I = E/R \text{ resulta que } P = E^2/R \text{ [W] joules/s}$$

Em nossos cálculos vamos considerar sempre que a tensão é aplicada sobre uma resistência de 1 ohm e, portanto, podemos escrever a relação de potência como:

$$P = E^2$$

A potência média de uma função de tensão $f(t)$, de período T, é definida como:

$$\bar{P} = \frac{1}{T}\int_{-T/2}^{T/2}[f(t)]^2 dt \qquad (3.51)$$

O valor médio quadrático $f_{RMS}$ de uma função $f(t)$ periódica é definido como:

$$f_{RMS} = \sqrt{\bar{P}} = \sqrt{\frac{1}{T}\int_{-T/2}^{T/2}[f(t)]^2 dt} \qquad (3.52)$$

Se a $f(t)$ é uma função de tensão, real e periódica, com período $T$, desenvolvida segundo uma das três formas das séries de Fourier, então vale o que estabelece a identidade de Parseval.

Para a série de Fourier trigonométrica:

$$\bar{P} = \frac{1}{4}a_0^2 + \sum_{n=1}^{\infty}\frac{1}{2}\left(a_n^2 + b_n^2\right) \qquad (3.53)$$

Para a série de Fourier harmônica:

$$\bar{P} = A_0^2 + \frac{1}{2}\sum_{n=1}^{\infty}A_n^2 \qquad (3.54)$$

Para a série de Fourier complexa:

$$\bar{P} = \sum_{n=-\infty}^{\infty}|C_n|^2 \qquad (3.55)$$

Essas relações podem ser verificadas facilmente a partir das definições de $C_n$ e $A_n$ e também de $C_0$ e $A_0$:

$$C_n = \frac{(a_n - jb_n)}{2} \qquad A_n = \sqrt{a_n^2 + b_n^2} \qquad C_0 = A_0 = \frac{a_0}{2}$$

A identidade de Parseval também pode ser aplicada em relação à transformada de Fourier $F(\omega)$ de um pulso de tensão $f(t)$ como:

$$G(\omega) = \int_{-\infty}^{\infty}[f(t)]^2 dt = \frac{1}{2\pi}\int_{-\infty}^{\infty}|F(\omega)|^2 df \qquad (3.56)$$

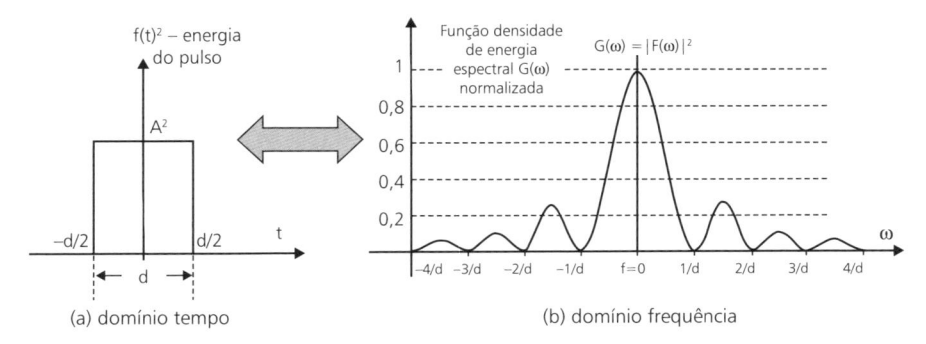

**figura 3.24** Função energia de um pulso (a) e função densidade de energia espectral de um pulso (b).

Nesse caso, podemos especificar que a energia total associada a um pulso único dado por uma função de tensão *f(t)* é igual ao produto de $1/2\pi$ pela área sob a curva de $|F(\omega)|^2$. Esta integral é chamada de densidade de energia espectral do pulso e a representamos por *G(ω)*. Pode-se observar o gráfico da energia do pulso no domínio tempo na figura 3.24(a), enquanto na figura 3.24(b) observa-se a função densidade de energia espectral G(ω). Como se vê, há um espalhamento espectral da energia do pulso, que se estende sobre o espectro de frequências que vai de $-\infty$ a $\infty$.

O problema que se vislumbra a partir desta constatação pode ser formulado da seguinte forma: dado um pulso com um determinado espalhamento espectral, como transmiti-lo através de um meio que possui uma banda de frequência limitada?

No capítulo 4, abordaremos de forma específica os problemas advindos desse paradoxo.

## 3.7 ··→ a transformada discreta de Fourier (DFT)

Em muitas aplicações a avaliação da transformada de Fourier não é possível de ser feita através dos métodos analíticos vistos até aqui, pelo simples fato de não se dispor de uma expressão analítica da *f(t)* da qual se deseja analisar o espectro. Assim, por exemplo, os sinais de comunicação de dados em geral, resultantes de processos estocásticos de geração de informação, variam de forma completamente aleatória no tempo e, portanto, não se dispõe de uma expressão analítica desses sinais. No entanto, é crucial o conhecimento espectral destes sinais, tendo em vista a limitação da banda de passagem dos meios físicos utilizados para sua transmissão. Para contornar este problema foi desenvolvido o método da transformada discreta de Fourier, ou DFT (*Discrete Fourier Transform*), que apresentaremos a seguir.

Vimos, na seção 3.1, que uma das formas de representar um sinal contínuo qualquer que varia no tempo é por meio de um conjunto de amostragens deste sinal. Neste caso, a função contínua no tempo será representada aproximadamente por um conjunto de valores discretos obtidos a partir de um processo de amostragem periódica do sinal. Vamos supor que um sinal f(t) foi amostrado N vezes num intervalo de tempo T, e que o intervalo entre cada amostragem é de $T_a$ segundos. Temos, então, que $T = N.T_a$, e o valor da função na k'ésima amostragem será dado por:

$$f(t) = f(k, T_a) \qquad (3.57)$$

Portanto, a f(t), que é contínua no intervalo T, pode ser representada aproximadamente por um conjunto de N valores discretos como segue:

$$f(t) \approx \{ f(k, T_a) \} \text{ com } k = 0, 1, 2, ..., N-1 \qquad (3.58)$$

Pode-se intuir facilmente desta expressão que: quanto maior for a taxa de amostragem, mais o conjunto de valores discretos destas amostras se aproxima do valor real da f(t). A taxa de amostragem é definida como $f_a = 1/T_a$, em que $T_a$ é o intervalo entre duas amostragens consecutivas. O critério para definir a taxa de amostragem está relacionado diretamente com a capacidade de detecção da componente de frequência máxima contida dentro do intervalo de definição T desta função. O teorema da amostragem na seção 3.3.3 nos diz que a componente de frequência máxima ($f_{max}$) que pode ser detectada nestas condições será dada por:

$$f_{max} = f_a/2 \qquad (3.59)$$

Isso significa que podemos detectar somente componentes espectrais ou harmônicas de um sinal que sejam de frequência menor ou igual à metade da frequência de amostragem. Assim, lembrando que a frequência fundamental é dada por $f_0 = 1/T$, pode-se definir um índice harmônico n tal que:

$$\frac{nf_0}{N} \le \frac{f_0}{2}, \quad \text{ou, então, que} \quad n \le \frac{N}{2}$$

Dessa forma, o número de harmônicas que se pode detectar no intervalo T do sinal será menor ou igual à metade das amostragens feitas no intervalo.

O problema que se impõe agora é: como obter a transformada de Fourier, ou seja, as componentes espectrais desta função discreta?

Lembrando que a transformada de Fourier é dada pela expressão (3.46), isto é,

$$F(\omega) = \int_{-\infty}^{\infty} f(t)e^{-j\omega t}dt \qquad (3.60)$$

vamos substituir, nesta expressão, a f(t) pela expressão dada em (3.57), ou seja, $f(t) = f(kT_a)$.

Lembrando que a n'ésima harmônica é dada por $f_n = nf_0$, e como $f_0 = \frac{f_a}{N}$, temos, portanto, que $f_n = \frac{nf_a}{N} = \frac{n}{T_a N}$. Desta forma, a integral será substituída por uma somatória em relação aos N valores discretos de frequências k, variando de 0 a N-1. A integral discreta de Fourier será dada por:

$$F(f_n) = \sum_{k=0}^{N-1} f(kT_a)e^{-j(2\pi \frac{n}{T_a N})kT_a} \qquad (3.61)$$

Simplificando em relação a $T_a$, resulta:

$$F(f_n) = \sum_{k=0}^{N-1} f(kT_a)e^{-j(2\pi \frac{n}{N})k} \qquad (3.62)$$

Dividindo-se por $N$, podemos normalizar os valores do espectro e teremos:

$$F\left(\frac{n}{T_a N}\right) = \frac{1}{N}\sum_{k=0}^{N-1} f(kT_a)e^{-j(2\pi \frac{nk}{N})} \qquad (3.63)$$

Esta é expressão da transformada discreta de Fourier, conhecida como DFT. A transformada inversa da DFT será dada por:

$$f(kT_a) = \sum_{n=0}^{N-1} F(f_n)e^{j2\pi kn/N} \qquad (3.64)$$

As equações (3.63) e (3.64) formam o novo par de Fourier para a análise do espectro de um sinal, definido em um intervalo de tempo $T$, amostrado $N$ vezes em intervalos de tempo $T_a$.

O suporte desenvolvido para este processamento é o processamento digital de sinais ou DSP (*Digital Signal Processing*). Os modernos cálculos espectrais dos sinais de informação são atualmente todos baseados em DFT, e na sua implementação utiliza-se intensivamente recursos de DSP.

## 3.8 a transformada rápida de Fourier (FFT)

O algoritmo da transformada rápida de Fourier (FFT) foi desenvolvido para simplificar o processamento necessário na obtenção da transformada discreta de Fourier (DFT) de uma função. A metodologia FFT não é uma nova transformada, mas é unicamente uma técnica que permite a obtenção da DFT de forma mais rápida (Brigham; Morrow, 1967).

O algoritmo de DFT que acabamos de ver, mesmo sendo fácil de entender, exige para a sua realização um número elevado de operações de multiplicação e soma. Assim, por exemplo, para cada harmônica que queremos extrair de uma função amostrada $N$ vezes, são necessários $N + 1$ multiplicações, e isto deve ser feito $N$ vezes, o que dá aproximadamente $N^2 + N$ operações. Assim, supondo uma função com 128 amostragens, o algoritmo de DFT necessitará de 16.512 operações. Devido a este enorme volume de processamento, o algoritmo permaneceu por longo tempo esquecido para uso em aplicações práticas.

Com o advento dos microprocessadores, na década de 1960, muitos dos processos teóricos de processamento digital de sinais, ou DSP (*Digital Signal Processing*), que até então eram difíceis de serem realizados, encontraram finalmente uma maneira econômica e eficiente para a sua realização. Nos anos que se seguiram, verificou-se uma redução acentuada do custo dos processadores de DSP e um aumento espantoso da capacidade de processamento e memória desses dispositivos.

Um outro fato decisivo na área de DFT ocorreu em 1965 quando J.W. Cooley (IBM) e J.W. Tukey (Bell) publicaram um trabalho que provocou uma revolução no processamento digital de sinais. Trata-se de um algoritmo extremamente engenhoso e altamente eficiente para o cálculo dos coeficientes de uma DFT. Esse algoritmo, conhecido como transformada rápida de Fourier, ou

FFT (*Fast Fourier Transform*), não deve ser entendido como uma nova transformada, mas como uma técnica de avaliar a DFT de forma mais rápida e econômica.

Vimos que o número de operações de soma e multiplicação necessárias na avaliação da DFT de uma função pelo método tradicional é proporcional a $N^2 + N$. Utilizando a técnica de FFT para obtenção da DFT, o número de operações de soma e multiplicação se reduz drasticamente e é aproximadamente proporcional a $Nlog_2N$. Assim, supondo um número de amostragens $N = 256$, teríamos um total de 65.792 operações na avaliação da DFT pelo método tradicional, enquanto pela técnica FFT seriam necessárias apenas 2.048 operações; uma redução nas operações de um fator de 32. O fato de que o número de operações na técnica FFT é proporcional a $Nlog_2N$ faz o número de amostragens $N$ ser geralmente um expoente inteiro de 2. Valores típicos de $N$ atualmente utilizados variam de 64, 128, 256,..., 4096. A resolução do espectro depende criticamente do número de amostragens feitas.

Hoje, a obtenção do espectro de um sinal em aplicações clássicas como sinais de voz, vídeo e comunicação de dados em geral, é totalmente centrada em DFT que utiliza FFT para a sua obtenção. Na área de comunicação de dados, em que o cálculo espectral é fundamental e deve ser feito praticamente em tempo real, alcançou-se rapidamente resultados espantosos, que resultaram em taxas de transmissão cada vez maiores e em uma significativa redução das taxas de erro.

Tendo em vista que a FFT é basicamente um algoritmo de DSP, e considerando-se que DSP foge ao escopo deste livro, vamos nos restringir aqui unicamente a uma demonstração gráfica da aplicação da FFT a uma função $f(t)$ simples para a obtenção do seu conteúdo espectral (DFT).

Vamos mostrar, então, utilizando como exemplo uma função $f(t)$ simples, como extrair o conteúdo espectral. Inicialmente, utilizaremos série de Fourier (SF) tradicional e, a seguir, vamos usar a metodologia FFT para a obtenção da DFT.

### 3.8.1 demonstração gráfica de aplicação da FFT

Para ilustrar a aplicação da técnica FFT na obtenção da DFT, vamos partir de uma função alvo simples, da qual já conhecemos o conteúdo espectral. Desta forma, vamos fazer a nossa demonstração em duas etapas. Na primeira etapa, vamos calcular o conteúdo espectral da função alvo utilizando série de Fourier tradicional. A seguir, na segunda etapa, vamos aplicar à mesma função alvo a técnica FFT e, assim, obter a DFT para chegar aos mesmos resultados.

■ **etapa 1: obtenção do espectro por série Fourier da função alvo**

O exemplo a seguir foi adaptado de Langton (1998). Vamos partir de uma função $f(t)$ simples, contínua e periódica, como a função onda quadrada. Além disso, vamos considerar esta onda quadrada limitada a suas três primeiras componentes espectrais não nulas. Desta forma, a expressão analítica desta onda quadrada, de acordo com a expressão (3.23), será dada por:

$$f(t) \cong \frac{4}{\pi}[\cos(\omega t) - 1/3\cos(3\omega t) + 1/5\cos(5\omega t)] \qquad (3.65)$$

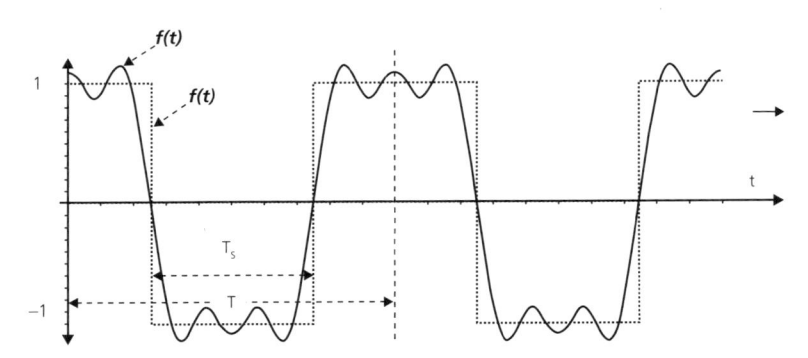

**figura 3.25** Função onda quadrada e sua aproximação em série de Fourier com três coeficientes.

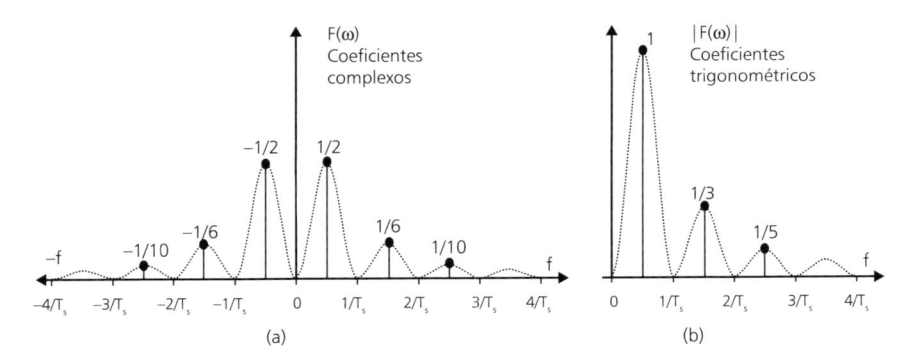

**figura 3.26** Espectro de frequências: (a) série complexa e (b) série trigonométrica.

Esta será a nossa função alvo da qual já conhecemos o conteúdo espectral, tendo em vista a restrição imposta de considerarmos somente três componentes espectrais válidas.

Na figura 3.25, tem-se o gráfico dessa onda quadrada na sua forma exata e na sua forma aproximada, considerando somente as suas três primeiras harmônicas válidas. O espectro $F(f)$ da nossa função alvo é mostrado na figura 3.26, nas suas duas formas: complexa e trigonométrica ou real. Em 3.26(a) mostra-se o espectro obtido a partir da expansão em série de Fourier complexa e em 3.26(b) o espectro obtido a partir da expansão em série de Fourier trigonométrica.

Vamos utilizar, a seguir, essa função alvo $f(t)$, definida pela expressão (3.65), para obter o seu conteúdo espectral, aplicando à mesma a metodologia FFT para a obtenção da DFT. Já sabemos de antemão, portanto, que o resultado exato na obtenção deste espectro será os coeficientes complexos mostrados na figura 3.26(a).

## ■ etapa 2: aplicação da técnica FFT ao exemplo na obtenção da DFT

A obtenção da DFT será feita em três passos distintos: discretização da função alvo, truncamento do espectro (FFT) e, finalmente, periodização e discretização do espectro. Vamos descrever e ilustrar graficamente estas três etapas em relação ao exemplo proposto.

**1 discretização da função alvo f(t)**

A discretização de função é obtida multiplicando-se a função alvo f(t) por um trem de impulsos de período $T_a$ e duração infinitesimal. Esses impulsos podem ser expressos através da função impulso de Dirac[6] que, no nosso caso, será expressa por $\delta(t-kT_a)$, onde $k = 0, 1, 2, 3, ..., N-1$. Considerando a expressão (3.57), podemos agora expressar a função discreta equivalente da f(t) como:

$$f(kT_a) = f(t).\delta(t - kT_a) \qquad (3.66)$$

Nessa expressão, os impulsos de Dirac são definidos de tal forma que $\delta(t - kT_a) = 0$ se $t \neq kt$ e $\delta(t - kT_a) = 1$ se $t = kt$. Vamos considerar também que a função alvo f(t) é amostrada 16 vezes num período T, em intervalos de tempo $T_a$. Portanto, $T/T_a = 16$ ou $N = 16$. Além disso, temos que $1/T = f_1$, em que $f_1$ é a frequência fundamental, e também que $1/T_a = f_a$,

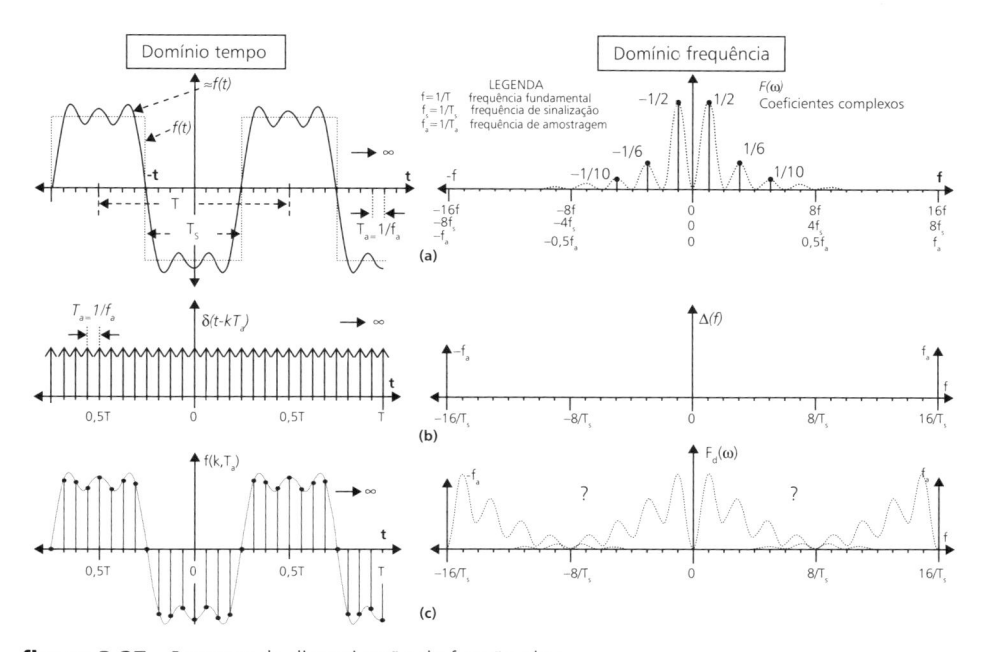

**figura 3.27** Processo de discretização da função alvo.

---

[6] A função impulso de Dirac, δ(x), tem as seguintes propriedades: $\delta(x) = \infty$ para $x = 0$ e $\delta(x) = 0$ para $x \neq 0$.

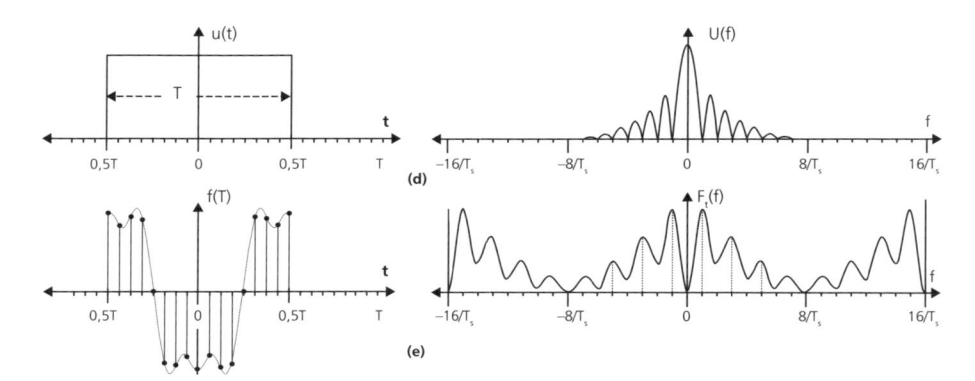

**figura 3.28** Processo de truncamento do espectro (FFT).

em que $f_a$ é a frequência de amostragem. Na figura 3.27(a), é mostrada a função alvo e seu espectro complexo equivalente. Já a figura 3.27(b) apresenta a função impulso $\delta(t - kT_a)$ e seu equivalente $\Delta(f)$ no domínio frequência. A questão que se coloca agora é: como obter a $F_d(f)$, que é a DFT da função $f(kT_a)$, como indicado na figura 3.27(c)?

## 2 truncamento do espectro

Tendo em vista que a função $f(kT_a)$ possui a sua definição caracterizada em um período $T$, vamos limitar o trem de pulso a uma janela de tempo $T$, de forma que fora desta janela a $f(kT_a) = 0$. Para isto, vamos definir um pulso unitário $u(t)$ tal que para $t<T$, $u(t) = 1$ e para $t>T$, $u(t) = 0$. O espectro equivalente desta função no domínio frequência será $U(f)$, como pode ser observado na figura 3.28(d). A expressão (3.66) agora poderá ser escrita como um produto de três funções:

$$f(kT_a) = f(t).\delta(t - kT_a).u(t) \qquad (3.67)$$
$$\phantom{f(kT_a) =\ }1\phantom{xx}2\phantom{xxxxx}3 \leftarrow \text{produto de três funções}$$

Matematicamente, sabe-se que ao produto de duas funções no domínio tempo corresponde uma convolução de seus espectros no domínio frequência. Desta forma, podemos suspeitar de que a convolução das três transformadas de Fourier dessas funções resulte aproximadamente na DFT que buscamos. Certamente, o espectro da função de truncamento vai provocar uma contaminação na nossa TF, ou seja, nunca vai corresponder exatamente ao espectro mostrado na figura 3.27(a), apenas aproximadamente. Podemos antecipar porém, que a TF dessa função discreta truncada, $F_t(f)$, será uma função contínua e periódica, como pode ser observado na figura 3.28(e)

## 3 periodização do espectro

Na terceira etapa, vamos transformar a TF contínua anterior em uma DFT discreta, que é o que buscamos. Para isto, vamos amostrar o espectro contínuo da TF a partir de uma função de amostragem no domínio frequência. Esta função será obtida a partir da

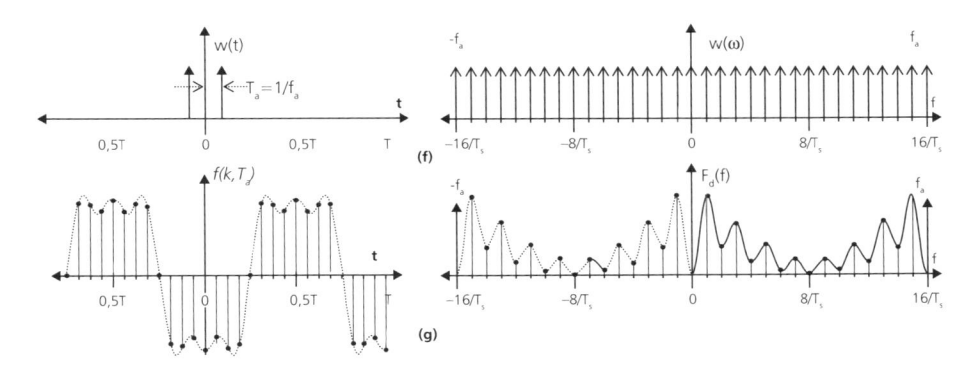

**figura 3.29** Periodização da DFT.

transformada inversa de Fourier da nossa função de amostragem no domínio tempo, como pode ser observado na figura 3.29(f). Desta forma, obtemos finalmente a DFT de nossa $f(k,T_a)$, que será periódica e discreta como mostrado na figura 3.29(g).

Baseado nessas três etapas para a obtenção da DFT, pode-se fazer algumas observações importantes sobre esta metodologia.

**1** o método DFT é genérico e pode ser aplicado tanto à funções periódicas ou não, discretas ou contínuas, em intervalos de tempo T significativos e variáveis.
**2** a DFT obtida é simétrica em torno do ponto $n = N/2$ que, no exemplo apresentado, corresponde a $n = 8$.
**3** a DFT a ser obtida é sempre periódica e discreta.
**4** a resolução, em termos de frequência da DFT, depende muito do número de amostragens $N$, que são feitas no intervalo T da função considerada.

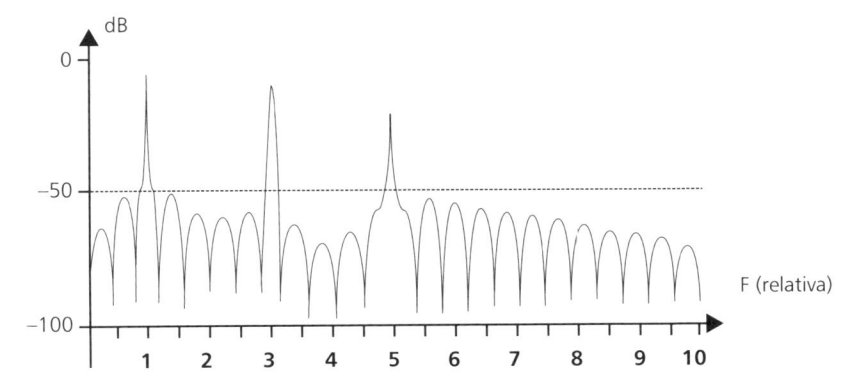

**figura 3.30** A DFT de nossa função alvo utilizando FFT e um número de amostragens $N = 1048$.

**5** a DFT corresponde, de forma aproximada, ao conteúdo espectral da função considerada (nunca de forma exata).

**6** tendo em vista o grande número de amostragens exigidas para obter uma boa resolução espectral, a complexidade do algoritmo DFT é alta e somente se tornou praticável com o advento do DSP e com uma metodologia de cálculo mais simplificado como a FFT (*Fast Fourier Transform*), como foi justificado na seção 3.8.

A título de ilustração, apresenta-se na figura 3.30 a DFT da nossa função alvo, obtida a partir de um analisador de espectro utilizando $N = 1048$ amostragens. Observa-se nitidamente no espectro os três picos espectrais correspondentes às três harmônicas contidas na nossa função alvo.

## 3.9 exercícios

**exercício 3.1** Um sinal que varia aleatoriamente entre $-4,65$ a $+8,15$ volts é amostrado segundo 8 bits. Qual a menor granularidade dessa amostragem?

**exercício 3.2** Um sinal é amostrado 15 mil vezes por segundo. Qual a componente espectral de maior frequência deste sinal que ainda consegue ser reconhecida após a amostragem?

**exercício 3.3** Uma função $f(t)$ é dita par quando $f(t) = f(-t)$. Demonstre que neste caso
$\int_{-k}^{k} f(t)\, dt = 2\int_{0}^{k} f(t)\, dt$

**exercício 3.4** Trace o gráfico de uma função onda quadrada e triangular que seja do tipo par.

**exercício 3.5** Uma função $f(t)$ é dita ímpar quando $f(-t) = -f(t)$. Demonstre que neste caso
$\int_{-k}^{k} f(t)\, dt = 0$. Dê um exemplo desse tipo de função.

**exercício 3.6** Demonstre graficamente, a partir da figura 3.5, que a função seno é uma função ímpar e a função cosseno é uma função par.

**exercício 3.7** Um sinal de tensão (volts) é dado por $e(t) = 5\,\text{sen}\,31t$. Obtenha o gráfico de um período deste sinal e de um período da energia deste sinal. (Sugestão: usar, por exemplo, a ferramenta gráfica gratuita Graphmatica, 2011).

**exercício 3.8** Obtenha os três primeiros coeficientes não nulos da expansão em série de Fourier complexa da função onda quadrada par, com amplitude de pico igual a $Vp = \pm 1V$ e $f = 1kHz$.

**exercício 3.9** Como é definida a potência média de um sinal de tensão periódico $e(t)$ e o valor *Vrms (Root Mean Square)* dessa função?

**exercício 3.10** Em relação ao espectro da figura 3.19(d):
a) quantas linhas espectrais contém cada lóbulo do espectro?
b) as linhas espectrais nulas ocorrem em que frequências?
c) supondo que os pulsos têm amplitude de 3,5V, qual o DC do espectro?

**exercício 3.11** A partir do espectro da figura 3.19(c), obtenha o gráfico dos coeficientes complexos dessa função. Quais as principais diferenças entre os dois espectros? Quanto vale o coeficiente de $\omega = 0$?

**exercício 3.12** Como se define o espectro de amplitude de uma função pulso retangular aperiódica? Como se comporta o gráfico que descreve essa função? Qual a diferença em relação ao espectro de funções periódicas?

**exercício 3.13** Observando os espectros dos pulsos da figura 3.23:

a) usando como critério o menor espalhamento espectral, qual o melhor pulso para comunicação de dados?
b) usando como critério a menor banda de frequência do lóbulo principal, qual o melhor pulso para comunicação de dados?

**exercício 3.14** A tensão periódica definida em (3.26) do exemplo de aplicação é supostamente aplicada a um resistor de 10Ω. A amplitude do pulso é de 10V e o período é de T = 2ms. Com isso:

a) Calcule a potência média desse sinal a partir da definição de potência de um sinal em (3.51).
b) Obtenha o valor médio quadrático desta função segundo (3.52).
c) Calcule a potência total que este sinal liberará sobre a resistência de 10Ω em dois minutos.

**exercício 3.15** Dê uma interpretação prática do que significa obter a transformada de Fourier discreta de um sinal de voz digitalizado e qual é a sua utilidade.

**exercício 3.16** Explique sucintamente em que consiste o algoritmo FFT na obtenção da DFT de uma função discreta.

## Termos-chave

espectro de um sinal, p. 71
funções senoidais, p. 59
integral de Fourier, p. 79
representação complexa, p. 68
representação discreta de funções, p. 64
análise de Fourier, p. 71

tipos de sinais, p. 54
transformada de Fourier, p. 79
transformada discreta de Fourier (DFT), p. 88
transformada rápida de Fourier (FFT), p. 90

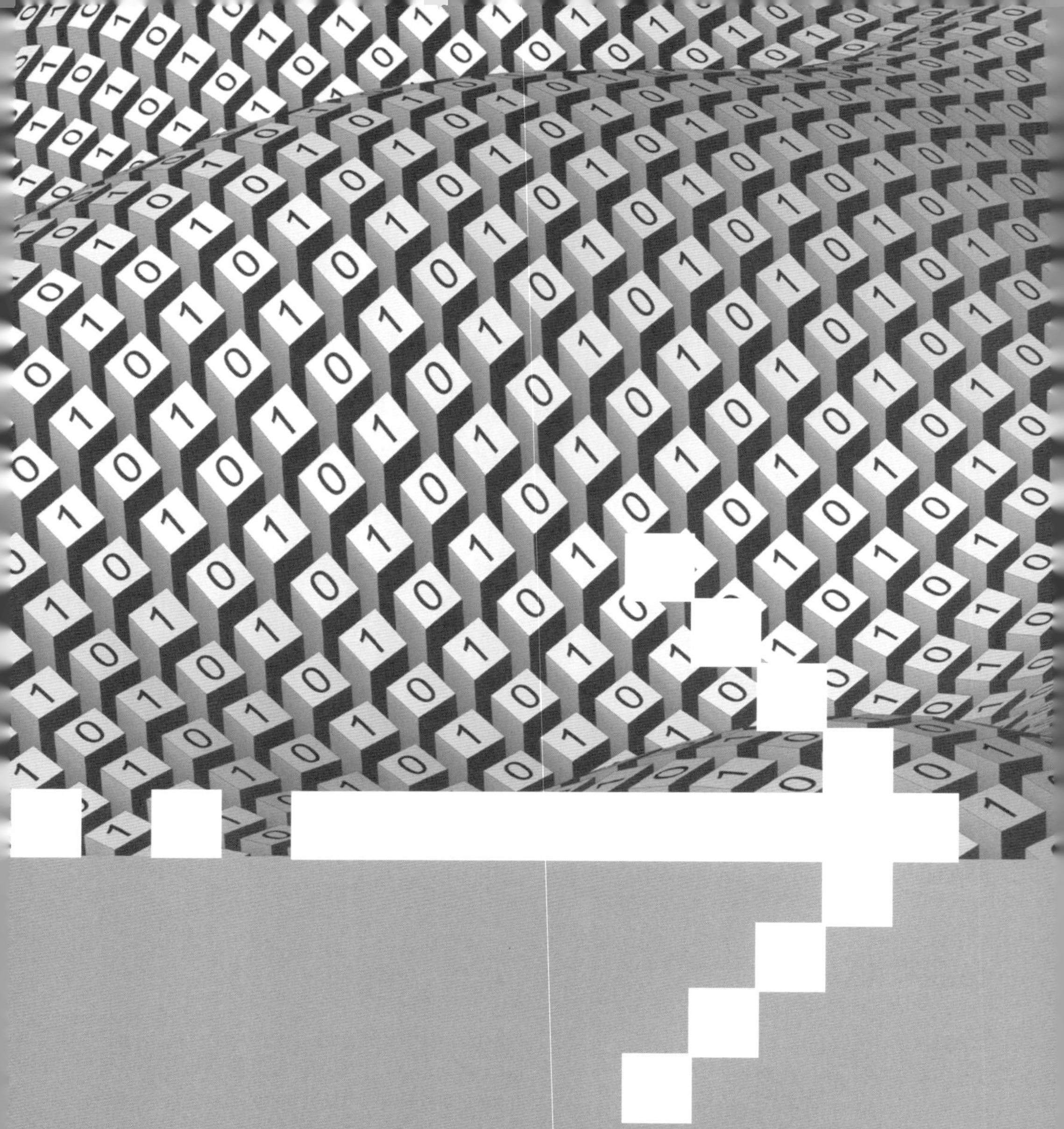

# capítulo 4

# meios de comunicação

■ ■ Neste capítulo são abordados os principais meios físicos utilizados em comunicação de dados: o par de fios, o cabo coaxial e a fibra óptica. Os pares metálicos podem ser modelados por meio de um circuito baseado em parâmetros elétricos distribuídos, os parâmetros primários do meio. Pode-se caracterizar também um meio físico por suas características de amplitude e fase, também conhecidas como parâmetros secundários do meio. Apresenta-se também um rápido estudo dos fundamentos da física óptica para um melhor entendimento do mecanismo de propagação de um feixe de luz infravermelho através de uma fibra óptica. O estudo inclui uma análise dos diversos tipos de fibras utilizadas atualmente e os diferentes fatores que degradam o desempenho destas fibras em sistemas reais. O capítulo finaliza com a apresentação das características de alguns tipos de fibra que foram padronizadas pelo ITU (*International Telecommunication Union*).

## 4.1 introdução

O objetivo principal do meio físico em um sistema de comunicação de dados é propagar os símbolos eletromagnéticos, aos quais estão associados os bits de informação que devem ser transmitidos pelo meio. Podemos classificar estes meios em três grandes classes:

1. os pares metálicos, como o par de fios e o cabo coaxial;
2. os canais de radiofrequência (RF) dos sistemas sem fio; e
3. as fibras ópticas em sistemas de transmissão óptica.

Na figura 1.1, podemos identificar algumas áreas de aplicação desses meios. Devido às características peculiares de cada uma dessas classes, foram desenvolvidas técnicas de codificação e de transmissão específicas para cada meio. Neste capítulo, abordaremos somente as classes dos **meios físicos** formados por pares metálicos (como o par de fios trançados e o cabo coaxial) e as modernas fibras ópticas utilizadas nas infovias de altíssimas taxas e longa distância. Os canais de radiofrequência (RF) serão abordados especificamente no capítulo 6, em que abordaremos as técnicas de modulação

Historicamente, o início das comunicações de dados de computadores deu-se na década de 1960, utilizando como suporte a rede telefônica comutada urbana e interurbana. Lembramos que o acesso telefônico comutado é essencialmente analógico e se dá através de um canal de voz que possui uma banda nominal de 4 kHz e banda útil de 3,4 kHz, o que limita a taxa máxima neste canal, segundo Shannon (1948), a menos de 40 kbit/s.

A rede telefônica urbana oferece também enlaces de dados ponto-a-ponto em pares telefônicos não comutados para uso em aplicações de teleprocessamento. Esses meios, conhecidos

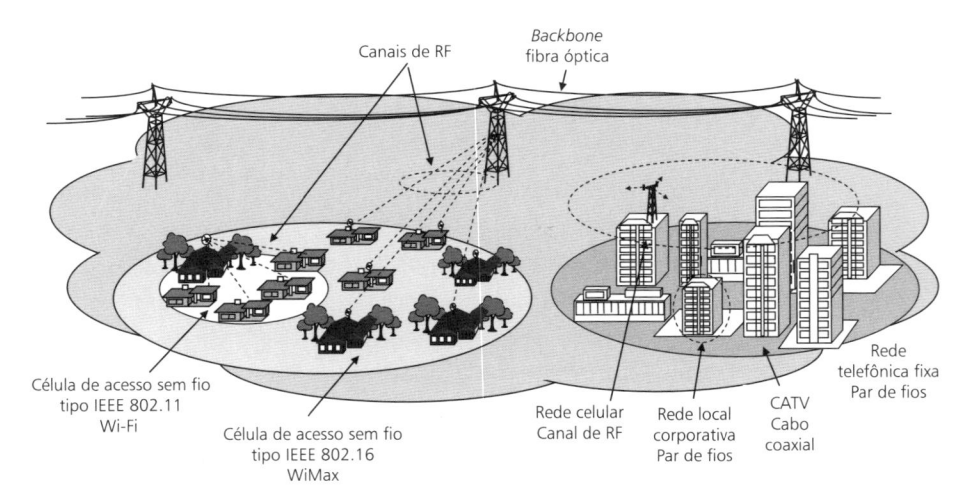

**figura 4.1** Aplicação dos diferentes meios em sistemas de comunicação de dados atuais.

como Linhas Privativas de Comunicação de Dados (LPCDs), são constituídos por pares telefônicos concatenados e podem cobrir distâncias de algumas dezenas de quilômetros e taxas da ordem de 1 Mbit/s. Já os enlaces que utilizam cabos coaxiais, conhecidos como E1 e E2, podem cobrir distâncias de algumas dezenas de quilômetros e taxas da ordem de 34 e 139 Mbit/s respectivamente.

Na década de 1990, as concessionárias telefônicas começaram a estruturar redes de dados distintas da rede telefônica. O acesso era digital e em altas taxas (banda larga) e se dava através de um par telefônico de assinante, também conhecido como DSL (*Digital Subscriber Line*). Como veremos adiante, a linha de assinante permitia tráfego de dados em altas taxas e, ao mesmo tempo, podia ser partilhada para tráfego de voz. A partir do novo milênio, essa tecnologia, que é conhecida como xDSL, em que o *x* indica diferentes processos de acesso, tornou-se o método de acesso em banda larga à internet mais popular. As taxas atualmente conseguidas com esta tecnologia podem chegar, em condições muito favoráveis, a 100 Mbit/s.

Uma segunda área em que ainda hoje dominam as comunicações por meios físicos constituídos por pares metálicos são as redes locais ou LANs (*Local Area Network*), também conhecidas como redes corporativas. Tipicamente, os enlaces de dados nestas redes não devem passar de 100m e, portanto, os pares de fios utilizados nestas aplicações podem ser considerados meios sem perdas significativas. Por isso as taxas podem chegar a 1 Gbit/s.

Já os cabos coaxiais, muito utilizados antigamente em troncos de telefonia, estão limitados a aplicações de distribuição de sinais de TV como o CATV (*Community Antenna Television*) e a circuitos fechados de TV (CFTV), além de a interfaces de sinais de altas frequências em distâncias curtas.

Neste capítulo, apresentaremos inicialmente, na seção 4.2, os fundamentos teóricos por trás de uma linha de transmissão e como são definidos os diferentes parâmetros que caracterizam uma linha de transmissão. A seguir, na seção 4.3, analisaremos as características do par de fios e, na seção 4.4, o cabo coaxial. Finalmente, na seção 4.5, completaremos nosso estudo abordando a fibra óptica, que é o meio dominante nas infovias intercontinentais e internacionais, mas que também é largamente utilizada em enlaces de altas taxas de redes corporativas e metropolitanas.

## 4.2 ⇢ a linha de transmissão

Um modelo incremental genérico de uma linha de transmissão foi proposto em 1880 por Oliver Heaviside e pode ser observado na figura 4.2. Neste modelo, parte-se da hipótese de que uma linha física real pode ser considerada como formada por uma série infinita de elementos de linha de comprimento infinitesimal, como os da figura 4.2. Em outras palavras, se o comprimento do nosso elemento de linha for infinitesimal, estamos diante da derivada dos parâmetros deste segmento em relação ao comprimento infinitesimal considerado.

Na prática, este modelo pode ser aproximado para uma soma finita de elementos de comprimento finito por unidade de comprimento, que pode ser metro ou quilômetro. Os parâ-

**figura 4.2** Modelo incremental de uma linha de transmissão baseada nos parâmetros primários desta linha.

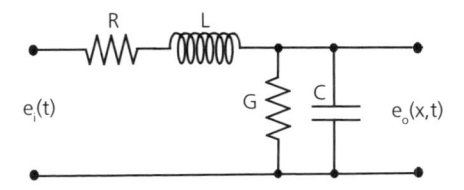

R: Resistência distribuída por unidade de comprimento
L: Indutância distribuída por unidade de comprimento
G: Condutância distribuída do dielétrico da linha por unidade de comprimento
C: Capacitância distibuída por unidade de comprimento de linha

metros deste elemento de comprimento finito são representados pela resistência em série R, a indutância em série L, a condutância $G^1$ do dielétrico e a capacitância paralela C do segmento, todos relacionados a esta unidade de comprimento da linha. Os quatro parâmetros assim caracterizados são chamados de **parâmetros primários** da linha de transmissão e, na realidade, são distribuídos ao longo do comprimento considerado. Portanto, variam em função do comprimento e das características construtivas da linha.

Para o modelo de linha de transmissão genérico, como o da figura 4.2, pode-se escrever o seguinte sistema de equações diferenciais parciais, conforme Bocker (1976, p. 53):

$$\frac{\partial V(x,t)}{\partial x} = -L\frac{\partial I(x,t)}{\partial t} - RI(x,t) \quad (4.1)$$

$$\frac{\partial I(x,t)}{\partial x} = -C\frac{\partial V(x,t)}{\partial t} - GV(x,t) \quad (4.2)$$

Essas equações são conhecidas também como as equações da telegrafia e podem ser derivadas, como um caso especial, diretamente das equações de Maxwell. A solução desse sistema de equações diferenciais nos permite obter a tensão $V(t,x)$ e a corrente $I(t,x)$ em função do tempo $t$ e da distância $x$ da linha.

A partir das soluções das equações (4.1) e (4.2), podemos obter o chamado coeficiente de propagação da linha e, a partir dele, a característica de atenuação e a característica de fase desta linha de transmissão.[2] Estes parâmetros são chamados também de **parâmetros secundários** da linha de transmissão, já que são derivados dos parâmetros primários da linha (Bocker, 1976).

O coeficiente de propagação de uma linha de transmissão é definido como a razão entre a amplitude do sinal na origem em relação à amplitude do sinal a uma distância $x$, de modo que:

---

[1] A condutância G é medida em inverso de ohms, ou seja, $G = 1/R$. A unidade $R^{-1}$ também é chamada de Siemens [S] e, portanto, $1S - > 1R^{-1}$.

[2] Em vez de "coeficiente de propagação" é usual também o termo "constante de propagação". Em vez de "característica de amplitude" e "característica de fase" são usuais também os termos "constante de atenuação" e "constante de fase". Preferimos não usar o termo "constante" para esses parâmetros, tendo em vista que todos eles dependem fortemente da frequência e que, portanto, não são constantes.

$\dfrac{e_i}{e_o} = e^{\gamma x}$. Nessa expressão, $\gamma$ é definido como o coeficiente de propagação, e $x$ como a distância da origem. Visto que o coeficiente de propagação é complexo, podemos escrevê-lo como:

$$\gamma = \alpha + j\beta \tag{4.3}$$

Nessa expressão, a parte real $\alpha$ é definida como a característica de atenuação, e a parte imaginária $\beta$ é definida como a característica de fase desta linha. Para uma linha de transmissão formada por um par metálico, o coeficiente de propagação está relacionado com as constantes primárias da linha através da relação:

$$\gamma = \sqrt{ZY} \tag{4.4}$$

Nessa expressão, $Z$ é a impedância em série da linha por metro, e $Y$ é a admitância paralela da linha por metro. Ambos são complexas e definidas como:

$$Z = R + j\omega L \quad \text{e} \quad Y = G + j\omega C \tag{4.5}$$

Assim, o coeficiente de atenuação $\alpha$ por unidade de comprimento pode ser definido pela razão das amplitudes do sinal de entrada $e_i$, e o sinal de saída $e_o$ pode ser definido em um ponto de comprimento $x$ da linha por:

$$\left|\dfrac{e_i}{e_o}\right| = e^{\alpha x}, \quad \text{ou seja,} \quad \alpha = \ln\dfrac{e_i}{e_o} \quad [Np] \tag{4.6}$$

O coeficiente de atenuação por unidade de comprimento (geralmente um metro) é definido como o logaritmo natural da razão da tensão (ou corrente) $e_i$, na origem, pela tensão (ou corrente) recebida $e_o$ a uma distância $x$ desta linha. A constante de atenuação $\alpha$ assim definida é medida em unidades de Nepper, ou Np, por metro. Esta mesma razão pode ser medida também em dBs para razões de tensão ou corrente. Nesse caso, teremos:

$$\alpha = 20\log\left(\dfrac{e_i}{e_o}\right) \quad [dB] \tag{4.7}$$

A partir das relações (4.6) e (4.7), pode-se mostrar que: 1dB = 0,1151 Np, ou que: 1Np = 8,6858 dB.

### 4.2.1 linhas de transmissão sem perdas

Na maioria das aplicações práticas, os valores de R e G são muito pequenos, e podemos considerá-los nulos. Nesse caso, estamos diante de uma linha de transmissão sem perdas. As equações (4.1) e (4.2) serão simplificadas para:

$$\dfrac{\partial V(x,t)}{\partial x} = -L\dfrac{\partial I(x,t)}{\partial t} \tag{4.8}$$

$$\dfrac{\partial I(x,t)}{\partial x} = -C\dfrac{\partial V(x,t)}{\partial t} \tag{4.9}$$

As equações (4.8) e (4.9) formam um par de equações diferencias parciais de primeira ordem que descrevem o comportamento de uma linha sem perdas. A partir das condições de contorno e das soluções dessas equações, podemos definir os seguintes parâmetros, específicos para uma linha de transmissão sem perdas:

a) impedância característica da linha sem perdas:

$$Z_0 = \sqrt{\frac{L}{C}} \quad (4.10)$$

Essa impedância é definida a partir da condição de que uma linha terminada nesta impedância característica não apresente reflexão do sinal. Reflexão de sinal é quando parte do sinal, ao chegar na ponta remota, retorna em sentido contrário, causando distorções no sinal original.

b) velocidade de propagação do sinal no meio (ou velocidade de fase):

$$v = \frac{1}{\sqrt{LC}} \quad (4.11)$$

Esta velocidade muitas vezes é medida em relação à velocidade de propagação da luz no vácuo (c = 299.792,458 km/s). Em condutores metálicos, observam-se velocidades em torno de 0,6c a 0,7c, ou seja, 60% a 70% de c.

c) número de onda $k$, definido como:

$$k = \frac{\omega}{2\pi}\sqrt{LC} = \frac{f}{v} \quad [m^{-1}] \quad (4.12)$$

O número de onda $k$ é uma medida do número de comprimentos de onda da frequência $f$ contido em um metro do meio.

Vamos, a seguir, detalhar algumas características dos dois meios físicos mais significativos utilizados atualmente em comunicação de dados:

- o par de fios, nas suas duas variantes: par trançado telefônico e par trançado de redes locais; e
- o cabo coaxial.

## 4.3  ⋯→ o par de fios

O par de fios é formado por dois condutores de cobre idênticos. É o meio de transmissão mais simples e econômico disponível. Apresenta-se sob duas formas: o par trançado e o par paralelo ou FC *(Flat Cable)*. Ambos podem ser observados na figura 4.3. O par trançado atualmente é utilizado sobretudo em acessos telefônicos e em redes locais ou LANs *(Local Area Networks)*. O par tipo FC é utilizado principalmente em interfaces digitais de alta velocidade em curtas distâncias, não maiores que alguns metros e, por isso, não será abordado aqui.

Um dos parâmetros importantes na caracterização de um meio físico é a chamada banda de passagem, ou banda passante do meio, representada por (b). A banda passante de um par

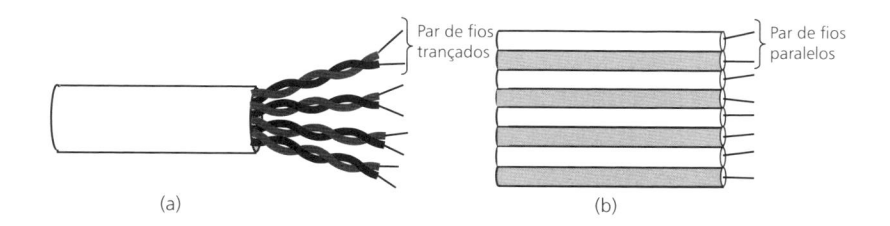

**figura 4.3** Pares de Fios: (a) pares trançados, (b) pares paralelos.

de fios depende de três fatores: do diâmetro dos fios, da construção física (trançado, paralelo ou coaxial) e do comprimento dos fios. O conceito de banda já foi introduzido na seção 1.6 quando apresentamos a equação (1.34), de Shannon, da capacidade máxima de um meio. Nesta expressão, mostra-se que a capacidade máxima de um meio depende da sua banda passante B e da relação sinal ruído (S/N) presente no canal.

A banda passante pode ser definida como uma porção do espectro de frequência caracterizada por um limite inferior $f_1$ e por um limite superior $f_2$, de tal forma que $B = f_2 - f_1$. O espectro do sinal a ser transmitido deve ficar confinado nesta banda B. Em pares metálicos, o limite inferior da banda passante corresponde à frequência zero. O limite superior da banda de frequência de um par metálico, teoricamente, estende-se até o infinito, ou seja, não possui uma frequência limite superior bem definida. Neste caso, o limite deve ser fixado a partir de algum outro critério que pode estar relacionado ou com a relação sinal ruído mínima exigida ou com a atenuação máxima do sinal nesta frequência.

Como exemplo, podemos citar o canal de voz telefônico, cuja largura de banda nominal é de 4 kHz. No entanto, a largura de banda útil deste canal vai de 300 Hz a 3400 Hz, ou seja, uma banda útil de 3,1 kHz. Nessa banda, a atenuação máxima do canal de voz deve ser menor ou igual a – 6dB. Em sistemas de comunicação digitais, é tipicamente utilizada como critério para a frequência limite superior, uma determinada relação sinal ruído mínima observada no canal, medida em dB.

Vimos que linhas de transmissão podem ser simuladas por circuitos elétricos que utilizam componentes elétricos básicos associados aos parâmetros primários da linha. Esses parâmetros primários são sempre definidos para um determinado comprimento da linha, normalmente um metro ou um quilômetro. Na figura 4.4, por exemplo, apresenta-se o circuito simétrico equivalente de um segmento de um par metálico genérico de 1 km de comprimento.

Uma vez definido e validado o modelo da linha, podemos aplicar um sinal elétrico em sua entrada e, com base em teoria de circuitos, pode-se prever perfeitamente a forma do sinal na sua saída. Uma linha de transmissão modelada desta forma constitui um sistema linear, isto é, o sinal na saída pode ser obtido através da resolução de um conjunto de equações lineares, específicos do modelo de linha (Zemaro; Fonda, 2004).

**figura 4.4** Modelo elétrico simétrico de um segmento condutor metálico genérico por unidade de comprimento.

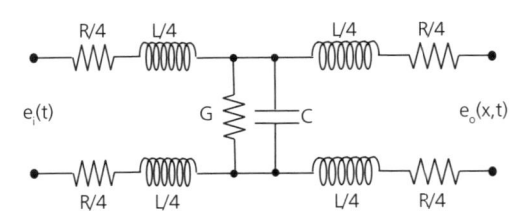

R: Resistência distribuída por unidade de comprimento
L: Indutância distribuída por unidade de comprimento
G: Condutância distribuída do dielétrico da linha por unidade de comprimento
C: Capacitância distibuída por unidade de comprimento de linha

Pode-se concluir, portanto, que dada uma determinada linha, formada por dois condutores metálicos, segundo uma determinada construção e comprimento, esta linha pode ser caracterizada perfeitamente a partir de um modelo formado por um circuito elétrico. Dessa forma, a característica de amplitude α e a característica de fase β da linha de transmissão poderão ser obtidas de forma indireta a partir dos parâmetros primários dessa linha de transmissão.

Em comunicação de dados, é usual expressar a característica de amplitude segundo uma relação logarítmica entre a amplitude do sinal de entrada $e_i$ (*input*) e a amplitude observada na saída $e_o$ (*output*), multiplicada por 20, chamada de decibel [dB].

$$\alpha(\omega) = 20\log\left(\frac{e_i}{e_o}\right) \quad \text{Característica de Atenuação [dB]} \quad (4.13)$$

O dB, portanto, é um número adimensional que dá conta da perda ou do ganho de amplitude de um sinal ao passar por um determinado dispositivo elétrico. Linhas de transmissão formam um circuito passivo, apresentam perdas e, nesse caso, $a(\omega)$ será negativo. Já em circuitos ativos, como em amplificadores, estes apresentam um ganho de amplitude, e *a(ω)* será, então, positivo. Observa-se que a característica de amplitude varia com a frequência, o que significa que algumas componentes espectrais do sinal de entrada podem ser atenuadas mais do que outras. Em geral, em condutores metálicos as componentes de alta frequência de um sinal são mais atenuadas que as componentes de baixa frequência deste sinal.

A característica de fase associada a uma linha de transmissão formada por dois condutores metálicos normalmente é expressa de forma indireta através da derivada da característica de fase β(ω) em relação à frequência. Desta forma, a derivada é expressa em unidades de tempo e é chamada de atraso de grupo. Assim, se representarmos o atraso de grupo por τ, temos a seguinte relação:

$$\tau = \frac{d\beta(\omega)}{d\omega} \quad \text{Atraso de Grupo [s]} \quad (4.14)$$

Podemos interpretar fisicamente o atraso de grupo como o atraso que sofre uma determinada componente espectral de um sinal ao passar por este meio. Em outras palavras, algumas componentes espectrais sofrem menos atraso que outras; o que certamente provocará uma distorção no sinal na saída, razão pela qual a componente é chamada de distorção de fase do sinal. Na maioria das aplicações de curta e média distância, até ~100 m (Redes Locias), este atraso é muito pequeno, da ordem de micro ou nano segundos, e, por isso, não precisa ser levado em conta.

Por último, chamamos a atenção para o fato de que a característica de amplitude e de fase de uma linha de transmissão são chamadas de parâmetros secundários, pois podem ser obtidas, como vimos, a partir dos parâmetros primários dessa linha.

### 4.3.1 o par trançado telefônico

Este par é utilizado principalmente nos acessos telefônicos analógicos. O par trançado típico deste acesso é formado por dois fios, com diâmetro em torno de 0,4 mm, e transmite principalmente o sinal de voz analógico. Este sinal está confinado em uma banda nominal de 4 kHz. Comprimentos típicos de linhas de acesso telefônico podem chegar a alguns quilômetros. Nessas distâncias, o par telefônico é considerado um meio com perdas.

Na figura 4.5, apresentam-se as curvas de atenuação e atraso de grupo de um par de fios trançados com diâmetro de 0,6mm e com diferentes comprimentos.

Uma outra aplicação do par telefônico de assinante é a sua utilização em acessos de banda larga à internet. A tecnologia é conhecida como ADSL (*Asymmetric Digital Subscriber Loop*). Essa é, atualmente, um das técnicas de acesso de banda larga à internet mais popularizada em nível mundial.

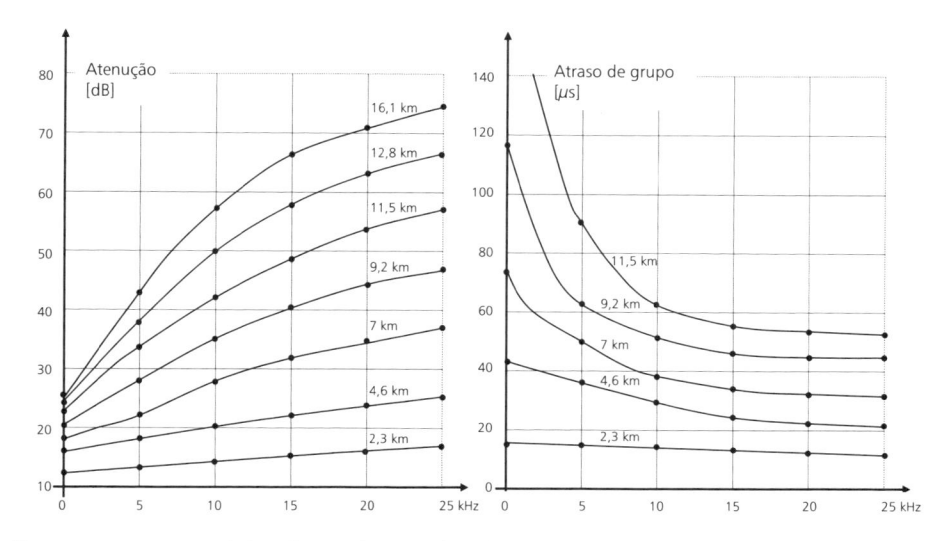

**figura 4.5** Característica de amplitude e fase (atraso de grupo) de um par telefônico com 0,6 mm de diâmetro e com diferentes comprimentos, conforme Bocker (1976, p. 64).

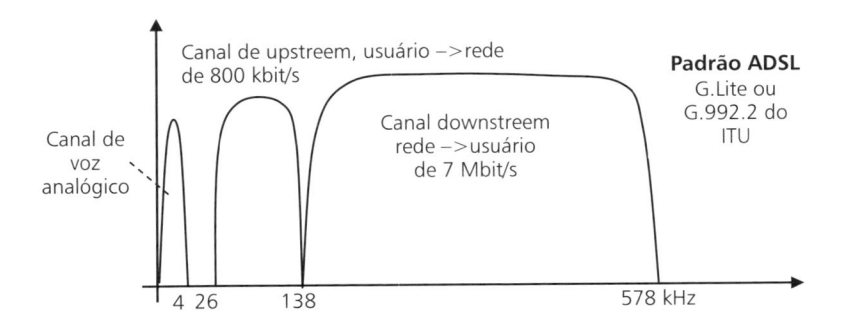

**figura 4.6** Utilização de um par telefônico de assinante para tráfego simultâneo do sinal telefônico e dados de internet (ADSL).

Nesta aplicação, a banda passante do par telefônico utilizada está em torno de 600 kHz e é partilhada por três canais distintos, como se pode observar na figura 4.4, ou seja:

- 1 canal de voz analógico para telefonia com largura de banda nominal de 4 kHz;
- 1 canal de dados no sentido usuário-rede de 112 kHz e taxa em torno de 800 kbit/s; e
- 1 canal de dados no sentido rede-usuário de 440 kHz e taxa em torno de 7 Mbit/s.

### 4.3.2 o par trançado em redes locais

Um caso particular de transmissão de dados por pares de fios trançados é o que temos em redes locais e/ou redes corporativas. A tecnologia de rede que se impôs neste tipo de redes é conhecido como Ethernet, e foi estabelecido pelo IEEE (*Institute of Electrical and Electronics Engineers*) através do padrão IEEE 802.3, cuja ultima atualização corresponde à versão do ano de 2005. Nessas redes, o meio de transmissão dominante é o par trançado, e as distâncias dos enlaces não podem ser superiores a 100m. Nessas condições, a transmissão por estes pares trançados pode ser considerada como sem perdas. As interfaces em redes locais Ethernet apresentam taxas que variam de 10Mbit/s a 10Gbit/s, o que exige características específicas dos pares trançados para as diferentes taxas (Figueiredo; Silveira, 1998).

Os pares trançados de redes locais foram padronizados através da norma EIA/TIA 568 A/B (*Electronic Industry Association/Telecommunication Industry Association*), mais conhecida como cabeamento estruturado para redes locais. A norma prevê, ao todo, sete diferentes categorias de pares, que apresentam diâmetros que variam de 0,4 a 0,6 mm e que podem ser tanto blindados como não blindados.

A norma EIA/TIA 568 A/B de cabeamento estruturado para redes locais prevê tanto a especificação dos pares trançados como a sua instalação e a topologia de rede a ser adotada nesse tipo de rede. Na tabela 4.1 estão resumidas as principais características das diferentes

### tabela 4.1 Padronização de pares de fios utilizados em redes locais, conforme Carissimi, Rochol e Granville (2009b)

| Tipo | Padrão | Banda | Aplicação | Taxa | UTP/STP |
|---|---|---|---|---|---|
| Cat 1 | TIA/EIA (anr) | ~1 MHz | Linha de Assinante $L_{max}$: ~7 km | 1 Mbit/s xDSL | UTP |
| Cat 2 | TIA/EIA (anr) | ~2 MHz | | 2 Mbit/s xDSL + | UTP |
| Cat 3 | TIA/EIA-568 B | 16 MHz | Redes Locais (LANs) Comprimento L 100m, | 10 Mbit/s | UTP |
| Cat 4 | TIA/EIA (anr) | 20 MHz | | 16 Mbit/s | UTP |
| Cat 5 | TIA/EIA (anr) | 100 MHz | | 100 Mbit/s | UTP |
| Cat 5e | TIA/EIA-568 B | >100 MHz | | 1000 Mbit/s | UTP |
| Cat 6 | TIA/EIA-568 B | 250 MHz | | 10 Gbit/s | UTP |
| Cat 6a | TIA/EIA-568 B | 500 MHz | | 10 Gbit/s | UTP |
| Cat 7 | ISO/IEC 11801 (Amd) | 600 MHz | | 4 pares para 10 Gbit/s | STP |
| Cat 7a | ISO/IEC 11801 (Amd) | 1000 MHz | | 4 pares para 10 Gbit/s | STP |

LEGENDA
Amd: Amendment (Adendum)
anr: atualmente não reconhecido
EIA: Electronic Industry Association
TIA: *Telecommunication Industry Association*
UTP: *Unshielded Twisted Pair* (par não blindado)
STP: *Shielded Twisted Pair* (par blindado)
xDSL: *Digital Subscriber Loop*

categorias de pares trançados utilizadas em um projeto de cabeamento estruturado de uma rede local e as principais características construtivas desses pares (Figueiredo; Silveira, 1998).

Para simular o par trançado de redes locais com um comprimento de 100 m (pior caso), podemos utilizar o modelo mostrado na figura 4.2, porém sem perdas, isto é, com os parâmetros primários G e R muito pequenos, ou nulos. O modelo de linha sem perdas resultante é mostrado na figura 4.7. Valem, portanto, também as relações (4.8) a (4.12) para o par trançado sem perdas utilizado em redes locais.

L: Indutância distribuída por 100 m
C: Capacitância distibuída por 100 m

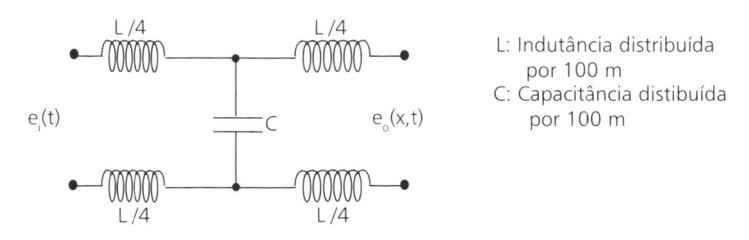

**figura 4.7** Modelo de um de segmento de 100 m de par trançado para redes locais tipo Ethernet.

## 4.4 → o cabo coaxial

Cabos coaxiais são condutores metálicos que apresentam uma construção própria para obter altas larguras de banda de passagem. Na figura 4.8, pode-se observar os detalhes de construção de um cabo coaxial típico. As principais vantagens e desvantagens de cabos coaxiais são:

- uma largura de banda muito grande, tipicamente da ordem de alguns MHz, em médias distâncias.
- a blindagem, ou o condutor externo, fornece uma boa proteção em relação à interferência de campos eletromagnéticos externos (ruído eletromagnético).
- sua aplicação ocorre principalmente na transmissão de sinais analógicos de alta frequência ou altas taxas de dados em distâncias da ordem de algumas centenas de metros.
- custo elevado.

Na figura 4.9, apresenta-se uma modelagem de um cabo coaxial quando esse opera em condições de "sem perda". Nessas condições, R e G são considerados praticamente nulos, e o modelo leva em conta somente os parâmetros primários C e L definidos em função de unidade de comprimento.

O condutor central em cabos coaxiais pode ser de dois tipos: de cobre nu ou de aço recoberto com cobre. Sabe-se que sinais de alta frequência propagam-se essencialmente na superfície do condutor. Desta forma, o cobre como metal nobre é economizado. O próprio aço, neste caso, ainda pode favorecer a robustez do cabo quando autossustentado.

O fenômeno da propagação de sinais de alta frequência pela superfície externa do condutor é conhecido em eletricidade como *skin-effect*, o que explica a utilização de múltiplos condutores em sinais de alta frequência, pois desta forma se aumenta a superfície de condução do condutor. Muitas vezes também, além da malha externa, é enrolada, ao redor do dielétrico, uma folha fina de alumínio. Desta forma, aumenta o desempenho da blindagem e da condução superficial do cabo.

A utilização de cabos coaxiais, hoje em dia, tem destaque para duas aplicações: em distribuição de sinais de televisão via cabo ou CATV (*Community Antenna Television*) e nos

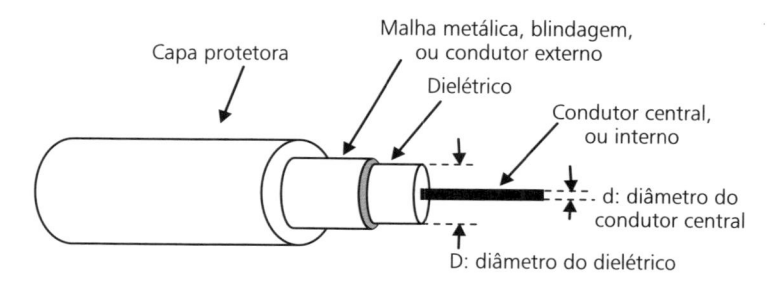

**figura 4.8** Detalhes construtivos de um cabo coaxial típico.

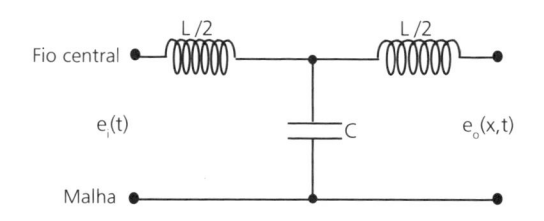

**figura 4.9** Modelo incremental de um cabo coaxial sem perdas.

L: Indutância distribuída por unidade de comprimento
C: Capacitância distribuída por unidade de comprimento

circuitos fechados de televisão, CFTV (Circuito Fechado de TV), utilizados em sistemas de segurança.

Na figura 4.10, apresenta-se um típico sistema de transmissão de dados com cabo coaxial. Nesse sistema, o cabo apresenta uma impedância característica $Z_0$, o transmissor apresenta uma impedância de saída $Z_s$, e o receptor apresenta uma impedância de entrada $Z_r$. Lembramos que, para que haja máxima transferência de potência do sinal do transmissor para o cabo e para que não haja reflexão do sinal de volta para o cabo no receptor, devem ser satisfeitas as seguintes relações:

$$Z_0 = Z_s = Z_r$$

Os parâmetros primários L e C de um cabo coaxial sem perdas podem ser obtidos a partir dos parâmetros físicos construtivos do cabo como: $d$ diâmetro do condutor central e $D$ diâmetro do dielétrico, além da constante elétrica $\varepsilon$ e da constante magnética $\mu$ do dielétrico.

$$C = \frac{2\pi\varepsilon}{\ln(D/d)} \quad \text{e} \quad L = \frac{\mu}{2\pi}\ln\left(\frac{D}{d}\right) \tag{4.15}$$

A impedância característica será dada pela expressão (4.10) que, no caso do cabo coaxial e levando em conta as expressões (4.15), pode ser escrita como:

$$Z_0 = \sqrt{\frac{L}{C}} \quad \text{e portanto:} \quad Z_0 = \frac{1}{2\pi}\sqrt{\frac{\mu}{\varepsilon}}\ln\left(\frac{D}{d}\right) \tag{4.16}$$

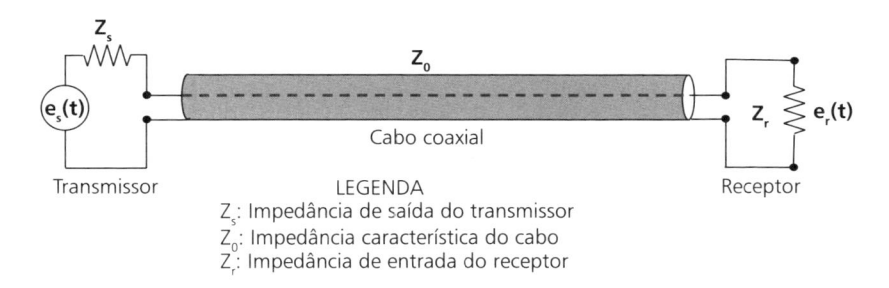

Transmissor — Cabo coaxial — Receptor

LEGENDA
$Z_s$: Impedância de saída do transmissor
$Z_0$: Impedância característica do cabo
$Z_r$: Impedância de entrada do receptor

**figura 4.10** Sistema de comunicação de dados com cabo coaxial.

## tabela 4.2 Características de cabos coaxiais tipo RG populares

| Tipo | Impedância característica $Z_0$ [Ω] | Diâmetro do fio interno d [mm] | Diâmetro do dielétrico D [mm] | Aplicação típica |
|---|---|---|---|---|
| RG-6U | 75 | 1,0 | 4,7 | CFTV e CATV (baixa perda) |
| RG-11/U | 75 | 1,63 | 7,2 | TV, rádio e vídeo |
| RG-58/U | 50 | 0,9 | 2,9 | Transmissão de pulsos Laboratórios de física |
| RG-59/U | 75 | 0,81 | 3,7 | Descidas de antenas (CATV) |

Fonte: Peres (2008).

Obtendo a velocidade de propagação $v$ pelo cabo a partir da relação (4.11) e utilizando os valores de L e C dados em (4.15) obtemos:

$$v = \frac{1}{\sqrt{LC}} \quad \text{e, portanto,} \quad v = \frac{1}{\sqrt{\varepsilon\mu}} \quad (4.17)$$

Em cabos coaxiais sem perdas, muitas vezes é definida uma frequência de corte superior, dada pela seguinte expressão:

$$f_c = \frac{1}{\frac{\pi(D+d)}{2} \cdot \sqrt{\varepsilon\mu}} \quad (4.18)$$

A frequência de corte $f_c$ está relacionada com o comprimento de onda associado à circunferência média do isolador, dado por $\pi(D + d)/2$, que caracteriza um modo de propagação no cabo.

Dependendo da aplicação, são oferecidos comercialmente os mais diversos tipos de cabos coaxiais. Os cabos mais populares e mais usados seguem uma antiga designação norte-americana para cabos coaxiais usados para fins militares na segunda guerra. Os cabos são designados pelas letras RG-x/U, com RG significando "*Guia de Radiofrequência*", seguido de um número x que muitas vezes é seguido pela letra /U de universal. As características principais dos quatro cabos coaxiais tipo RG mais utilizados são apresentadas na tabela 4.2 (Zemaro; Fonda, 2004).

### 4.4.1 O cabo coaxial de CATV

O serviço de CATV é o serviço de distribuição de sinais de TV através de cabo coaxial. Esse serviço atualmente oferece também acesso de banda larga à internet e telefonia fixa pelo mesmo cabo. Na figura 4.11, mostra-se a banda passante típica de CATV que se situa próximo a 1 GHz. Esta banda está dividida em duas porções: de 5 a ~54 MHz é a banda para a canalização de *upstream* e de 55 MHz a 1 GHz é a banda para o *broadcast* de sinais de TV e os canais *downstream* de dados de usuário no acesso de banda larga à internet. O conjunto desses

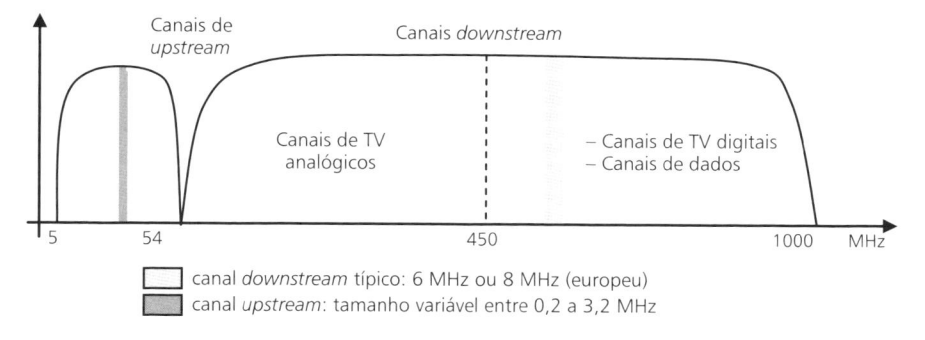

**figura 4.11** Banda passante aproximada de um cabo coaxial de CATV.

serviços, telefone, sinais de TV e acesso de banda larga, são chamados de serviço *triple-play* pelas concessionárias de TV a cabo.

A largura de banda de um canal de TV analógico é da ordem de 6 MHz. Esta mesma largura de banda atualmente pode abrigar um canal de HDTV (*High Definition* TV) ou 4 ou mais canais de TV digitais do tipo SDTV (*Standard Definition* TV). Os canais de dados geralmente são partilhados entre vários usuários e possuem uma largura de banda típica de 6 a 8 MHz no sentido *upstream* e de 0,2 a 3,2 MHz no sentido *downstream*.

## 4.5 a fibra óptica

As fibras ópticas são, hoje em dia, o meio de transmissão com a maior largura de banda. Além disso, fornecem as taxas de transmissão mais altas, que podem chegar a algumas dezenas de tera [$10^{12}$] bits por segundo. Os grandes *backbones* intercontinentais e internacionais da rede global de informação (internet) são todos suportados por troncos de fibra óptica de alto desempenho. Resistentes e feitas de material abundante e barato (sílica), as fibras tornam-se cada vez mais a solução ideal para as demandas de banda dos usuários e das aplicações, que exigem taxas cada vez maiores.

As fibras ópticas operam na faixa do infravermelho, que é invisível, e possuem uma banda passante aproximada que vai de 750 nm a 1800 nm (ver figura 4.12). No entanto, é usual se falar em luz, bem como em cores nos sistemas ópticos. Isto se deve ao fato de que, didaticamente, torna-se mais atraente a representação da radiação infravermelha sob forma visível. Além do mais, a radiação infravermelha possui um comportamento exatamente idêntico ao da luz visível. Da mesma forma, falamos em cores unicamente para indicar radiações de diferentes comprimentos de onda. Deve-se notar, porém, que a escala vai do azul, que possui comprimento de onda maior (frequência menor), até o vermelho, que está na outra ponta do espectro da luz visível, com comprimento de onda menor (frequência maior).

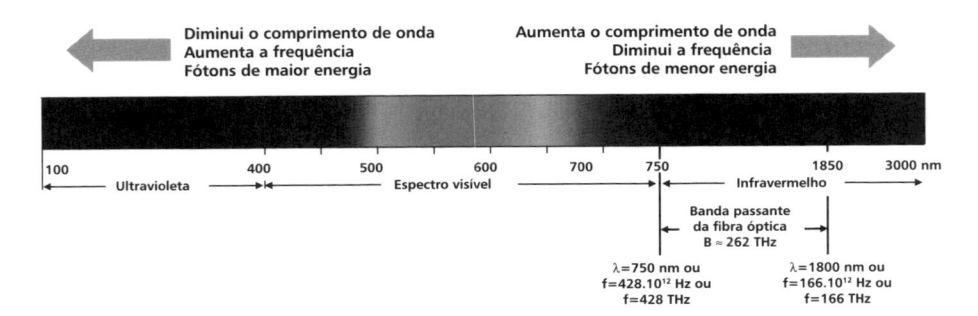

**figura 4.12** O espectro de frequência eletromagnético do ultravioleta ao infravermelho.

A velocidade de propagação do feixe luminoso em fibra óptica é da ordem de dois terços da velocidade da luz no vácuo (c = 2,99792458 x $10^8$ m/s). Portanto, há um atraso de propagação de aproximadamente 5ns/m.

As tecnologias de transmissão, multiplexação e comutação dos sistemas ópticos são totalmente distintas dos sistemas de comunicação elétricos. Vamos, antes de apresentarmos as fibras ópticas, e também para entender melhor os fenômenos ópticos relacionados com os sistemas ópticos, revisar, a seguir, alguns conceitos importantes da física que irão nos ajudar na compreensão da fenomenologia dos modernos sistemas de comunicação de dados ópticos.

### 4.5.1 fundamentos de física óptica

A física moderna fornece duas interpretações sobre a natureza da luz. Uma é um modelo baseado em ondas eletromagnéticas e a outra é um modelo baseado em uma partícula elementar chamada fóton. Muitos dos fenômenos ópticos são explicados ou por um ou por outro desses modelos. Assim, fenômenos como espalhamento (*scattering*) e dispersão são mais bem compreendidos a partir do modelo de partícula da luz, enquanto fenômenos como reflexão, refração, difração, polarização e interferência são melhor explicados pelo modelo ondulatório da luz (Kartalopoulos, 2003).

O modelo de partícula associa a luz a um fluxo de *quantums* elementares chamados de fótons. A um fóton pode ser associada uma energia elementar dada por:

$$E = hv \quad (4.19)$$

Nessa equação, *h* é a constante de Planck, 6,6260755 x $10^{-34}$ joules-segundo, e *f* é a frequência da luz. A velocidade de propagação da luz no espaço livre é definida pela equação de Einstein:

$$E = mc^2 \quad (4.20)$$

A frequência (*v*), a velocidade de propagação no espaço (*c*), e o comprimento de onda (λ), estão inter-relacionados pela equação:

$$f = \frac{c}{\lambda} \quad ou \quad \lambda = \frac{c}{f} \quad (4.21)$$

Pelas equações (4.19) e (4.20) temos que $E = hv = mc^2$, e podemos obter a seguinte relação:

$$m = \frac{hv}{c^2} \quad (4.22)$$

Essa relação pode ser interpretada como a massa equivalente de um fóton. O modelo ondulatório da luz associa a um feixe luminoso uma onda eletromagnética e, portanto, segue as equações de Maxwell, conforme Kartalopoulos (2003, p. 4).

### ■ refração e reflexão da luz

Para entender o mecanismo de propagação da luz através de uma fibra óptica ou de outros dispositivos ópticos, é necessário entender o comportamento da luz quanto às leis da reflexão e da refração de um feixe luminoso. Quando um feixe luminoso incidir sobre uma superfície polida (por exemplo, vidro), observaremos que parte deste feixe será refletido obedecendo à lei de Snell da reflexão, ou seja, a luz refletida forma com a normal ao plano do vidro o mesmo angulo α com que incide sobre a superfície (figura 4.13).

### ■ lei da refração da luz

Pela figura 4.13, observa-se que parte da luz incidente sobre o vidro passa pelo vidro, mas numa direção diferente, chamada de feixe refratado. O novo ângulo (β) que o feixe refratado forma com a reta perpendicular e com a superfície do vidro depende do meio, por meio de uma constante que é conhecida como índice de refração do meio *(n)*, o qual é definido por:

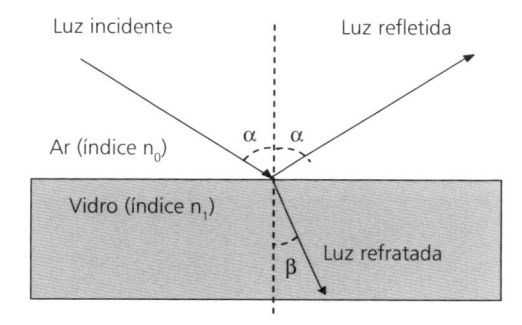

$$\text{Índice de refração:} \quad n = \frac{c}{v} \quad (4.23)$$

**figura 4.13** Reflexão e refração de um feixe de luz.

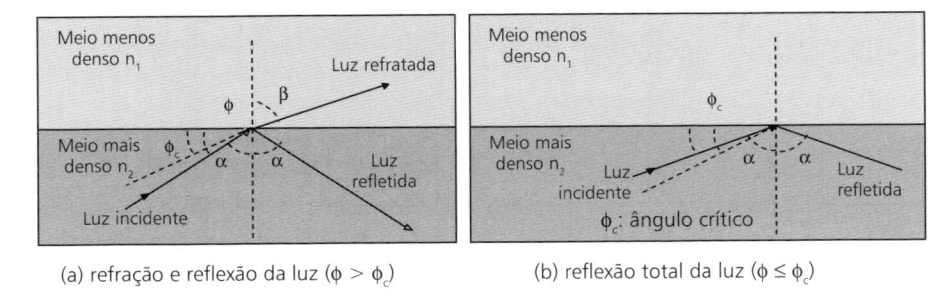

**figura 4.14** O fenômeno (a) da refração de um raio luminoso e o (b) da reflexão total da luz.

Nesse índice de refração, $c$ é a velocidade da luz no vácuo ($c = 2,99792458 \times 10^8$ m/s) e $v$ é a velocidade de propagação da luz no respectivo meio.

Observa-se que o índice de refração depende da frequência da luz, pois $c = \lambda f$, onde $\lambda$ é o comprimento de onda da luz e $f$ a frequência da onda.

Existe uma relação entre os índices dos meios e os ângulos dos raios luminosos incidentes e refratados em relação a uma reta normal à superfície de separação conhecida como Lei de Snell.

$$n_1 \operatorname{sen} \beta = n_2 \operatorname{sen} \alpha \qquad (4.24)$$

A física mostra que existe um ângulo $\phi_c$, chamado de ângulo crítico, tal que, qualquer ângulo de incidência $\phi$, com $\phi \leq \phi_c$, não terá mais raio refratado, ou seja, o raio será totalmente refletido de volta no limite entre os dois meios. Pode-se mostrar que este ângulo crítico $\phi_c$ pode ser dado por:

$$\varphi_c \cong \operatorname{arc sen} \frac{n_1}{n_2} \quad (\phi_c = \text{ângulo crítico}) \qquad (4.25)$$

A fibra óptica é constituída de um núcleo de vidro mais denso, circundado por uma cobertura (*cladding*) menos densa (figura 4.15).

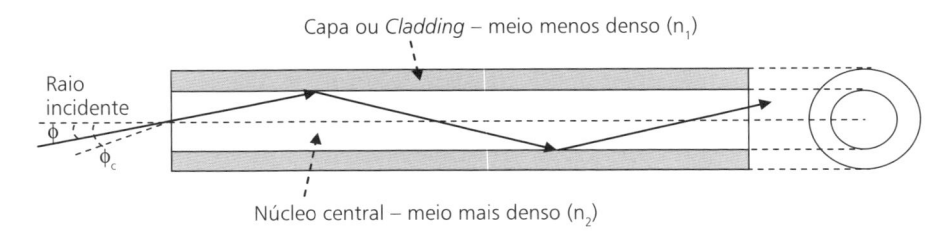

**figura 4.15** Mecanismo de propagação de um raio luminoso numa fibra óptica.

Para que o raio luminoso se propague pela fibra através de múltiplas reflexões sem refração (fuga), o ângulo de incidência φ da luz em relação ao eixo de propagação deverá obedecer à condição:

$$\varphi \leq \varphi_c$$

O ângulo crítico ($\phi_c$), no caso de fibra óptica, também é chamado de Abertura Numérica (*NA – Numerical Aperture*). O ângulo crítico corresponde a uma determinada frequência de radiação e é chamado de modo de transmissão da fibra para um determinado comprimento de onda λ. A cada comprimento de onda λ corresponde uma determinada abertura numérica *NA*.

## ■ polarização da luz

A luz, como uma forma de radiação eletromagnética, segue as famosas equações de Maxwell [3]. Essas equações, para uma onda plana monocromática propagando-se através de um meio como a fibra óptica, podem ser escritas, conforme Kartalopoulos (2003, p. 5):

$$\text{Campo Elétrico: } E(r,t) = E_o \cos(\omega t - kr)$$

$$\text{Campo Magnético: } H(r,t) = H_o \cos(\omega t - kr)$$

Em que ω é a velocidade angular, *r* é o vetor direcional de propagação no espaço e *k* é o vetor de onda, que está relacionado com o número de onda dado em (4.12) e com a velocidade de propagação *v* definida em (4.17). Assim, podemos escrever que:

$$k = \frac{f}{v} \quad \text{e como} \quad v = \frac{1}{\sqrt{\mu\varepsilon}}, \quad \text{portanto} \quad k = f\sqrt{\mu\varepsilon}$$

A ideia desta onda plana monocromática propagando-se segundo uma determinada direção do eixo *z* pode ser observada na figura 4.16.

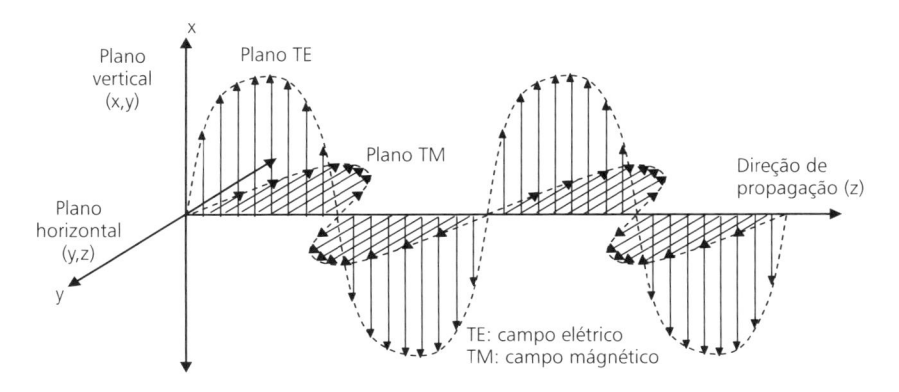

**figura 4.16**  Onda eltromagnética monocromática plana.

Nota-se que os campos elétrico e magnético são ortogonais, e a direção de propagação, nesse caso, se dá em relação ao eixo z. Na realidade, a luz natural é policromática, e a sua propagação não se dá segundo um plano, mas em todas as direções e em infinitos planos de polarização. Uma fonte pontual, mesmo monocromática, apresenta propagação segundo múltiplos planos em uma determinada direção, como indicado na figura 4.17. Através de um filtro polarizador pode-se obter a propagação da luz segundo um único plano. A luz na saída desse filtro é considerada polarizada e propaga-se segundo um plano único bem definido pelo filtro. No exemplo da figura 4.17, foi obtida uma polarização vertical da luz (plano *xy*), considerando-se uma propagação da luz no sentido do eixo z, a partir de uma fonte de luz pontual na origem.

### ■ interferência

O fenômeno da interferência entre radiações luminosas tem sua interpretação baseada no modelo ondulatório da luz. Muitas propriedades importantes de filtros e grades de difração possuem o seu comportamento com base no fenômeno da interferência. A luz, conforme visto, pode ser apresentada como um fenômeno ondulatório. A nossa questão é: o que acontece quando duas ondas iguais se encontram em um mesmo lugar e no mesmo tempo? A resposta a essa pergunta é: interferência.

Na figura 4.18, apresentam-se os dois extremos do fenômeno da interferência. Em (a) as duas ondas se encontram em fase e são de mesma amplitude e, nesse caso, teremos uma resultante com o dobro da amplitude; estamos diante de uma interferência construtiva (máxima). No caso (b), as duas ondas estão defasadas de 180º e há a anulação das duas ondas, ou seja, interferência destrutiva máxima. Entre esses extremos encontramos diferentes nuances de interferência construtiva ($0º < \phi < 90º$) e de interferência destrutiva ($90º < \phi < 180º$).

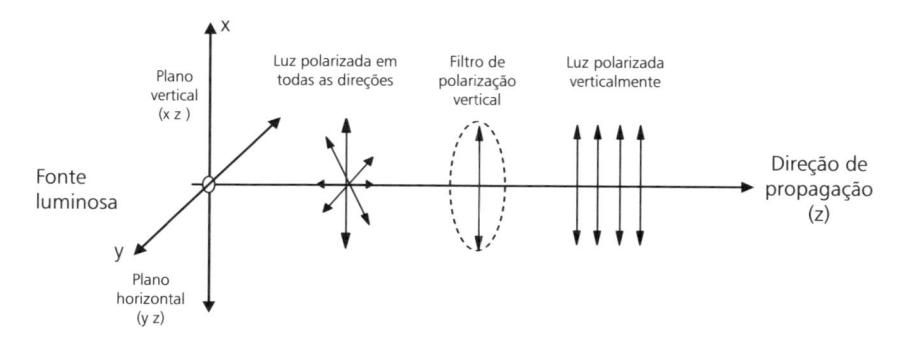

**figura 4.17** Polarização de um feixe luminoso através de um filtro polarizador.

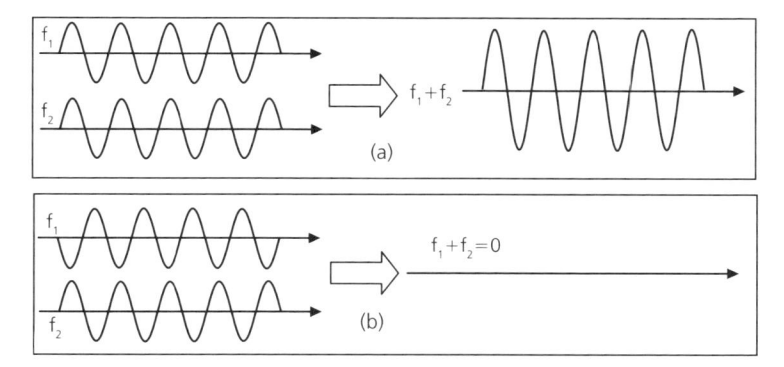

**figura 4.18** Os dois extremos na interferência entre raios luminosos: (a) interferência construtiva máxima, ondas de mesma fase e amplitude; (b) interferência destrutiva máxima, ondas de mesma amplitude defasadas de 180º.

## ■ difração da luz

Para entender o fenômeno da difração da luz, vamos considerar uma superfície plana fina, tendo um pequeno orifício com um diâmetro da ordem do comprimento da onda da luz. Além disso, esse orifício possui contornos agudos na sua periferia como mostra a figura 4.19. Um feixe luminoso monocromático paralelo, também chamado de fonte no infinito, incide sobre o plano e o furo. Um segundo plano posterior é colocado a uma distância $d$ do primeiro plano. Espera-se que um círculo luminoso de diâmetro $D_E$ (círculo esperado) seja projetado sobre o segundo plano. Observa-se, no entanto, que além do círculo $D_E$ outros anéis concêntricos com diâmetro $D_O$ maior são observados com intensidades variáveis (ver figura 4.19). Nota-se também que, quanto menor o diâmetro do furo, maior é o diâmetro $D_O$ dos anéis observados. Esse fenômeno é atribuído à interferência de cada ponto do canto agudo da periferia do furo, o qual atua como uma fonte secundária que interfere com o feixe principal, o que resulta no padrão de difração observado.

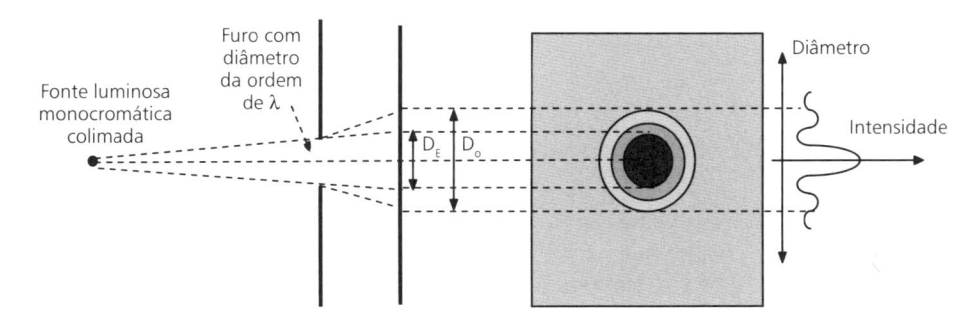

**figura 4.19** Difração da luz através de um orifício com raio da ordem do comprimento da luz, conforme Kartalopoulos (2003).

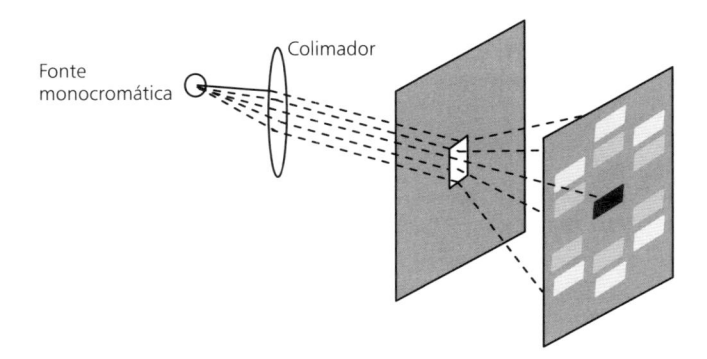

**figura 4.20** Difração da luz num orifício retangular com fonte de luz no infinito, conforme Kartalopoulos (2003).

Se em vez de um furo redondo fizermos um furo retangular com largura da ordem do comprimento de onda de luz λ, observamos, no segundo plano, a projeção do retângulo luminoso principal e uma série de outros retângulos ao redor, como mostra a figura 4.20. Além disso, a projeção retangular está torcida de 90° em relação ao furo retangular.

Nos dois experimentos, utilizou-se luz monocromática. Se fosse utilizada luz policromática, observaríamos para cada comprimento de onda os mesmos padrões de difração, porém em posições distintas para cada comprimento de onda da luz incidente.

Se, nos arranjos anteriores, em vez de furos, usássemos sulcos paralelos gravados sobre um plano (reticulado ou grade) e fizéssemos a luz incidir em um determinado ângulo sobre a superfície, observaríamos também os padrões de difração. Entretanto, esses seriam refletidos de volta em ângulos distintos para cada comprimento de onda da luz e cada ângulo de incidência sobre o reticulado. Um experimento simples e convincente pode ser feito com um CD ROM. Dependendo do ângulo de incidência da luz sobre a sua superfície, observamos a difração da luz no espectro visível em diferentes cores. Esse fenômeno é a base da difração da luz sobre pequenas superfícies sobre as quais foram feitas ranhuras paralelas, obtendo-se, desta forma, a separação dos diferentes comprimentos de ondas que compõem o feixe de luz incidente (figura 4.21).

## ■ absorção e espalhamento (*scattering*)

A luz, ao passar por um meio, pode sofrer dois tipos de alterações: absorção e espalhamento. Para entender melhor esses mecanismos, vamos introduzir o conceito de fônon de uma estrutura cristalina. O vidro, por exemplo, forma uma estrutura cristalina que apresenta pequenas vibrações de acordo com a temperatura. A essas vibrações, ou ondas, podemos associar um conceito de partícula que chamamos de fônon. A uma determinada frequência de vibração da estrutura cristalina corresponde um determinado fônon, que possui uma determinada

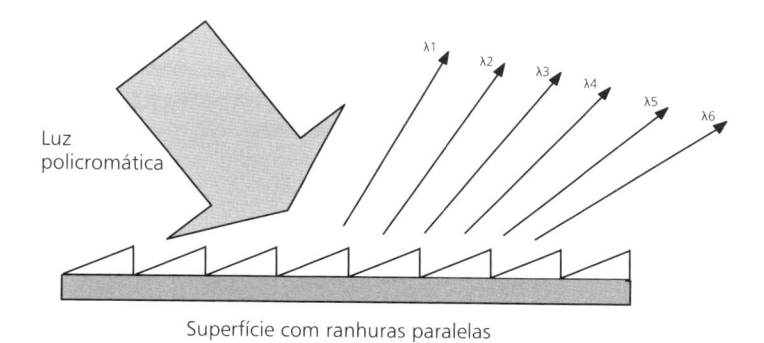

**figura 4.21** Difração de um feixe luminoso policromático em suas diferentes componentes espectrais ao incidir sobre ranhuras paralelas (grade) em uma superfície.

energia característica. Em outras palavras, assim como à luz associamos o fóton, à vibração do cristal associamos o fônon (Kartalopoulos, 2003).

A interação da luz com a estrutura cristalina pode se dar de duas maneiras (ver figura 4.22): (a) pela absorção, ou seja, um fóton, ao se chocar com um fônon, é totalmente absorvido; (b) espalhamento, isto é, um fóton, ao se chocar com um fônon, sofre alteração de sua energia. Adotamos a seguinte convenção para distinguir dois fótons de diferentes energias: fóton azul, maior energia, e fóton vermelho, menor energia.

A alteração de energia do fóton pode ser de duas maneiras (ver figura 4.23): (1) perda de energia do fóton: o choque resulta em um fóton de menor energia e mais um fônon; (2) aumento de energia do fóton: o choque resulta na absorção do fônon e, portanto, resulta um fóton de maior energia. Ambos os casos são explicados pelo princípio da conservação da energia que deve ser observado em choques desse tipo (Krauss, 2002).

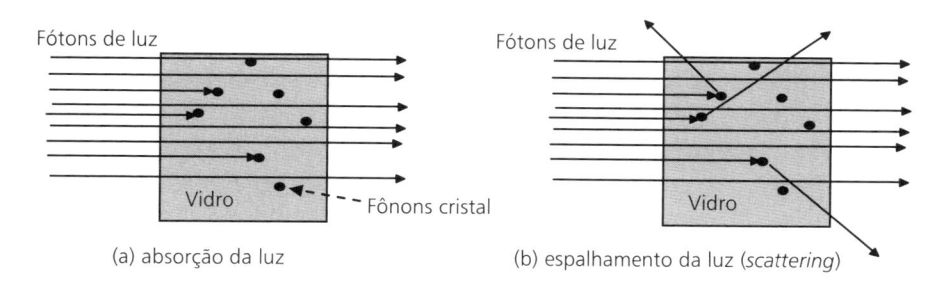

**figura 4.22** Interação da luz com um meio cristalino: (a) absorção da luz pela estrutura cristalina e (b) espalhamento da luz pela estrutura cristalina.

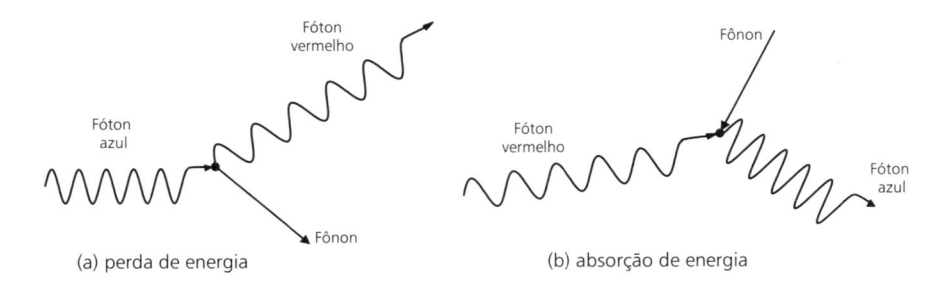

**figura 4.23** Espalhamento da luz em uma estrutura cristalina (espalhamento Raman):
(a) choque provoca a perda de energia pelo fóton e o aparecimento de um fônon;
(b) fóton absorve energia de um fônon, o que resulta num fóton de energia maior.

### 4.5.2 tipos de fibra óptica

O mecanismo de propagação da luz pela fibra está baseado num fenômeno da física, conhecido como reflexão total de um raio luminoso ao passar entre dois meios com índices de refração distintos. As fibras ópticas são feitas tanto em vidro (Sílica – $SiO_2$) como em plástico. As fibras de plástico são mais baratas, mas exibem uma atenuação bem maior. As dimensões do diâmetro do núcleo central de uma fibra variam de 5 a 100 µm (1 micron = $10^{-6}$ m).

A figura 4.24 apresenta a estrutura típica de uma fibra, algumas dimensões construtivas usuais e um comparativo entre os índices de refração do núcleo em relação ao *cladding* e capa.

Diâmetros típicos de diversas fibras [µm]

| Tipo de Fibra | Núcleo ($d_n$) | Cladding | Proteção |
|---|---|---|---|
| Índice degrau Multimodo (MMF) | 200 | 240 | 1000 |
|  | 50 | 125 | 250 |
|  | 62,25 | 125 | 250 |
| Índice gradual | 85 | 125 | 250 |
|  | 200 | 140 | 250 |
| Monomodo (SMF) | 8-9 | 125 | 250 |

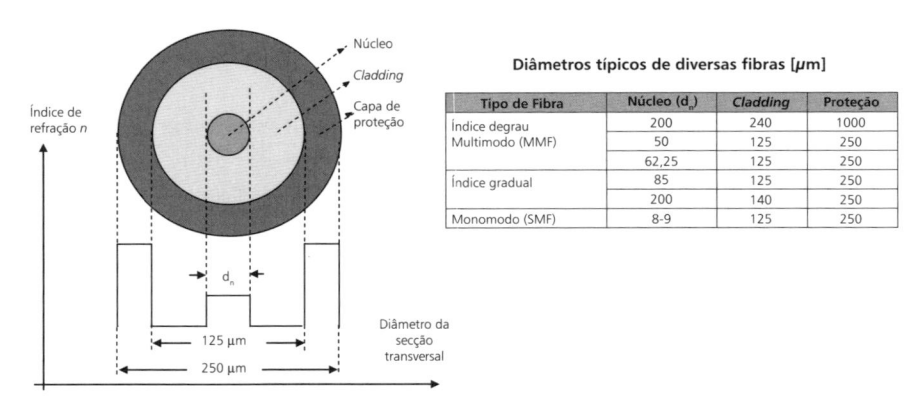

**figura 4.24** Fibra óptica e variação do índice de refração numa seção transversal.

De acordo com a tecnologia de construção do núcleo central da fibra, podemos distinguir entre duas grandes famílias de fibras ópticas:

1. fibra óptica do tipo multimodo, ou MMF (*Multi Mode Fibre*), com índice degrau ou com índice gradual. Diâmetro do núcleo em torno de 62,25 $\mu$m.
2. fibra óptica monomodo, ou SMF (*Single Mode Fibre*). Diâmetro do núcleo central em torno de 8-9 $\mu$m.

As fibras multimodo com índice degrau foram as primeiras fibras a surgir. São de fabricação simples e atualmente são largamente empregadas em aplicações de curta distância como, por exemplo, em redes locais e em automação industrial. Um terceiro tipo de fibra, atualmente em desuso, é a fibra multimodo com índice gradual. Essa fibra apresenta um índice de refração variável em relação ao núcleo e, por isso, se consegue uma menor dispersão temporal.

Na figura 4.25, mostram-se alguns detalhes construtivos desses três tipos de fibras e as formas dos pulsos associados a cada uma em termos de dispersão temporal e atenuação. Na fibra monomodo, consegue-se um modo único de propagação por meio do estreitamento do diâmetro do núcleo da fibra, minimizando-se, desta forma, a dispersão temporal.

O mecanismo de propagação da luz numa fibra monomodo e multimodo é mostrado na figura 4.26. As fibras monomodo são atualmente as fibras que apresentam o melhor desempenho e, por isso, são utilizadas em troncos de fibra ópticas de longa distância em sistemas ópticos como DWDM (*Dense Wave Division Multiplex*). Em sistemas de comunicação com fibras monomodo é utilizada uma fonte luminosa do tipo coerente (um único comprimento de onda), ou seja, *laser* semicondutor, que oferece o melhor desempenho para essas fibras.

Em aplicações de redes locais, o IEEE padronizou algumas fibras e conectores ópticos para assegurar uma maior interoperabilidade entre os equipamentos de usuário (tabela 4.1).

### 4.5.3 fator de mérito de uma fibra óptica

Para facilitar o dimensionamento de fibras em enlaces de comunicação de dados, os fabricantes definiram fatores de desempenho, ou fatores de mérito, que são associados a cada tipo de fibra, MMF ou SMF, conforme Van Etten e Van der Plaats (1991).

a) **fator de mérito de uma fibra** MMF – BWP (*BandWidth-Product*)
No caso de fibras MMF, foi definido um parâmetro chamado de *modal bandwidth product* da fibra. Esse parâmetro pode ser definido como a largura de banda em MHz da fibra para um comprimento de um quilômetro [Mhz-km] e é representado por BWP (*BandWidth-Product*).

Pode-se estabelecer a seguinte relação entre a largura de banda de um sinal, ou BWs (*Band Width signal*), medido em [MHz], e o comprimento L [km] do enlace e o BWP da fibra multimodo fornecido pelo fabricante da fibra:

$$L = \frac{BWP}{BWs} \quad [km] \tag{4.26}$$

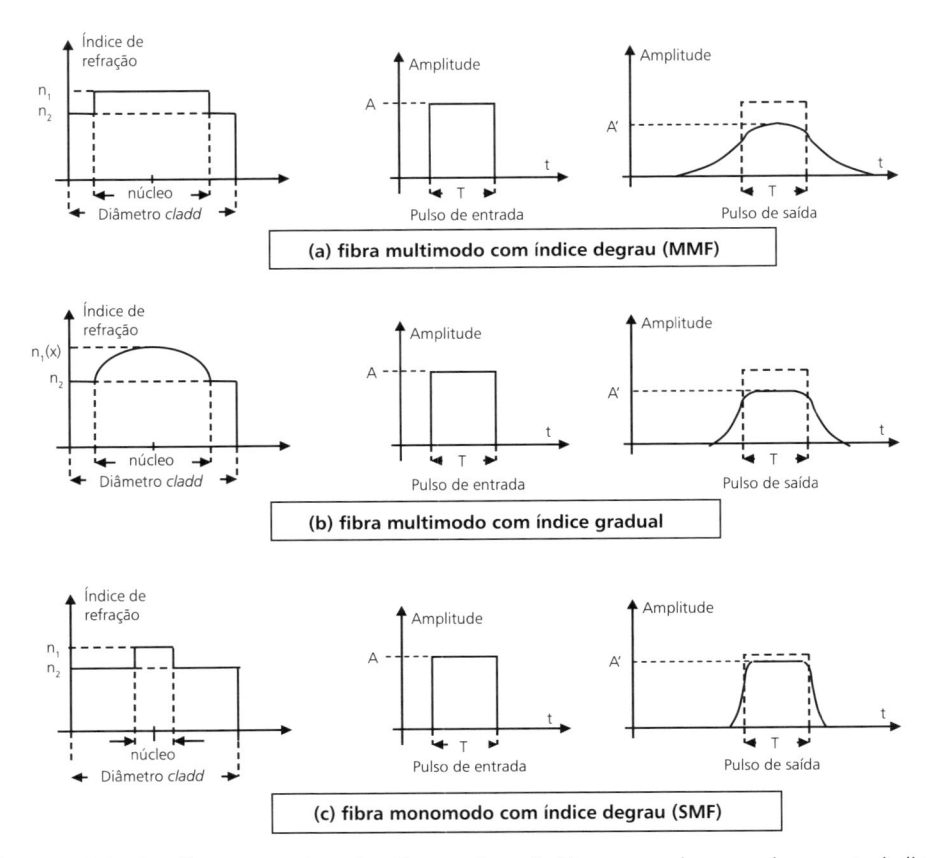

**figura 4.25** Detalhes construtivos dos diversos tipos de fibras e seu desempenho quanto à dispersão temporal considerando segmentos de mesmo comprimento.

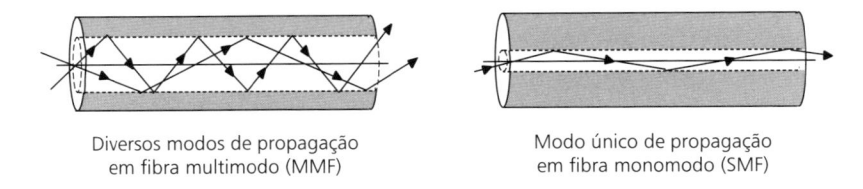

**figura 4.26** Mecanismos de propagação de um feixe luminoso em uma fibra multimodo (MMF) e em uma monomodo (SMF).

**tabela 4.3** Cabos de fibra ópticos padronizados em cabeamento estruturado (EIA/TIA 568A) para Redes Locais, conforme Soares, Souza Filho e Colcher (1995)

| Tipo de fibra | λ [μ] | (MHz. km) | Atenuação máxima (dB/km) | Tipo de conector EIA/TIA 568 SC | Aplicação típica Comprimento máximo |
|---|---|---|---|---|---|
| Multimodo (MMF) | 0,850 | 160 | 3,75 | Conector bege 62,5/125 microns | Cabto. horizontal e *backbone* |
|  | 1,3 | 500 | 1,5 |  | 2000m* |
| Monomodo (SMF) | 1,31 | – | 0,5 | Conector azul 8,3/125 microns | Cabto. *backbone* Enlaces externos |
|  | 1,55 | – | 0,5 |  | 3000m |

\* Quando se trata de cabeamento horizontal deve ser respeitado o limite máximo de 100m.

### ■ exemplo de aplicação

Vamos supor que precisamos transmitir um sinal que precisa de 50 MHz de largura de banda e que deve ser enviado sobre uma fibra multimodo com um BWP de 150 MHz-km. Qual a distância máxima que se pode transmitir com essa fibra e com esse sinal?

$$L_{max} = \frac{BWP}{BWs} = \frac{150}{50} = 3\,km$$

Portanto, para transmitir em uma distância maior deve ser escolhida uma fibra com um BWP maior.

b) Fator de mérito de uma fibra SMF – coeficiente de dispersão temporal

A avaliação de desempenho de um enlace de fibra óptica SMF é mais complicada. Alguns fabricantes fornecem um parâmetro de qualidade associado à fibra SMF chamado de coeficiente de dispersão temporal da fibra SMF:

Coeficiente de dispersão temporal = > *disp*, em unidades [$ps/SW\lambda.km$]

O cálculo aproximado do desempenho de fibras monomodo (SMF) que fornecem este coeficiente de dispersão pode ser feito através da seguinte fórmula simplificada:

$$BWs = \frac{k}{disp.SW\lambda.L} \quad (4.27)$$

Nessa expressão, identificamos os seguintes parâmetros:

- *BWs*: largura de banda do sinal; [Hz];
- *k*: uma constante de ajuste com valor aproximado de 0,187;
- *disp*: dispersão temporal da fibra no comprimento de onda λ, em [ps/nm.km], fornecido pelo fabricante da fibra;

- **SWλ** (*Spectral Width* λ): valor RMS da largura de banda da fonte luminosa λ, em nanômetros;
- **L:** comprimento da fibra em [km].

## ■ exemplo de aplicação

Uma fibra SMF tem *disp* = 4 (ps/nm.km) e um comprimento (L) de 20 km. O transmissor utiliza uma fonte de *laser* com SWλ = 3 (nm). Qual a máxima largura de banda do sinal para essa fibra nessas condições?

Pela expressão (4.27) teremos:

$$BWs = \frac{0{,}187}{4.10^{-12}.3.20} = 779.166.667 \cong 800\,MHz$$

O sinal de transmissão, portanto, não deve ocupar uma largura de banda espectral maior que 800 MHz.

### 4.5.4 janelas de transmissão de uma fibra

Na figura 4.27, apresenta-se a curva de atenuação típica de uma fibra óptica com os últimos avanços da tecnologia na sua fabricação. Observa-se que a transparência da fibra se situa na faixa da radiação infravermelha (luz invisível), em comprimentos de onda que vão de 0,75 μm a 1,7 μm (ver figura 4.27). Lembramos que o comprimento de onda λ está relacionado com a frequência *f* pela expressão:

$$\lambda = c / f$$

Nessa expressão, *c* representa a velocidade da luz no vácuo (299792,45 km/s).

Podemos expressar também esta faixa de comprimentos de onda em frequência, ou seja, a banda de utilização de uma fibra óptica, pela expressão anterior, vai, aproximadamente, de 175 THz[3] a 410 THz, o que corresponde a uma fantástica banda passante de aproximadamente 255 THz. Considerando que todo o espectro de radiofrequência (figura 4.12) cobre aproximadamente uma banda de 100 GHz,[4] a banda de uma única fibra óptica é aproximadamente 5.000 vezes maior que todo o espectro de radiofrequência atualmente utilizado.

Como em transmissão óptica normalmente é utilizada uma modulação binária em amplitude, ou seja, um bit é associado a cada baud, pode-se estimar que a capacidade (C) em bit/s dessa banda, com B ≅ 260 THz, pode ser calculada a partir da relação de Nyquist (C = 2B), o que daria uma capacidade fantástica de 520 Tbit/s. Para visualizar melhor o que representa esta taxa, o volume de dados gerados por uma videoconferência de 10 Mbit/s com duração de ~1,61 anos seria transmitido em um segundo nessa taxa.

Devido a limitações de ordem técnica, do total desta banda são aproveitadas, na prática, somente algumas regiões, também chamadas de janelas de transmissão, que correspondem

---
[3] T (tera) = $10^{12}$.
[4] G (giga) = $10^{9}$.

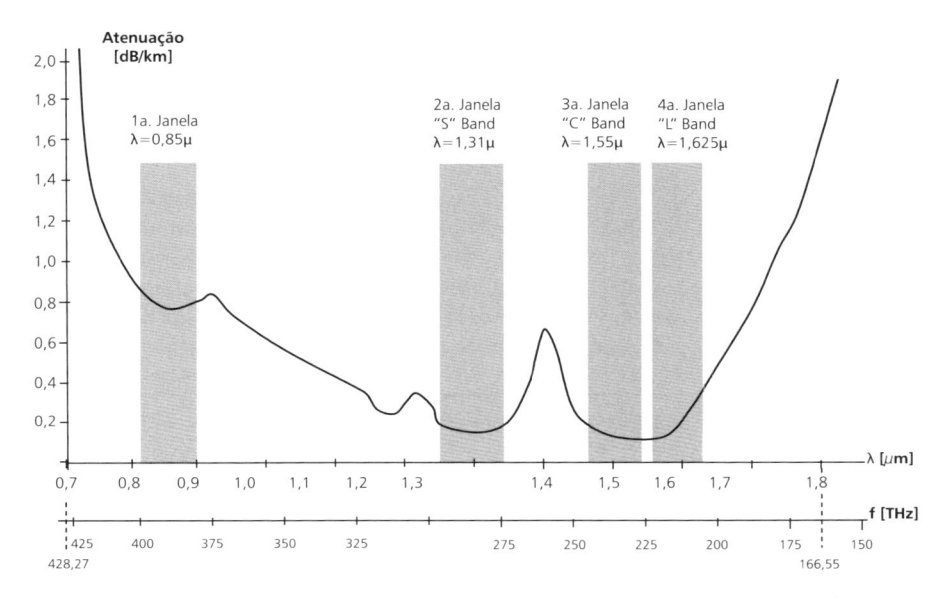

**figura 4.27** Característica de atenuação de uma fibra óptica típica na região do infravermelho, conforme Tanenbaum (1996, p. 89).

aproximadamente a 30% do total da banda. Atualmente, são consideradas quatro janelas de transmissão (figura 4.27), utilizadas de acordo com a tecnologia dos fotoemissores e dos fotodetectores nas pontas e do tipo de fibra óptica utilizada no enlace.

Cada uma dessas quatro janelas, ou bandas, possui uma largura de banda da ordem de 26.000 a 30.000 GHz (26 a 30 THz).

- a primeira janela, próxima a 850 nm, é utilizada principalmente para comunicações de curta distância com fibras do tipo MMF.
- a segunda janela, de 1310 nm, é atualmente a mais utilizada (90% das aplicações) em sistemas DWDM com fibra tipo SMF.
- a terceira janela, ou banda C, apresenta duas grandes vantagens: (1) a menor atenuação e (2) a frequência de operação, 1550 nm, coincide com a frequência de operação dos novos EDFAs (*Erbium Dopped Fiber Amplifiers*), amplificadores ópticos dopados com érbio. É atualmente a janela mais utilizada em sistemas DWDM de alto desempenho e longas distâncias.
- a quarta janela ainda se encontra em estágio experimental e espera-se que deverá contornar os severos problemas de atenuações não lineares encontrados na banda C com *lasers* de alta potência.

Na tabela 4.2, estão resumidas as principais características de sistemas de comunicação ópticos, baseadas em cada uma dessas janelas.

**tabela 4.4** Janelas de transmissão em fibras ópticas e principais características

| Janela | Banda | λ [μm] | Atenuação [dB]/km | Perda /km | Tipo fibra | Aplicação |
|---|---|---|---|---|---|---|
| 1 | – | 0,85 | 0,78 | 17% | MMF* | Comunicações em curtas distâncias. Redes Locais |
| 2 | S | 1,31 | 0,21 | 4,8% | SMF** | Mais utilizada atualmente em aplicações SDH e DWDM |
| 3 | C | 1,55 | 0,19 | 4,1% | SMF | Longa distância e altas taxas (TDM, SDH, DWDM) |
| 4 | L | 1,62 | 0,23 | 5,2% | DSF*** | Experimental Ainda não oferecida |

*MMF: Multi Mode Fibre **SMF: Single Mode Fibre *** DSF: Dispersion Shifted Fibre

### 4.5.5 distorções em fibras ópticas

As transmissões de pulsos luminosos por uma fibra óptica são afetadas por vários fatores inerentes às fibras ópticas e que podem ser classificados em três grandes categorias (figura 4.28):

a) **atenuação** – corresponde a perda de energia dos pulsos luminosos à medida que se propagam pela fibra.
b) **dispersão temporal** – dispersão no tempo dos pulsos ao passarem pela fibra.
c) **efeitos não lineares** – efeitos cumulativos devido à interação da luz com o material pelo qual o pulso se propaga ($SiO_2$ – sílica), resultando em mudanças da forma de onda e em interações entre diferentes comprimentos de onda.

Cada um desses efeitos tem diversas causas que constituem desafios tecnológicos no avanço das comunicações ópticas. Vamos nos ater aos desafios relevantes para a tecnologia DWDM. Na figura 4.29, podem ser observados os efeitos dessas três classes de distorções sobre um pulso luminoso, de forma distinta.

a) **atenuação**
A atenuação é causada por dois fatores intrínsecos: espalhamento e absorção de fótons; e por fatores extrínsecos como tensões devido a torções físicas e fadiga.

Atenuação por espalhamento (*rayleigh scattering*) é um processo de perda de energia do feixe luminoso devido a pequenas variações de densidade do vidro, que são introduzidas na estrutura cristalina quando está resfriando. Essas regiões são menores que o comprimento de onda do feixe e, portanto, agem como alvos de espalhamento (desvios de direção). Esse espalhamento é mais acentuado para comprimentos de onda pequenos e é o principal fator de atenuação na banda de baixos comprimentos de onda da fibra (confira figura 4.30).

Fatores de distorções em fibras ópticas
- 1 – Atenuação
  1. Fatores intrínsecos
     a) espalhamento Rayleigh
     b) absorção intrínseca
  2. Fatores extrínsecos
     a) forma elipsoide da fibra
     b) estiramentos mecânicos, torções, etc.
- 2 – Dispersão temporal
  1. Dispersão modal (caminho de propagação)
  2. Dispersão cromática (depende de $\lambda$)
     a) dispersão material
     b) dispersão de guia de onda
  3. Dispersão modo de polarização (PMD)
- 3 – Efeitos não lineares
  1. *Stimulated Raman Scattering* (SRS)
  2. *Stimulated Brillouin Scattering* (SBS)
  3. *Four Wave Mixing* (FWM)
  4. *Self Phase Modulation* (SPM)
  5. *Cross-Phase Modulation* (XPM)

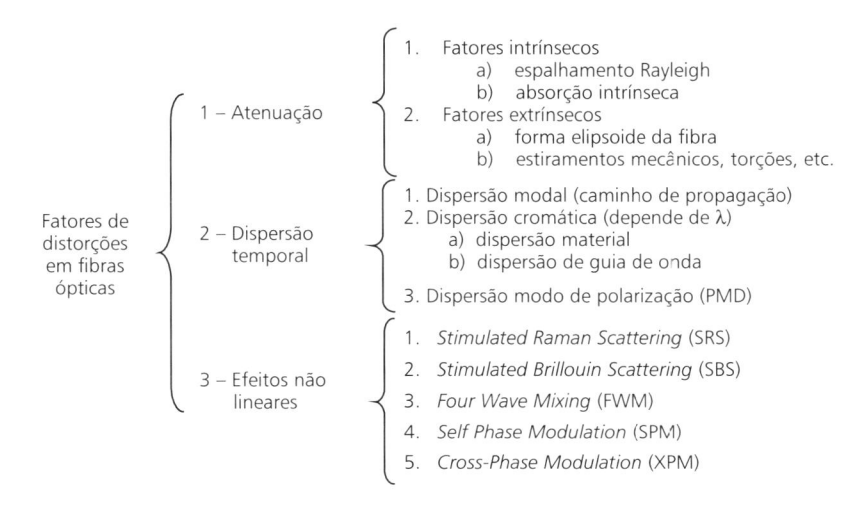

**figura 4.28** Fatores de degradação dos pulsos luminosos em fibras ópticas, conforme Krauss (2002).

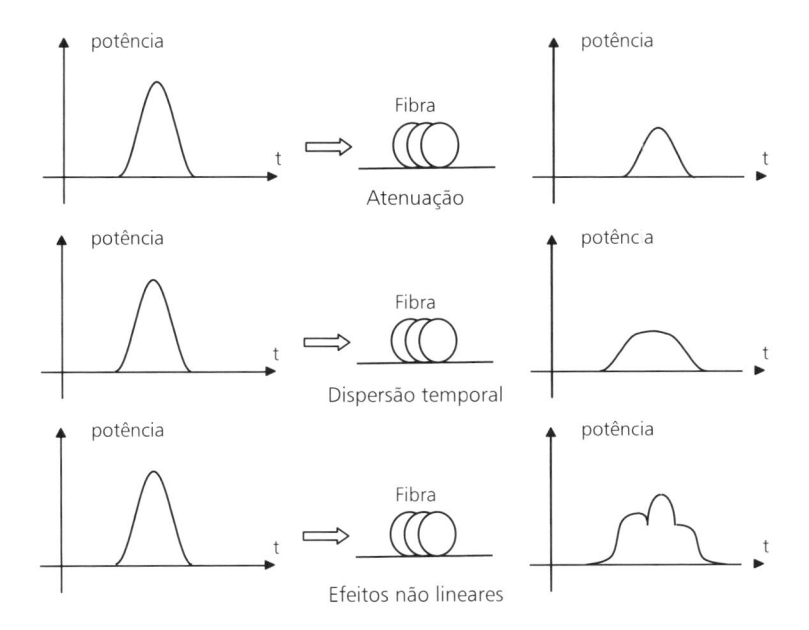

**figura 4.29** Distorções em uma fibra óptica.

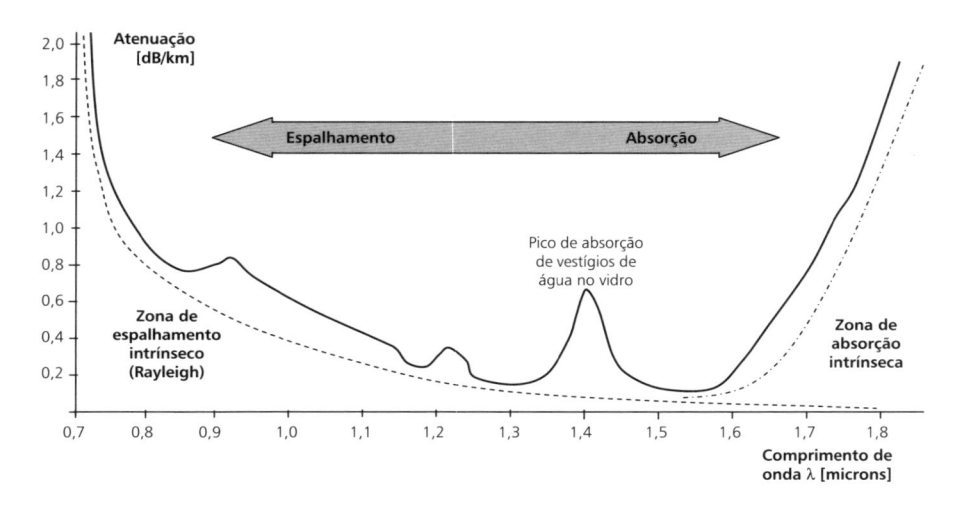

figura 4.30    Regiões de perdas em fibras: zona de espalhamento e zona de absorção.

A atenuação por absorção é causada por fatores intrínsecos ao material devido a impurezas no vidro ou a defeitos na estrutura cristalina. Essas impurezas absorvem energia óptica, causando a atenuação da amplitude do sinal. Essa absorção intrínseca se dá principalmente em grandes comprimentos de onda e se torna particularmente dramática para comprimentos de onda acima de 1700 nm, como observado na figura 4.30. Antigos picos de absorção, provocados por vestígios de água introduzida na fibra pelo processo de fabricação, estão sendo completamente eliminados em fibras recentes. Podemos concluir que os fatores que provocam atenuação em fibras estão essencialmente relacionados com o comprimento de onda do feixe óptico e com o comprimento total da fibra óptica. O conjunto de todos esses fatores, espalhamento Rayleigh e absorção intrínseca, é representado pela curva de atenuação total, medida em dB/km, conforme aparece na figura 4.30 (Krauss, 2002).

### b) dispersão temporal

A dispersão de tempo que um pulso luminoso sofre ao passar por uma fibra óptica (ver figura 4.31) causa limitação na taxa máxima desse pulso devido à interferência entre pulsos adjacentes. São três os fatores que causam esta distorção: (1) dispersão modal, (2) dispersão cromática e (3) *Polarization Mode Dispersion* (PMD), que é não linear.

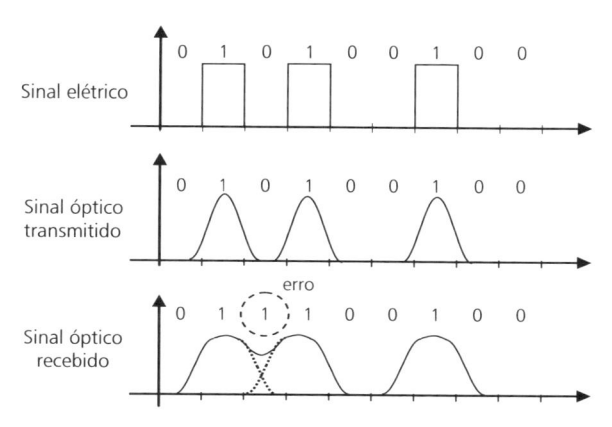

**figura 4.31** Efeitos da dispersão temporal em pulsos luminosos.

- dispersão modal
A dispersão modal é mais acentuada em fibras multimodo e é causada principalmente pela incidência da luz em vários ângulos na entrada da fibra, fazendo com que os caminhos percorridos (modos de propagação) variem. Consequentemente, os tempos de chegada ao destino também variam.

- dispersão cromática
A dispersão cromática ocorre porque diferentes comprimentos de onda se propagam a velocidades diferentes. O efeito da dispersão cromática aumenta com o quadrado da taxa de bits. A dispersão cromática em fibras monomodo possui duas grandes componentes:

 **1.** a dispersão de guia de onda; e
 **2.** a dispersão material.

A primeira componente, a dispersão de guia de onda, ocorre por causa dos diferentes índices de refração do núcleo e da capa (*cladding*) da fibra, causando os seguintes efeitos:

- em comprimentos de onda curtos, a luz é bem confinada na fibra;
- em comprimentos de onda médios, a luz se espalha fracamente para dentro do *cladding* porque diminui o índice de refração;
- em comprimentos de onda longos, muita energia do feixe luminoso se espalha dentro do *cladding*, provocando uma diminuição efetiva do índice de refração próximo do *cladding* (ver figura 4.32).

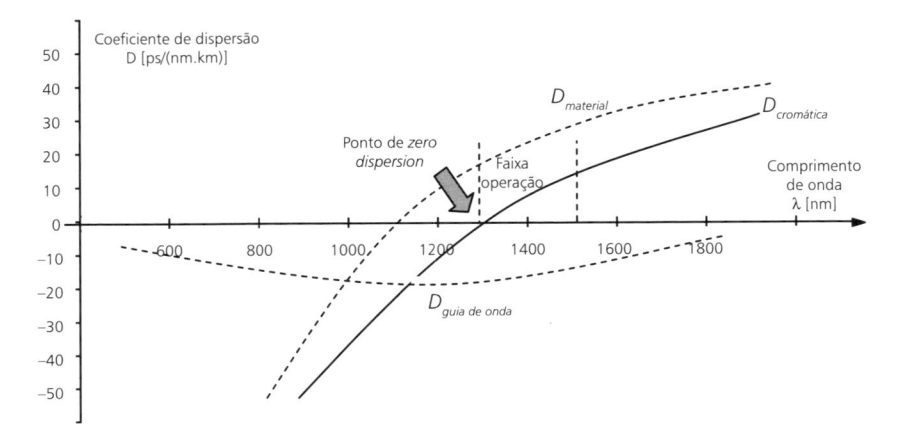

**figura 4.32** Dispersão em uma fibra SSMF (*Standard Single Mode Fibre*) ou NDSF (*Non Dispersion Shifted Fibre*) – Rec. G.652 do ITU.

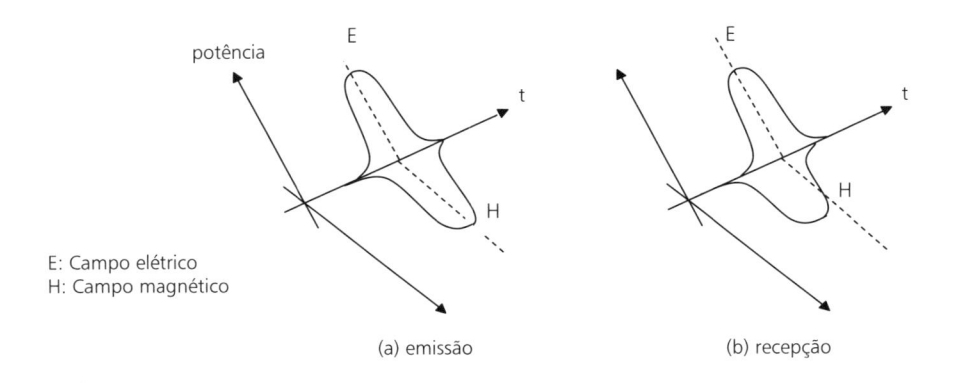

**figura 4.33** Dispersão de modo de polarização (PMD).

A segunda componente, a dispersão de material, ocorre quando diferentes comprimentos de onda se propagam em diferentes velocidades pela fibra. Uma fonte luminosa, não importa quão estreita seja a banda do feixe, sempre emitirá diversos comprimentos de onda, em um determinado intervalo, que, ao passarem pela fibra, chegam à outra ponta em tempos diferentes.

- dispersão de PMD (*Polarization Mode Dispersion*)

A maioria das fibras monomodo oferece dois modos de polarização perpendiculares: um vertical e outro horizontal (ver figura 4.33). Como estes estados de polarização não são mantidos, pode ocorrer uma interação entre os pulsos associados, o que resulta em uma distorção do sinal. A dispersão de PMD é causada principalmente pela forma ovalada da fibra óptica, o que pode ser uma consequência do processo de fabricação ou do manuseio. Diferente da dispersão cromática, que não varia com o tempo, a PMD, por causa de esforços externos sobre a fibra, pode variar com o tempo. A PMD geralmente não é um problema em taxas da ordem de 10 Gbit/s.

### c) efeitos não lineares

Além da PMD, existem ainda outros efeitos não lineares de dispersão. Os efeitos lineares de dispersão podem ser compensados, já os efeitos não lineares são cumulativos. Eles são atualmente os principais fatores limitantes da capacidade máxima de uma fibra. A principal causa dos efeitos não lineares é a alta potência dos feixes ópticos. Entre esses efeitos, podemos destacar:

- o espalhamento estimulado de Brillouin, ou SBS (*Stimulated Brillouin Scattering*);
- o espalhamento estimulado de Raman, ou SRS *(Stimulated Raman Scattering)*;
- a modulação própria de fase, ou *Self Phase Modulation* (SPM);
- intermodulação de fase, ou *Cross Phase Modulation* (CPM);
- a mistura das quatro ondas, ou FWM (*Four Wave Mixing*): três ondas interagem formando uma nova onda, que provoca *cross-talk* e degradação da razão sinal/ruído. Esse é o efeito mais sério nos modernos sistemas de transmissão DWDM (*Dense Wave Division Multiplex*) (Kartalopoulos, 2003).

### 4.5.6 as fibras padronizadas do ITU-T

As fibras monomodo são atualmente as fibras mais utilizadas em sistemas de comunicação ópticos de alto desempenho. A tecnologia de fabricação dessas fibras evoluiu de forma drástica nas últimas décadas. Existem atualmente três tipos principais de fibras SMF que atendem recomendações do ITU-T e que são:

- *Non Dispersion Shifted Fiber* (NDSF), Recomendação G.652 ou SSMF (*Standard Single Mode Fibre*).
- *Dispersion Shifted Fiber* (DSF), Recomendação G.653.
- *Non Zero Dispersion Shifted Fiber* (NZ-DSF), Recomendação G.655.

Nas figuras 4.32, 4.34 e 4.35, apresentam-se os pontos de *zero-dispersion* de cada uma dessas fibras recomendadas pelo ITU. A dispersão cromática total ($D_{cromática}$) é constituída pela

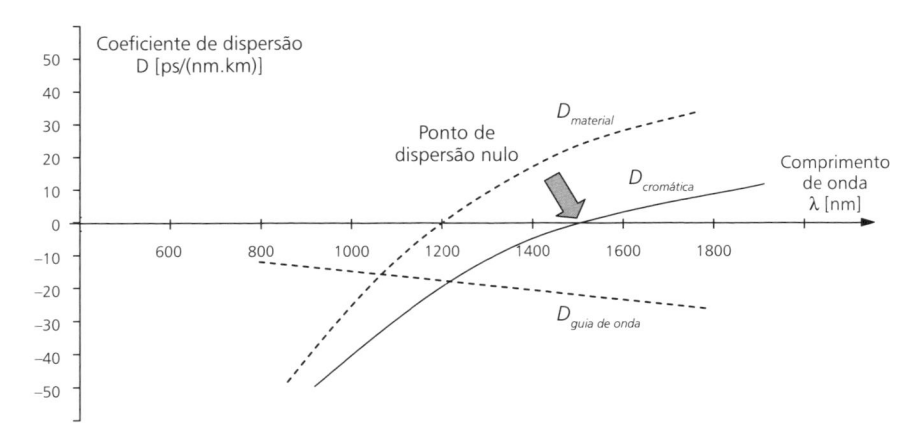

**figura 4.34** Dispersão em uma fibra DSF (*Dispersion Shifted Fibre*) – Rec. G.653 do ITU.

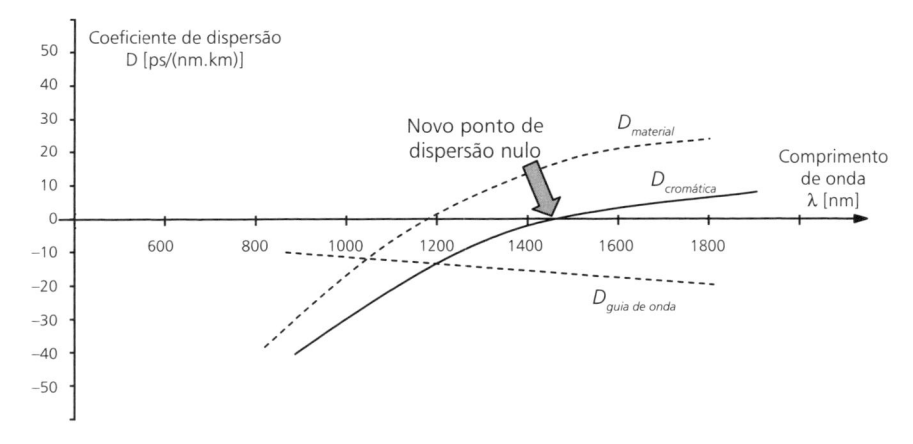

**figura 4.35** Dispersão típica de uma fibra NZ-DSF (*Non Zero Dispersion Shifted Fibre*) – Rec. G.655 do IT.

soma das dispersões de material ($D_{material}$) mais a dispersão de guia de onda ($D_{guia\ de\ onda}$) em cada tipo de fibra (Krauss, 2002).

### ■ fibra NDSF (*Non Dispersion Shifted Fiber*) Rec. G.652 do ITU-T

A fibra NDSF, Rec. G.652 do ITU-T, apresenta uma dispersão total como mostrada na figura 4.32. Essa fibra possui o ponto de dispersão nulo em torno de 1300 nm e, por isso, é largamente utilizada em sistemas ópticos que operam na **janela de transmissão** 2 (tabela 4.2), a chamada banda S. Cerca de 90% dos enlaces ópticos de médias e longas distâncias operam nessa faixa. Das fibras tipo SMF, é a mais popular e a mais disseminada (Krauss, 2002).

### ■ fibra DSF (*Dispersion Shifted Fibre*) Rec. G.653 do ITU

A fibra DSF, Rec. G.653 do ITU-T, é fabricada de tal modo que o ponto de dispersão nulo se encontra deslocado, próximo ao comprimento de onda de 1500 nm, como observado na figura 4.34. É utilizada em enlaces ópticos de alto desempenho do sistema DWDM para longas distâncias. É uma fibra com baixa atenuação e atende especificamente a janela de transmissão 3 (tabela 4.2), chamada também de banda C. Apresenta como desvantagem um aumento nas distorções não lineares.

Devido à propensão ao efeito da *mistura das quatro ondas*, as fibras do tipo DSF não são próprias para aplicações DWDM. Por esse motivo, foram desenvolvidas as fibras NZ-DSF, que tiram vantagem do fato de que uma pequena quantidade de dispersão cromática pode ser usada para diminuir o efeito da *mistura das quatro ondas*.

Verificou-se que, deslocando o ponto de dispersão nula da fibra DSF, de 1500 nm para próximo de 1400 nm, a fibra apresentava um pouco mais de dispersão cromática, mas uma significativa diminuição na distorção não linear. Surgiu assim a fibra NZ-DSF (Krauss, 2002).

### ■ fibra NZ-DSF (*Non Zero Dispersion Shifted Fiber*) Rec. G.655 do ITU-T

A fibra NZ-DSF possui o ponto de dispersão nulo deslocado para próximo de 1400 nm, como se observa na figura 4.35. Verificou-se que, neste ponto, ela apresenta um melhor desempenho, mesmo para λ's próximos de 1500 nm. Operando na banda C de 1500 nm, esta fibra apresenta uma baixa distorção não linear e uma baixa dispersão cromática, e é superior, na maioria dos casos, à fibra DSF (Krauss, 2002).

## 4.6 exercícios

**exercício 4.1** O par telefônico, ou linha de assinante, é formado por dois fios trançados com diâmetros da ordem de 0,4 mm. O modelo incremental relativo a um quilômetro deste par é mostrado na figura abaixo:

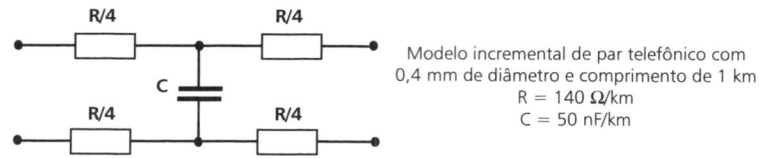

Modelo incremental de par telefônico com 0,4 mm de diâmetro e comprimento de 1 km
R = 140 Ω/km
C = 50 nF/km

Uma LPCD (Linha Privativa de Comunicação de Dados) formada por este par apresenta uma resistência de curto circuito de 3570 ohms. Determine o comprimento dessa linha.

**exercício 4.2** Pela figura abaixo, observa-se que, na realidade, o comportamento de um par trançado é o de um circuito tipo RC em que R' = LR e C' = LC, e em que C e R são a capacitância e a resistência por unidade de comprimento deste par de fios e L corresponde ao comprimento deste fio.

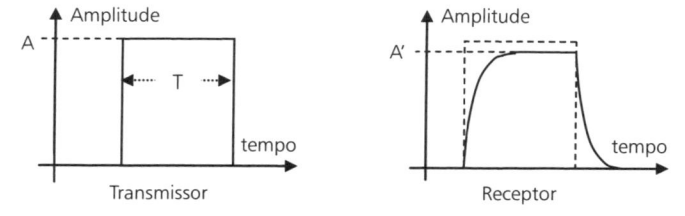

Supondo o mesmo par de fios do exercício 1 e usando como critério que o tempo de subida e de descida do pulso no receptor é no mínimo igual a uma constante de tempo $\tau$ = RC dessa linha, qual será a taxa máxima de transmissão de pulsos por este meio?

**exercício 4.3** A constante elétrica no vácuo é $\varepsilon_0 \approx 8,8541 \times 10^{-12}$ F/m. A constante magnética é $\mu_0 \approx 1,2566 \times 10^{-6}$ H/m. Calcule pela expressão (4.17) a velocidade de propagação de uma radiação eletromagnética pelo vácuo.

Capítulo 4 ⇢ Meios de Comunicação    **137**

**exercício 4.4** O índice de refração de fibras ópticas varia entre n = 1,5 a 1,8. Calcule o quanto varia a velocidade de propagação de sinais ópticos em fibras e compare com a velocidade de propagação da luz no vácuo.

**exercício 4.5** Em cabos coaxiais sem perda, define-se a razão da velocidade de propagação do sinal (v) pela velocidade da luz no vácuo (c) como VF (*Velocity Factor*), ou seja VF = v/c. Supondo um cabo coaxial do tipo RG-59/U, com C = 55pF/m e Z = 75 ohms, calcule o VF desse cabo e qual será o atraso por metro.

**exercício 4.6** Calcule a frequência de corte de um cabo coaxial que apresenta as seguintes características: D = 0,9 mm, d = 2,9 mm e v = 0,82c.

**exercício 4.7** Queremos transmitir um sinal de bits com uma taxa R = 1Gbit/s, a uma distância de 5 km, através de uma fibra multimodo (MMF). Qual deve ser o BWP da fibra MMF, supondo que o sinal ocupa uma banda segundo a relação de Nyquist, conforme a relação (1.30)?

**exercício 4.8** Qual o alcance máximo de uma fibra do tipo monomodo (SMF) que deve transmitir um sinal com uma largura de banda (BWs) igual a 500 MHz, sabendo-se que o transmissor óptico possui uma SW$\lambda$ de 5,0 nm e um fator de dispersão de 2,3 [ps/nm/km]?

**exercício 4.9** Assumindo que a velocidade de propagação da luz por uma fibra óptica é em torno de dois terços da velocidade de propagação da luz no vácuo, calcule o atraso de propagação de um metro de fibra.

**Termos-chave**

cabo coaxial, p. 110

distorções em fibras, p. 128

fator de mérito de uma fibra, p. 123

fibra óptica, p. 122

fibras padronizadas, p. 133

janelas de transmissão, p. 126

linhas de transmissão, p. 103

meios físicos, p. 100

par de fios, p. 104

parâmetros primários, p. 102

parâmetros secundários, p. 102

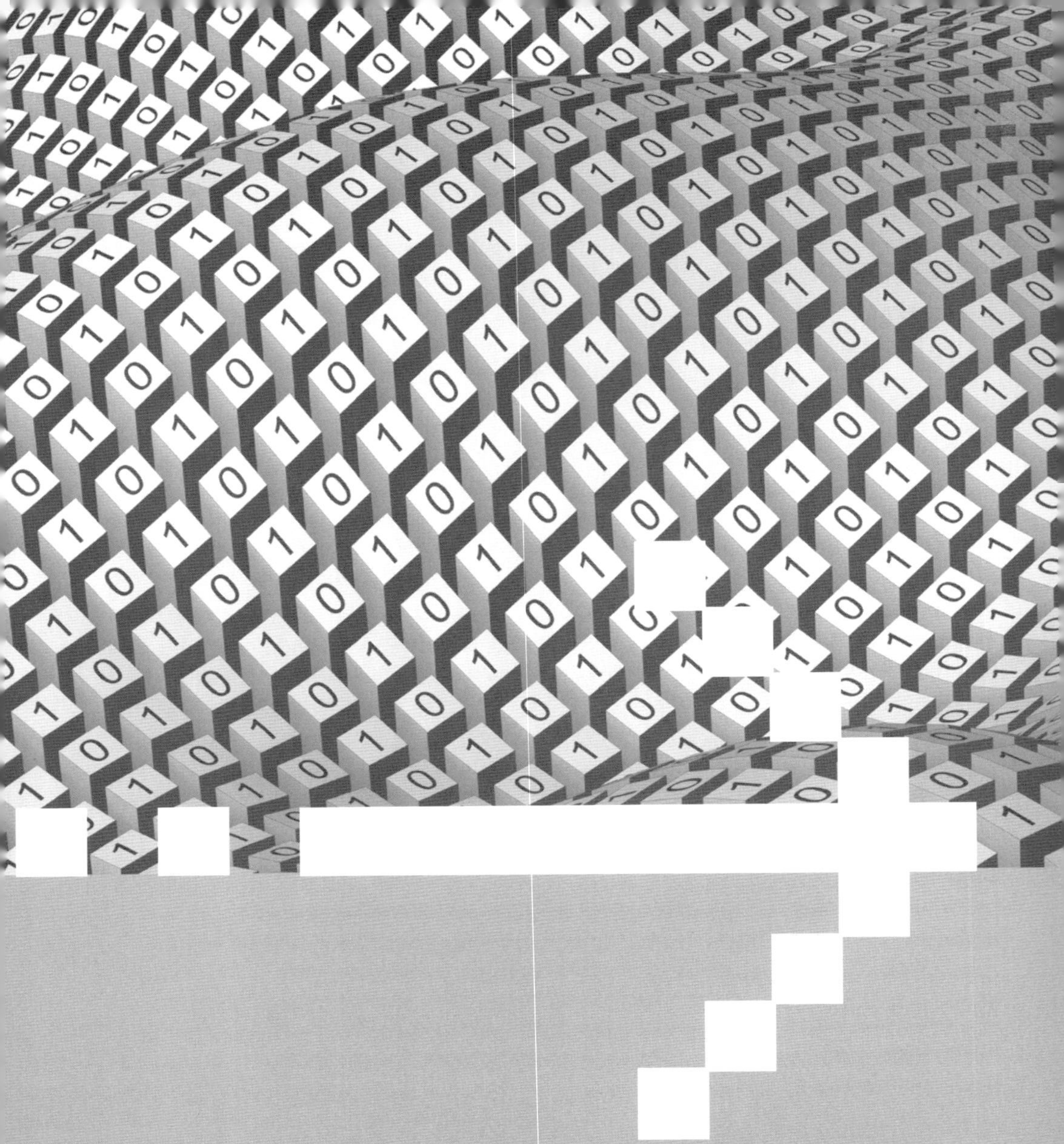

capítulo 5

# o canal de transmissão

■ ■ Neste capítulo é feita uma análise detalhada do chamado canal de transmissão, que compreende o bloco transmissor e receptor e mais o meio físico. São abordados aspectos como a sua capacidade máxima, as condições de não distorção e a equalização do canal. É destacado o canal do tipo banda base e são detalhados os diferentes códigos de linha utilizados na sua realização. Ênfase especial é dada aos aspectos de distorção do canal como o ruído e a interferência entre símbolos e mostra-se como o padrão olho pode ser utilizado na avaliação de desempenho de um canal.

## 5.1 Introdução

O canal de comunicação é formado por um transmissor, pelo meio físico e pelo receptor. Esses três componentes devem se integrar de forma casada, um em relação ao outro, visando à obtenção de um sistema com desempenho otimizado em relação a parâmetros como taxa de informação e taxa de erros observados. O processo de otimização do canal, portanto, deve ser em relação ao todo (o canal) e não de forma dissociada para cada componente.

Inicialmente, na seção 5.2, apresentaremos o conceito de canal e, a seguir, os principais parâmetros que caracterizam um canal, como sua largura de banda, a característica de amplitude e fase, e a capacidade teórica máxima que se pode esperar deste canal em termos de taxa de bits. Tendo em vista que um canal pode ser entendido também como um filtro, que possui uma característica de amplitude e fase, mostra-se em que condições essas características não causam distorções nos pulsos transmitidos e como isso pode ser conseguido através de um processo de equalização. Apresenta-se, a seguir, a questão da capacidade máxima que se pode esperar de um canal a partir do teorema de Shannon, que leva em conta somente a relação sinal ruído e a banda passante do canal como um todo. A previsão de Shannon deve ser olhada como um referencial teórico máximo da capacidade do canal já independe da tecnologia de transmissão/recepção utilizada. A capacidade máxima de Shannon, portanto, pressupõe um canal equalizado e pulsos que não provoquem interferências entre símbolos.

Na seção 5.3, abordaremos um canal específico, conhecido como canal banda-base. Apresentam-se suas características e suas principais aplicações em comunicação de dados.

Um dos blocos funcionais mais importantes de um sistema banda-base é o codificador banda-base, também chamado de codificador de canal ou codificador de linha. Na seção 5.4, apresentaremos, inicialmente, um estudo de alguns formatos de pulsos elétricos, com seus conteúdos espectrais, e como podem ser utilizados em sistemas banda-base visando a minimizar efeitos de interferência entre símbolos. A seguir, detalharemos os principais códigos banda-base utilizados, destacando suas vantagens/desvantagens, robustez e eficiência.

Na seção 5.5, abordaremos as diferentes distorções lineares e não lineares que estão presentes em um canal. Destacaremos principalmente as diferentes formas de ruídos que encontramos nos meios físicos e que têm como consequência a probabilidade de ocorrer erros em relação aos símbolos transmitidos. Abordaremos também os critérios estabelecidos por Nyquist para minimizar a interferência entre os símbolos utilizados na transmissão.

Por último, na seção 5.6, consideraremos as diferentes técnicas que podem ser utilizadas na avaliação do desempenho de um sistema de transmissão em banda-base em relação ao ruído e a taxa de erro. Também apresentaremos a técnica de avaliação de um sistema de comunicação de dados através do chamado "*padrão olho*".

## 5.2 características de um canal de transmissão

No capítulo 2, na seção 2.1, definimos um sistema de comunicação de dados básico. Nesse sistema, os equipamentos terminais de dados (ETDs) são interligados através de um canal que, no contexto RM-OSI, é chamado de conexão física. O canal de comunicação OSI é constituído de três blocos: o transceptor local, o meio físico e o transceptor remoto, como mostra a figura 5.1. O meio físico forma o substrato por onde se propagam os símbolos eletromagnéticos que contém a informação. Cada transceptor compreende um transmissor e um receptor interligados com seu par remoto, formando assim um canal de comunicação nos dois sentidos, também chamado de canal *duplex*.

Em nossas análises, o canal de comunicação deve ser entendido sempre como um subsistema do nível físico, formado por estes três componentes funcionais: transmissor, meio e receptor. Qualquer alteração em uma destas componentes afeta o desempenho do canal como um todo. O canal, portanto, forma um subsistema inteligente do nível físico do RM-OSI, que elabora um serviço de conexão física que será utilizado pela camada de enlace na elaboração de suas funcionalidades. Um canal pode ser especificado segundo diferentes parâmetros, destacamos alguns:

- largura de banda $B$, em [Hz];
- capacidade máxima teórica do canal $C$, em [bit/s];
- taxa de dados na interface digital $R$, em [bit/s];
- taxa de símbolos nas interfaces analógicas, $R_s$ [baud];
- taxa de erro [Número de erros de bit /Número total de bits enviados].

A taxa de bits/s que observamos na interface de entrada de um canal não necessariamente corresponde à taxa de bit do meio físico, pois o transmissor pode adicionar bits redundantes para aumentar a capacidade de detecção e correção de erros do canal. Esse assunto será detalhado no capítulo 7, que trata, entre outras coisas, do problema do controle de erros no canal.

A seguir, analisaremos algumas destas características, como o conceito de largura de banda e capacidade máxima de um canal, a equalização e as condições de não distorção de um canal.

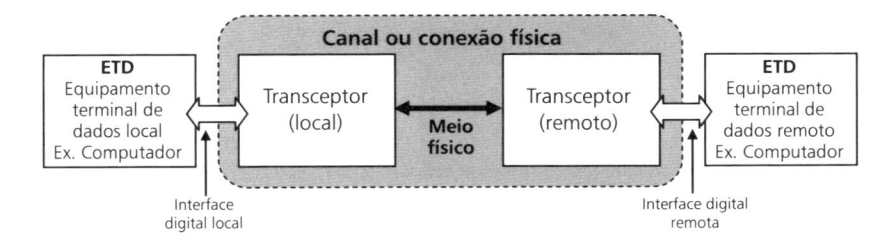

**figura 5.1** Sistema de comunicação de informação ponto a ponto básico com destaque para o canal e sua constituição: transmissor, meio físico e receptor.

## 5.2.1 largura de banda de um canal

O conceito de **largura de banda de um canal** está associado às larguras de banda dos três blocos funcionais que formam o canal: transmissor, meio e receptor, como observado na figura 5.1. *A priori*, podemos dizer que a largura de banda do canal pode ser definida a partir da banda passante do bloco funcional de menor largura de banda.

Assim, por exemplo, se $B_T$ é a largura de banda do transmissor, B é a largura de banda do meio e $B_R$ é a largura de banda do receptor, e, supondo que $B_T = B_R > B$, então a largura de banda do canal será a largura de banda do meio. Normalmente, a largura de banda do transmissor e do receptor pode ser projetada de tal forma que a largura de banda do meio pode ser tomada como a largura de banda desse canal.

É intuitivo que, quanto maior a banda passante B [em Hz] de um canal, maior será a sua capacidade e menor a distorção em relação aos pulsos que trafegam por ele. Na figura 5.2, mostra-se a influência da largura de banda em relação à distorção que sofre um trem de pulsos, caracterizado por um período *T* e uma largura de pulso τ. Variando-se a largura de banda *B* do meio, pode-se concluir que, quanto maior a largura de banda do meio, menor a distorção dos pulsos ao passarem por esse meio.

Na figura 5.2, os pulsos de entrada aparecem em linhas hachuradas, enquanto o sinal recebido aparece em negrito em cada situação de largura de banda. Desta maneira, o conflito, grau de distorção do pulso *versus* largura de banda do meio, deve ser resolvido por um critério que esteja relacionado com a capacidade de reconhecer os símbolos de informação de forma unívoca no receptor. Esta capacidade de reconhecimento dos símbolos no receptor, mesmo quando distorcidos, depende da técnica de modulação ou codificação utilizada pelo canal. Esta capacidade é variável e é intrínseca a cada tipo de tecnologia de transmissão.

## 5.2.2 capacidade máxima de um canal

Baseado nas considerações anteriores, a pergunta que se impõem é: dado um meio físico com uma determinada largura de banda B [Hz], qual a capacidade máxima C [bit/s] que este meio é capaz de suportar? A resposta a essa pergunta foi objeto de análise de Shannon e resultou em um teorema famoso, que apresentamos na seção 1.5.2 e que é representado pela expressão:

$$C = B \log_2 \left(1 + \frac{S}{N}\right)$$

A largura de banda B a que se refere o teorema de Shannon está relacionada ao conceito de canal e não ao de meio. O teorema, portanto, não está preocupado com a eficiência das técnicas de transmissão e recepção utilizadas no canal. Dito de outra forma, o teorema prevê uma capacidade máxima teórica C do canal, que somente é atingida supondo técnicas de transmissão e recepção do tipo ideal. Assim, o corolário deste teorema nos permite afirmar que: uma maneira de avaliar uma determinada técnica de codificação e transmissão é verificar o quanto o desempenho desta tecnologia se aproxima do limite de Shannon. Muitos autores, para salientar esse fato, chamam essa capacidade máxima também de capacidade máxima de transmissão no meio, e a representam por $C_T$.

No capítulo 3, *análise de sinais*, vimos que o espectro associado a pulsos elétricos teoricamente se espalha desde $-\infty$ a $+\infty$ no espectro de frequências. Em outras palavras, se queremos transmitir um pulso de tal forma que ele chegue ao receptor sem distorção, teríamos que utilizar um meio ideal, isto é, largura de banda infinita. Na tabela 5.1, apresenta-se um resumo das principais características de um canal ideal e de um canal real

Conclui-se que um pulso, ao passar por um meio, perde componentes espectrais de alta frequência, ou seja, sofre distorção. A questão que se impõe então é: quanto do espectro do pulso deve ser transmitido para que, no receptor, o pulso ainda seja reconhecido de forma confiável?

Trem de pulsos original representado por um padrão de *bits* determinístico do tipo 1 e 0.
Período: T e Largura pulso: $T=2\tau$

Banda passante B do meio deixa passar somente a frequência fundamental.
$B = 1/T = 1/2\tau$

Banda passante do meio igual a três vezes a fundamental (banda passante B deixa passar duas raias espectrais)
$B = 3/T = 3/2\tau$

Banda passante do meio igual a cinco vezes a fundamental (Banda passante do meio deixa passar as 3 primeiras raias espectrais).
$B = 5/T = 5/2\tau$

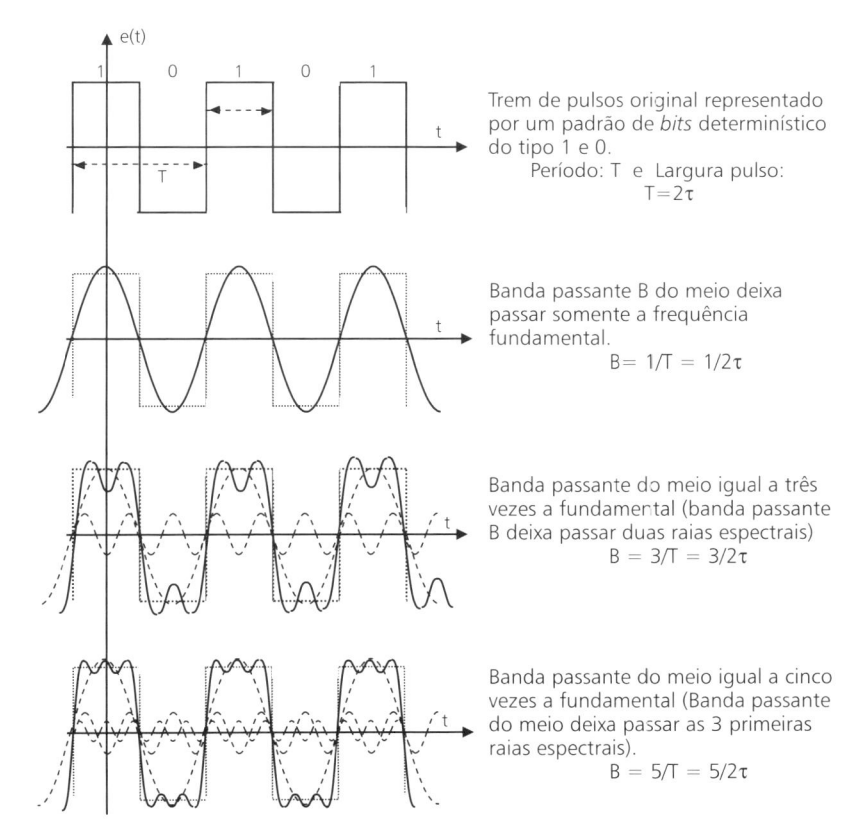

**figura 5.2** Influência da largura de banda na transmissão de um trem de pulsos periódico do tipo onda quadrada (*zeros* e *uns*).

## tabela 5.1 Características ideais e reais de um canal

| Características de um canal ideal | Característica de um canal real |
|---|---|
| Banda de passagem infinita | Banda de frequências que passa pelo meio é limitada (B = Banda passante do meio medido em Hz). |
| Atenuação nula para todos os componentes espectrais | Atenuação não nula e variável com a frequência, também chamada de característica de atenuação do meio. |
| Velocidade de propagação constante para todos os componentes espectrais do sinal | Velocidade de propagação variável para as diferentes componentes espectrais. Esta característica também é conhecida como característica de fase do meio. |
| Sem ruído | Existe ruído de diferentes origens dentro de um canal. Essa realidade é medida através da relação da potência do sinal (S) em relação à potência total do ruído (N) e é expressa em dB. [dB] = 10log(S/N) |

Além das distorções que o pulso sofre devido à limitação de banda do meio, existe outro tipo de distorção que afeta os pulsos e que é gerada pela própria dinâmica de geração dos pulsos; essa é conhecida como *interferência entre símbolos*. A interferência entre símbolos é causada pelos pulsos transmitidos anteriormente ao pulso que está sendo transmitido. Essa interferência, como veremos, está intimamente relacionada com o espectro de frequência do pulso utilizado na transmissão. Voltaremos a este assunto especificamente na seção 5.5.2 deste capítulo, quando estudarmos os critérios de Nyquist para não interferência entre símbolos.

### 5.2.3 condição de não distorção de um canal

A representação de um sinal $f(t)$ pela integral de Fourier tem uma aplicação importante no cálculo da resposta de um sistema linear de transmissão (meio). Vamos assumir um meio linear como o da figura 5.3, que possui uma transformada de Fourier $F(\omega)$ e ao qual aplicamos um sinal $f(t)$, obtendo na saída um sinal $f_1(t)$, como mostrado na figura 5.3(a).

Supondo que o meio possui uma faixa de passagem $\omega_1$ com característica de amplitude-frequência constante $A(\omega) = K$ e uma característica de fase-frequência linear $B(\omega) = -\omega\tau$, o sinal na saída, $f_1(t)$, será dado então por:

$$f_1(t) = \frac{1}{\pi} \int_0^\infty F(\omega) A(\omega) \cos[\omega t + \theta(\omega) + B(\omega)] d\omega \quad [1] \tag{5.1}$$

---
[1] Nessa expressão, utilizamos a integral de Fourier trigonométrica, considerando apenas o prolongamento par (cosseno), definido apenas para t>0.

**(a)** sistema linear (meio)

**(b)** característica de amplitude e fase do meio para não haver distorção do sinal f(t)

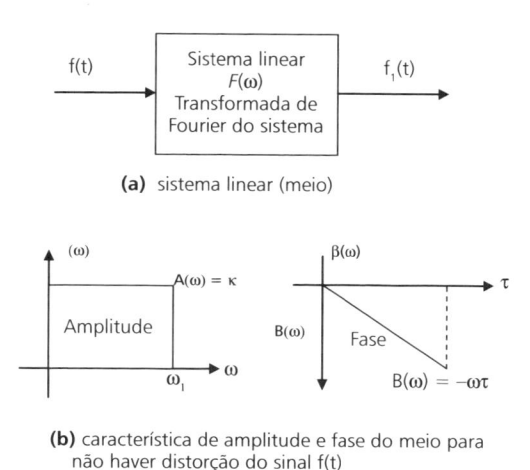

**figura 5.3** Sistema linear sem distorção: característica de amplitude constante e fase linear.

Introduzindo os valores assumidos $A(\omega) = k$ e $B(\omega) = -\omega\tau$, obtém-se:

$$f_1(t) = \frac{1}{\pi} \int_0^\infty F(\omega) k \cos[\omega(t-\tau) + \theta(\omega)] d\omega$$

$$f_1(t) = kf(t-\tau) \qquad (5.2)$$

Conclui-se, a partir da expressão (5.2), que o sinal na saída $f_1(t)$, será igual ao sinal de entrada, f(t), sem distorção, a menos de um fator de amplitude k (constante) e um atraso τ que varia linearmente com a frequência ω (Ribeiro; Barradas, 1980, p. 231-232).

Pode-se estender esta conclusão para um canal de comunicação formado por transmissor, meio e receptor (figura 5.1) e dizer que um canal não distorce os sinais se a característica de amplitude e de fase do canal como um todo atende às exigências da expressão (5.2), isto é, se a característica de amplitude for constante e a característica de fase for linear (Bennet; Davey, 1965).

Vamos ilustrar o que acabamos de demonstrar com o exemplo da figura 5.4. Vamos supor um meio com uma característica de amplitude constante e com a característica de fase segundo três situações: (a) linear, (b) com retardo nas altas frequências e (c) com avanço nas altas frequências. Supondo um pulso na entrada com a forma de um cosseno levantado (*raised cosine*), observam-se diferentes distorções de fase desse sinal ao passar pelo canal.

As distorções de fase e amplitude de um sinal são chamadas de distorções lineares, pois podem ser corrigidas por meio de um processo chamado de equalização, que será apresentado a seguir.

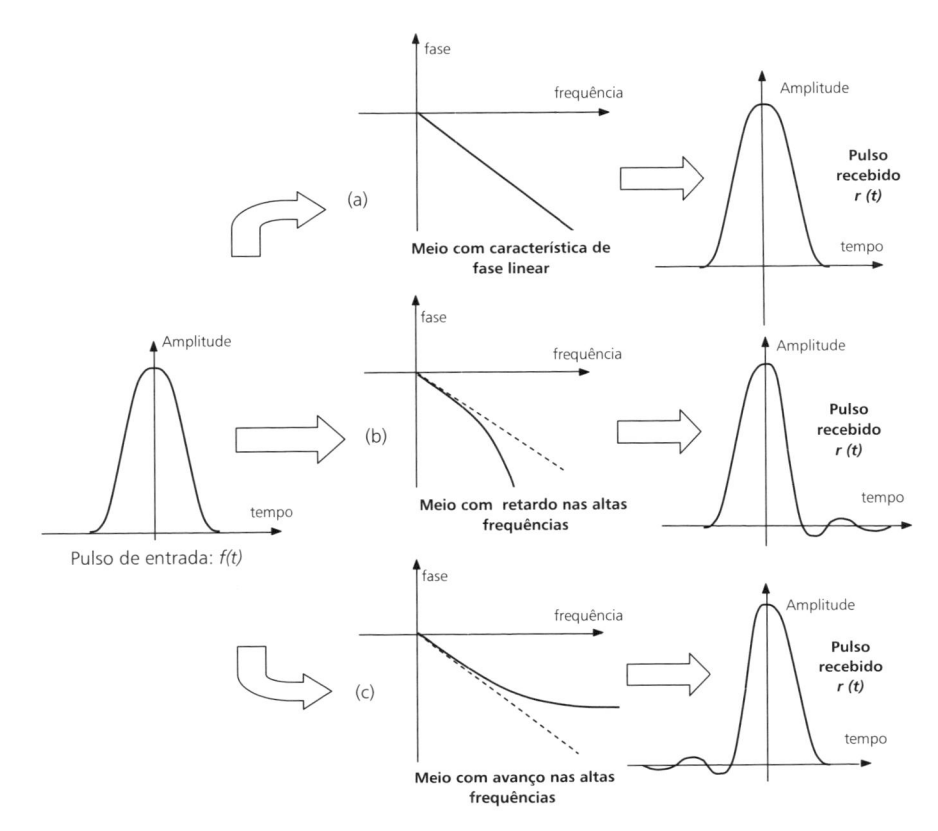

**figura 5.4** Distorção de um sinal ao passar por um meio com diferentes características de fase: (a) característica de fase linear, (b) retardo nas altas frequências, (c) avanço nas altas frequências.

### 5.2.4 equalização de um canal

Os meios físicos em curtas distâncias, geralmente, apresentam características de amplitude e de fase dentro das exigências de não distorção do sinal, ou seja, a característica de amplitude é razoavelmente constante e a característica de fase do meio é aproximadamente linear. Já os meios físicos de médias e longas distâncias apresentam características de amplitude e de fase que dificilmente atendem às exigências de não distorção do sinal.

Para que estas condições sejam atendidas pelo canal, é necessário um processo que é conhecido como equalização do canal. Equalização do meio nada mais é do que introduzir um circuito de conformação no receptor, de tal forma que o meio físico mais o equalizador apresentem uma característica de amplitude aproximadamente constante do tipo $\alpha(\omega) = k$ e uma característica de fase aproximadamente linear, ou $\beta(\omega) = -\omega\tau$, dentro da banda útil do canal, como mostrado na seção 5.2.3.

O processo de equalização está esquematizado na figura 5.5. O canal de comunicação é formado pelo transmissor, pelo meio físico e pelo receptor. Vamos supor que o meio apresente uma característica de amplitude e de fase como mostrado em (a) e (a') na figura 5.5. A característica de amplitude (a) não é constante e nem a característica de fase (a') é linear com a frequência.

Para corrigir as características de amplitude e de fase, é introduzido um bloco equalizador no receptor, de tal forma que agora a característica de amplitude da linha (a) mais a do equalizador (b) resulta em uma característica de amplitude (c) constante. Da mesma forma, a característica de fase (a') do meio mais a característica de fase do equalizador (b') resulta em uma característica de fase linear (c'). O meio assim equalizado não provoca distorções nos pulsos transmitidos pelo canal.

O processo de equalização que acabamos de descrever, aparentemente simples, apresenta algumas dificuldades práticas, a saber:

**1** para equalizar um canal, precisa-se conhecer as características secundárias do meio: fase e amplitude, nem sempre disponíveis.
**2** as características de fase e de amplitude em canais de longas distâncias apresentam variações no tempo que precisam ser atualizadas periodicamente no equalizador para fazer a equalização.

Para resolver o primeiro problema, foram desenvolvidas técnicas de DSP do tipo treinamento e aprendizado das características secundárias do meio, as quais são executadas no início da transmissão.

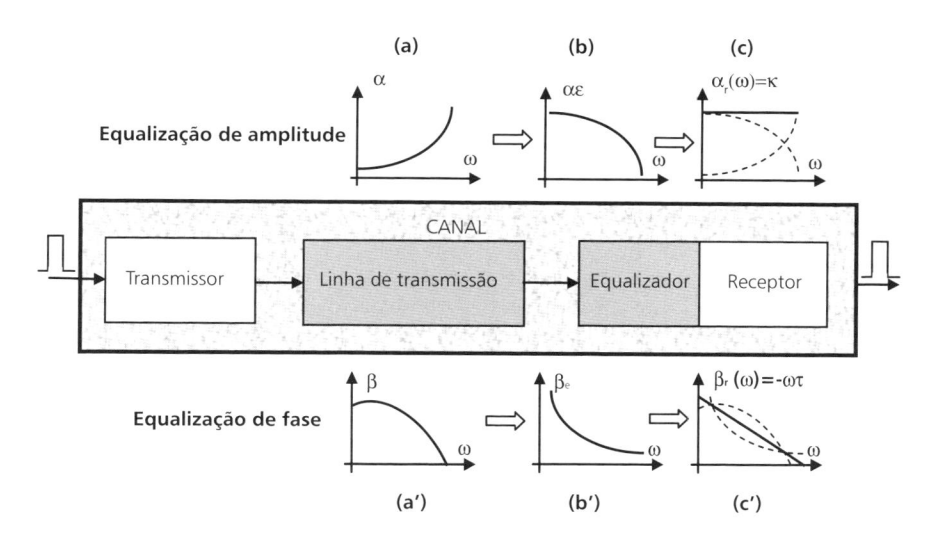

**figura 5.5** Processo de equalização de um canal de comunicação de dados.

Já o segundo problema, a variação no tempo das características do canal, pode ser resolvido com um processo chamado de equalização adaptativa. Este processo é implementado em DSP e é executado em tempo real. Desta forma, o equalizador adaptativo monitora constantemente as características do canal, e qualquer nova distorção do sinal é imediatamente corrigida pelo algoritmo de equalização. Hoje, todos os sistemas de comunicação de dados de alto desempenho possuem sistemas sofisticados de equalização adaptativa. Com o barateamento do DSP, a equalização adaptativa está se disseminando cada vez mais, mesmo em sistemas mais simples.

## 5.3 ⋯→ o canal de transmissão banda-base

Em comunicação de dados, o termo banda-base é um qualificativo que pode ser associado a diversas outras palavras da área de comunicações. Assim, ouve-se falar em: transmissão banda-base, espectro banda-base, largura de banda banda-base, canal banda-base, sinal banda-base. Banda-base, portanto, é um qualificativo relacionado com uma porção do espectro de frequência. Esta porção, necessariamente, deve incluir a frequência zero, ou seja, a "base" do espectro de frequência.

Na figura 5.6, apresenta-se o espectro típico de um sinal banda-base: (a) no campo real e (b) no campo complexo. Banda-base, portanto, pode ser definida como a banda que vai desde $f = 0$ (ou próximo de zero) até uma frequência $f_c$ chamada de frequência de corte. Para o espectro complexo, podemos definir que a banda-base é simétrica em relação a $f = 0$, como se observa na figura 5.6 (b).

Transmissão banda-base também pode ser considerada como o oposto de transmissão em banda-passante, na qual se utiliza um processo de modulação de uma portadora para transmitir os dados. Transmissão banda-base, portanto, pode ser considerada sinônimo de trans-

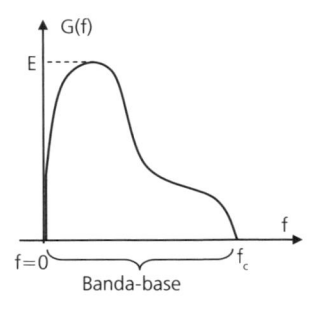

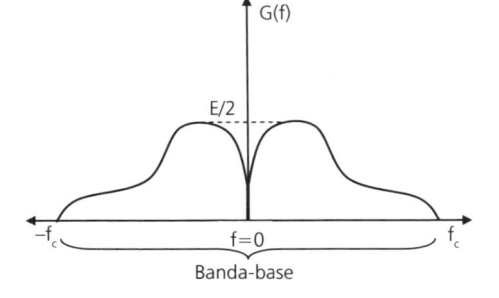

(a) espectro banda-base real de um sinal        (b) espectro complexo do mesmo sinal

**figura 5.6** Espectro banda-base de um sinal: (a) real e (b) complexo.

missão sem modulação, ou seja, utiliza somente um processo de **codificação banda-base**, também chamado de codificação de linha.

Nesta seção, vamos inicialmente caracterizar um sistema de transmissão banda-base e, a seguir, mostrar alguns formatos de pulsos utilizados para a transmissão de um fluxo de bits nesses sistemas. A seguir, apresentaremos alguns dos códigos mais utilizados em transmissão banda-base para médias e curtas distâncias. Por último, apresentaremos alguns critérios estabelecidos por Nyquist para minimizar a interferência entre símbolos adjacentes.

Antes de caracterizarmos um sistema de transmissão de dados do tipo banda-base, vamos olhar para algumas exigências relacionadas a um processo de transmissão de um fluxo de bits, de modo que possa ser recuperado univocamente na ponta remota. Um fluxo de bits, na realidade, é caracterizado por dois sinais inseparáveis, a saber: 1) o sinal correspondente ao fluxo dos bits de informação e, associado a ele, 2) a cadência (também chamado de relógio ou sincronismo), que sinaliza o começo e o fim de cada bit do fluxo.

O fluxo de bits na terminação dos dados apresenta-se normalmente como um sinal em que o dígito binário "um" é representado por um pulso de amplitude $A$, e o dígito binário "zero" corresponde à amplitude $A = 0$. Um fluxo assim caracterizado é chamado de NRZ (*Non Return to Zero*) ou de *não retorna a zero*, isto é, a amplitude do pulso permanece fixa durante o tempo de duração $T_b$ de um bit, como observado na figura 5.7.

O fluxo de bits, na realidade, é formado por um sinal NRZ de dados e por um sinal do tipo onda quadrada, que corresponde ao relógio de transmissão deste fluxo. A frequência $f$ deste relógio de transmissão corresponde à taxa de bits $R$ desse fluxo e obedece à seguinte relação:

$$f[Hz] = \frac{1}{T_b} = R \ [bit/s] \qquad (5.3)$$

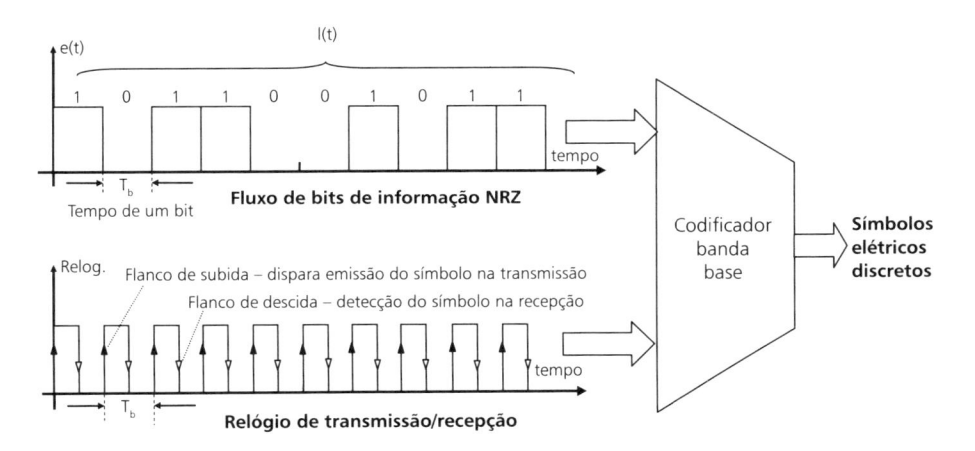

**figura 5.7**  O processo de codificação banda-base.

A primeira etapa em um processo de comunicação de dados, portanto, é a combinação do sinal de dados (*NRZ*) com o sinal do relógio de transmissão para gerar um sinal único que será enviado pela linha. Tipicamente, o flanco ascendente dos pulsos do relógio de transmissão (*Relog. XMT*) corresponde ao início do processo de emissão de um novo símbolo de bit. Este processo é definido como codificação banda-base, ou também como codificação de linha, e é a principal característica de um sistema de comunicação de dados banda-base.

Da mesma forma, na ponta remota, teremos o processo inverso de decodificação, que deverá recuperar de forma distinta os dois sinais a partir do sinal recebido. A detecção dos dados é feita a partir de uma amostragem do sinal recebido, que deverá ser feita exatamente no meio do símbolo de bit. Este instante corresponde ao centro do intervalo $T_b$ e é definido pelo flanco descendente do relógio recebido (*Relog. REC*).

### 5.3.1 blocos funcionais de um sistema de transmissão banda-base

Na figura 5.8, são mostrados os principais blocos funcionais que compõem um sistema de transmissão de dados banda-base: o transceptor local, as linhas de transmissão e recepção e o transceptor remoto. A entrada ou saída desse sistema se dá através das interfaces digitais, enquanto as linhas de transmissão e recepção correspondem à interface analógica do sistema. À cada interface digital (local e remota) correspondem quatro sinais: dois de dados (transmissão e recepção) e dois de relógio (transmissão e recepção).

Vamos agora relacionar o nosso modelo de sistema de comunicação de dados banda-base da figura 5.8 com o modelo de comunicação de dados genérico de Shannon, mostrado na figura 2.12, do capítulo 2. Observa-se que o nosso sistema de transmissão de dados banda-base corresponde ao que, no modelo de Shannon, é definido como *canal de* comunicação de dados e, por isso, muitas vezes o nosso sistema é definido simplesmente como canal banda-base.

Abrindo-se o bloco do transceptor da figura 5.8, encontramos dois blocos, o transmissor e o receptor, como observado na figura 5.9. Examinando o transmissor, vê-se que ele é formado essencialmente por dois blocos funcionais: 1) o codificador banda-base e 2) o estágio de saída do transmissor.

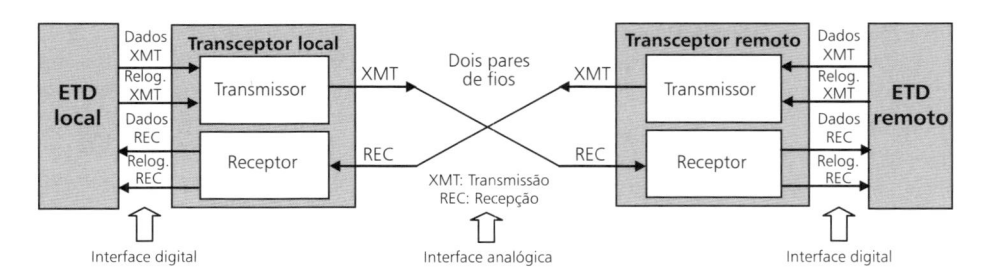

**figura 5.8** Diagrama dos principais **blocos funcionais de um sistema de transmissão** banda-base *duplex*.

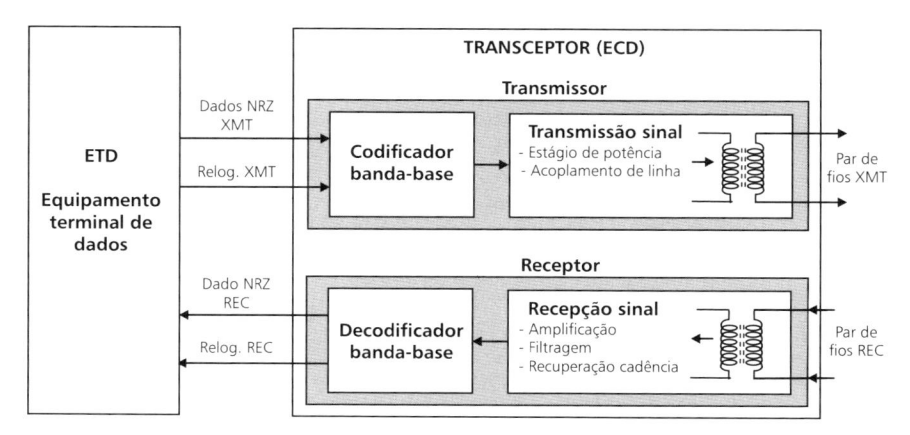

**figura 5.9** Detalhes internos de um transceptor banda-base.

Entre as principais funções do estágio de saída do transmissor, destacamos a filtragem das componentes de alta frequência do sinal, a amplificação do sinal e o acoplamento do sinal à linha de transmissão através de um transformador, o que evita um caminho galvânico entre o transceptor e a linha. Lembramos que a linha atua muitas vezes como uma grande antena e, por isso, capta facilmente ruídos eletromagnéticos como, por exemplo, faíscas atmosféricas (raios). As faíscas assim induzidas na linha não terão um caminho elétrico direto para dentro do transceptor.

O bloco codificador banda-base no transmissor corresponde ao codificador de canal do modelo de Shannon. O código banda-base a ser utilizado deve ser escolhido em função das características do canal banda-base e deve levar em conta características como ocupação de banda, robustez, implementação fácil e custo baixo, entre outras. Maiores detalhes sobre códigos banda-base serão abordados na seção 5.4.

No receptor, encontramos basicamente as funções de regeneração do sinal recebido, como: amplificação e equalização do sinal recebido, filtragem do ruído e recuperação dos dados e do relógio. O bloco decodificador banda-base recupera o fluxo de bits originais e fornece ao mesmo tempo o relógio de recepção.

Vimos que o conteúdo espectral de sinais com formato retangular estende-se sobre uma banda de frequência teoricamente infinita. Em quase todos os sistemas de transmissão reais, porém, a largura de banda é dispendiosa e limitada. Desta forma, não é vantajoso utilizar pulsos com formato retangular e com transições muito abruptas, tendo em vista a poluição de grandes porções da banda do meio.

Além disso, é desejável excluir componentes de ruído e interferência que possuem frequências fora da banda em que se concentra o espectro de energia mais relevante do sinal. Portanto, é importante saber até onde o espectro do sinal pode ser considerado, sem que isto prejudique o sinal recebido.

## 5.4 códigos de linha

Os códigos de linha têm como principal função a geração, a partir do sinal de dados mais a cadência associada a estes dados, de um sinal digital mais adequado para ser transmitido pela linha, como mostrado na figura 5.7. Observa-se que o sinal de dados, que vem do equipamento terminal de dados, apresenta-se normalmente no formato NRZ. A cadência associada a este fluxo corresponde a um sinal periódico tipo onda quadrada, em que a frequência deste sinal, como foi visto em (5.3), é igual à taxa de transmissão. A combinação conveniente desses dois sinais deverá gerar um novo sinal que facilite tanto a sua transmissão através do meio físico como o seu reconhecimento unívoco no receptor. São basicamente essas as duas funções principais do codificador banda-base (Kobayachi, 1971).

Considerando as características dos meios físicos abordadas no capítulo anterior, podemos estabelecer alguns critérios genéricos que nos ajudem na escolha do código banda-base mais conveniente para cada tipo de sistema de comunicação de dados. Assim, podemos caracterizar um código a partir de:

1 sua distribuição espectral, ou seja, quanto de sua energia total está concentrada na largura de banda do meio.
2 a inexistência de componentes espectrais próximos à frequência zero (DC), tendo em vista a exigência de acoplamento indutivo entre linha e ECD.
3 simplicidade de implementação, tanto do codificador como do decodificador (custo).
4 simplicidade de recuperação da cadência no receptor a partir do sinal codificado.
5 robustez em relação ao ruído e à interferência entre símbolos.

Alguns destes critérios serão mais ou menos importantes dependendo do sistema de comunicação de dados e do meio considerados. Assim sendo, podemos definir duas classes de sistemas de comunicação de dados banda-base, levando em conta principalmente o comprimento do meio:

- sistemas banda-base de curtas distâncias, em torno de 100m (*indoor*), como em interfaces de periféricos e em interfaces de redes locais.
- sistemas banda-base de médias distâncias, alguns quilômetros, como em terminais de acesso ou em interconexões ponto-a-ponto do tipo *outdoor* ou externos.

Vamos apresentar inicialmente alguns códigos banda-base simples que atendem facilmente às exigências de sistemas de curta distância (até 100 m), que classificaremos como códigos banda-base de interfaces locais. A segunda classe corresponde aos códigos banda-base de alto desempenho, que são utilizados em sistemas ponto a ponto para médias distâncias (100m a 10km) que utilizam par de fios (Bergmans, 2010).

### 5.4.1 códigos banda-base para interfaces locais

Nas interfaces de periféricos e redes locais (LANs), tendo em vista as distâncias curtas envolvidas, não há maiores restrições quanto a banda passante do meio, considerando as taxas de transferência típicas utilizadas nestas interfaces, que se situam em torno de 100 Mbit/s. Desta forma, as exigências quanto ao código banda-base a ser utilizado nesses sistemas se resumem a critérios como simplicidade de implementação e facilidade de recuperação do relógio de transmissão do código.

Observa-se, atualmente, um aumento nas taxas de redes locais que já atingem taxas de 1 a 10 Gbit/s. Essas taxas, obviamente, exigem bandas que um enlace que utiliza pares de fios dificilmente poderá atender. Uma das soluções encontradas, nesse caso, é utilizar uma paralelização de várias interfaces, tipicamente 4, e assim transmitir em cada enlace um quarto da taxa total. Na presente seção, vamos nos ater a códigos banda-base para taxas de até 100 Mbit/s e para distâncias de até 100 m.

Os diferentes códigos banda-base elaborados para interfaces de média distância podem ser agrupados em três grandes classes, a saber:

- códigos binários sensíveis ao nível do sinal;
- códigos binários sensíveis à fase do sinal; e
- códigos em blocos.

A seguir, vamos apresentar as principais características de cada uma dessas classes.

### ■ códigos banda-base sensíveis ao nível do sinal

Na figura 5.10, apresentam-se alguns dos códigos banda-base mais empregados em interfaces para comunicação de dados em curtas distâncias. A principal característica desses códigos é a de que não são baseados no nível do sinal dentro do intervalo de tempo de um bit. Na parte superior da figura, apresentam-se os sinais de entrada do codificador banda-base que correspondem, respectivamente, a uma amostra de bits aleatórios e ao sinal do relógio de transmissão desses bits. O sinal na entrada do codificador é sempre um sinal do tipo NRZ, isto é, *não retorna-a-zero* durante o intervalo de tempo de um bit para qualquer um dos códigos gerados na saída do codificador e listados na figura 5.10.

A lei de formação desses códigos é simples e pode ser deduzida facilmente a partir das formas de ondas apresentadas na figura 5.10. Na tabela 5.2, estão resumidas as principais características dos códigos sensíveis ao nível do sinal em relaçao à obtenção do sincronismo e à componente de DC no espectro gerado. Devido a essas limitações, são utilizados geralmente em interfaces de curta distância (Carissimi; Rochol; Granville, 2009b).

As transições do sinal codificado estão ligadas aos flancos de transição do sincronismo de bit. Por isso, a precisa recuperação do sincronismo de bit nesses códigos depende fortemente do número de transições que o sinal codificado apresenta. Alguns desses códigos geram sinais que não apresentam transições para cadeias muito longas de *zeros* ou *uns*, o que pode provocar a perda do sincronismo no receptor. Para que isso seja evitado, muitas vezes é inserido, na entrada do codificador banda-base, um bloco funcional chamado de embaralhador pseudo-aleatório (*scrambler*), que tem como função principal gerar um fluxo de bits em que as probabilidades de ocorrência de *zeros* e *uns* seja aproximadamente igual a 0,5 e, desta forma, garantir a correta recuperação do sincronismo de bit no receptor.

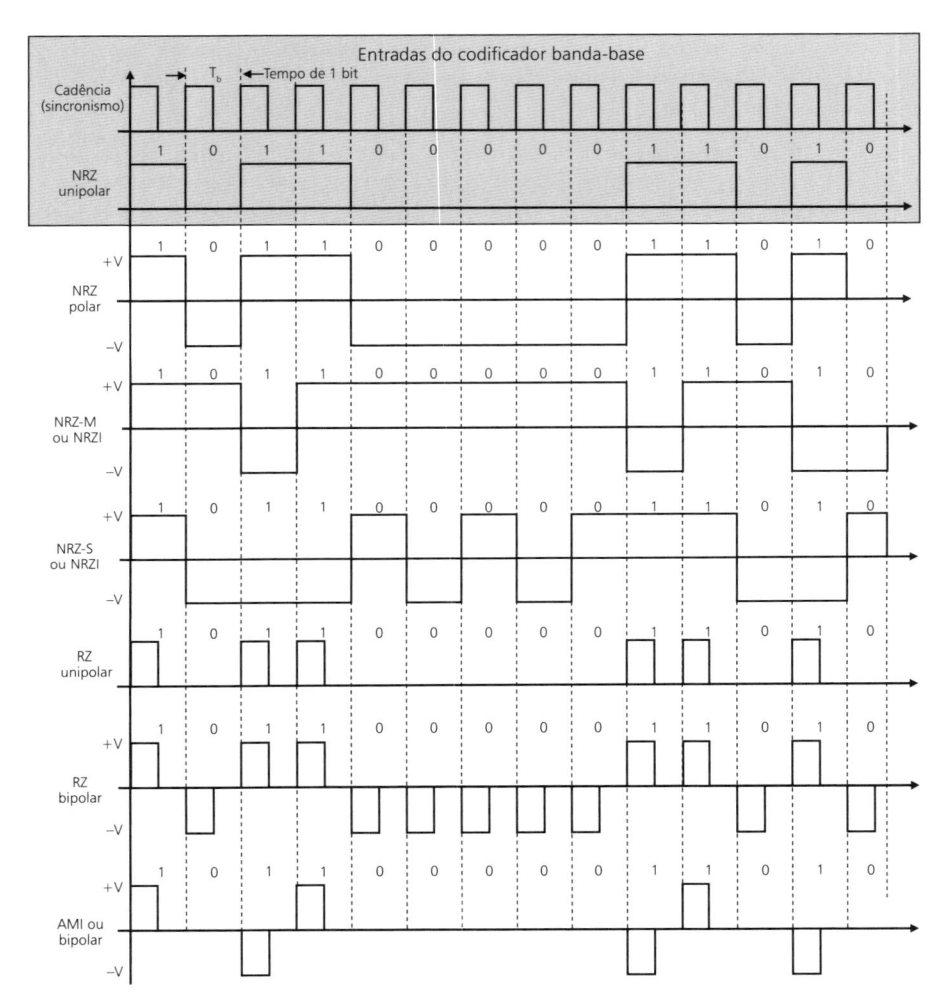

**figura 5.10** Formas de onda de alguns códigos banda-base sensíveis ao nível do sinal.

## ■ códigos banda-base sensíveis à fase do sinal

Códigos sensíveis à fase do sinal são aqueles em que os dados binários são codificados baseados na alternância da fase do sinal. A principal vantagem desses códigos é a forma simples e precisa com que pode ser recuperado o sincronismo de bit a partir do sinal codificado. Por isso, esses códigos são utilizados largamente em interfaces de redes locais como Ethernet e na gravação de fluxos de bits em discos rígidos ou flexíveis. Na figura 5.11, apresentam-se diversos códigos que são sensíveis à fase do sinal e, por isso, são chamados de códigos bifase ou Manchester.

Capítulo 5 ⇢ O Canal de Transmissão   155

**tabela 5.2** Características dos códigos banda-base sensíveis ao nível do sinal

| Código | Lei de formação | Sincronismo | Componente de DC | Aplicação |
|---|---|---|---|---|
| NRZ polar | Dígitos binários *um*, + V, dígitos binários *zero*, – V. | Longas cadeias de zeros ou uns; linha fica sem transições. | DC aumenta com longas cadeias de *zeros* ou *uns*. | Interface RS232 e ITU-T, Rec. V.24/V.28 |
| NRZ-M ou NRZI | Inverte a polaridade se próximo bit é *Marca* (1); caso contrário mantém. | Longas cadeias de *zeros*; linha fica sem transições. | DC aumenta com longas cadeias de *zeros*. | Uso geral |
| NRZ-S ou NRZI | Inverte a polaridade se próximo bit é *Space* (0); caso contrário mantém. | Longas cadeias de uns; linha fica sem transições. | DC aumenta com longas cadeias de *uns*. | Uso geral |
| RZ bipolar | Dígito binário *um*, pulso positivo; dígito binário *zero*, pulso negativo. | Facilidade na recuperação do sincronismo. | DC aumenta com longas cadeias de *zeros* ou *uns*. | Uso geral |
| AMI, bipolar ou pseudo ternário | Dígitos binários *um* codificados como pulsos positivos e negativos alternados. Dígito zero sem atividade. | Longas cadeias de zeros; linha fica sem transições. | DC bem controlado. Somente em intervalo de bit. | Entroncamento de centrais telefônicas |

A lei de formação desses códigos é baseada em quatro tipos de eventos:

a) transição positiva (↑) no início do tempo de bit ($T_b$)
b) transição positiva (↑) no meio do tempo de bit ($T_b$)
c) transição negativa (↓) no início do tempo de bit ($T_b$)
d) transição negativa (↓) no meio do tempo de bit ($T_b$)

Assim, o código bifase, ou Manchester, é implementado associando-se ao dígito binário *um* uma transição positiva no meio do bit e ao dígito binário *zero* uma transição negativa no meio do tempo de bit, como pode ser observado na figura 5.11(a).

O código *Manchester Diferencial (mark)*, na figura 5.11(b), mantém o nível do sinal até o meio do tempo de bit se o próximo dígito binário for *um* (*mark*). Caso contrário, se o dígito binário for *zero* (*space*), realiza uma transição no início do tempo de bit. O complemento deste código corresponde ao código *Manchester Diferencial (space)*, conforme figura 5.11(c).

Os códigos *bifase mark* e *bifase space* realizam sempre uma transição no início do tempo de um bit. O código *bifase mark*, figura 5.11(d), realiza também uma transição no meio do tempo de bit se o próximo dígito binário for *um* (*mark*), caso contrário não. O código *bifase space* é o complemento do código anterior e pode ser observado em 5.11(e).

O *delay modulation* ou código Miller é um código de linha em que o dígito binário *um* é representado por uma transição no meio do bit e o dígito binário *zero* não possui transição no meio do bit, conforme figura 5.11(f). Se o dígito binário *zero* for seguido de outro *zero*,

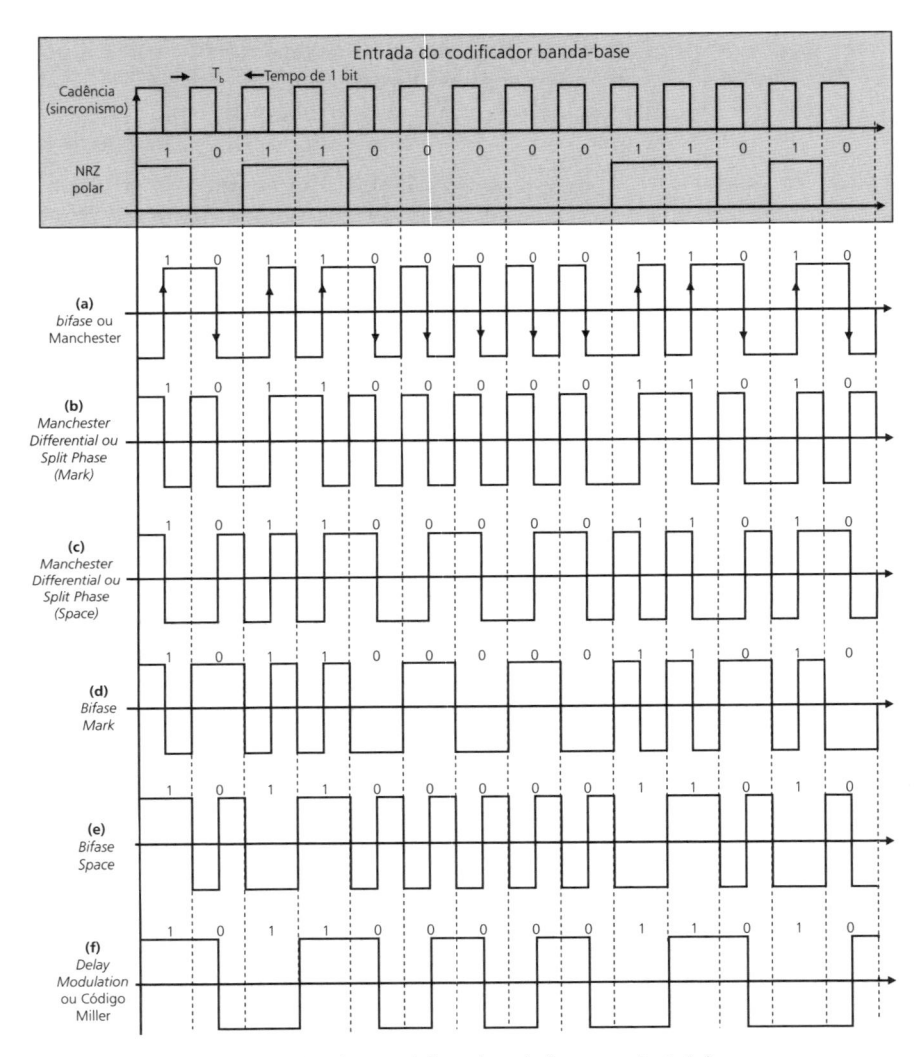

**figura 5.11** Formas de onda de alguns códigos banda-base sensíveis à fase.

ocorre também uma transição entre os dois *zeros*. Esse código, portanto, possui uma memória de um bit (Giozza et al., 1986).

A título de ilustração, apresenta-se, na figura 5.12, o circuito lógico de um codificador e decodificador para o código *Manchester/bifase* tipo *space*. Entre um processo e outro, o sinal decodificado apresenta um deslocamento de fase de meio tempo de bit em relação ao sinal codificado. É de se salientar também a simplicidade de realização em nível de circuitos lógicos (*hardware*) desses códigos.

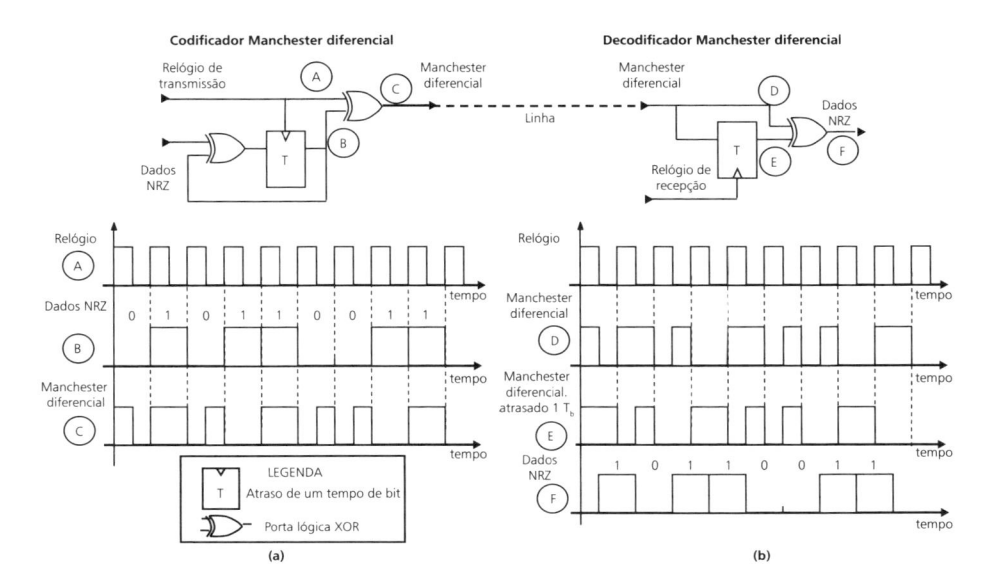

**figura 5.12** Circuito lógico de um codificador e decodificador *bifase* (ou Manchester) tipo *space*.

Por último, vamos examinar alguns aspectos sobre o espalhamento espectral gerado por códigos banda-base. A potência espectral de um sinal pode ser calculada a partir da amplitude espectral dada pela expressão (3.49). Considerando um sinal de dados na forma NRZ unipolar, obtemos para a sua densidade espectral de potência a seguinte expressão:

$$S_{NRZ}(\omega) = \left(\frac{A}{2}\right)^2 T_b \left(\frac{\text{sen}(\omega/2)T_b}{(\omega/2)T_b}\right)^2 \qquad (5.4)$$

Essa expressão é valida considerando as probabilidades de ocorrência de *zeros* e *uns* idênticas, a amplitude dos pulsos igual a *A* volts e o tempo de duração de um bit igual a $T_b$. Nesse caso, a taxa de bits/s será dada por $R = 1/T_b$.

A expressão pode ser adaptada também para um sinal de dados do tipo unipolar RZ. Nesse caso, teremos que:

$$S_{RZ}(\omega) = \left(\frac{A}{4}\right)^2 T_b \left(\frac{\text{sen}(\omega/2)T_b}{(\omega/2)T_b}\right)^2 \qquad (5.5)$$

Geralmente considera-se como a porção significativa do espectro de potência de um sinal a que corresponde à banda que se estende de *zero* até $f = 1/Tb = R$. Assim, os códigos que são mostrados na figura 5.10 são considerados códigos do tipo R, pois a banda ocupada por eles é de $R = 1/T_b$, medida em unidades de bit/s ou Hz.

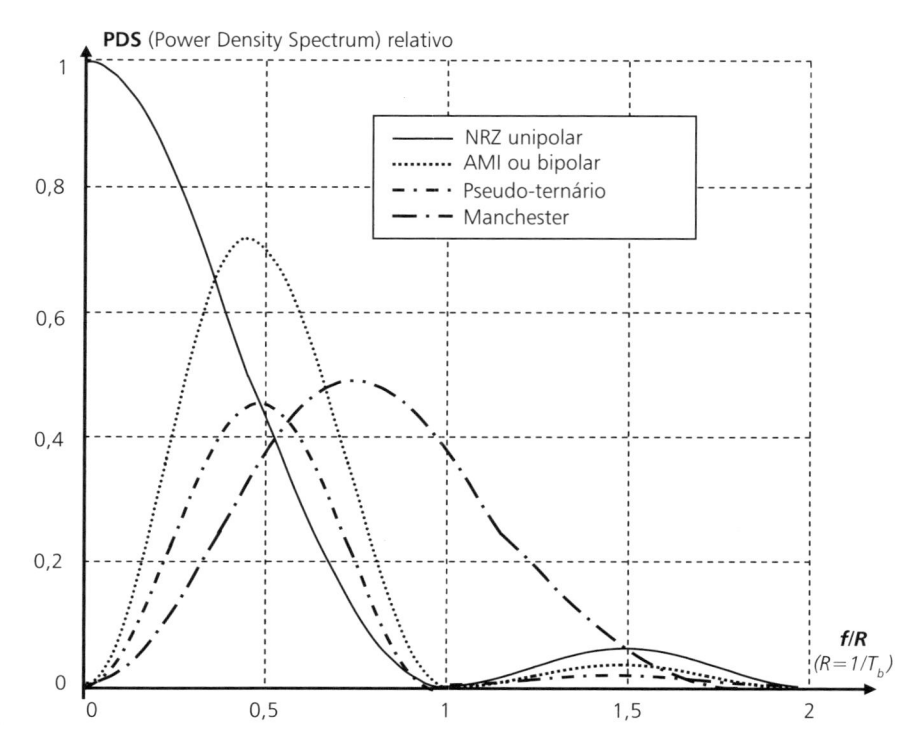

**figura 5.13** Função densidade espectral de diferentes códigos de linha em relação à frequência relativa dada por f/R, onde R é a taxa de bit, conforme Bocker (1976, p. 132).

### 5.4.2 códigos banda-base em blocos

Neste tipo de códigos, um conjunto de N bits é substituído por um conjunto de símbolos ternários que podem ser + (pulso positivo), − (pulso negativo) ou 0 (tensão nula). A combinação é heurística e visa especificamente ao controle do nível de DC no sinal e o conteúdo de sincronismo. São códigos que, devido à sua complexidade, são utilizados em médias e longas distâncias (abrangência metropolitana) em que, devido ao custo desses meios, a eficiência espectral é o parâmetro mais importante nesses sistemas de transmissão (LoCicero; Patel, 1999).

Vamos examinar alguns desses códigos conforme listados a seguir:

- *Pair Selected Ternary* (**PST**)
- *4 Binary 3 Ternary* (**4B3T**)
- *High Density Bipolar N* (**HDBN**)
- *Binary N Zero Sustitution* (**BNZS**)

Todos esses códigos se enquadram na classe de códigos do tipo sensíveis ao nível. Além disso, possuem a sua porção mais significativa de energia espectral na banda R ($R = f = 1/T_b$).

### ■ Pair Selected Ternary (PST)

Conjuntos de dois bits (N = 2) são codificados segundo as combinações da tabela 5.2. Para otimizar o controle do DC, são utilizados dois alfabetos que são alternados de acordo com as combinações de pares binários codificados anteriormente, ou no Modo + ou no Modo −.

### ■ 4 Binary 3 Ternary (4B3T)

Nesse código, quatro bits são substituídos por três símbolos ternários. As possíveis combinações de quatro bits são dadas por $2^4 = 16$, enquanto que as possíveis combinações de 3 símbolos ternários serão $3^3 = 27$ palavras de código ternário. Em vista da disponibilidade de um maior número de combinações ternárias, o código seleciona os símbolos de acordo com critérios como minimização de DC no sinal e facilidade de recuperação de sincronismo de bit. Para conseguir isto, o código utiliza três conjuntos de símbolos ternários como mostrado nas colunas de 1 a 3 na tabela 5.3. Na coluna 1, o DC é negativo; na coluna 2, o DC é nulo; e, na coluna 3, o DC é positivo. O codificador monitora uma variável inteira *I* definida como:

$$I = N_p - N_n$$

Nessa expressão, $N_p$ é o número de pulsos positivos transmitidos, e $N_n$ o número de pulsos negativos transmitidos. O monitoramento visa a manter *I* sempre num valor próximo de zero (LoCicero; Patel. 1999).

As palavras de código são escolhidas a partir das diferentes colunas de acordo com as seguintes regras:

      Se I < 0, escolhe as palavras de código das colunas 1 e 2

      Se I > 0, escolhe as palavras de código das colunas 2 e 3

      Se I = 0, escolhe as palavras de código das colunas 1 e 2 se o I anterior foi I>0, ou da coluna 3 se o I anterior foi I<0.

Esse código, como se observa, na verdade realiza também uma compactação, pois a cada símbolo ternário estamos associando $B/T = 4/3 = 1,33$ bits/símbolo.

**tabela 5.3** Alocação de símbolos e comutação de modos

| Par binário | Modo + | Modo − | Alterna |
|---|---|---|---|
| 11 | + 0 | 0 − | Sim |
| 10 | + − | + − | Não |
| 01 | − + | − + | Não |
| 00 | 0 + | − 0 | Sim |

### tabela 5.4 Alocação de palavras de código 4B3T

| Palavras binárias | Palavras de código ternárias | | |
|---|---|---|---|
| | Coluna 1 | Coluna 2 | Coluna 3 |
| 0000 | - - - | | + + + |
| 0001 | - - 0 | | + + 0 |
| 0010 | - 0 - | | + 0 + |
| 0011 | 0 - - | | 0 + + |
| 0100 | - - + | | + + - |
| 0101 | - + - | | + - + |
| 0110 | + - - | | - + + |
| 0111 | - 0 0 | | + 0 0 |
| 1000 | 0 - 0 | | 0 + 0 |
| 1001 | 0 0 - | | 0 0 + |
| 1010 | | 0 + - | |
| 1011 | | 0 - + | |
| 1100 | | + 0 - | |
| 1101 | | - 0 + | |
| 1110 | | + - 0 | |
| 1111 | | - + 0 | |

■ *High Density Bipolar N* (HDB-N)

O código Bipolar de Alta Densidade de ordem N, ou simplesmente HDB-N, foi sugerido pelo ITU CCITT, atualmente ITU-T G.703, de 1998, visando a sua aplicação em conexões de canais digitais tipo E1 de 2,048 Mbit/s. É uma extensão ao código AMI visando eliminar a degradação do sincronismo quando ocorrem longas cadeias de zeros. Pode ser classificado como um código baseado em nível com memória. A sua lei de formação pode ser formulada da seguinte maneira: cada vez que são encontradas sequências de N + 1 zeros consecutivos, esses serão substituídos por um código especial que contém violações à codificação bipolar (AMI). O código mais utilizado é o HDB3, ou seja, com N = 3. Nesse código, uma sequência de quatro *zeros* consecutivos é substituída, ou por B00V ou por 000V, onde B é um pulso bipolar normal e V é um pulso de violação que não segue a polaridade de B. A escolha da sequência B00V ou 000V é feita de tal maneira que o número de pulsos B entre dois pulsos de violação seja sempre ímpar. Na tabela 5.4, estão resumidas as regras de formação do código HDB3.

Observa-se que a violação sempre ocorre no quarto bit e pode ser facilmente detectada no receptor e substituída por zero. Dessa forma, o código nunca terá uma sequência de zeros consecutivos maior que três.

### tabela 5.5 Regras de substituição das sequências de quatro zeros do HDB3

| Número de pulsos B desde última violação | Polaridade do último pulso B | Código de substituição | Forma de designação do código |
|---|---|---|---|
| Ímpar | − | 000− | 000V |
| Ímpar | + | 000+ | 000V |
| Par | − | +00+ | B00V |
| Par | + | −00− | B00V |

### ■ Binary N Zero Sustitution (BNZS)

Este código, como o HDB3, é uma alternativa para contornar o problema das sequências longas de zeros do código AMI, que podem provocar perdas de sincronismo. O BNZS, quando detecta N *zeros* consecutivos, substitui essa sequência por um código especial com o objetivo de manter atividade na linha e, assim, garantir a perfeita recuperação do sincronismo de bit. O código BNZS mais utilizado é o B6ZS, com N = 6. No código B6ZS, a sequência de zeros é substituída por uma de duas sequências especiais de acordo com as seguintes regras:

Se o último pulso é positivo ( + ) então o código será: 0 + − 0 − +

Se o último pulso é negativo ( − ) então o código será: 0 − + 0 + −

Essas sequências apresentam duas violações ao código AMI: uma na segunda e outra na quinta posição de bit. Além disso, o código é balanceado em relação ao DC. A aplicação deste código ocorre principalmente na hierarquia digital de telecomunicação em troncos do tipo T1.

Além dos códigos em bloco que foram apresentados, a cada dia surgem novos códigos para novas interfaces e aplicações. Na tabela 5.6, apresentam-se, de forma resumida, alguns desses códigos.

### tabela 5.6 Códigos em bloco recentes

| Nome | Técnica | Aplicação |
|---|---|---|
| 6B8B | Código de substituição com fator de expansão 1,33 | Interfaces ópticas |
| 8B10B | Código de substituição com fator de expansão 1,25 | Aplicações IBM |
| 64B66B | Código de substituição com fator de expansão 1,03 | Interface Gbit Ethernet |
| 128B130B | Código de substituição com fator de expansão 1,01 | Interface PCI *Express* |
| EFM *Eight to Fourteen Modulation*. | Bloco de 8 bits transladado para uma palavra de código de 14 bits | CD *Compact Disc* |
| EFMPlus | Extensão do código EFM | DVD |
| MLT-3 | *Multi Level Transmit* de 3 níveis ( + − 0) | FDDI e 100Base T4 |

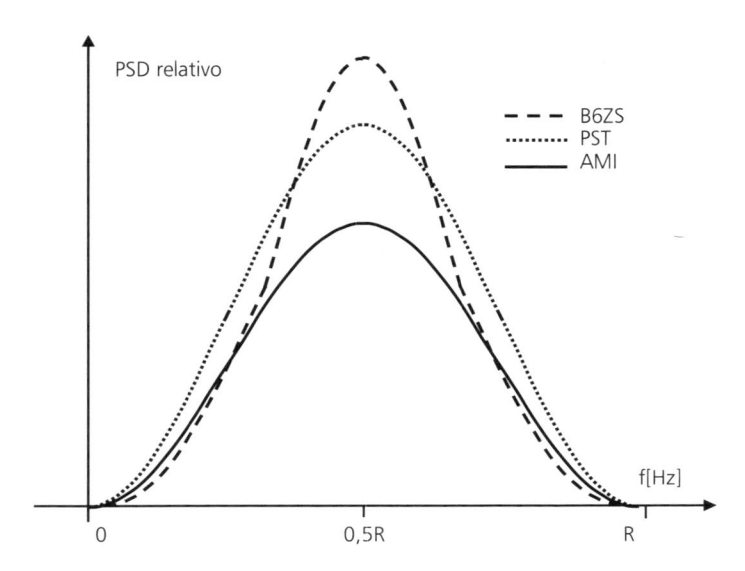

**figura 5.14** Comparativo dos espectros dos códigos de bloco PST e B6ZS com o código AMI, conforme LoCicero e Patel (1999).

Por último, apresenta-se, na figura 5.14, as funções de PSD (*Power Spectrum Density*) relativizadas de alguns códigos de bloco do tipo AMI estendidos e que possuem o espectro localizado na banda de $R = 1/T_b$ [Hz].

## 5.5 distorções em um canal

Vimos que as distorções que um sinal de dados pode sofrer ao passar por um meio físico (canal físico) são de dois tipos: as distorções lineares e as não lineares. As distorções lineares, como se viu, são representadas principalmente pela característica de fase não linear e pela característica de atenuação não constante do meio e podem ser corrigidas por técnicas de equalização (ver seção 5.2.4). Já as distorções não lineares se caracterizam principalmente pela sua natureza completamente imprevisível e com valor ou intensidade completamente aleatório. As principais distorções não lineares que encontramos em um canal de comunicações podem ser classificadas em duas grandes classes: os ruídos e as imperfeições do sistema de transmissão. Na tabela 5.7, apresenta-se uma listagem dessas distorções com algumas possíveis proteções para minimizar seus efeitos.

As consequências dessas distorções sobre o sinal de dados é a probabilidade de ocorrência de erros nos dados transmitidos. Os sistemas de comunicação inevitavelmente são sujeitos a alguns tipos dessas distorções e, portanto, apresentam uma maior ou menor probabilidade de ocorrência de erros.

## tabela 5.7 Distorções não lineares em sistemas de comunicação

| Ruído | | Imperfeições do sistema de transmissão | |
|---|---|---|---|
| Tipos | Proteção | Tipos | Proteção |
| Ruído térmico ou branco | Filtros de ruído | Saltos de ganho do sinal (*Gain Hits*) | nv |
| Ruído impulsivo | nv | Saltos de frequência da portadora (*jitter* de frequência da portadora) | nv |
| Ruído eletromagnético externo | Blindagem | Saltos de fase do sinal (*jitter* de fase) | nv |
| Aterramento defeituoso ou insuficiente | Correção do sistema de aterramento | Interrupções de portadora | nv |
| Descargas atmosféricas (raios) | Blindagens e melhorias de aterramentos | Intermodulação (interferência entre canais multiplexados num meio) | Precisão e tolerância do relógio do sistema |
| | | *Cross-talk* (Acoplamento capacitivo entre fios adjacentes) | Melhoria de isolamento ou afastamento dos fios |

*nv*: não viável

Os sistemas de comunicação, portanto, devem prever mecanismos que permitam detectar e corrigir os erros em suas transmissões. Em cada novo sistema de comunicação de dados são definidos mecanismos de controle de erros que viabilizam a obtenção de fluxos de dados com um grau de confiabilidade tão alto quanto quisermos, sem, no entanto, atingir o ideal, que seria uma transmissão sem erros. O estudo da ocorrência de erros e os possíveis mecanismos de controle de erros são essenciais em comunicação de dados e serão objeto de uma análise mais detalhada no capítulo 7.

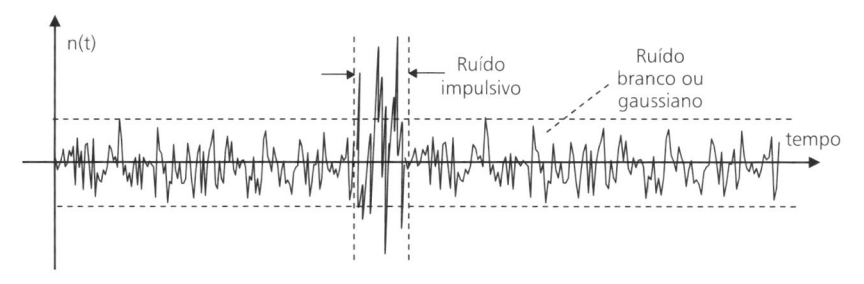

**figura 5.15** Detalhe ampliado de um sinal de ruído *n(t)*, do tipo branco ou gaussiano, também chamado de AWGN (*Additive White Gaussian Noise*).

### 5.5.1 ruído e probabilidade de erro em um canal

O maior causador de erros em uma transmissão de dados é certamente o ruído, chamado de ruído de fundo, ruído branco, ruído térmico ou AWGN (*Additive White Gaussian Noise*) em um canal. A origem do ruído está associada principalmente à natureza discreta dos portadores de carga (elétrons) e seu deslocamento por uma estrutura cristalina (meio) que vibra com a temperatura, provocando interações dessa estrutura com os portadores de carga. A intensidade do ruído é proporcional à temperatura e à banda passante do canal. É chamado também de ruído gaussiano, tendo em vista que a sua distribuição ao longo do espectro de frequências é constante e a sua amplitude segue aproximadamente uma distribuição gaussiana ou normal. Na figura 5.15, apresenta-se, de forma ampliada, um sinal de ruído do tipo gaussiano que contém também uma rajada de ruído impulsivo fora do padrão gaussiano.

Na figura 5.16, mostra-se como, por exemplo, o ruído gaussiano afeta um sinal banda-base do tipo NRZ polar. Ao sinal original, figura 5.15(a), na saída do transmissor, é adicionado pelo meio um ruído gaussiano, como o mostrado na figura 5.16(b), resultando um sinal na entrada do receptor como o mostrado na figura 5.16(c).

Os principais blocos funcionais de um receptor banda-base podem ser observados na figura 5.17. Antes do sinal de recepção chegar ao bloco de detecção dos bits de informação, o sinal

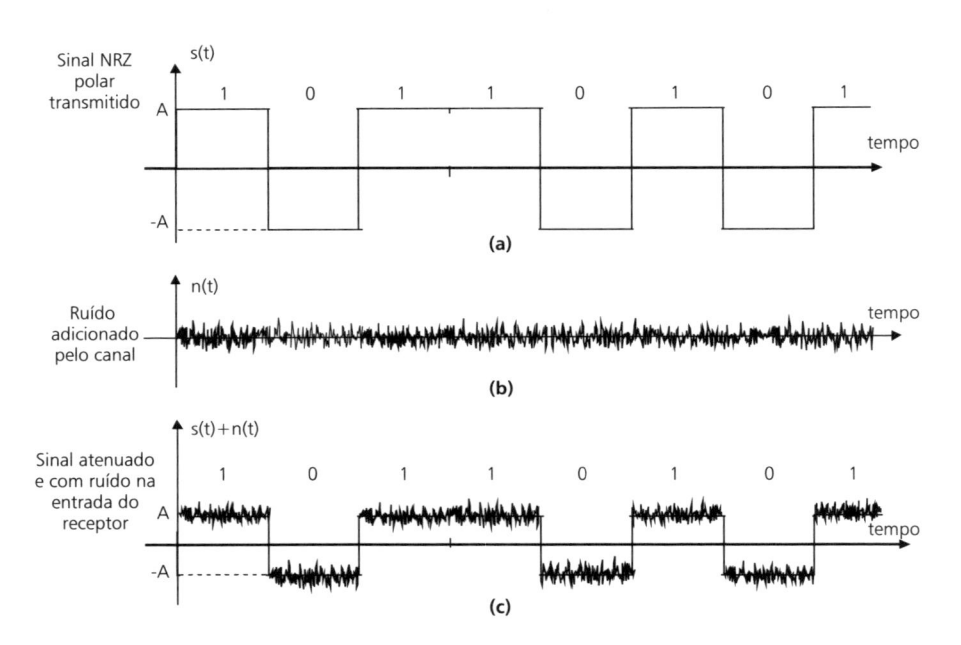

**figura 5.16** Sinal resultante da soma de um sinal *s(t)* de dados tipo NRZ polar com um sinal de ruído gaussiano *n(t)*.

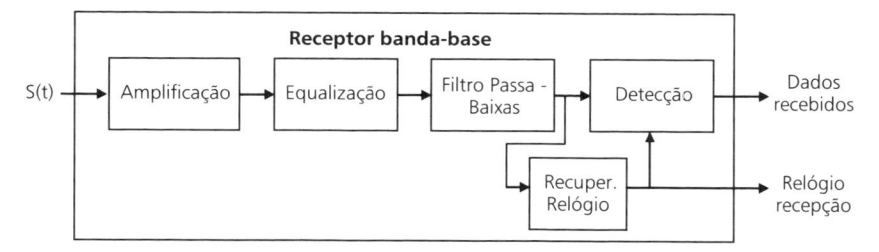

**figura 5.17** Blocos funcionais de um receptor banda-base.

é amplificado, equalizado e filtrado. A filtragem descarta o ruído de altas frequências acima da banda útil do sinal de informação e, por isso, é chamado de filtro passa-baixas (Bergmans, 2010).

A partir do sinal de recepção conformado, é extraído o relógio de recepção, que será utilizado no processo de detecção. O processo de detecção no receptor consiste basicamente na associação de um dígito binário aos símbolos discretos do sinal da linha, como mostrado na figura 5.18.

O processo de detecção realiza uma amostragem do sinal de dados recebido, em instantes predefinidos pelo relógio de recepção. Em cada amostragem, o detector apura se o sinal NRZ polar neste instante é maior ou menor em relação ao nível de referência zero. Sinal maior que zero indica bit igual a um, sinal menor que zero indica bit igual a zero, como mostrado na figura 5.19. Esta decisão pode incorrer em erro, tendo em vista o valor do ruído no instante da amostragem do sinal da linha.

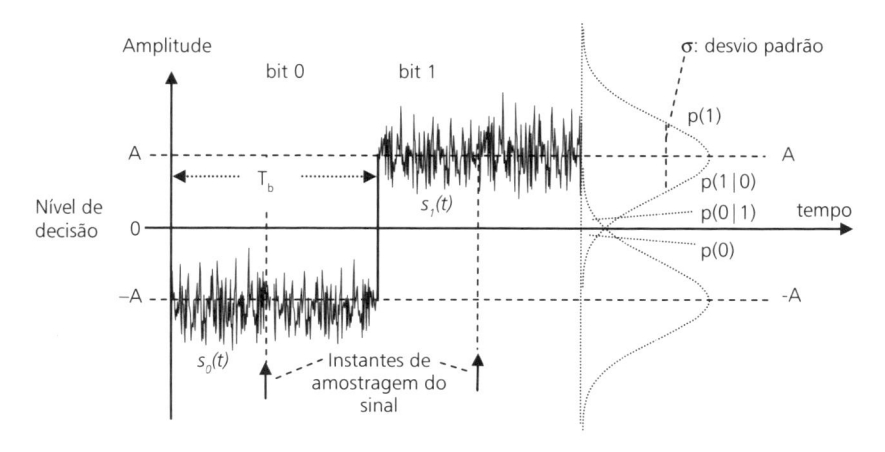

**figura 5.18** Mecanismo de decodificação de um sinal NRZ polar e probabilidade de ocorrência de erro devido a ruído gaussiano.

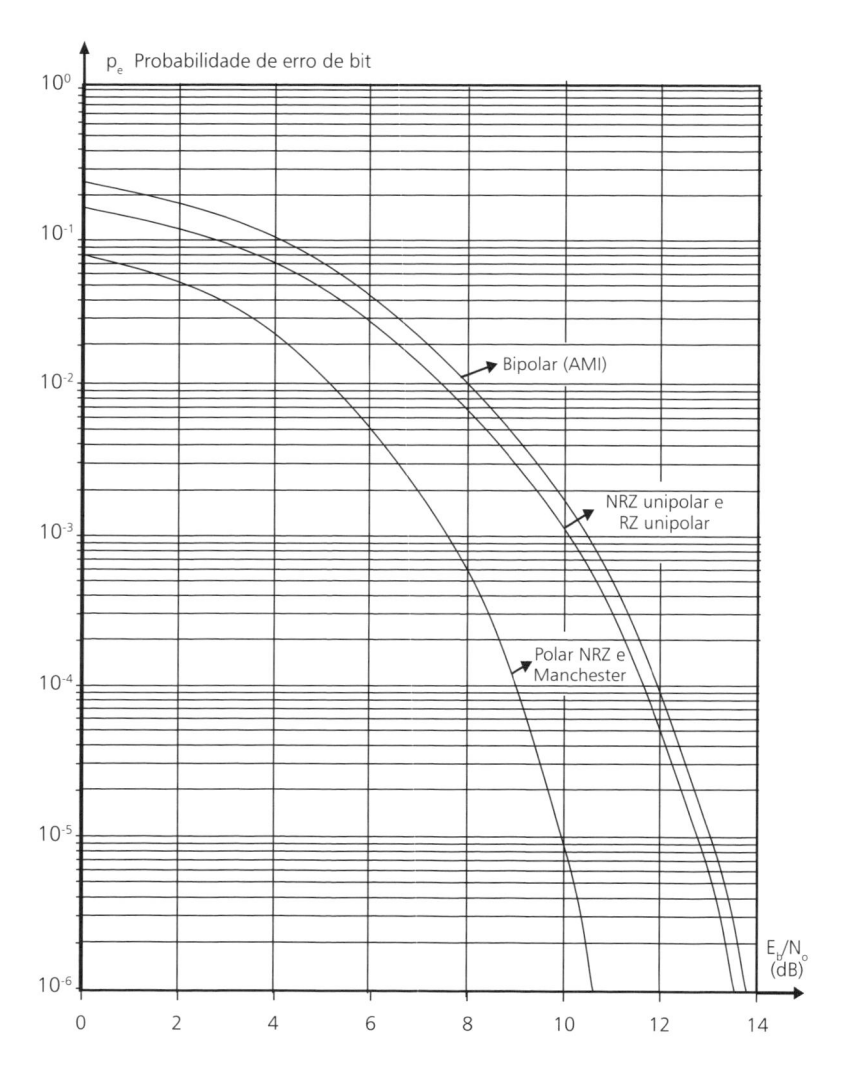

**figura 5.19** Probabilidade de erro de bit de diferentes códigos de linha, conforme LoCicero e Patel (1999).

## ■ probabilidade de erro na decodificação de um fluxo de bits NRZ polar

Para mostrar como surgem erros em transmissão de dados, vamos considerar um fluxo de bits do tipo NRZ polar *s(t)*, ao qual é adicionado um ruído *n(t)* ao passar pelo meio físico. Vamos supor que a distribuição da amplitude do ruído é do tipo gaussiano ou normal. Neste caso, a amplitude do sinal *s(t)* também obedecerá a uma distribuição normal que pode ser caracterizada como: $\mathcal{N}(A, \sigma^2)$, em que $A$ é o valor médio do sinal e $\sigma^2$ é a variância da distribuição, ou $\sigma$, o desvio padrão da distribuição normal.

O sinal NRZ polar apresenta duas amplitudes fixas: $A$ para o bit *um* e $-A$ para o bit *zero*. Devido ao ruído, ambas as amplitudes seguem uma distribuição do tipo normal ou gaussiano em relação ao valor médio $A$ e $-A$, como mostrado na figura 5.18. No processo de detecção deste sinal, a probabilidade de ocorrência de erro será dada por:

$$p_e = p(1|0)p(0) + p(0|1)p(1) \tag{5.6}$$

Nessa expressão, *p(1|0)* e *p(0|1)* são as probabilidades condicionais, ou seja, dado que o nível do sinal está em 1, a probabilidade que seja detectado 0 e vice-versa. Além disso, assumimos que *p(1) = p(0) = 0,5*, bem como *p(1|0) = p(0|1)*. Nessas condições, resulta que:

$$p_e = p(1|0) = p(0|1) \tag{5.7}$$

Lembramos que a função densidade de probabilidade gaussiana de uma variável probabilística cujo valor médio é $A$ é dada por $p(x) = \frac{1}{\sigma\sqrt{2\pi}} e^{-\frac{(x-A)^2}{2\sigma^2}}$. Portanto, podemos escrever que:

$$p_e = \frac{1}{\sigma\sqrt{2\pi}} \int_0^\infty e^{-\frac{(x-A)^2}{2\sigma^2}} dx \tag{5.8}$$

Lembramos que a função erro complementar *erfc(x)* é dada por:

$$erfc(x) = \frac{2}{\sqrt{\pi}} \int_x^\infty e^{-t^2} dt \tag{5.9}$$

Fazendo uma mudança de variável $t = x/\sqrt{2}\sigma$ e substituindo em (5.8) e simplificando, obtém-se:

$$p_e = \frac{1}{2} erfc\left(\frac{A}{\sqrt{2}\sigma}\right) \tag{5.10}$$

Nessa expressão, $A$ corresponde ao valor médio da amplitude medido em volts durante um intervalo de tempo de bit $T_b$ qualquer, e $\sigma$ corresponde ao desvio padrão da distribuição da amplitude do ruído, também medido em volts (Langton, 2002b, p 8-12).

## ■ a relação $E_b/N_o$ em comunicação de dados

Em engenharia de comunicações digitais, a probabilidade de erro é geralmente avaliada em função da razão entre a energia por bit ($E_b$) e a densidade espectral da potência do ruído por Hz de banda ($N_o$), representado por $E_b/N_o$ e medido em dB.

A energia média por bit ($E_b$) de um sinal do tipo NRZ polar, por exemplo, pode ser obtida a partir das expressões:

$$s_1(t) = A + n(t), \text{ para o bit } um$$
$$s_0(t) = -A + n(t), \text{ para um bit } zero$$

O valor médio dessas duas funções é $A$ e $-A$, respectivamente, tendo em vista que o valor médio do ruído é nulo. Desta maneira, temos que:

$$E_b = A^2 T_b \text{ e, portanto, } E_{b1} = E_{b0} = E_b$$

Como $E_b = A^2 T_b$, podemos expressar $A$ em função de $E_b$, ou seja:

$$A = \sqrt{\frac{E_b}{T_b}} \tag{5.11}$$

Por definição, $N_0$ é a função densidade espectral de potência do ruído por Hz de banda. Como no nosso caso a banda é bilateral, a potência por Hz será $N_0/2$. As unidades de $N_0$ serão, portanto, watts/Hz. A variância $\sigma$ da energia do ruído durante um intervalo de tempo $T_b$ será, portanto:

$$\sigma^2 = \frac{N_0}{2T_b}, \text{ ou também que: } \sigma = \sqrt{\frac{N_0}{2T_b}} \tag{5.12}$$

Substituir os valores de $A$ e $\sigma$ obtidos em (5.11) e (5.12) em (5.10) resulta em:

$$p_e = \frac{1}{2} erfc\left(\sqrt{\frac{E_b}{N_0}}\right) \tag{5.13}$$

De forma semelhante, pode-se obter também a probabilidade de erro de um sinal RZ polar. Neste caso, $E_b = (A/2)^2 T_b$, e uma expressão aproximada pode ser dada por:

$$p_e \approx \frac{3}{4} erfc\left(\sqrt{\frac{E_b}{2N_0}}\right) \text{ com } E_b/N_0 > 2 \tag{5.14}$$

Na figura 5.19, apresentam-se as curvas de desempenho de alguns códigos de linha relativos à probabilidade de erro em função da energia média de um bit ($E_b$), dividido pela potência média do ruído em relação a um Hertz de banda ($N_o$), expresso por $E_b/N_o$ em dBs (LoCicero; Patel, 1999).

A relação ($E_b/N_o$) é equivalente à tradicional relação sinal ruído (S/N) de aplicação mais genérica em transmissão de sinais analógicos. Ambas são medidas normalmente em unidades de dB.

### 5.5.2 interferência entre símbolos – critérios de Nyquist

Vimos pela integral de Fourier que um pulso de tensão gerado aleatoriamente no tempo gera um espectro no domínio de frequência, como mostrado na figura 5.20(a). Uma das conclusões sobre a forma do espectro gerado é a de que há um espalhamento espectral no domínio frequência que vai de $-\infty$ a $+\infty$. Portanto, em um meio físico com banda limitada, ao ser transmitido um pulso retangular, haverá perdas de componentes espectrais, gerando distorção no sinal recebido.

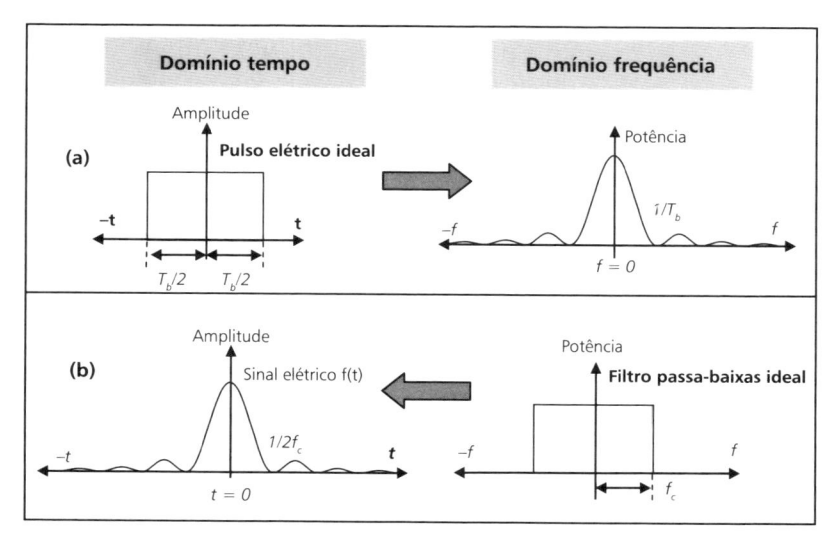

**figura 5.20** A equivalência dos domínios tempo e frequência.

Por outro lado, pode-se mostrar também que um meio com uma banda passante B, com corte de forma abrupta (filtro passa-baixas ideal), como mostrado na figura 5.20 (b), possui um f(t) equivalente no domínio tempo que é semelhante à forma espectral de um pulso retangular, como o da figura 5.20 (a).

Essa constatação nos leva à conclusão de que pulsos, ao serem enviados em meios com banda limitada, geram interferências no domínio tempo que se estendem desde – ∞ a + ∞ no eixo dos tempos. Essa interferência entre os símbolos transmitidos no domínio tempo é definida como interferência entre símbolos ou ISI (*Inter Symbol Interference*). Nyquist, ao observar esse fato, buscou determinar as condições em que essa interferência fosse mínima e, assim, tentar amostrar o sinal em instantes de tempo em que essa interferência fosse mínima, ou nula.

No exemplo do filtro passa-baixas ideal, se utilizarmos um pulso elétrico f(t) como o mostrado em 5.20(b), a sua taxa máxima pode ser associada à frequência de corte $f_c$ do filtro pela relação $R_{max} = 2\,f_c$, e os instantes de amostragem ideal, em que não ocorre interferência, serão dados por $T_n = 0$, $1/2f_c$, $2/2f_c$, $3/2f_c$, $4/2f_c$... $n/2f_c$ com $n = 0, 1, 2\ 3,...\ n$. Essa condição ideal de amostragem não é viável na prática, pois qualquer desvio do instante ideal provoca uma ISI muito grande. Para resolver o problema, buscaram-se outras formas de corte do filtro passa-baixas e também formas de pulsos que apresentassem menor interferência nos instantes de amostragem.

Constatou-se que a forma do corte do filtro passa-baixas tem grande influência na interferência entre os símbolos. Variando a forma do corte do filtro, desde forma abrupta até suavizações com formatos senoidais (ver figura 5.21(a)), verifica-se que a interferência também varia, como pode ser observado na figura 5.21(b). Costuma-se definir esta maior ou menor suavização no corte do filtro através de um fator chamado de r (*roll-off*), que é definido

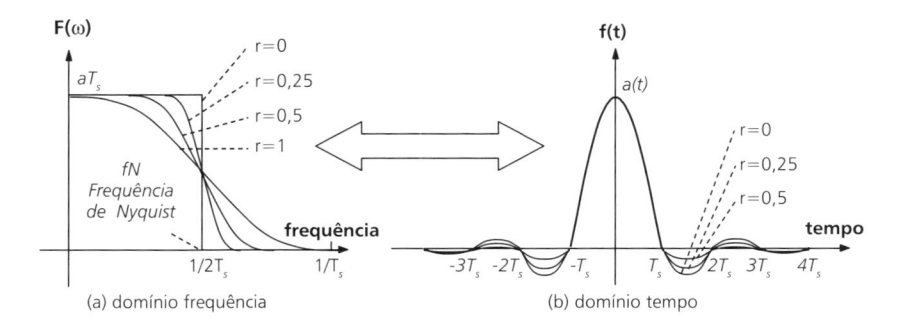

**figura 5.21** Influência do fator de suavização r (*roll-off*) na banda de passagem e na variação da interferência entre símbolos (ISI) de um sistema.

como a razão entre a banda ocupada após a frequência de Nyquist e a frequência de Nyquist. O fator *r* varia entre 0 e 1, sendo que o valor de *r* = 1 é impraticável (Nakahara, 2003a).

Portanto, podemos controlar a ISI através de um maior ou menor fator *r* de *roll-off*. Supondo, por exemplo, que o período de um símbolo (ou bit) é $T_s$, a taxa de símbolos será $f_s = 1/T_s$. Pode-se demonstrar, neste caso (Nakahara, 2003a), que a banda passante $B_p$ será dada por:

$$B_p = \frac{1+r}{2T_s} \quad ou \quad B_p = \frac{(1+r)f_s}{2} \tag{5.15}$$

Observa-se pela expressão (5.15) e pela figura 5.21b que, se *r* aumenta, $B_p$ também aumenta, porém a ISI diminui. Se *r* diminuir, $B_p$ também diminui, porém a ISI aumenta.

### ■ exemplo de aplicação

Vamos supor que queremos determinar a banda passante para um fluxo NRZ polar com taxa R = 5Mbit/s para um fator de *roll-off*, *r* = 0,8. Quer-se saber também qual a banda mínima deste fluxo e qual o *roll-off* associado nesse caso. Para o primeiro caso teremos:

$$B_p = \frac{(1+0,8)R_s}{2} = 4,5MHz$$

A banda passante $B_p$ mínima será para *r* = 0 e, nesse caso, teremos:

$$B_p = \frac{R_s}{2} = 2,5MHz$$

Deve-se também a Nyquist alguns critérios que estabelecem condições em relação à forma dos pulsos para que a interferência entre símbolos seja mínima ou nula no instante da amostragem. Na figura 5.22, apresentam-se alguns tipos de pulsos com as suas respectivas respostas espectrais, o que dá uma ideia de quais pulsos apresentam menor interferência entre símbolos e qual o instante de amostragem ótimo (Bennet; Davey, 1965).

Capítulo 5 ⇢ O Canal de Transmissão  **171**

**Domínio tempo**

$a(t)$, A, **Pulso retangular**, tempo, $-T/2$, $-T/2$

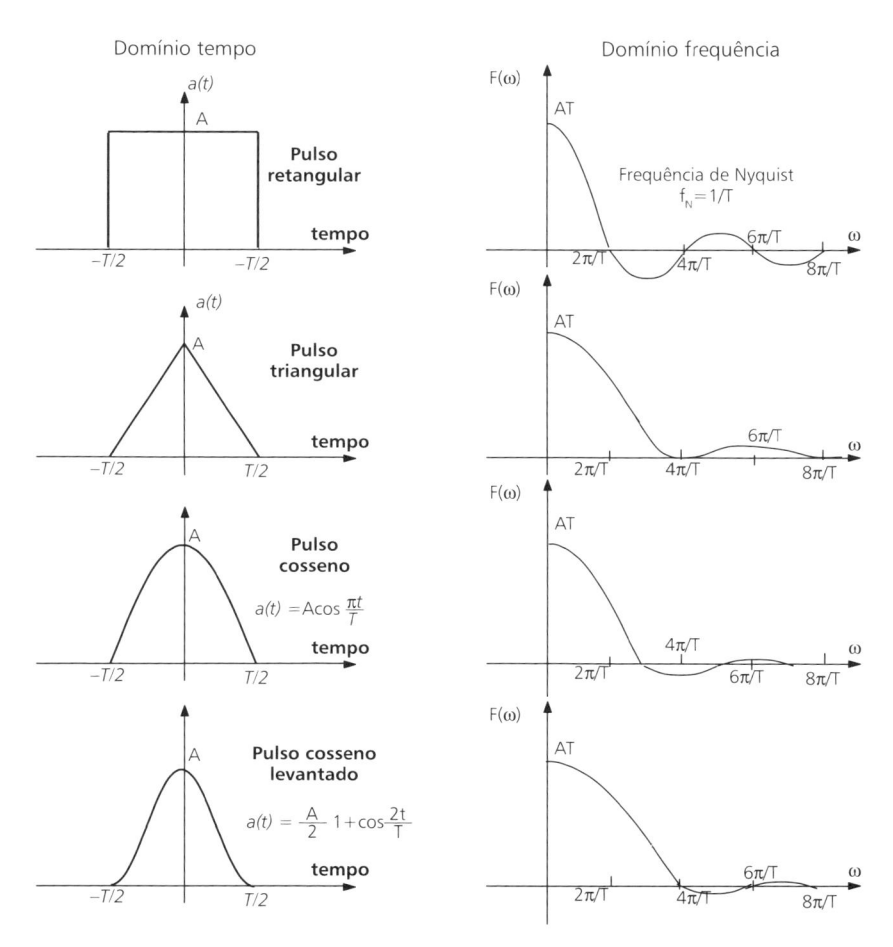

$a(t)$, A, **Pulso triangular**, tempo, $-T/2$, $T/2$

$a(t)$, A, **Pulso cosseno**, $a(t) = A\cos\frac{\pi t}{T}$, tempo, $-T/2$, $T/2$

$a(t)$, A, **Pulso cosseno levantado**, $a(t) = \frac{A}{2}\left[1 + \cos\frac{2t}{T}\right]$, tempo, $-T/2$, $T/2$

**Domínio frequência**

$F(\omega)$, AT, Frequência de Nyquist $f_N = 1/T$, $2\pi/T$, $4\pi/T$, $6\pi/T$, $8\pi/T$, $\omega$

$F(\omega)$, AT, $2\pi/T$, $4\pi/T$, $6\pi/T$, $8\pi/T$, $\omega$

$F(\omega)$, AT, $2\pi/T$, $4\pi/T$, $6\pi/T$, $8\pi/T$, $\omega$

$F(\omega)$, AT, $2\pi/T$, $4\pi/T$, $6\pi/T$, $8\pi/T$, $\omega$

**figura 5.22** Formato de diversos tipos de pulsos e sua integral de Fourier visando a minimizar interferência entre símbolos e aproveitamento de banda, conforme Bennet e Davey (1965, p. 50-51).

Em termos de menor espalhamento espectral, constata-se pela figura 5.22 que o pulso do tipo cosseno levantado (*raised cosine*) apresenta as condições mais favoráveis. A porção significativa do espectro deste pulso, porém, se estende por duas vezes a taxa de bit, isto é, $f = 2/T_b$. Comparado com o pulso retangular, verifica-se que a porção significativa deste vai somente até $f = 1/T_b$. Porém, o espalhamento espectral é significativamente maior. Observa-se que, na maioria das aplicações de transmissão em banda-base, o pulso do tipo cosseno-levantado é o mais utilizado.

## 5.6 ⋯→ avaliação de desempenho de um canal – padrão olho

Para verificar as diferentes distorções que um sinal codificado em banda-base pode sofrer ao passar através de um canal, é utilizada uma técnica conhecida como padrão olho. Através desta técnica podem ser visualizadas e avaliadas as diferentes distorções que o sinal transmitido apresenta ao chegar ao receptor. A partir de uma técnica de sobreposição sincronizada de segmentos do sinal recebido, podem ser visualizadas as distorções lineares de fase e amplitude, as distorções aleatórias devido a ruído e *jitter* de fase do relógio de recepção, e até a interferência entre símbolos adjacentes.

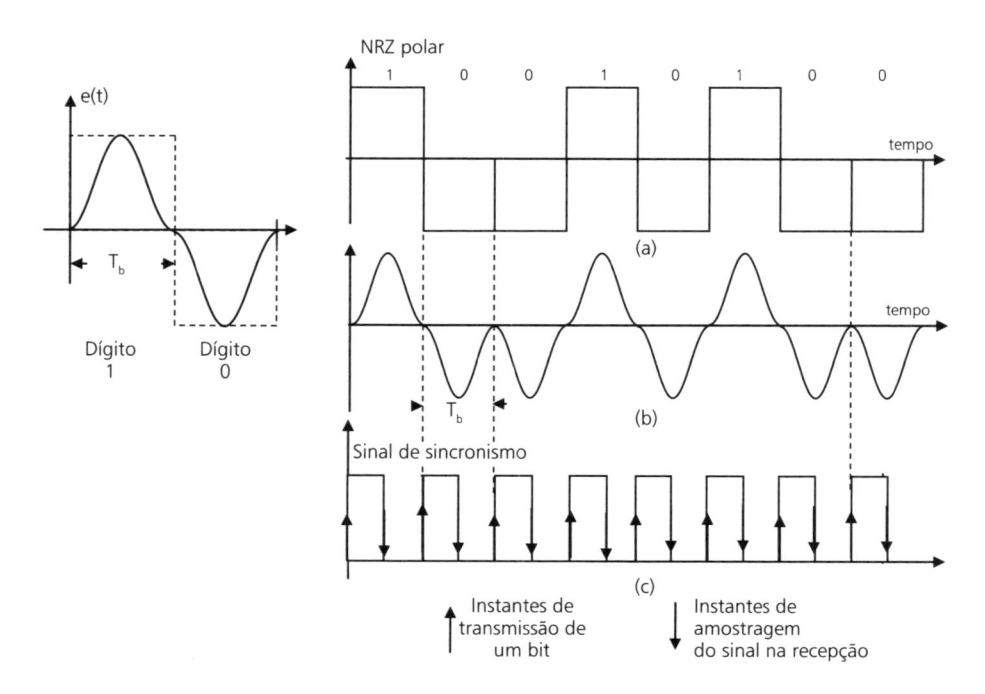

**figura 5.23** Sinal NRZ polar codificado com pulsos cosseno levantados.

Como exemplo de aplicação, vamos supor um sistema de transmissão banda-base que utiliza um código do tipo NRZ polar, em que o pulso retangular positivo do dígito *um* foi substituído por um pulso tipo cosseno levantado positivo e o pulso retangular *zero* por um pulso cosseno levantado negativo, conforme a figura 5.23(a) e (b).

O sincronismo de transmissão corresponde a uma onda quadrada, e a emissão dos símbolos de bit está associada ao flanco ascendente do sinal de sincronismo, como se observa na figura 5.23(c). Já o sinal no receptor será amostrado no flanco descendente do sinal de sincronismo, isto é, no meio do tempo de bit.

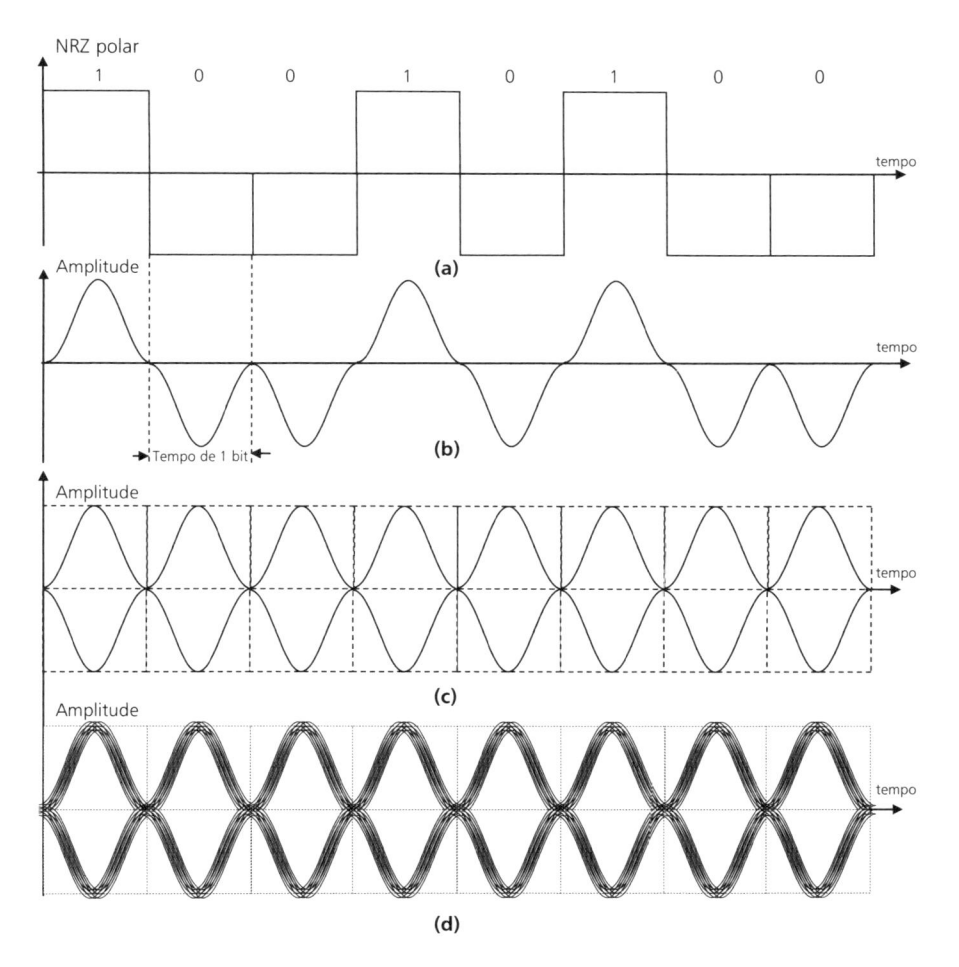

**figura 5.24** Geração do padrão olho a partir de um fluxo de bits aleatórios com codificação do tipo NRZ polar e pulsos tipo cosseno-levantado.

O padrão olho pode ser visualizado em um osciloscópio, cuja varredura horizontal deve estar sincronizada com a cadência de transmissão dos símbolos elétricos. O sinal de dados é constituído por um fluxo aleatório e contínuo de bits que, após passar pelo meio, é equalizado no receptor e, a seguir, observado na entrada do decodificador de bits. O gráfico observado no osciloscópio resulta da sobreposição sincronizada de diversos segmentos do sinal recebido, cada qual correspondente a diferentes sequências de bits.

Na figura 5.24(c), é mostrado o padrão olho do sinal codificado na saída do transmissor, sem distorções, que pode ser utilizado como referência. Já a figura 5.22(d) mostra o padrão olho do sinal no receptor, na entrada do decodificador. Observa-se que os contornos do padrão estão mais alargados, o que se deve à soma do ruído e das diferentes distorções ao sinal original:

a) fluxo NRZ polar;
b) fluxo de pulsos do tipo cosseno levantado;
c) padrão olho ideal do sinal no transmissor; e
d) padrão olho do sinal com ruído e *jitter* no receptor.

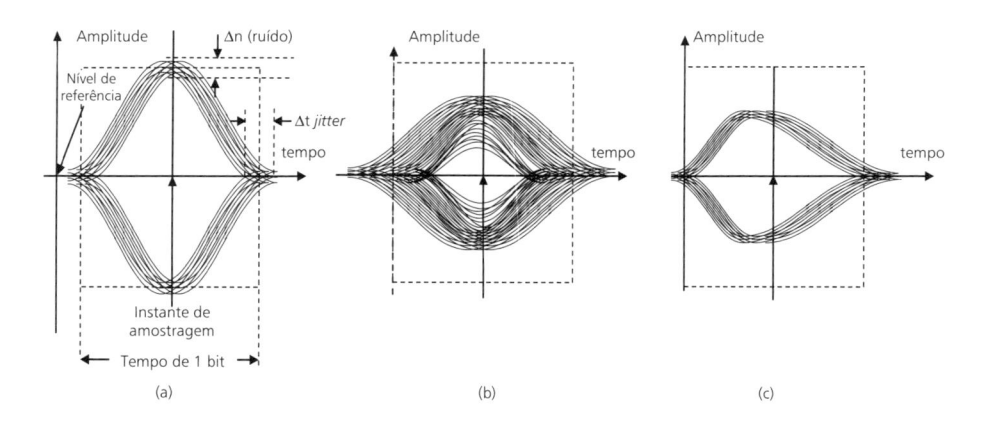

**figura 5.25** Visualização de algumas situações de distorção típicas de um canal através do padrão olho gerado a partir do sinal de recepção.

Na figura 5.25(a), mostra-se, em destaque, um padrão olho genérico, identificando os diversos detalhes significativos para a sua interpretação. O olho, como se observa, pode ser considerado uma representação estatística do formato dos símbolos do sinal recebido. O alargamento do sinal no sentido vertical dá conta do ruído associado ao meio, enquanto o alargamento no sentido horizontal dá conta do *jitter* de fase, o que nos leva a concluir que quanto mais aberto estiver o olho, melhor estará a relação sinal ruído do canal.

O instante de amostragem ótimo do símbolo se dá exatamente no centro do olho, pois desta forma a probabilidade de ocorrência de erro será menor. No instante da amostragem, é tomada uma decisão em relação ao nível do sinal, que, no nosso exemplo, usa-se como referencial o nível zero do sinal. A amostragem do sinal resulta em duas situações: 1) $e(t) > 0$ e, portanto, dígito binário um, ou 2) $e(t) < 0$ e, portanto, dígito binário zero.

A figura 5.25(b) mostra a situação de um canal com baixa relação sinal ruído, ou seja, probabilidade de ocorrência de erros grande. Finalmente, na figura 5.25(c), mostra-se um olho assimétrico em relação ao instante de amostragem. Essa situação ocorre principalmente em sistemas com equalização deficiente, típica de distorção de fase, ou seja, característica de fase não linear:

a) canal equalizado e com pouco ruído e *jitter* (olho bem aberto)
b) canal equalizado e com muito ruído e *jitter* (olho com pouca abertura)
c) canal com distorção de fase (olho assimétrico)

O padrão olho, portanto, pode ser considerado uma visualização da situação de um canal em relação ao sinal banda-base codificado que chega ao decodificador remoto naquele instante. Desta forma, as distorções mais importantes do canal podem ser identificadas facilmente e podem ser tomadas medidas para sua minimização.

Pode-se verificar também que a técnica complementa o que foi estabelecido na análise da capacidade máxima de um canal segundo a relação de Shannon da seção 1.5.2. A capacidade máxima de Shannon deve ser considerada um referencial teórico máximo, olhando unicamente para as características físicas do canal, sem se prender a uma determinada técnica de transmissão. O limite de capacidade visualizado pelo padrão olho, por sua vez, está intimamente associado à maneira como os bits são transmitidos pelo canal e que, como sabemos, sempre pode ser mais aperfeiçoada.

## 5.7 exercícios

**exercício 5.1** Quais as diferenças conceituais entre um canal banda-base e um canal de voz telefônico?

**exercício 5.2** Um canal apresenta as características de amplitude e de fase como mostra a figura a seguir. Mostre graficamente que característica de amplitude e de fase deverá ter o equalizador para que não haja distorção no sinal transmitido por esse canal.

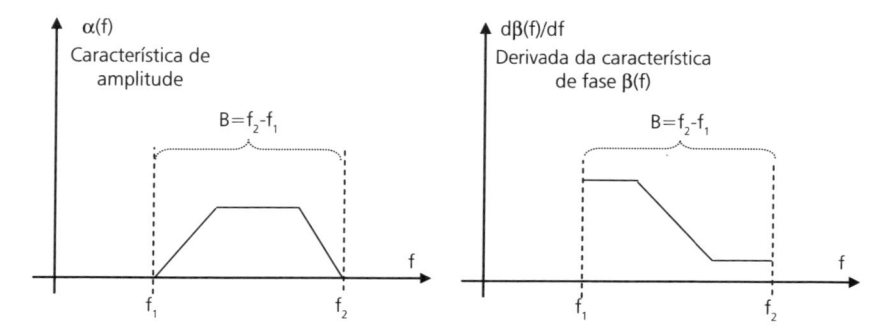

*(Gráficos: à esquerda, $\alpha(f)$ — Característica de amplitude, com $B = f_2 - f_1$, trapézio entre $f_1$ e $f_2$. À direita, $d\beta(f)/df$ — Derivada da característica de fase $\beta(f)$, com $B = f_2 - f_1$, decrescente entre $f_1$ e $f_2$.)*

**exercício 5.3** Explique por que a transmissão síncrona de dados, sob forma NRZ, de forma confiável, é impossível.

**exercício 5.4** Explique por que, num sistema de comunicação de dados em banda-base, o sinal utilizado na transmissão não pode ter componente de DC no seu espectro.

**exercício 5.5** Em sua opinião, olhando os diferentes códigos sensíveis à fase da figura 5.11, qual seria o melhor código para curtas distâncias e qual o melhor código para médias distâncias? Justifique sua resposta.

**exercício 5.6** Um canal apresenta as seguintes características: banda do transmissor de 18 a 30 MHz, banda do meio de 22 a 34 Mhz e banda do receptor de 21 a 32 MHz. Qual a largura de banda deste canal? Sugestão: use o método gráfico para obter a largura de banda do canal.

**exercício 5.7** Na questão anterior, por que não é possível transmitir em banda-base pelo canal? Onde deverá ser localizada a frequência da portadora desse sistema de comunicação de dados?

**exercício 5.8** Explique por que, em sistemas de transmissão banda-base, os códigos devem ser do tipo polar.

**exercício 5.9** Determine a eficiência do código 4B3T e compare-a com a do código 8B10B.

**exercício 5.10** Qual a vantagem de se usar códigos de expansão, como 64B66B?

**exercício 5.11** Dado um canal com banda passante $B_p = 3$ MHz e taxa de símbolos $R_s = 4$ Mbaud, qual o maior fator de *roll-off* que poderá ser utilizado para esse sistema?

**exercício 5.12** Obtenha o padrão olho de uma transmissão banda-base bipolar, utilizando pulsos do tipo cosseno (figura 5.22). Qual a banda ocupada por esta transmissão relativa à taxa de sinalização?

**exercício 5.13** Examinando a figura 5.22, qual o pulso que ocupa a menor banda e qual o pulso que apresenta a menor ISI? Considere como critério de largura de banda do pulso o primeiro lóbulo do espectro de frequências.

**Termos-chave**

blocos funcionais de um sistema de transmissão, p. 150

canal de transmissão banda-base, p. 148

códigos banda-base, p. 152

códigos banda-base em blocos, p. 158

distorções em um canal, p. 162

interferência entre símbolos, p. 168

largura de banda de um canal, p. 142

não distorção de um canal, p. 144

padrão olho, p. 172

ruído, p. 164

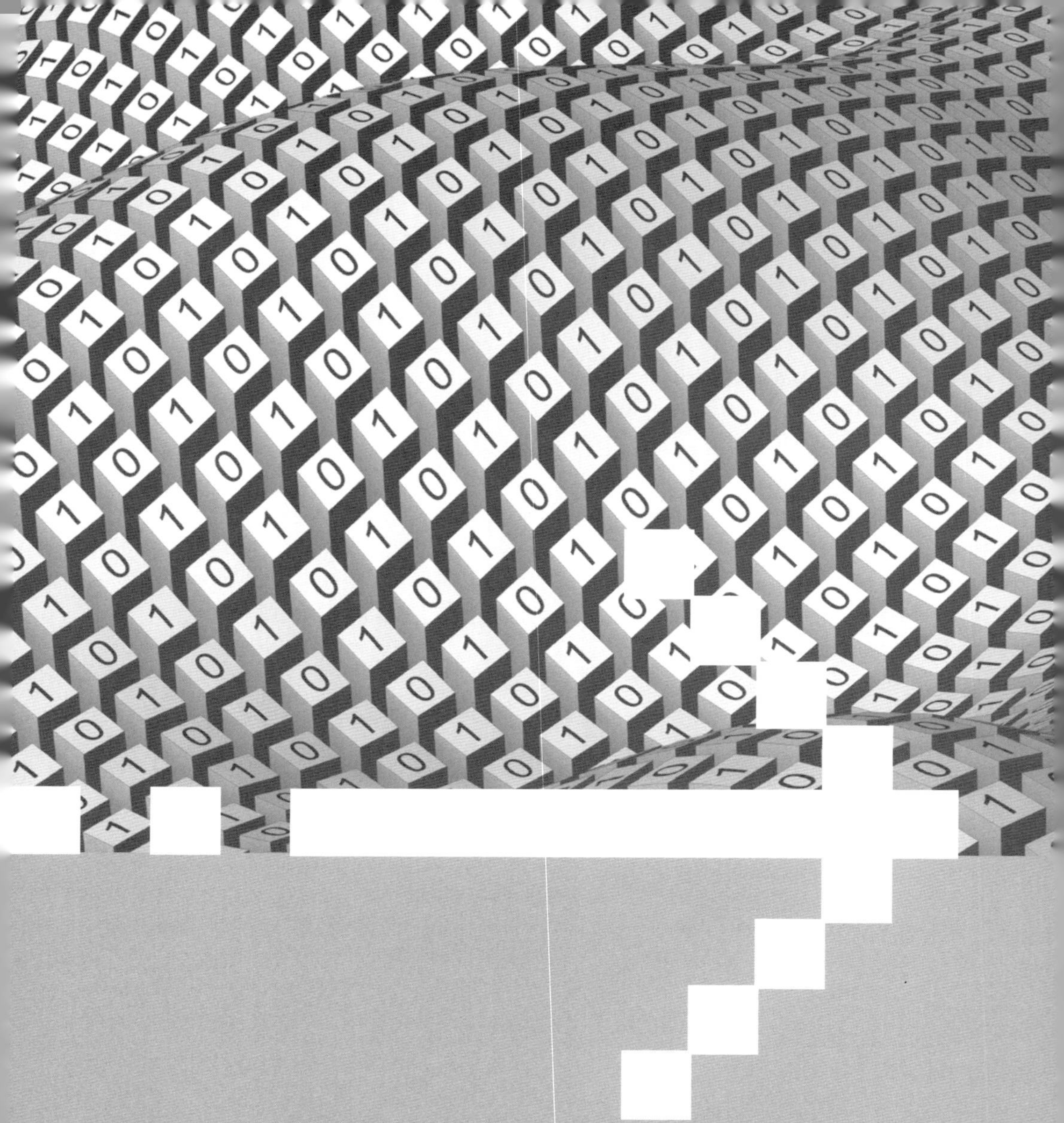

## capítulo 6

# técnicas de modulação

O objetivo principal deste capítulo é a análise das diferentes técnicas de modulação que podem ser aplicadas a uma portadora, ou a um conjunto de portadoras. Inicialmente são abordadas as técnicas de modulação em fase, ou PSK, em suas diferentes variantes: BPSK, QPSK, DPSK, 8PSK e 16PSK. A seguir, são detalhadas a modulação QAM e suas variantes, genericamente representadas por NQAM. Uma variante de QAM é destacada, a chamada modulação em treliça, ou TCM. Ao final do capítulo são apresentadas também as modernas técnicas de acesso múltiplo baseadas em múltiplas portadoras. Essas portadoras podem ser tanto digitais no domínio tempo, caso do CDMA, ou no domínio frequência, caso do OFDM. O OFDM é hoje a técnica de modulação e transmissão mais eficiente. Por isso, o capítulo conclui com um exemplo de aplicação dessa técnica em um sistema de comunicação de dados padronizado.

## 6.1 ⇢ conceito de modulação discreta

Em comunicação de dados, pode-se utilizar uma tensão senoidal como portadora ou transportadora de informação. Um sinal elétrico de tensão e(t) do tipo senoidal pode se propagar facilmente através de diversos meios, seja um par de fios, um cabo coaxial, ou um meio sem fio como, por exemplo, uma onda eletromagnética, através de um canal de radiofrequência (RF). O processo de modulação pode ser caracterizado como a aplicação de um sinal, chamado de sinal modulante ou sinal de informação, sobre um sinal de portadora. O sinal modulante pode ser tanto um sinal analógico (por exemplo, um sinal de áudio) como um sinal discreto ou digital de um fluxo de bits de informação. Nesse último caso, estamos diante de uma modulação discreta ou digital, que é a modulação que abordaremos neste capítulo.

Um sinal de portadora em comunicação de dados, como foi visto na seção 3.1, pode ser de qualquer tensão do tipo senoidal. A expressão geral de uma função de tensão e(t) do tipo senoidal pode ser dada pela expressão:

$$e(t) = V_p \operatorname{sen}(\omega t + \theta) \qquad (6.1)$$

Podemos representar esta função senoidal segundo um gráfico e(t) x t, como mostra a figura 6.1. Os principais parâmetros desta função senoidal de tensão e(t), suas unidades de medida, assim como algumas relações simples entre estes parâmetros são listados a seguir:

ω: velocidade angular ($\omega = 2\pi f$), medido em radianos por segundo;
θ: ângulo de fase inicial expresso em graus;
T: período ($T = 1/f$), em segundos [s];
f: frequência ($f = 1/T$), medida em herz [Hz];
$V_p$: tensão de pico, em volts [V];
$V_{pp}$: tensão pico a pico ($V_{pp} = 2 V_p$), em volts [V];
$V_{rms}$: valor médio quadrático ou valor eficaz ($V_{rms} = V_p /1,414$), em volts [V].

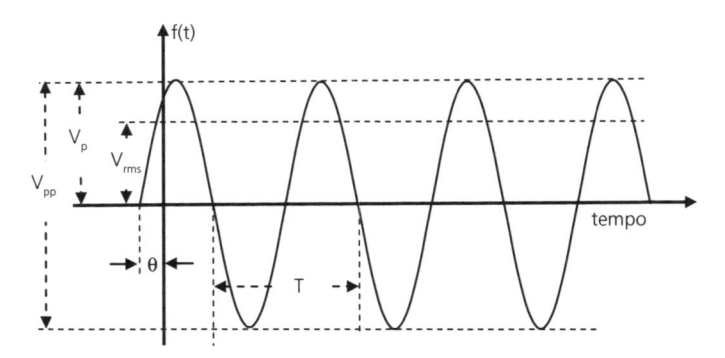

**figura 6.1** Sinal elétrico e(t) senoidal ou tipo portadora.

Capítulo 6 ···→ Técnicas de Modulação    181

**Processo de modulação discreta**
Consiste na substituição dos parâmetros $V_p$, $\omega$, ou $\theta$ de uma portadora pela função discreta do fluxo de *bits* de Informação I(t)

$$e(t) = V_p \, sen(\omega t + \theta)$$

$V_p = I(t)$ Modulação em amplitude     $\omega = I(t)$ Modulação em frequência     $\theta = I(t)$ Modulação em fase

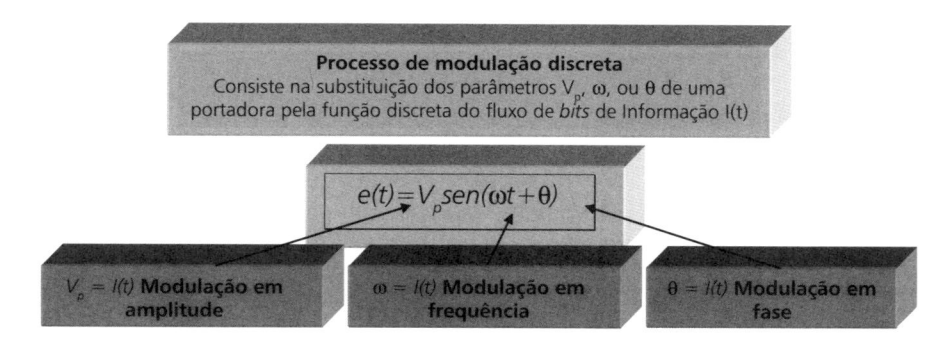

**figura 6.2** Função senoidal de tensão e os três parâmetros factíveis de serem modulados.

Num processo de modulação discreta, a informação é inicialmente representada eletricamente de forma conveniente através de uma codificação banda-base, segundo pulsos elétricos discretos que representaremos por *I(t)*. O processo de modulação consiste em associar a informação *I(t)* sob esta forma elétrica a um dos três parâmetros que caracterizam uma portadora senoidal (Carissimi; Rochol; Granville, 2009b).

Assim, quando associamos *I(t)* à *Vp*, falamos em modulação de amplitude. Quando associamos *I(t)* a $\omega$, estamos diante de uma modulação de frequência. E, quando associamos *I(t)* à fase $\theta$, temos uma modulação de fase. A figura 6.2 ilustra o que acabamos de afirmar.

Na figura 6.3, são apresentadas as formas de onda de uma portadora modulada segundo os três parâmetros, supondo o sinal modulante do tipo banda-base NRZ. A tabela 6.1 mostra as diferentes associações dos dígitos binários que podem ser feitas em cada tipo de modulação.

**tabela 6.1** Associação dígitos binários na modulação básica de uma portadora

| Tipo de modulação | Dígitos binários NRZ | Associação a parâmetros binários da portadora |
|---|---|---|
| ASK (*Amplitude Shift Keying*) | 0 | $A_0 = 0$ Amplitude zero |
|  | 1 | $A_1 = A$ Amplitude igual a A |
| FSK (*Frequency Shift Keying*) | 0 | $f_0 = f_c$ Frequência da portadora |
|  | 1 | $f_1 = 2f_c$ Duas vezes frequência portadora |
| PSK (*Phase Shift Keying*) | 0 | $\theta_0 = 0^0$ |
|  | 1 | $\theta_1 = 180^0$ |

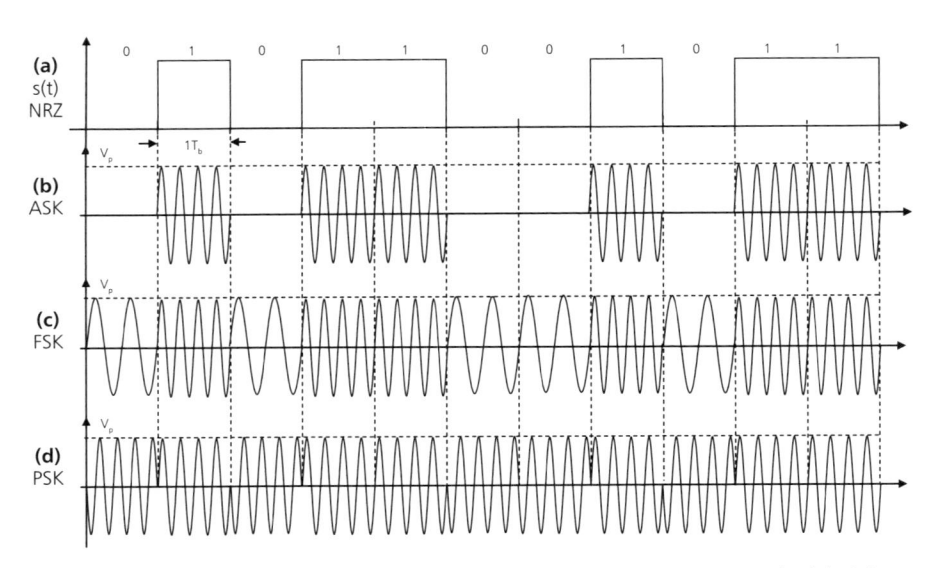

**figura 6.3** Os três processos de modulação básicos de uma portadora por um sinal de informação discreto s(t) tipo NRZ.

A portadora é um sinal essencialmente analógico. O processo de modulação discreta de uma portadora resultará sempre em um sinal analógico. No entanto, esse sinal apresenta descontinuidades, segundo valores discretos, em relação a um ou a mais parâmetros desta portadora. Dessa forma, são caracterizados os símbolos elétricos que serão associados aos bits de informação:

a) sinal modulante s(t) do tipo banda-base NRZ;
b) modulação em amplitude do tipo ASK (*Amplitude Shift Keying*);
c) modulação em frequência do tipo FSK (*Frequency Shift Keying*);
d) modulação em fase do tipo PSK (*Phase Shift Keying*).

Supondo que a taxa de geração de bits é $R$ [bit/s] e que a taxa de geração de símbolos é $R_s$ [baud], numa associação de um bit/símbolo teríamos:

$$R = R_s$$

Em vez de associarmos um dígito binário a cada símbolo elétrico discreto da portadora, podemos associar mais de um bit a cada símbolo da portadora. Lembremos da expressão (3.1), que diz que se associarmos $m$ bits, com $m = 1,2,3,...,n$, a cada símbolo de um conjunto de N símbolos, então teremos:

$$R = R_s m$$

Lembramos que, neste caso, $m$ deve obedecer à relação $m = \log_2 N$ (confira a expressão (1.4)). Podemos escrever, então, que:

$$R = R_s \log_2 2^m \qquad (6.2)$$

A associação de mais de um bit a um símbolo de modulação permite, portanto, aumentar a taxa de transmissão de informação em determinadas condições de relação sinal ruído. Considerando uma associação binária com $N = 2$ e $m = 1$, ou seja, $R = R_s$, as três técnicas básicas de modulação de uma portadora podem ser representadas analiticamente pelas seguintes expressões:

Modulação ASK:

$$s(t) = V_p \, sen(2\omega ft) \text{ para bit 1}$$
$$s(t) = 0 \text{ para bit 0}$$

Modulação FSK:

$$s(t) = V_p \, sen(2\omega f_1 \, t) \text{ para bit 1}$$
$$s(t) = V_p \, sen(2\omega f_1 \, t) \text{ para bit 0}$$

Modulação PSK:

$$s(t) = V_p \, sen(2\omega f_1 \, t) \text{ para bit 1}$$
$$s(t) = V_p \, sen(2\omega f_1 \, t + \omega) \text{ para bit 0}$$

A técnica ASK, às vezes também chamada de OOK (*On Off Keying*), é a técnica mais simples. Porém, sua desvantagem é a de ser muito sensível a ruído. A técnica FSK apresenta baixa eficiência, mas é mais tolerante a ruído do que a ASK. A técnica PSK desponta como a técnica com a maior eficiência e a melhor tolerância a ruído. Por isso, é a técnica mais largamente utilizada em sistemas de comunicação de dados digitais que utilizam modulação de uma portadora analógica.

As técnicas modernas de modulação envolvem também modulações mistas, nas quais são modulados, simultaneamente, dois parâmetros: amplitude e fase, por exemplo. A modulação simultânea ASK e PSK de uma portadora é conhecida como QAM (*Quadrature Amplitude Modulation*) e é muito utilizada em sistemas de comunicação de dados de alta eficiência. A técnica QAM, devido a sua importância, será o objeto de uma análise mais detalhada na seção 6.4.

O processo básico de modulação, visto até aqui, foi mostrado por gráficos no domínio tempo. Podemos também descrever o processo de modulação no domínio frequência como pode ser observado na figura 6.4. As duas representações são perfeitamente equivalentes. Usaremos uma ou outra representação, dependendo unicamente da maior facilidade e clareza para demonstrar o funcionamento do processo.

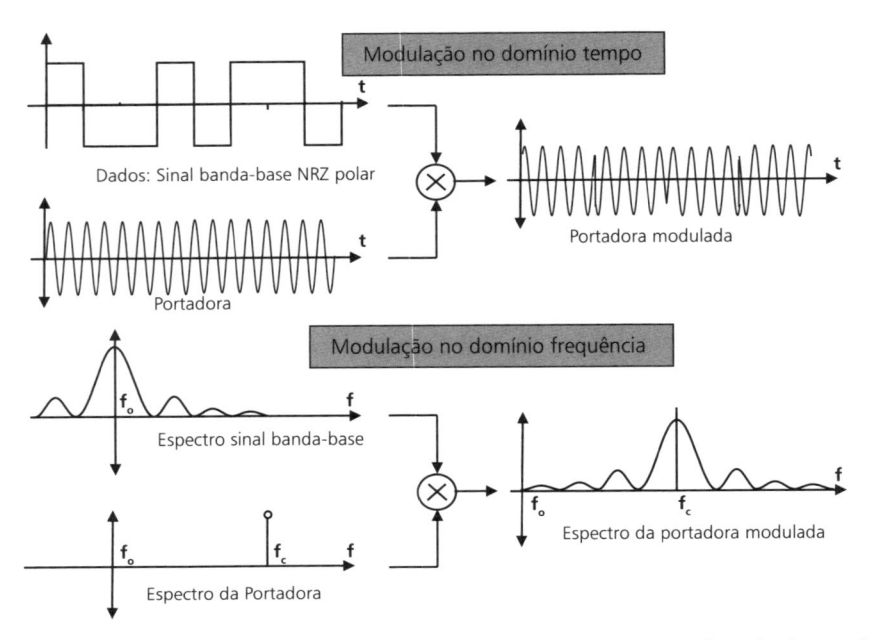

**figura 6.4** Processo de modulação representado no domínio tempo e frequência, conforme Haykin e Moher (2008).

## 6.2 ⋯→ fundamentação teórica de modulação digital de uma portadora

Em geometria analítica, mostra-se que um vetor qualquer $V$ em um espaço físico bidimensional (ou plano cartesiano) pode ser representado por suas coordenadas $(X_1, Y_1)$ neste espaço. As duas coordenadas, $X_1$, $Y_1$, desse vetor, na realidade, correspondem a uma combinação linear de duas funções unitárias ortogonais $x(0,1)$ e $y(1,0)$ neste espaço, como pode ser observado na figura 6.5.

Da mesma forma, podemos criar um espaço bidimensional para sinais senoidais, no qual podemos descrever um sinal senoidal qualquer, a partir de um par de funções unitárias ortogonais. Para este espaço, as funções unitárias ortogonais adequadas serão as funções seno e cosseno, definidas como $\theta_1(t) = sen\ \theta(t)$ e $\theta_2(t) = cos\ \theta(t)$, como mostrado na figura 6.5(b). Veremos, ao longo deste capítulo, que este conjunto de funções ortogonais unitárias, ou simplesmente funções ortonormais, seno e cosseno, formam a base para a descrição de todos os sinais de portadoras senoidais utilizados nos modernos sistemas de comunicações de dados.

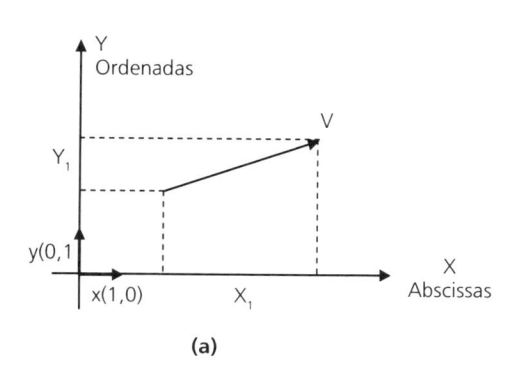

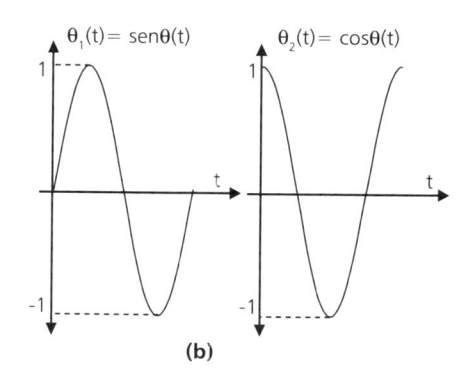

**figura 6.5** Espaços físicos bidimensionais. (a) funções unitárias ortogonais do espaço cartesiano e (b) funções unitárias ortogonais no espaço de sinais senoidais.

As funções ortogonais seno e cosseno, que acabamos de definir para o nosso espaço de sinais, devem satisfazer às seguintes propriedades, que podem ser verificadas facilmente:

**1** $\int_{-\infty}^{\infty} \theta_i(t)\theta_j(t)dt \neq 0$   se   $i = j$ e

**2** $\int_{-\infty}^{\infty} \theta_i(t)\theta_j(t)dt = 0$   se   $i \neq j$

Com base nas definições do par de funções ortonormais seno e cosseno, podemos agora definir o espaço de sinais, dentro do qual podemos representar um sinal *s(t)* qualquer de duas maneiras, como mostrado na figura 6.6.

Em 6.6(a) estamos diante de um espaço de sinais em que a representação de um sinal s(t) é feita por coordenadas retangulares. Essas coordenadas são obtidas a partir das projeções das combinações lineares das funções ortonormais seno e cosseno sobre os eixos cartesianos *x* e *y*, designados neste espaço como Q (quadratura) e I (*in-phase*) respectivamente. Assim, a expressão de uma portadora em notação de quadratura pode ser dada por:

$$s(t) = A\cos\theta\cos\omega_c t - A\sin\theta\sin\omega_c t \qquad (6.3)$$

Já na figura 6.6(b) estamos diante de um espaço de sinais em que um sinal *s(t)* é representado segundo um vetor girante A, com uma velocidade angular $\omega_c$, que possui uma componente $A_x$ em fase no eixo I (*in-phase*) e uma componente $A_y$ em quadratura e que pode ser expresso como:

$$s(t) = A\cos(\omega_c t + \theta) \qquad (6.4)$$

Nessa expressão, a amplitude e a fase do sinal são dadas por:

Amplitude:   $A = \sqrt{A_x^2 + A_y^2}$   e Fase:   $\theta = \tan^{-1}\dfrac{A_x}{A_y}$

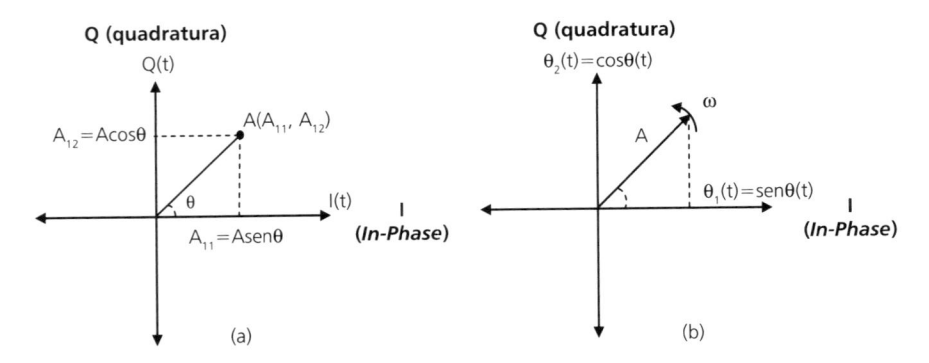

**figura 6.6** Duas formas de representação de um sinal no espaço de sinais, de acordo com Langton (2002a).
(a) representação de um sinal por coordenadas em quadratura.
(b) representação de um sinal por coordenadas polares.

As duas formas de representação de um sinal apresentadas em (6.3) e (6.4) são aparentemente simples, mas costumam causar muitas confusões quando aplicadas a uma portadora modulada.

## ■ exemplo de aplicação

Um sinal de portadora genérico com frequência angular $\omega_c = 2\pi f_c$ pode ser representado por um sinal senoidal no espaço de sinais Q x I pela expressão:

$$s(t) = A.cos(\omega_c t + \theta) \tag{6.5}$$

Essa forma de representação é conhecida como a forma polar de uma portadora. Para descrever esta mesma portadora segundo duas componentes em quadratura, vamos desenvolver a expressão do cosseno da soma de dois ângulos[1] desta expressão. Assim, obtém-se:

$$s(t) = A.(cos_c t.cos\ \theta - sen\omega_c t.sen\theta) \text{ e}$$

$$s(t) = A.cos\ \theta.cos\omega_c t - A.sen\theta.sen\omega_c t$$

Nessa última expressão, reconhecemos que $A.cos\ \theta$ e $A.sen\theta$ são os coeficientes da projeção do nosso vetor de sinal sobre os eixos I e Q respectivamente e, portanto, podemos definir $A_x = A.cos\ \theta$ e $A_y = A.sen\theta$, que substituídos na expressão anterior resulta:

$$s(t) = \underbrace{A_x cos\omega_c t}_{I} - \underbrace{A_y sen\omega_c t}_{Q} \tag{6.6}$$

Portanto, um sinal de portadora pode ser representado no espaço de sinais senoidais como a soma de duas componentes ortogonais: uma (I) em fase com a portadora e a outra em

---
[1] Lembrando que: cos(A + B) = cosAcosB-senAsenB.

quadratura (Q) com a portadora. Essa forma de representação de uma portadora é chamada de representação em quadratura. Em análises de sistemas de modulação, é esta a forma de representação mais usual. As duas maneiras de representar um sinal de portadora nos ajudarão a descrever o processo de modulação (Langton, 2002a).

## 6.3 ⋯→ modulação PSK

Na modulação por chaveamento da fase de uma portadora (PSK), os símbolos elétricos são definidos a partir de segmentos do sinal da portadora com uma determinada fase. A fase de uma portadora pode variar entre 0° a 360° (graus) ou entre 0 a $2\pi$ (radianos). O conjunto de $N$ fases discretas (símbolos) que podem ser definidas, supondo que a cada símbolo vamos associar $m$ bits (confira 1.4), será dado por:

$$log_2 N = m \text{ ou } N = 2^m \text{ com } m = 1, 2, 3,...$$

Os possíveis ângulos de fase de modulação podem ser dados por: $\theta_i = 2\pi i/N$, com $i = 1, 2, 3,...N$. O valor prático máximo de $m$ em PSK é três, o que significa que o conjunto máximo de símbolos de fase é $N = 16$. Na tabela 6.2, estão resumidos os diversos esquemas práticos de modulação PSK que podem ser definidos para uma portadora.

É conveniente, em comunicação de dados, que a energia associada a um símbolo seja normalizada, ou seja, se representarmos a energia de um símbolo por $E_s$, define-se que $E_s = 1$. Esta normalização é mais conveniente que a normalização da amplitude $A$ (volts) da portadora. Lembrando que a energia de um símbolo elétrico é expressa por:

$$E_s = \frac{A^2 T}{2} \quad [joule] \qquad (6.7)$$

Nessa expressão, $A$ é a amplitude e $T$ o tempo de duração do símbolo. Considerando que definimos $E_s = 1$, a partir de (6.7) obtemos o valor da amplitude da portadora como sendo:

$$A = \sqrt{\frac{2E_s}{T}} \quad [v] \qquad (6.8)$$

**tabela 6.2** Diferentes esquemas de modulação PSK e seus ângulos de fase

| Tipo de modulação PSK | N Número de símbolos | m bits/símbolo | $\theta_i$ (i = 1, 2,...N) Ângulos de fase |
|---|---|---|---|
| BPSK Binary PSK | 2 | 1 | 0°, 180°, |
| QPSK Quaternary PSK | 4 | 2 | 45°, 135°, 225°, 315°, (ou 90°, 180°, 270°, 360°) |
| 8PSK PSK de 8 fases | 8 | 3 | 45°, 90°,135°, 180°, 225°, 270°, 315°, 360° |

A amplitude da portadora expressa dessa forma é mais geral, já que é expressa em função da energia $E_s$ de um símbolo durante um período $T$ desse símbolo. Desse modo, a expressão da portadora em forma polar pode ser escrita como:

$$s_i(t) = \sqrt{\frac{2E_s}{T}} \cos(\omega_c t + \theta_i) \quad \text{onde } i = 1, 2,...N \tag{6.9}$$

Nessa expressão, consideramos os ângulos de fase discretos $\theta_i$ definidos por:

$$\theta_i = \frac{2\pi i}{N} \quad \text{com } i = 0, 1, 2, 3,...,N \tag{6.10}$$

A expressão (6.9) pode ser considerada a expressão genérica do sinal de uma portadora modulada por PSK segundo um total de $N$ fases discretas desta portadora em sua forma polar. A partir de (6.9), desenvolvendo o cosseno da soma de dois ângulos, podemos obter a expressão em quadratura da portadora que será dada por:

$$s_i(t) = \underbrace{\sqrt{\frac{2E_s}{T}} \cos\theta_i}_{x(t)} . \cos\omega_c t - \underbrace{\sqrt{\frac{2E_s}{T}} \sen\theta_i}_{y(t)} . \sen\omega_c t \tag{6.11}$$

com chaves indicando Canal - I e Canal - Q.

Essa é a expressão geral de uma portadora PSK na sua forma em quadratura. Os valores de $x(t)$ e $y(t)$ podem ser obtidos fazendo-se $\omega_c = 0$. A amplitude $A = \sqrt{2E_s/T}$ normalmente é fixada de tal forma que, por conveniência, $x(t)$ e $y(t)$ são normalizados (Langton, 2002a).

### 6.3.1 modulação BPSK

Na modulação BPSK (*Binary Phase Shift Keying*) são utilizadas somente duas fases discretas, isto é, N = 2. Além disso, os ângulos de fase considerados são: $\theta = 0°$ e $\theta = 180°$. Na figura 6.7, é mostrado um sistema de modulação PSK genérico, baseado em blocos funcionais. O diagrama

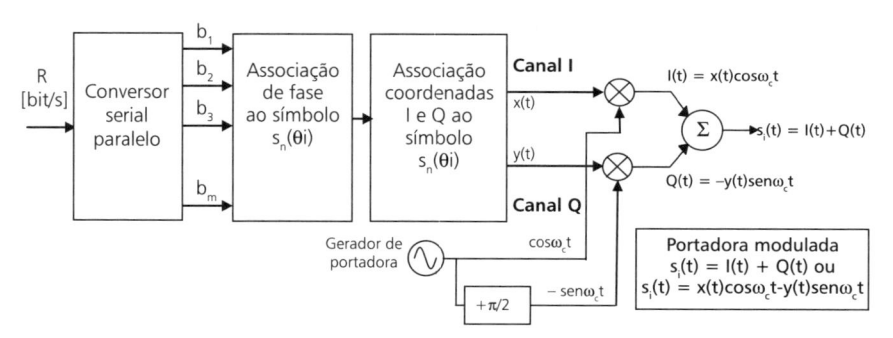

**figura 6.7** Estrutura de um modulador PSK em quadratura utilizando canais I e Q.

não é só uma visualização conceitual do processo de modulação PSK, mas mostra como um modulador PSK é estruturado na prática. O conceito de canal I e Q mostrado neste esquema não é meramente um conceito teórico, mas é como realmente é projetado um modulador em quadratura. Os sinais na saída dos canais I e Q são somados, o que resulta, finalmente, no sinal modulado da portadora que será enviado pelo meio.

Vamos acompanhar, observando a figura 6.7, o que acontece com o fluxo de bits, que se apresenta sob forma de um sinal banda-base NRZ polar na entrada, para entendermos melhor as diversas etapas do processamento do modulador. Inicialmente, o fluxo de bits é processado para obtenção dos valores de x(t) e y(t) do canal I e do canal Q, respectivamente. A seguir, x(t) é multiplicado pela portadora em fase, enquanto y(t) é multiplicado pela portadora em quadratura. Os resultados na saída de I e Q são somados, o que, finalmente, resulta no sinal modulado $s_i(t)$.

A seguir, vamos ilustrar o processo de modulação considerando uma modulação BPSK. O processamento do sinal banda-base e o posterior mapeamento dos símbolos de bit em símbolos de modulação BPSK podem ser observados na tabela 6.3. Os valores de I e Q, fixos para cada símbolo, correspondem ao valor da portadora para a condição de $f_c = 0$. Por conveniência, fixamos a amplitude da portadora em $\sqrt{\frac{2E_s}{T}} = 1$

Graficamente, podemos representar o processo de modulação em quadratura BPSK como mostrado na figura 6.8(a). Observa-se que, na modulação BPSK, os dois símbolos correspondentes aos bits 0 e 1 estão localizados sobre o eixo I (*In-phase*) a uma distância de A, que corresponde à amplitude da portadora para que seja satisfeita a condição de energia normalizada do símbolo, ou seja, $E_s = 1$.

**tabela 6.3** Mapeamento dos símbolos banda-base para símbolos de modulação BPSK

| Fase $\theta_i$ | Portadora em forma de quadratura Amplitude $\sqrt{\frac{2E_s}{T}} = 1$ | bit | Símbolo de modulação | I ($f_c = 0$) | Q ($f_c = 0$) |
|---|---|---|---|---|---|
| 0° | $s_i(t) = \sqrt{\frac{2E_s}{T}}\cos 0°.\cos\omega_c t - \sqrt{\frac{2E_s}{T}}\sen 0°.\sen\omega_c t$ | 1 | | 1 | 0 |
| 180° | $s_i(t) = \sqrt{\frac{2E_s}{T}}\cos \pi.\cos\omega_c t - \sqrt{\frac{2E_s}{T}}\sen \pi.\sen\omega_c t$ | 0 | | −1 | 0 |

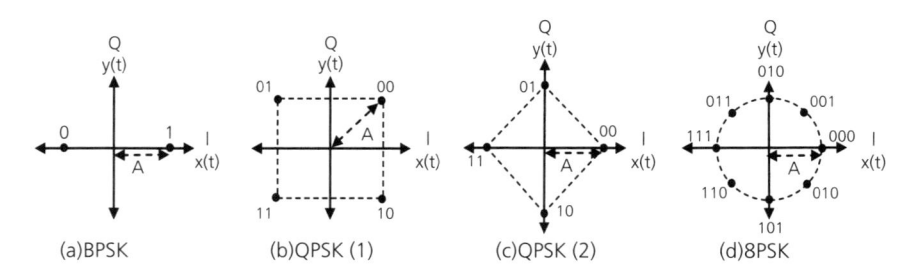

**figura 6.8** Constelações de alguns sistemas de modulações PSK: (a) BPSK, (b) QPSK(1), (c) QPSK(2) e (d) 8PSK, conforme Langton (2002a).

## ■ exemplo de aplicação

Vamos supor um fluxo de bits NRZ bipolar como é mostrado na figura 6.9(a), e que queremos modular segundo um esquema BPSK. Baseado na tabela 6.3, pode-se obter as diversas etapas

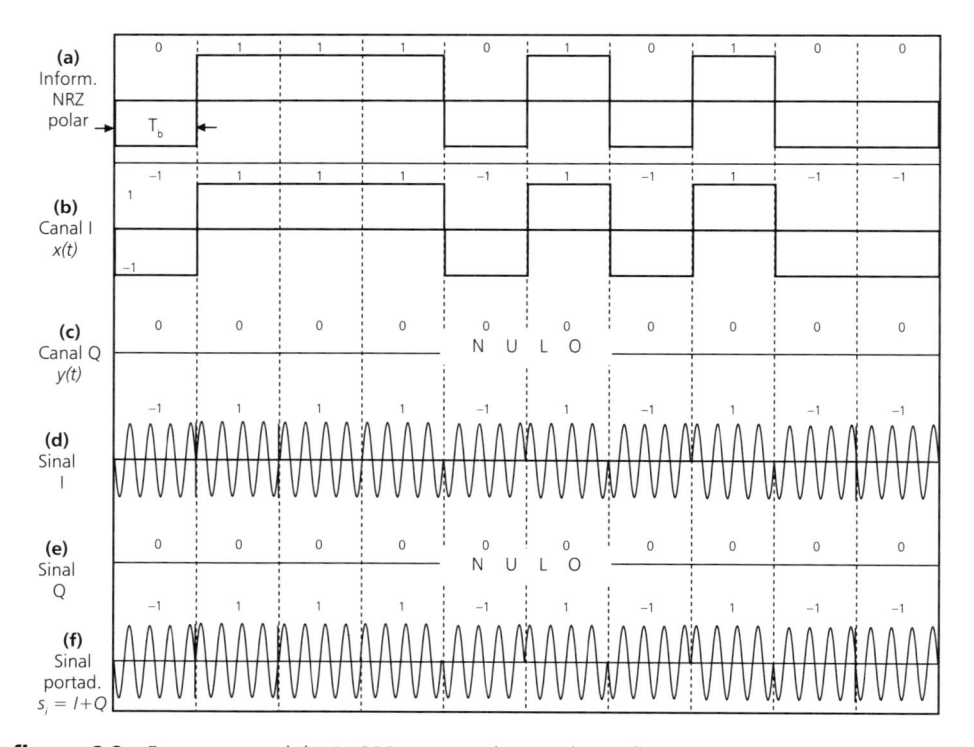

**figura 6.9** Etapas na modulação BPSK em quadratura de um fluxo de bits aleatórios.

intermediárias na formação da portadora, considerando o diagrama em blocos genérico do modulador em quadratura PSK da figura 6.7. Note que neste caso particular, BPSK, o canal Q em quadratura é nulo.

### 6.3.2 modulação QPSK

Na modulação QPSK (*Quaternary PSK* ou também *Quadrature PSK*) estamos diante de um sistema com $N = 4$ símbolos de fase distintos e, portanto, diante da modulação de quatro ângulos de fase discretos da portadora. Com quatro símbolos discretos de fase, podemos associar dois bits a cada símbolo de modulação. Os ângulos de fase utilizados em QPSK foram definidos segundo dois conjuntos de fase distintos, o que resultou em dois possíveis sistemas de modulação QPSK.

O primeiro sistema, que vamos designar por QPSK(1), utiliza o conjunto de ângulos $\theta_i = 45°$, $135°$, $225°$, $315°$, cuja constelação de modulação pode ser observada na figura 6.8(b). Os ângulos de fase, neste caso, são definidos por:

$$\theta_i = \frac{\pi i}{2} \quad \text{com } i = 1, 3, 5, 7 \tag{6.12}$$

O segundo sistema, que vamos designar por QPSK(2), utiliza o conjunto de ângulos $\theta_i = 0°$, $90°$, $180°$, $270°$, cuja constelação de modulação pode ser observada na figura 6.8(c). Os ângulos de fase, neste caso, são definidos por:

$$\theta_i = \frac{\pi i}{4} \quad \text{com } i = 0, 1, 2, 3 \tag{6.13}$$

O sinal genérico $s_i(t)$, que representa o processo de modulação QPSK, pode ser escrito na forma polar como:

$$s_i(t) = \underbrace{\sqrt{\frac{2E_s}{T}}}_{\substack{\text{Parte} \\ \text{fixa}}} \underbrace{\cos(\omega_c t}_{\substack{\text{Variável} \\ \text{no} \\ \text{tempo}}} + \underbrace{\theta_i)}_{\substack{\text{Variável} \\ \text{com a} \\ \text{informação}}} \quad \text{com } i = 1, 2, 3, ..., N \tag{6.14}$$

Desenvolvendo o cosseno da soma de dois ângulos nessa expressão e baseado na expressão (6.11), podemos escrever a equação geral de uma portadora modulada em QPSK na sua forma em quadratura como:

$$s_i(t) = \underbrace{\sqrt{\frac{2E_s}{T}} \cos\theta_i \cos\omega_c t}_{I} - \underbrace{\sqrt{\frac{2E_s}{T}} \sin\theta_i \sin\omega_c t}_{Q} \quad i = 1, 2, 3, ..., N \tag{6.15}$$

Dependendo do conjunto de ângulos de fase considerados, ou (6.12) ou (6.13), estamos diante de uma modulação QPSK(1) ou QPSK(2), respectivamente. Por conveniência de normalização do sinal NRZ do canal I e Q, adotamos como valor para a amplitude em QPSK(1):

$$A = \sqrt{\frac{2E_s}{T}} = \sqrt{2} = 1,414 \tag{6.16}$$

**tabela 6.4** Mapeamento dos dibits para símbolos de modulação em QPSK(1)

| Símb | di-bits | Portadora na forma de quadratura Amplitude fixada em $\sqrt{\frac{2E_s}{T}} = \sqrt{2} = 1,414$ | Fase | Símbolo modulação | I | Q |
|---|---|---|---|---|---|---|
| $s_1$ | 11 | $s_i(t) = \sqrt{\frac{2E_s}{T}} \cos 45° \cos\omega_c t - \sqrt{\frac{2E_s}{T}} \sen 45° \sen\omega_c t$ | 45° | \/\/\/\ | 1 | 1 |
| $s_2$ | 01 | $s_i(t) = \sqrt{\frac{2E_s}{T}} \cos 315° \cos\omega_c t - \sqrt{\frac{2E_s}{T}} \sen 315° \sen\omega_c t$ | 315° | /\/\/\ | $-1$ | 1 |
| $s_3$ | 00 | $s_i(t) = \sqrt{\frac{2E_s}{T}} \cos 225° \cos\omega_c t - \sqrt{\frac{2E_s}{T}} \sen 225° \sen\omega_c t$ | 225° | /\/\/\ | $-1$ | $-1$ |
| $s_4$ | 10 | $s_i(t) = \sqrt{\frac{2E_s}{T}} \cos 135° \cos\omega_c t - \sqrt{\frac{2E_s}{T}} \sen 135° \sen\omega_c t$ | 135° | \/\/\/\ | 1 | $-1$ |

Nas tabelas 6.4 e 6.5, apresenta-se o mapeamento dos dibits[2] para as amplitudes dos sinais nos canais I e Q, respectivamente, obtidas fazendo-se $\omega_c = 0$. As tabelas mostram também a associação dos símbolos às diferentes combinações das amplitudes normalizadas de cada canal I e Q, formando dois sinais banda-base $x(t)$ e $y(t)$, respectivamente. A multiplicação dos

**tabela 6.5** Mapeamento dos dibits para símbolos de modulação em QPSK(2)

| Símb | di-bits | Portadora na forma de quadratura Amplitude fixada em $\sqrt{\frac{2E_s}{T}} = 1$ | Fase | Símbolo modulação | I | Q |
|---|---|---|---|---|---|---|
| $s_1$ | 11 | $s_i(t) = \sqrt{\frac{2E_s}{T}} \cos 0° \cos\omega_c t - \sqrt{\frac{2E_s}{T}} \sen 0° \sen\omega_c t$ | 0° | \/\/\/\ | 1 | 0 |
| $s_2$ | 01 | $s_i(t) = \sqrt{\frac{2E_s}{T}} \cos 90° \cos\omega_c t - \sqrt{\frac{2E_s}{T}} \sen 90° \sen\omega_c t$ | 90° | \/\/\/\ | 0 | 1 |
| $s_3$ | 00 | $s_i(t) = \sqrt{\frac{2E_s}{T}} \cos 180° \cos\omega_c t - \sqrt{\frac{2E_s}{T}} \sen 180° \sen\omega_c t$ | 180° | /\/\/\ | $-1$ | 0 |
| $s_4$ | 10 | $s_i(t) = \sqrt{\frac{2E_s}{T}} \cos 270° \cos\omega_c t - \sqrt{\frac{2E_s}{T}} \sen 270° \sen\omega_c t$ | 270° | /\/\/\ | 0 | $-1$ |

---

[2] Dibit – palavra de computador formada por dois bits.

sinais banda-base I e Q, pela portadora em fase e em quadratura, dão origem aos sinais do canal I e Q respectivamente. Finalmente, a soma dos sinais I e Q resultam nos quatro símbolos de modulação da portadora, cada um associado a um dos quatro valores dos dibits.

## ■ exemplo de aplicação

Vamos detalhar neste exemplo, de forma gráfica, as diversas etapas envolvidas em uma modulação do tipo QPSK(1). Na tabela 6.4, apresenta-se o mapeamento dos dibits com os quatro ângulos de modulação adotados ($\theta_i = 45°, 135°, 225°, 315°$). Observa-se que os dibits são alocados na constelação de modulação da figura 6.10(a), de tal forma que os dibits vizinhos de um dibit qualquer apresentam uma variação de apenas um bit. Esta condição é conhecida como codificação Gray, que apresenta como vantagem o fato de que, se um dibit for detectado errado, isto corresponderá sempre a um único bit errado.

Na figura 6.10(b), mostra-se também a associação dos módulos normalizados de I e Q com os respectivos sinais em fase e em quadratura. Note que I corresponde aos módulos 1 e – 1, que correspondem aos sinais da portadora em 90° e 270°, respectivamente, enquanto aos módulos de Q, também 1 e – 1, correspondem os sinais da portadora em 0° e 180°, respectivamente. A portadora modulada, como sabemos, resulta da soma destes dois sinais, canal I e Q, para cada símbolo.

Na figura 6.11, a seguir, mostram-se as diversas etapas de uma modulação de um fluxo de bits aleatório sob a forma de um sinal banda-base tipo NRZ polar, cujo sinal no tempo é mostrado em 6.11(a). As diversas etapas na obtenção da portadora modulada poderão ser

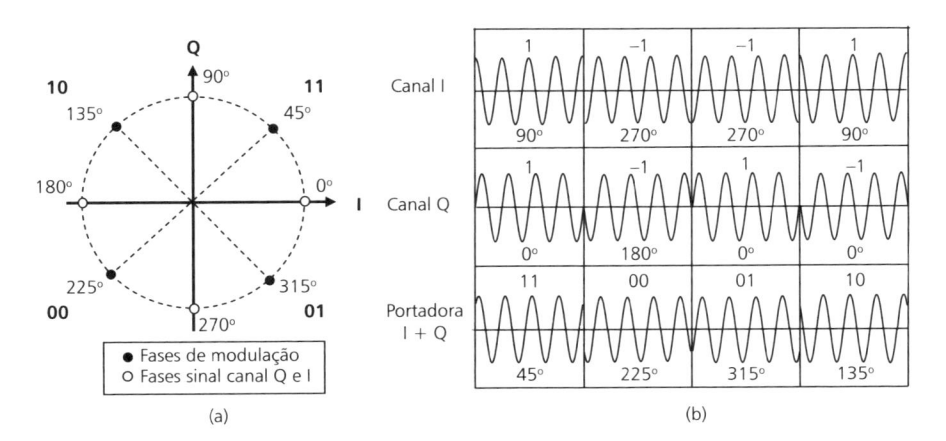

**figura 6.10** Associação dos ângulos aos dibits adotada na modulação QPSK(1) e os respectivos valores do canal I e Q na obtenção de cada símbolo de modulação.

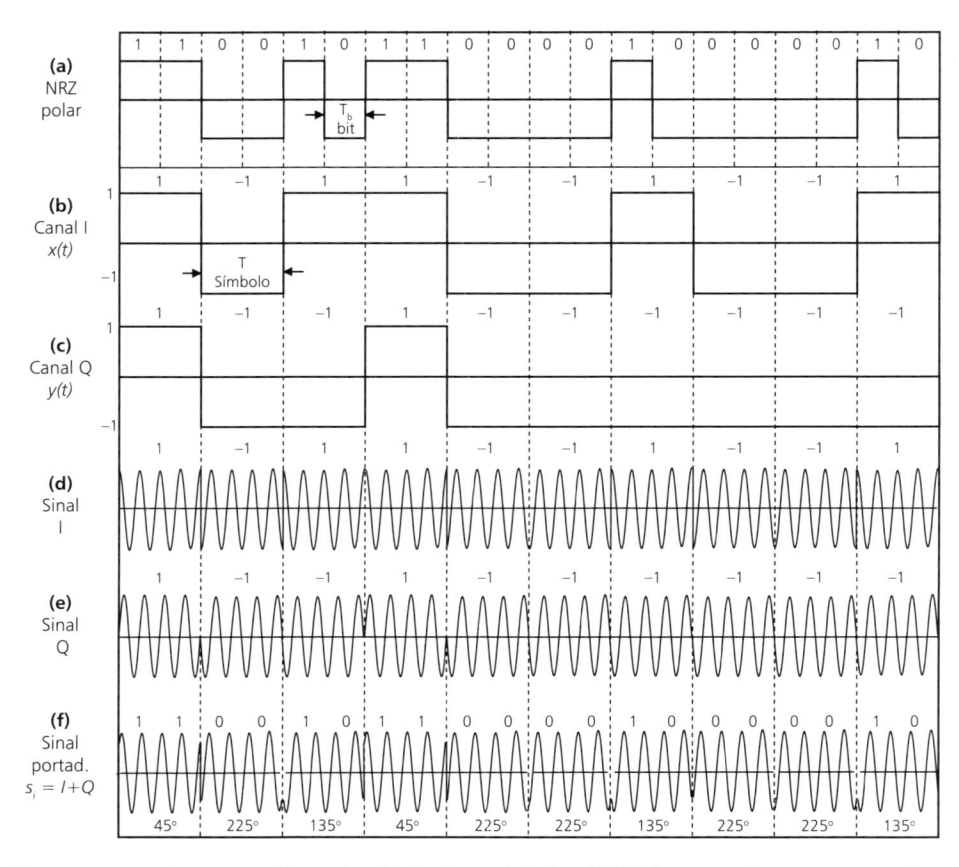

**figura 6.11** Etapas e gráficos dos sinais do modulador QPSK(1) em quadratura para um fluxo de bits aleatórios.

acompanhadas também pelo diagrama da arquitetura do modulador sugerido na figura 6.7. Nas figuras 6.11(b) e 611(c), mostram-se os gráficos no tempo da variação dos módulos de I e Q do fluxo de símbolos.

A partir desses gráficos, são mapeados os diversos sinais da portadora correspondentes a I (*In-Phase*) ou Q (em quadratura), de acordo com o valor dos módulos para cada símbolo, como mostram os gráficos de I e Q nas figuras 6.11(d) e 6.11(e), respectivamente.

Finalmente, a figura 6.11(f) mostra a soma dos sinais do canal I e Q para cada símbolo, o que resulta no sinal da portadora no domínio tempo, modulada segundo QPSK(1) do fluxo de bits dado.

### 6.3.3 modulação DPSK

A modulação DPSK[3] (*Differential Phase Shift Keying*), como veremos, pode ser considerada um caso particular de modulação QPSK. Adquiriu importância ao ser utilizada intensivamente em sistemas celulares de 2ª. geração, como o padrão norte-americano TDMA/IS-136 da TIA (*Telecommunication Industries Association*).

Na modulação DPSK, são definidos ao todo oito possíveis fases discretas da portadora. Esses oito valores discretos de fase definem dois alfabetos de dois bits, como mostrado na figura 6.12. Uma sequência de dibits será codificada utilizando alternadamente um ou outro alfabeto, dependendo se o dibit for par ou ímpar.

Na figura 6.12, mostra-se também a constelação da modulação DQPSK com os oito valores discretos de fase. As linhas tracejadas que saem de cada fase do sinal indicam possíveis saltos de fase da portadora, dependendo do valor do próximo dibit a ser modulado. Uma vez que a portadora está em uma determinada fase de um dos alfabetos, a saída deste estado somente se dá para posições de fase do outro alfabeto, o que corresponde a quatro tipos de saltos de fase: 45°, 135°, – 45°, – 135°.

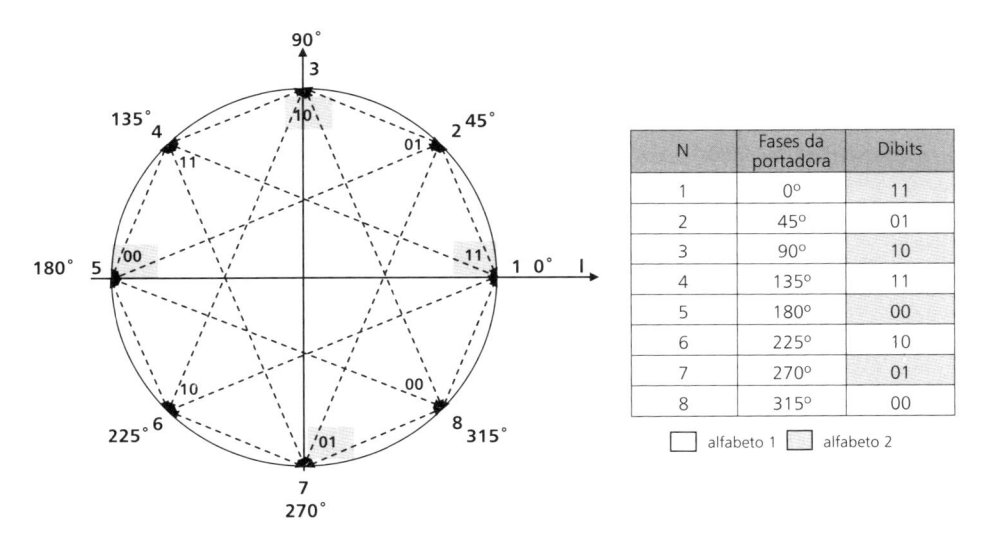

| N | Fases da portadora | Dibits |
|---|---|---|
| 1 | 0° | 11 |
| 2 | 45° | 01 |
| 3 | 90° | 10 |
| 4 | 135° | 11 |
| 5 | 180° | 00 |
| 6 | 225° | 10 |
| 7 | 270° | 01 |
| 8 | 315° | 00 |

☐ alfabeto 1  ☐ alfabeto 2

**figura 6.12** Constelação da modulação DQPSK que define, ao todo, oito valores discretos de fase da portadora.

---

[3] Também chamada de $\pi/4$-DPSK.

**196** ⋯→ Comunicação de Dados

Para entender melhor esta dinâmica da modulação do DQPSK, vamos supor que o estado inicial da portadora é o estado 4 e que o próximo dibit a ser modulado seja 01. Pela figura 6.13(a), observa-se que para sair do estado 4 (dibit 11) e ir para o estado 7 (dibit 01), o que corresponde à transição indicada pela linha cheia, a portadora deve dar um salto positivo de 135°, saindo do atual estado 4 (135°) e indo para o estado 7 (270°).

Supondo que o próximo dibit a ser modulado seja 00, então, pela figura 6.13 (b), para sair do estado 7, 01 (270°), e ir para o estado 8, 00 (315°), é preciso um salto de fase positivo de 45°.

A grande vantagem na utilização do DQPSK é que, nesta modulação, teremos sempre um salto de fase da portadora para quaisquer sequências de dibits. Este fato aumenta muito a precisão na recuperação do sincronismo de baud e, por conseguinte, do sincronismo de bit. Desta forma, a recuperação destes sinais no receptor não é afetada por longas cadeias de *zeros* ou *uns*, como é o caso do QPSK. Atualmente, o DQPSK é largamente utilizado em transmissão óptica.

### ■ exemplo de aplicação

Vamos supor uma sequência de bits agrupados em dibits, como mostra a figura 6.14 (a). Além disso, vamos supor que o último dibit modulado tenha sido 11, do estado 1, e que o próximo dibit seja 10, do estado 6, como pode ser verificado facilmente na figura 6.13. A portadora que estava na fase de 0° sofrerá um salto negativo de – 135°, indo para a fase de 225°.

Facilmente pode se desenvolver a sequência de modulação dos dibits em 6.14(a), à qual correspondem os saltos de fase e os estados intermediários da portadora indicados nas figuras 6.14(c) e 6.14(d). Por último, em 6.14(e) pode-se observar um gráfico no tempo da portadora, que mostra claramente que sempre há um salto de fase para cada dibit.

| Próximo dibit | Salto Fase Diferen. |
|---|---|
| 00 | 45° |
| 01 | 135° |
| 10 | -45° |
| 11 | -135° |

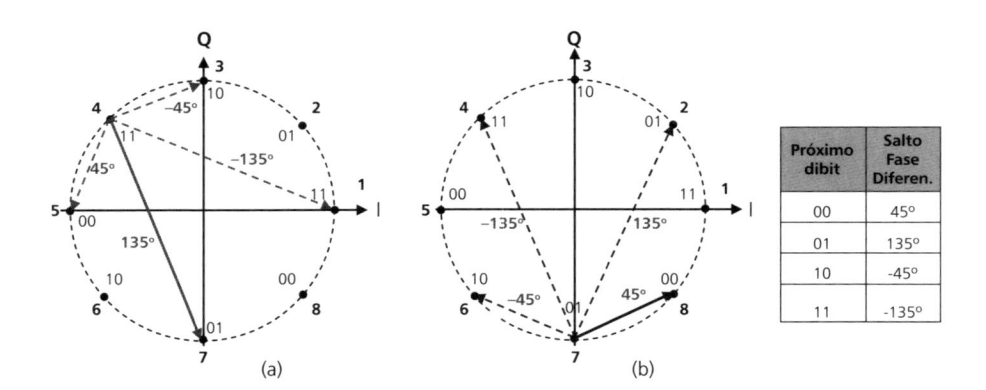

**figura 6.13** Os saltos de fase diferenciais na sequência: 1 1 para 0 1 (a) e de 01 para 0 0 (b).

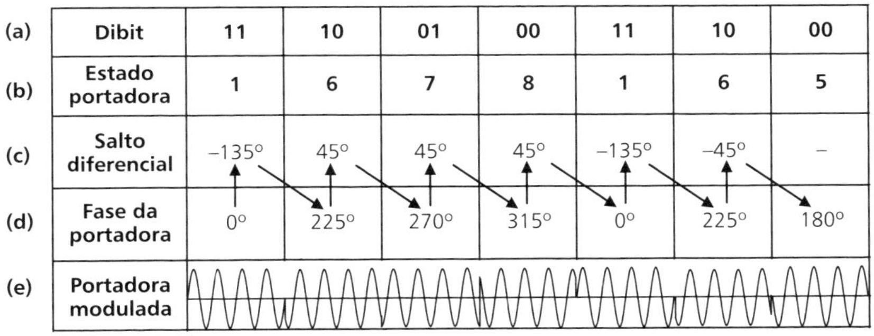

| (a) | Dibit | 11 | 10 | 01 | 00 | 11 | 10 | 00 |
|---|---|---|---|---|---|---|---|---|
| (b) | Estado portadora | 1 | 6 | 7 | 8 | 1 | 6 | 5 |
| (c) | Salto diferencial | −135° | 45° | 45° | 45° | −135° | −45° | − |
| (d) | Fase da portadora | 0° | 225° | 270° | 315° | 0° | 225° | 180° |
| (e) | Portadora modulada | | | | | | | |

**figura 6.14** Obtenção do sinal da portadora para uma da modulação DQPSK de uma sequência de bits aleatórios agrupados em dibits.
(a) sequência de bits aleatórios agrupados em dibits.
(b) estado da fase da portadora atual.
(c) salto de fase diferencial dependendo do próximo dibit.
(d) nova fase da portadora após o salto.
(e) gráfico no tempo da portadora modulada.

### 6.3.4 modulação 8PSK e 16PSK

As modulações 8PSK e 16PSK utilizam 8 e 16 fases, respectivamente, e mantêm a característica do PSK, qual seja, a amplitude $A$. Portanto, a energia $E_s$ dos símbolos se mantém constante, como pode ser observado na figura 6.14. A normalização de $A$, ou de $E_s$, está unicamente associada a facilidades de implementação ou de apresentação.

A expressão geral dos ângulos de fase da modulação 8PSK pode ser dada por:

$$\theta_i = \frac{\pi i}{4} \text{ com } i = 0, 1, 2, ..., 8 \tag{6.17}$$

Os ângulos de fase da modulação 16PSK serão dados por:

$$\theta_i = \frac{\pi i}{8} \text{ com } i = 0, 1, 2, ..., 15 \tag{6.18}$$

As equações gerais que descrevem estas modulações são:

a) amplitude portadora: $A = \sqrt{I^2 + Q^2}$

b) fases da portadora: $\theta_i = tg^{-1} \frac{I}{Q}$

c) portadora: $s_i(t) = \sqrt{\frac{2E_s}{T}} \cos\theta_i \cdot \cos(2\pi f_c t) - \sqrt{\frac{2E_s}{T}} \sin\theta_i \cdot \sin(2\pi f_c t)$ (6.19)

Nestas expressões gerais, dependendo do tipo de modulação, os ângulos $\theta_i$ serão dados ou por (6.17), 8PSK ou (6.18), 16PSK.

(a) modulação 8PSK

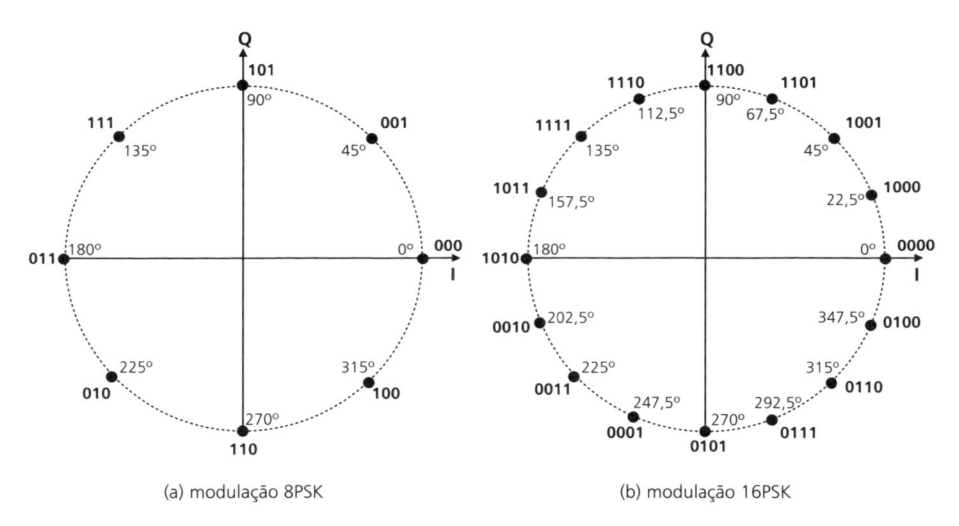

(b) modulação 16PSK

**figura 6.15** Constelações das modulações 8PSK (a) e 16PSK (b).

Um fato importante nessas modulações pode ser observado nas constelações da figura 6.15. Todas as fases, de cada símbolo, possuem a mesma energia (amplitude) associada, o que, à medida que se aumenta o número de fases da portadora, diminui a distância em relação aos seus dois vizinhos mais próximos, diminuindo a tolerância a ruído.

Por isso, a aplicação da modulação PSK com um número de fases acima de quatro é pouco utilizada, tendo em vista a sua baixa eficiência e maior sensibilidade ao ruído. Para contornar este problema do PSK, surgiu uma nova classe de modulações chamada QAM, que abordaremos a seguir.

## 6.4 ⋯▷ modulação QAM

A **modulação QAM** é uma modulação em quadratura em que cada símbolo de modulação é definido a partir de uma determinada amplitude $A_j$ e de uma determinada fase $\theta_j$ da portadora. O símbolo de modulação QAM, portanto, pode ser representado por $s_n(\theta_i, A_j)$.

Lembramos que, na modulação PSK, cada símbolo de modulação é caracterizado somente por um determinado ângulo de fase $\theta_i$, e um símbolo qualquer desta modulação é representado por $s_n(\theta_i)$. A amplitude da portadora nesta modulação é constante para todos os símbolos.

Pode-se mostrar que uma distribuição mais uniforme dos pontos de modulação na constelação de modulação, como é utilizada pela modulação QAM, nos proporciona uma distância mínima maior do que uma modulação PSK equivalente. Para demonstrar isto, vamos considerar a modulação 16PSK e a modulação equivalente 16QAM, cujas constelações são mostradas na figura 6.16. Vamos assumir que as amplitudes máximas da modulação 16QAM e da modulação 16PSK sejam iguais a $A = 1$. Podemos dizer que o desempenho desses dois sistemas depende da relação sinal ruído e, por isso, vamos considerá-la igual nos dois sistemas. Nessas condições, podemos inferir que o sistema que apresenta a maior distância mínima entre os seus pontos de modulação deverá apresentar uma maior robustez ao ruído.

A distância mínima $d$, entre dois pontos quaisquer da modulação 16QAM, pode ser calculada a partir de considerações de geometria na figura 6.16(a) como:

$$d_{min} = \frac{2}{3\sqrt{2}} \cong 0,47$$

A partir da figura 6.16(b), podemos calcular também a distância mínima $d$ entre dois pontos quaisquer da modulação 16PSK e obtemos:

$$d_{min} \cong \frac{2\pi R}{16} \cong 0,39$$

Desses resultados, podemos concluir que a modulação 16QAM, que possui uma distância menor mínima entre os pontos de modulação, para uma mesma taxa de transmissão, tolera mais ruído do que o sistema de modulação 16PSK. Pode-se expressar a relação entre as distâncias mínimas também em dB, o que significa que o sistema 16QAM tolera 0,81dB a mais de ruído gaussiano em amplitude, para uma mesma taxa de erros, do que o sistema 16PSK.

Pode-se dizer, portanto, que a modulação QAM pode ser considerada o sucedâneo melhorado da modulação PSK. Essa melhora é conseguida essencialmente através de uma distribuição geométrica mais adequada dos pontos de modulação em torno dos eixos de quadratura Q e I, o que implica em definir símbolos de modulação caracterizados por uma determinada fase $\theta_j$ e uma determinada amplitude $A_j$ da portadora.

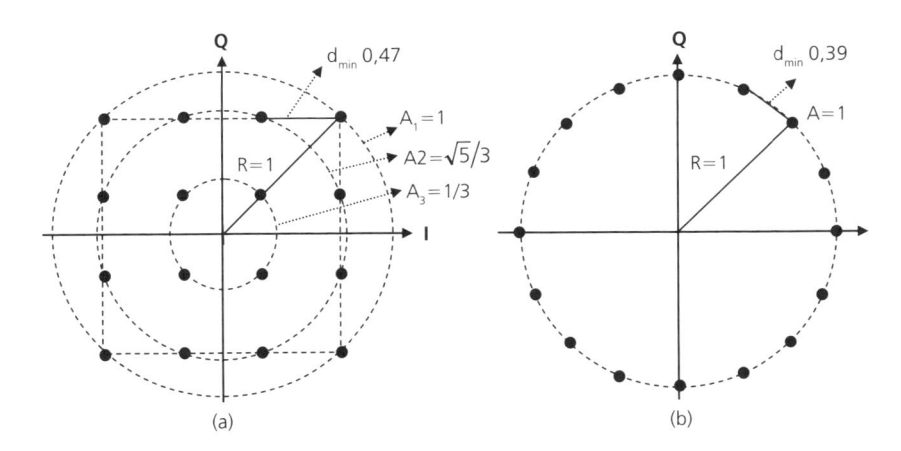

**figura 6.16** Constelações da modulação 16QAM (a) e da modulação 16PSK (b).

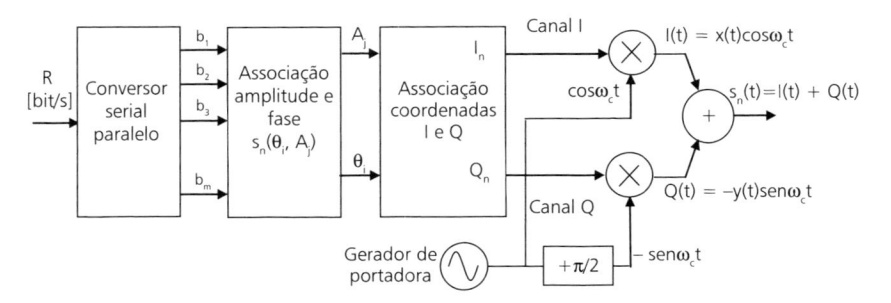

**figura 6.17** Diagrama em blocos de um modulador QAM genérico.

Na figura 6.17, apresenta-se um diagrama em blocos de um modulador QAM genérico. Se compararmos este diagrama com o diagrama do modulador PSK da figura 6.7, notaremos que a única diferença entre os dois moduladores está na maneira de associar os parâmetros aos símbolos de modulação da constelação de modulação. Enquanto no PSK isto se resume unicamente a um ângulo de fase, no 16QAM a associação é em relação a um ângulo de fase e uma amplitude da portadora.

Chamamos a atenção ao fato de que, segundo essas definições, as modulações BPSK e QPSK podem ser enquadradas tanto na classe dos sistemas PSK como na classe dos sistemas QAM.

### 6.4.1 modulação 16QAM

A modulação 16QAM é o primeiro sistema de modulação da classe QAM que vamos abordar. Para o detalhamento dos principais parâmetros desse sistema, vamos nos basear no sistema 16QAM apresentado na figura 6.18. Na tabela ao lado dessa figura, encontram-se listados os 16 símbolos e suas respectivas associações de amplitude e fase. Pela figura, observa-se que o sistema 16QAM tem os seguintes parâmetros:

a) símbolos de modulação: $s_n(\theta_i, A_j)$ n = 1, 2,..., 16
b) número de fases: $\theta_i$ com i = 1, 2, 3,..., 12
c) número de amplitudes: $A_j$ com j = 1, 2, 3
d) bits/símbolo: m = 4

A distribuição dos símbolos de modulação no espaço I x Q segue o código Gray. A amplitude máxima da portadora foi fixada em 1 (exemplo, θ = 45°) e, assim, pode-se verificar facilmente pela figura 6.18 que a amplitude A terá três valores discretos: $A_1 = 1$, $A_2 = \sqrt{5}/3$ e $A_3 = 1/3$. A distribuição dos símbolos de modulação foi feita de tal forma que a distância mínima d entre eles seja d≅0,47.

As expressões analíticas que definem a amplitude, a fase e a portadora modulada, aplicáveis aos sistemas QAM em geral, podem ser obtidas a partir de 6.4 e 6.11, e adaptadas para QAM, ou seja:

a) amplitude da portadora: $A_j = \sqrt{I^2 + Q^2}$

Capítulo 6 ⟶ Técnicas de Modulação

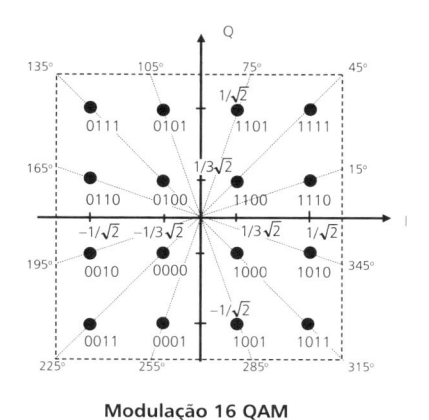

| No. | Quadribit | Q | I | Amplitude $(A_j)$ | Fase $\theta_i$ |
|---|---|---|---|---|---|
| S1 | 0000 | $-1/3\sqrt{2}$ | $-1/3\sqrt{2}$ | 0,33 | 225° |
| S2 | 0001 | $-1/\sqrt{2}$ | $-1/3\sqrt{2}$ | 0,75 | 255° |
| S3 | 0010 | $-1/3\sqrt{2}$ | $-1/\sqrt{2}$ | 0,75 | 195° |
| S4 | 0011 | $-1/\sqrt{2}$ | $1/\sqrt{2}$ | 1,0 | 225° |
| S5 | 0100 | $1/3\sqrt{2}$ | $-1/3\sqrt{2}$ | 0,33 | 135° |
| S6 | 0101 | $1/\sqrt{2}$ | $-1/3\sqrt{2}$ | 0,75 | 105° |
| S7 | 0110 | $1/3\sqrt{2}$ | $-1/\sqrt{2}$ | 0,75 | 165° |
| S8 | 0111 | $-1/\sqrt{2}$ | $-1/\sqrt{2}$ | 1,0 | 135° |
| S9 | 1000 | $-1/3\sqrt{2}$ | $1/3\sqrt{2}$ | 0,33 | 315° |
| S10 | 1001 | $-1/\sqrt{2}$ | $1/3\sqrt{2}$ | 0,75 | 285° |
| S11 | 1010 | $-1/3\sqrt{2}$ | $1/\sqrt{2}$ | 0,75 | 345° |
| S12 | 1011 | $-1/\sqrt{2}$ | $1/\sqrt{2}$ | 1,0 | 315° |
| S13 | 1100 | $1/3\sqrt{2}$ | $1/3\sqrt{2}$ | 0,33 | 45° |
| S14 | 1101 | $1/\sqrt{2}$ | $1/3\sqrt{2}$ | 0,75 | 75° |
| S15 | 1110 | $1/3\sqrt{2}$ | $1/\sqrt{2}$ | 0,75 | 15° |
| S16 | 1111 | $1/\sqrt{2}$ | $1/\sqrt{2}$ | 1,0 | 45° |

Modulação 16 QAM

**figura 6.18** O sistema de modulação 16QAM.

b) fase: $\theta_i = tg^{-1}\dfrac{I}{Q}$

c) portadora modulada: $s_n(t) = A_j \cos\theta_i . \cos\omega_c t - A_j \sen\theta_i \cos\omega_c t$

Na tabela 6.6, apresenta-se, como exemplo, a modulação 16QAM aplicada a um fluxo de bits aleatórios e as diversas etapas na obtenção do sinal da portadora modulada desse fluxo.

**tabela 6.6** Etapas na modulação 16QAM de um fluxo de bits aleatórios

| Quadribits | 0010 | 0110 | 0101 | 1000 | 1101 | 1001 | 0100 | 0010 | 0001 |
|---|---|---|---|---|---|---|---|---|---|
| Símbolo | $S_3$ | $S_7$ | $S_6$ | $S_9$ | $S_{14}$ | $S_{10}$ | $S_5$ | $S_3$ | $S_2$ |
| $\theta_i$ | 195° | 165° | 105° | 315° | 75° | 285° | 135° | 195° | 255° |
| $A_j$ | 0,75 | 0,75 | 0,75 | 0,33 | 0,75 | 0,75 | 0,33 | 0,75 | 0,75 |
| Q | $-1/3\sqrt{2}$ | $1/3\sqrt{2}$ | $1/\sqrt{2}$ | $-1/3\sqrt{2}$ | $1/\sqrt{2}$ | $-1/\sqrt{2}$ | $1/\sqrt{2}$ | $-1/3\sqrt{2}$ | $-1/\sqrt{}$ |
| I | $-1/\sqrt{2}$ | $-1/\sqrt{2}$ | $-1/3\sqrt{2}$ | $1/3\sqrt{2}$ | $1/3\sqrt{2}$ | $1/3\sqrt{2}$ | $-1/3\sqrt{2}$ | $-1/\sqrt{2}$ | $-1/3\sqrt{2}$ |

Observa-se que as projeções da amplitude e da fase dos símbolos sobre os eixos I e Q constituem dois sinais banda-base polares de quatro níveis que, a seguir, serão correlacionados com a portadora em fase (I) e com a portadora em quadratura (Q), que constituem os respectivos sinais na saída dos canais I e Q. A soma desses dois sinais formam o sinal da portadora modulada em QAM.

### 6.4.2 sistemas de modulação N-QAM

Dependendo das condições de amplitude do sinal e do ruído do canal (razão sinal ruído), os esquemas de modulação QAM podem ser estendidos para conjuntos de $N$ símbolos em que $N$ pode assumir valores de potências binárias que variam de 2 a 256 símbolos. Os sistemas mais usuais são listados na tabela 6.7.

Conclui-se facilmente, a partir da tabela 6.7 e da figura 6.19, que, quanto maior for a ordem $N$ da modulação QAM, mais sensível a modulação será em relação à razão sinal ruído do sistema ($S/N$) ou à relação de potências ($E_b/N_o$). Assim, como o ruído se traduz em uma probabilidade de erro nos sistemas de transmissão banda-base (conforme visto na seção 5.5.1), os mesmos conceitos podem ser aplicados aos sistemas de modulação N-QAM.

O parâmetro que traduz melhor esta vinculação é a distância mínima euclidiana ($d_{min}$) de um ponto qualquer da constelação com os seus vizinhos mais próximos. Como em sistemas de modulação digital costuma-se privilegiar a relação de potências $E_b/N_o$, em vez da tradicional relação S/N, neste caso se aplica a distância quadrática mínima $(d_{min})^2$.

**tabela 6.7** Características técnicas de algumas modulações N-QAM

| N-QAM | Bits/símbolo $m$ | Amplitudes $A_j$ [v] | Fases $\theta_i$ | Dist. mínima $d_{min}$ [v] | (Dist. mínima)² $(d_{min})^2$ [j] |
|---|---|---|---|---|---|
| 2QAM/BPSK | 1 | 1 | 2 | 2 | 4 |
| 4QAM/QPSK | 2 | 1 | 4 | 1,414 | 2 |
| 8QAM/8PSK | 3 | 1 | 8 | 0,586 | 0,343 |
| 16QAM | 4 | 3 | 12 | 0,471 | 0,222 |
| 32QAM | 5 | 5 | 28 | 0,337 | 0,113 |
| 64QAM | 6 | 10 | 48 | 0,202 | 0,040 |
| 128QAM | 7 | 15 | 54 | 0,148 | 0,022 |

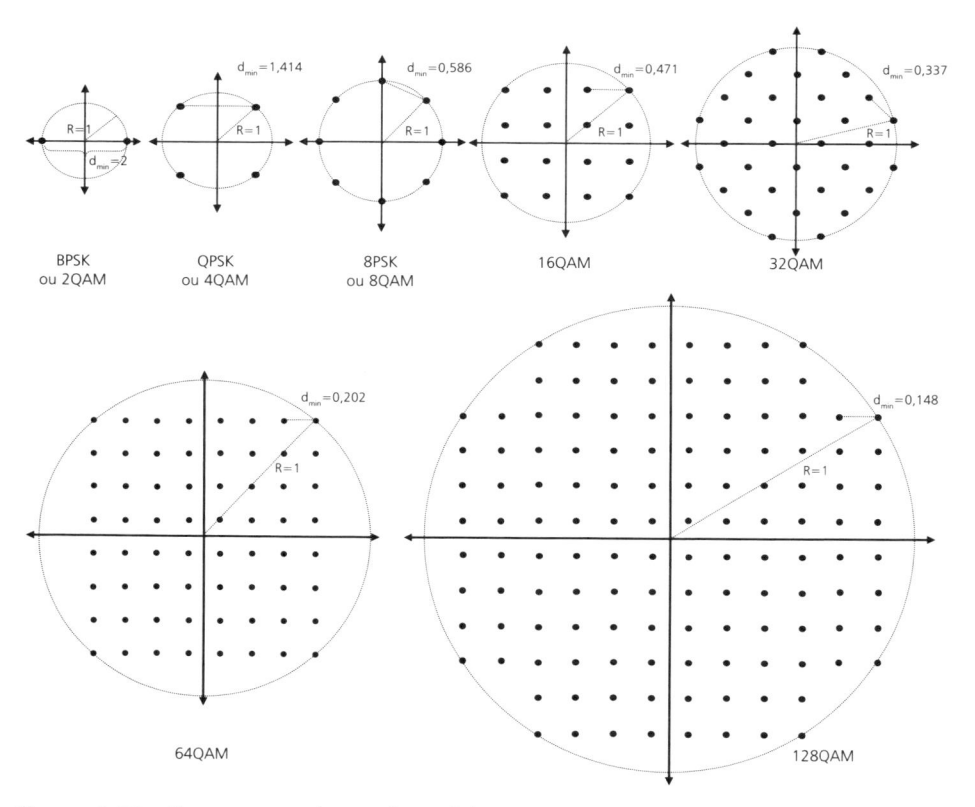

**figura 6.19** Algumas constelações de modulações N-QAM.

## ■ exemplo de aplicação

Considerando-se as curvas de desempenho de sistemas de modulação QAM da figura 6.20, vamos supor que se queira transmitir um sinal 8-PSK a um BER de $10^{-8}$ que corresponde a uma relação de potências de 15,3 dB.

Supondo que esta potência não está disponível, o que poderia ser feito para realizar essa transmissão sem que mude o BER?

Pela figura 6.20, pode-se observar que a solução seria passar para uma modulação do tipo QPSK, com o mesmo BER e uma relação de potências de apenas 12 dB. Essa diminuição da potência de 3,3 dB com o mesmo BER deu-se à custa de uma diminuição da taxa de transmissão para a metade (R/2).

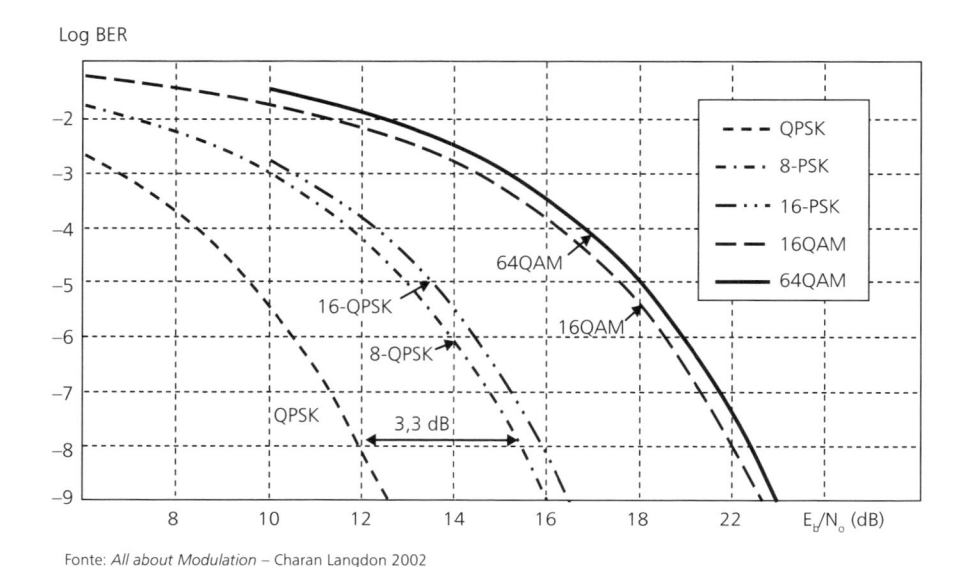

Fonte: *All about Modulation* – Charan Langdon 2002

**figura 6.20** Curvas de desempenho de alguns sistemas N-QAM, de acordo com Langton (2002b).

## 6.5 modulação TCM

A **modulação TCM** (*Trellis Code Modulation*) foi inventada por Gottfried Ungerboeck (*1940, Áustria), em 1976, que publicou seu trabalho em 1982, causando um grande impacto nas comunicações digitais (Ungerboeck, 1987). Inicialmente, foi aplicada principalmente em *modems* de canal de voz, com taxas de 14,4 kbit/s a 33.4 kbit/s com muito sucesso.

Hoje, a técnica TCM vem sendo usada em praticamente todos os sistemas modernos de comunicação de dados, concatenada com outros códigos de canal recentes. Entre os atuais sistemas em que encontramos TCM destacamos: HDTV (*High Definition TV*), CATV, DBS (*Direct Broadcast Satellite*) e *modems* DSL (*Digital Subscriber Loop*). Essa técnica pode ser considerada um misto de codificação convolucional com uma técnica de modulação QAM.

### 6.5.1 fundamentação teórica do TCM

Antes de entrarmos na modulação por codificação em treliça, ou simplesmente TCM, vamos definir alguns conceitos importantes que nos permitirão entender melhor o que acontece nesta modulação. Apresentaremos a conceituação de distância euclidiana, distância de Hamming e as principais características da codificação convolucional. Por último, mostraremos como este modulador/codificador, em conjunto com técnicas de mapeamento QAM, pode resultar em um eficiente sistema de comunicação de dados.

Distância Euclidiana entre dois pontos $p_1(x_1,y_1)$ e $p_2(x_2,y_2)$ é definida pela distância mínima entre dois pontos, o que é dado por:

$$d = \sqrt{(x_1 - x_2)^2 + (y_1 - y_2)^2}$$

Para sinais, pode-se definir também uma distância euclidiana no plano Q-I. Assim, por exemplo, para uma constelação 8PSK (ou 8QAM) podemos calcular as diversas distâncias euclidianas entre os pontos da constelação, como mostrado na figura 6.21(a), ou podemos calcular as distâncias euclidianas ao quadrado, como em 6.21(b). Essas distâncias são normalizadas para R = 1 e, na realidade, correspondem a amplitudes. Portanto, têm dimensões de volts. Da mesma forma, a distância ao quadrado corresponde à amplitude ao quadrado, o que, como sabemos, correspon- de à energia do sinal (Langton, 2004b).

Distância de Hamming é o conceito de distância aplicado a números binários. Essa distância é medida pelo número de bits diferentes entre dois números. Assim, por exemplo, dados os núme- ros binários 01100101 e 11011000, a distância de Hamming desses dois números será 6 (seis):

```
0 1 1 0 0 1 0 1
1 1 0 1 1 0 0 0
↑   ↑ ↑ ↑ ↑   ↑
```

Os dois números divergem em seis posições e, portanto, a distância de Hamming é igual a 6. Pode-se dizer que a distância de Hamming pertence ao mundo digital enquanto a distância Euclidiana pertence ao mundo analógico. Um último conceito importante que vamos definir é o de distância associada a uma sequência binária, ou simplesmente distância de uma sequência.

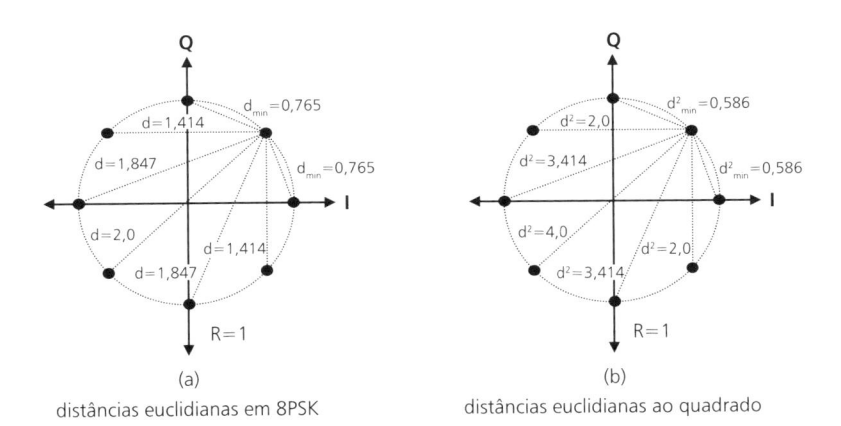

**figura 6.21** Distâncias euclidianas de uma constelação 8PSK:
(a) distâncias euclidianas (para R = 1).
(b) distâncias euclidianas ao quadrado.

Distância de uma sequência é definida como a soma euclidiana das distâncias dos símbolos desta sequência em relação a uma referência. A referência normalmente utilizada é o símbolo $s_0$. Vamos considerar como exemplo a sequência de símbolos: $S = s_1, s_4, s_1, s_3, s_6, s_0$, e vamos calcular a distância desta sequência em relação às distâncias euclidianas ao quadrado (energia), já que são essas as distâncias mais importantes para nosso estudo, como veremos adiante. Vamos assumir a alocação dos *tribits* conforme os símbolos definidos na constelação 8PSK da figura 6.22(b). Teremos, então, que a distância desta sequência $S$ será:

$$d_s^2 = (s_1 = 0{,}586) + (s_4 = 4) + (s_1 = 0{,}586) + (s_3 = 3{,}414) + (s_6 = 2) + (s_0 = 0) = 10{,}586$$

Se outra sequência qualquer $S_1$ apresentar uma distância $d_{s1}^2 = 2{,}586$, dizemos que a distância entre as duas sequências, $S$ e $S_1$, é $d^2 = d_s^2 - d_{s1}^2 = 10{,}586 - 2{,}586 = 8{,}00$, de acordo com Langton (2004b).

Finalmente, o último conceito que falta para analisar a modulação TCM é o de codificação convolucional, que apresentaremos a seguir.

### 6.5.2 codificador convolucional

Codificador convolucional ou codificador em treliça são sinônimos. Um codificador convolucional é uma estrutura em *hardware* formada por registradores (*shift registers*) e por somadores módulo 2 (portas *ou-exclusivo* ou *xor*). Portanto, é uma lógica sequencial. Genericamente, um código convolucional é definido a partir de um conjunto de três parâmetros (n, k, m):

n = número de bits paralelos na saída
k = número de bits paralelos de entrada
m = número de registradores

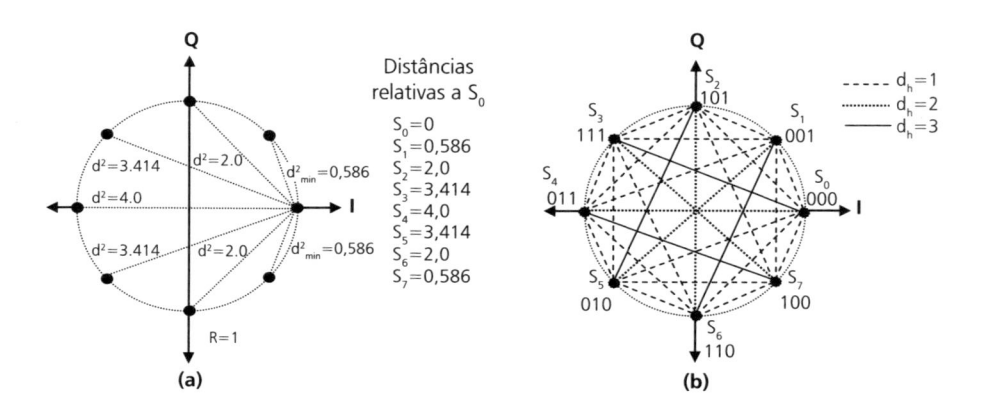

**figura 6.22** (a) Distâncias ao quadrado dos pontos da constelação 8PSK em relação ao símbolo $s_0$: 000, utilizado como referência. (b) Distâncias de Hamming das sequências do 8PSK com codificação Gray.

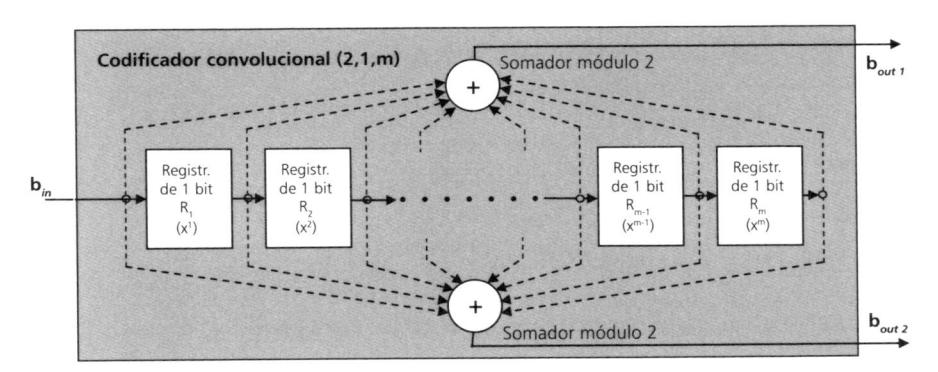

**figura 6.23** Arquitetura de uma classe de codificadores convolucionais definidos a partir de (2, 1, m), $r = 1/2$ e $L = m$.

A partir desses parâmetros, podemos definir também o chamado comprimento limitante de bits na saída (*output constraint lenght*) como $L = km$. Esse comprimento define o número de bits das memórias de codificação (registradores) que afetam a geração dos *n* bits de saída. Além disso, podemos definir também a razão de código como $r = k/n$, que relaciona a taxa de entrada com a taxa de saída. Vamos nos restringir, na nossa análise, a códigos do tipo (2, 1, m) cuja arquitetura genérica é mostrada na figura 6.23.

Para cada uma das saídas do codificador podemos definir um polinômio gerador, que facilita a obtenção dos bits codificados de saída. Para isso, associamos a cada parcela da soma módulo 2 uma potência de *x*, de acordo com o número de ordem do registrador e da parcela considerada.

Para as nossas análises, vamos considerar um codificador simples, como o da figura 6.24, baseado em Huang (1997). Nesse codificador, os polinômios geradores dos dois bits de saída são dados por: $b_{out\,1} = 1 + x + x^2$ e $b_{out\,2} = 1 + x^2$. Além disso, temos que $r = 1/2$, e o comprimento limitante de bits na saída será $L = km = 2$.

Codificadores convolucionais podem ser representados de quatro maneiras diferentes:

**1** esquemático de um circuito digital sequencial utilizando portas lógicas do tipo XOR e registradores de deslocamento de um bit, como na figura 6.24.
**2** um diagrama de treliça, por isso também o nome codificador em treliça.
**3** um diagrama de uma máquina de estados finitos (diagrama de transição de estados).
**4** diagrama em árvore.

Dessas representações, o esquemático do circuito lógico, o diagrama de treliça e o diagrama de estados são os mais utilizados.

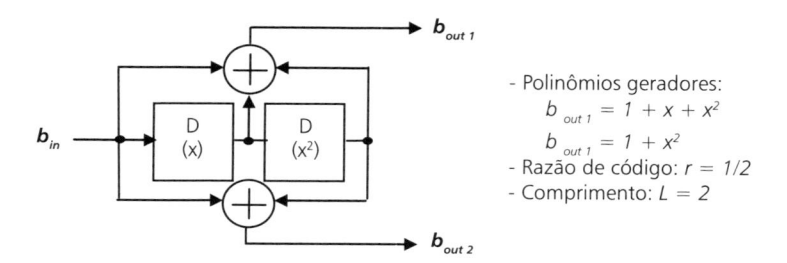

**figura 6.24** Esquema do circuito em *hardware* de um codificador convolucional (2, 1, 2), $r = 1/2$ e $L = 2$, que será utilizado nas nossas análises de TCM, baseado em Huang (1997).

As três últimas representações dependem de uma tabela de transições. O número de estados do codificador é dado por $N = 2^L = 2^2 = 4$ estados. Na figura 6.25, mostra-se uma tabela de transição que parte dos quatro estados iniciais do codificador, representados pelos valores iniciais dos dois registradores de deslocamento. A transição do estado inicial para um novo estado dos registradores depende unicamente do valor do bit na entrada.

A partir da tabela de transição de estados, pode ser obtido o diagrama de treliça do codificador, como mostrado na figura 6.25(a). Utilizando a mesma tabela de transição de estados, pode-se obter também o diagrama de estados do codificador, como mostrado na figura 6.25(b).

Vamos utilizar, em nossas análises, a representação do codificador por um diagrama em treliça. Como exemplo, vamos supor, na entrada do codificador da figura 6.24, uma sequência de bits dada por: 1, 0, 1, 1. Supondo que inicialmente o codificador está com as memórias no estado 00, a evolução do diagrama em treliça para os quatro tempos de bit é mostrada na figura 6.26. O diagrama mostra todas as transições possíveis, salientando em setas mais grossas a sequência de estados seguida pelo codificador para os quatro bits na entrada. A notação ao lado das setas grossas corresponde à notação *x(cc)*, onde *x* corresponde ao bit de entrada e *cc* aos dois bits codificados na saída. Os dois bits codificados definem o novo estado do codificador para cada *tick* do relógio.

### 6.5.3 funcionamento básico do TCM

Vistos os princípios básicos da codificação convolucional, vamos voltar à questão de como este codificador se insere na modulação TCM. Na figura 6.27, mostra-se como o bloco do codificador convolucional (ou codificador em treliça) se insere dentro da estrutura de um modulador PSK formando a modulação TCM. Chamamos a atenção que, pelo fato de termos aumentado o número de bits paralelos na entrada do modulador, este, sem o codificador convolucional, seria do tipo N-QAM. Agora, com o codificador convolucional, passa a ser de ordem (N + 1)-QAM.

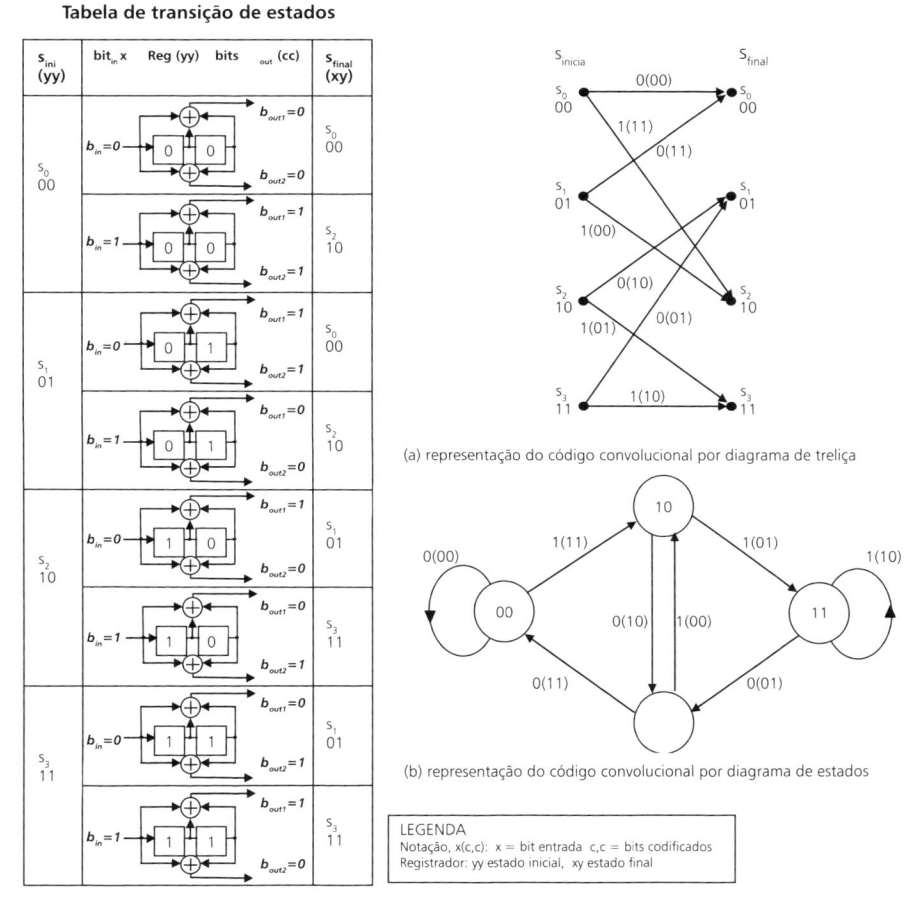

**figura 6.25** Exemplo de representação de um código convolucional a partir de sua tabela de transição dos seus $N = 2L = 4$ estados iniciais, baseado em Huang (1997).
(a) representação por diagrama de treliças.
(b) representação por diagrama de estados.

Aparentemente, pelo fato de termos dobrado o número de pontos na constelação, a taxa de bits aumentou (dobrou). Porém, a taxa de símbolos permanece a mesma. Aumentando-se o tamanho da constelação, reduz-se a distância euclidiana entre os pontos. Entretanto, utilizando-se uma técnica de codificação de sequências, obtém-se um ganho de codificação que ultrapassa a desvantagem de utilizar uma constelação QAM de ordem superior.

Na realidade, o TCM mantém a mesma banda, pois, ao dobrar o número de pontos da constelação, dobra também a taxa de bits. A taxa de símbolos, porém, permanece a mesma.

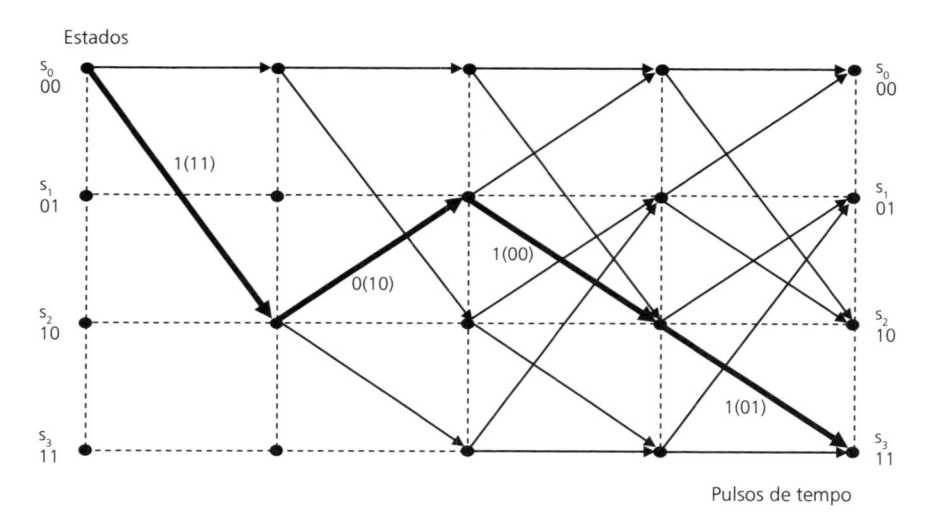

**figura 6.26** Diagrama em treliça do codificador, supondo na entrada uma sequência de bits dada por 1011. As setas grossas indicam a sequência de estados seguida pelo codificador, baseado em Huang (1997).

A codificação convolucional restringe transições permitidas para símbolos, o que equivale a uma codificação de sequências. Podemos dizer que a modulação utiliza duas codificações: a de bit e a de sequência. O modulador TCM utiliza mapeamento de constelação segundo dois subconjuntos: o primeiro, formado pelos bits codificados, define qual o subconjunto a ser usado, o segundo, formado pelos bits não convolucionados, define um símbolo dentro do subconjunto selecionado. Além disso, o mapeamento de constelação utilizando partição em

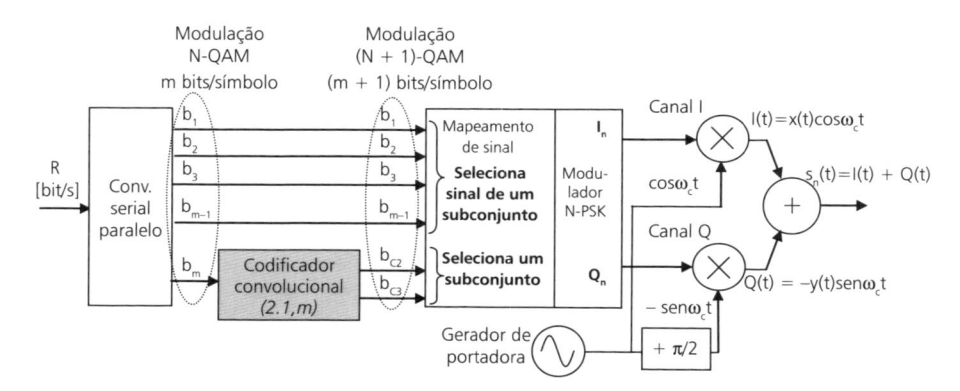

**figura 6.27** Modulador TCM genérico com codificador convolucional tipo (2, 1, m).

dois subconjuntos de pontos utiliza numeração dos bits nos pontos da constelação segundo ordem de numeração natural e não segundo o código Gray.

A decodificação TCM pode ser feita de duas maneiras: baseada em critérios de distância euclidiana ou baseada em critérios de distância de Hemming. Quem se ocupou por primeiro deste problema foi Andrew Viterbi, em 1967. Viterbi sugeriu um algoritmo de decodificação de códigos convolucionais para ser utilizado em enlaces de transmissão digital com ruído. Conhecido como algoritmo de Viterbi, é atualmente muito utilizado em sistemas celulares para correção de erros, em sistemas de reconhecimento de voz, em análises de DNA e em muitas outras áreas que utilizam modelos de estados markovianos.

O algoritmo de Viterbi baseado em critérios de distância de Hamming é conhecido como HDVA (*Hard Decision Viterbi Algorithm*). A decisão para determinar a sequência mais provável dos bits recebidos é chamada de *hard decision* porque é baseada numa métrica binária de dois valores do tipo maior ou menor distância. Já o algoritmo de Viterbi baseado em distâncias euclidianas é conhecido como SDVA (*Soft Decision Viterbi Algorithm*). Nesse, a decisão sobre a sequência mais provável transmitida é baseada em uma métrica que adota uma escala com múltiplos valores.

### ■ exemplo de aplicação

O exemplo a seguir pretende mostrar, por etapas, o funcionamento de um modulador e demodulador TCM simples, baseado em Huang (1997). Vamos considerar um modulador TCM como o da figura 6.28, em que o fluxo de bits de entrada é paralelizado para dois bits. O primeiro desses bits ($b_1$) não é codificado, enquanto o segundo ($b_2$) é passado por um codificador convolucional tipo (2,1,2), como o da figura 6.24. Desse modo, o bloco mapeador associa 3 bits a cada símbolo de constelação, o que corresponde a um modulador 8PSK ou 8QAM, como o da figura 6.28. O primeiro bit, $b_1$, é um bit de informação que não é alterado. Já o bit $b_2$ passa pelo codificador convolucional e gera dois bits codificados na saída ($b_2 \rightarrow b_{c1}$ e $b_{c2}$). Vamos nos concentrar nesses dois bits codificados e em como podemos determinar a sequência mais provável desses bits no receptor e assim recuperar o bloco de bits enviado.

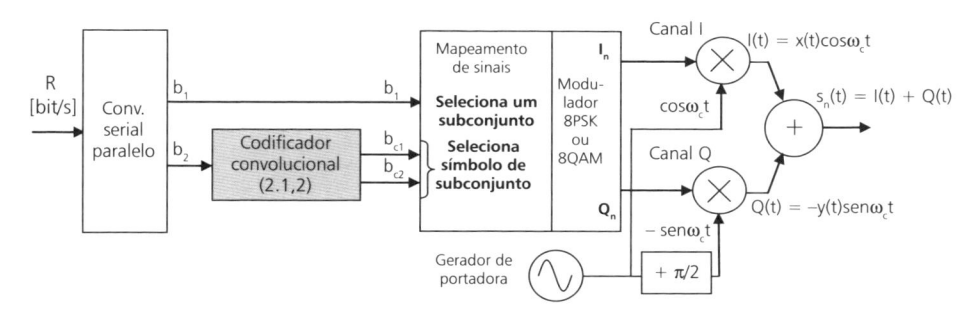

**figura 6.28** Modulador TCM com um codificador convolucional (2, 1, 2) e modulação 8PSK (ou 8QAM).

Para isso, vamos considerar uma sequência de bits de informação na entrada do codificador dada por $d = \{1,0,1,0,1\}$. A esta sequência são adicionados no final dois bits zero para forçar o codificador de volta ao estado $s = 00$. O número de zeros a serem adicionados no final da sequência de informação deve ser igual a $m$, número de memórias do codificador. A sequência real de bits a serem transmitidos será, portanto:

$$x = \{1010100\} \quad (6.20)$$

Essa sequência $x$ *originará*, na saída do codificador, uma sequência codificada $c$ de acordo com o diagrama em treliça do codificador, dado na figura 6.25(a):

$$b_{c1}, b_{c2} \rightarrow c = \{11, 10, 00, 10, 00, 10, 11\} \quad (6.21)$$

Essa sequência, junto com os bits de informação não codificados, é mapeada para a constelação de modulação 8PSK e transmitida por um canal com ruído. No receptor, é detectada uma sequência $r$ de bits de recepção dada por:

$$r = \{1\underline{0}, 10, 00, 10, 00, 10, 11\} \quad (6.22)$$

Observa-se que essa sequência diverge da sequência $c$ original (6.21) com relação ao segundo bit, que está sublinhado, e que deveria ser *um*.

A seguir, vamos detalhar o processo de decodificação no receptor para demonstrar a capacidade de correção de erros do TCM. Visto que na seção anterior já foi detalhado o processo de codificação, vamos lembrar aqui somente alguns pontos importantes.

A representação do codificador convolucional do modulador TCM desse exemplo corresponde ao diagrama de treliça da figura 6.25(a). É assumido que o estado inicial do codificador é sempre o estado $s_0 = (00)$, e as sequências permitidas são as mesmas da figura 6.26. Na figura 6.30(a), apresenta-se o diagrama em treliça desse mesmo codificador para blocos de cinco bits de informação, mais os dois bits em zero no final, num total de 7 bits. A sequência $r$ (6.22) recebida está assinalada com círculos na mesma figura.

Vamos apresentar a seguir, de forma simplificada e adaptada ao nosso exemplo, o funcionamento do algoritmo HDVA, que fará a validação da sequência $r$ recebida, ou a sua correção, conforme Huang (1997). O algoritmo adota métricas baseadas na distância de Hamming

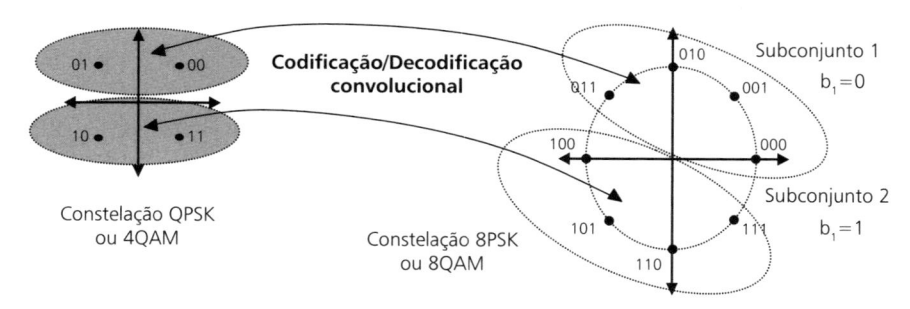

**figura 6.29** Codificação/decodificação utilizando subconjuntos parciais.

(a) diagrama de treliça do codificador com a sequência recebida r={10,10,00,10,00,10,11} assinalada por círculos.

(b) diagrama das distâncias de Hemming em relação aos *bits* de código recebidos (*bits* assinalados com um círculo na figura anterior) para as transições num determinado intervalo de tempo.

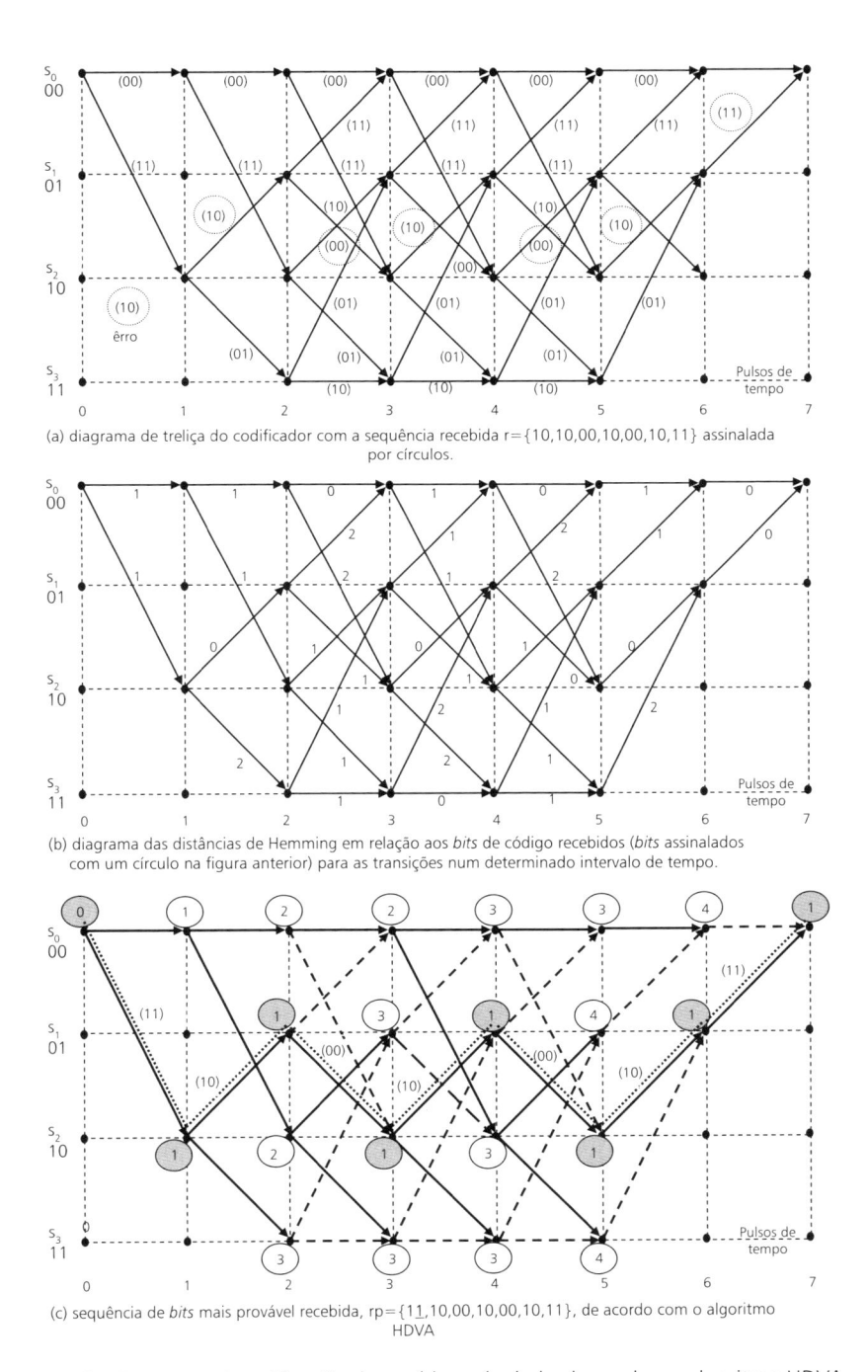

(c) sequência de *bits* mais provável recebida, rp={11,10,00,10,00,10,11}, de acordo com o algoritmo HDVA

**figura 6.30** Etapas na decodificação de um bloco de dados baseado no algoritmo HDVA.

para assim obter a sequência mais provável do bloco de dados que foi transmitido. O algoritmo sempre converge para um caminho único.

As principais etapas do algoritmo HDVA são ilustradas na figura 6.30 e são detalhadas a seguir:

1. Inicialmente, deve-se obter o diagrama em treliça genérico do codificador, considerando que o estado inicial deve ser sempre $s_0(00)$. No final do bloco de informação são codificados mais dois *zeros* (m = 2), forçando, desta maneira, o codificador a terminar no estado $s_0(00)$. Na figura 6.30(a), mostra-se o diagrama em treliça com todas as transições permitidas. Assinalamos com círculos a sequência recebida $r$ = {10,10,00,10,00,10,11}.

2. Para cada transição da treliça calculamos a distância de Hamming. Esse cálculo é feito considerando-se como referência os bits recebidos num determinado tempo t (assinalados com um círculo na figura 6.30(a), em relação a todas as transições válidas nesse intervalo de tempo.

$$d_h = |r_t - y_t| \text{ com } t = 0,1,2,...,6,7 \quad (6.30)$$

Nessa expressão, $y$ corresponde aos bits de cada transição válida no tempo t, e r aos bits recebidos neste tempo t.

3. A seguir, para cada estado válido do diagrama de treliças calculamos um escore $V(t,i)$, em que $t = 1,2..,6,7$ (tempos) e $i = 0,1,2,3$ (estados), e definimos $V(0,i) = 0$. A expressão genérica para o escore de um estado qualquer será dado por:

$$V(t,i) = V(t-1,j) + |r_t - y_t|_j \quad (6.31)$$

Essa expressão é valida para qualquer $t = 1,2,...,7$ e qualquer $i$ ou $j$ no intervalo $(0,1,2,3)$, desde que $j = i - 1$.

4. No caso, quando mais de uma transição converge para um determinado estado, o escore deste estado será daquela transição que apresentar o menor valor de escore do estado anterior. As transições perdedoras são consideradas não sobreviventes e são indicadas por linhas tracejadas no diagrama da figura 6.30(c). Assinalamos nesse diagrama, também, todos os escores dos estados válidos ao longo do tempo (t = 0,1...6,7).

5. Uma vez obtidos todos os escores, a sequência mais provável recebida será aquela que apresentar os menores escores ao longo de uma sequência que vá desde $s_0$ em $t = 0$, até $s_0$ em $t = 7$. Identificamos facilmente que a sequência com os menores escores é a que está identificada na figura 6.30(c) com linhas hachuradas nas transições.

6. A sequência recebida $r_p$ mais provável será então $r_p$ = {11,10,00,10,00,10,11}, em que o erro no segundo bit foi corrigido (confira (6.22)). Uma vez identificada a sequência mais provável dos bits codificados, facilmente podemos mapeá-los para a sequência de bits de entrada e obtemos $b_2$ = 1,0,1,0,1. Os bits $b_1$ (não codificados) mais os bits $b_2$, depois de serializados novamente, formam o fluxo de dados na saída do receptor.

## 6.6 ···→ técnicas de acesso por múltiplas portadoras

Antes de entrarmos na conceituação do que vem a ser um sistema de acesso por múltiplas portadoras, vamos tentar situar o contexto histórico das comunicações no início deste milênio.

O surgimento dos sistemas celulares na década de 1980 e sua utilização no acesso à internet provocou uma revolução nas comunicações. Uma segunda tecnologia, com não menos importância, surgiu no início da década de 1990, também na área de sistemas sem fio, as chamadas redes WLANs (*Wireless Local Area Network*). As WLANS facilitaram o acesso à internet dos assim chamados PDAs (*Personal Digital Assistant*), como os *Palmtops* e os *Laptops*; o acesso passou a ser portátil e móvel.

Hoje, a maioria do tráfego de acesso à internet é feito ou por dispositivos celulares ou através de PDAs via redes sem fio. Ambas as tecnologias, devido à mobilidade que oferecem, contribuem decisivamente para o modelo de informação ubíquo que é buscado pela internet, ou seja, qualquer informação, disponível a qualquer hora e em qualquer lugar.

O vertiginoso desenvolvimento do DSP (*Digital Signal Processing*) na última década, proporcionado pelos estrondosos avanços da microeletrônica, alavancou o desenvolvimento de sistemas de comunicação de dados cada vez mais sofisticados e eficientes. Os atuais sistemas móveis apresentam taxas da ordem de dezenas de Mbit/s, alta eficiência espectral e alto partilhamento dos recursos por múltiplos usuários (Roberts, 2008).

Duas tecnologias de acesso múltiplo com múltiplas portadoras despontam neste contexto e disputam, por assim dizer, a preferência dos engenheiros e usuários:

1 CDMA (*Code Division Multiple Access*) e suas variantes; e
2 OFDMA (*Ortogonal Frequency Division Multiple Access*).

As duas tecnologias possuem algumas semelhanças entre si. *Grosso modo*, pode-se dizer que ambas utilizam um conceito de multiportadoras, conforme se observa na figura 6.31. Além disso, o CDMA utiliza um conjunto de portadoras digitais ortogonais no domínio tempo (códigos pseudoaleatórios), enquanto o OFDMA utiliza um conjunto de portadoras ortogonais no domínio frequência. Ambas possuem esquemas de acesso múltiplo, o que as torna aptas para aplicações em sistemas sem fio com múltiplo acesso.

Chamamos a atenção para uma propriedade comum às duas tecnologias de acesso múltiplo, qual seja, a ortogonalidade entre si das subportadoras na técnica OFDMA, bem como a ortogonalidade das portadoras digitais (códigos pseudoaleatórios) no CDMA. A seguir, vamos apresentar as principais características dessas duas técnicas, suas variantes e suas aplicações mais importantes nos modernos sistemas de transmissão sem fio (Haykin; Moher, 2008).

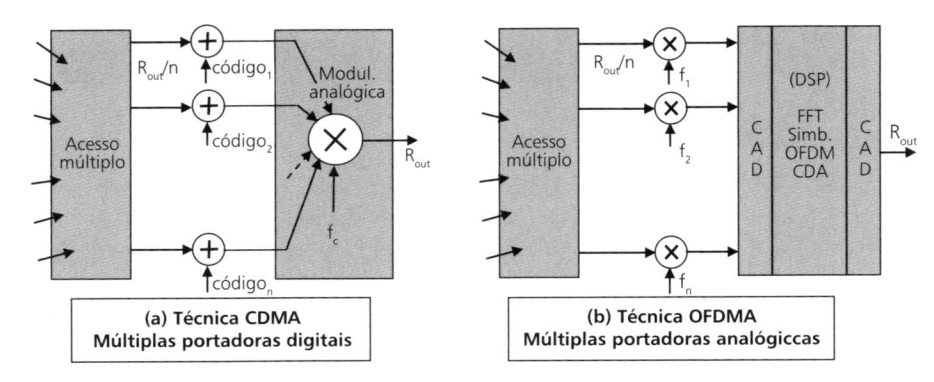

**figura 6.31** Técnicas de acesso múltiplo por múltiplas portadoras, de acordo com Langton (2004a): (a) CDMA ou Espalhamento Espectral e (b) OFDMA.

## 6.7 ⋯→ técnicas de espalhamento espectral por códigos (CDMA)

Na área de sistemas celulares, surgiu, em 1992, a partir de uma patente da Qualcom dos Estados Unidos, a tecnologia conhecida como CDMA como uma alternativa à tecnologia TDMA (*Time Division Multiple Access*), dominante nos sistemas celulares da época (Prasad; Ojanperä, 1998).

O CDMA surge oferecendo uma grande robustez em relação à mobilidade, além de uma alta eficiência espectral, muito acima dos sistemas tradicionais da época. A tecnologia, hoje em dia, está incorporada tanto no padrão de sistemas celulares 3G (Terceira Geração) norte--americano, conhecido como CDMA-2000, como no padrão 3G europeu, conhecido como W-CDMA (*Wide-Band* CDMA), conforme Kopp (2005).

O CDMA é uma técnica de espalhamento do espectro da informação através de um código pseudoaleatório de taxa bem mais elevada do que a informação. Os códigos pseudoaleatórios funcionam como portadoras digitais no domínio tempo, com taxa de bit/s bem mais elevada do que o fluxo de informação que modulará esta portadora. O sinal digital resultante é transmitido a seguir por uma única portadora analógica no domínio tempo. Para distinguir a porção do espectro de cada usuário na recepção, o código pseudorrandômico do usuário é correlacionado no receptor com o sinal de recepção e, desta forma, é recuperado o espectro do sinal transmitido pelo usuário. Para que isso funcione em múltiplo acesso é necessário que os códigos dos usuários sejam ortogonais entre si.

Lembramos que dois códigos, $c_1(x_1, x_2, ..., x_n)$ e $c_2(y_1, y_2, ..., y_n)$, são ditos ortogonais se o produto dos dois atende às seguintes propriedades:

$$\sum_{i=1}^{n}(x_i . y_i) = 0 \quad \text{com} \quad x_i \neq y_i \quad (6.32)$$

Capítulo 6 ⋯→ Técnicas de Modulação 217

```
                              ⎧ Sequência fixa
                              ⎪ Aplicação em WLAN IEEE 802.11
                   ⎧ DS-SS   ⎨
                   ⎪ (Direct) ⎪ Acesso múltiplo. Um código PN por usuário.
                   ⎪ Sequence)⎩ Sist. Cel. 3G (CDMA2000 e W-CDMA)
                   ⎪
Spread Spectrum (SS)⎨ FH-SS (Frequency Hopping SS))
Espalhamento espectral⎪ Aplicação principal: WLAN IEEE802.11b
                   ⎪
                   ⎪ TH-SS (Time Hopping SS)
                   ⎩ Aplicação principal: UWB IEEE 802.15.3
```

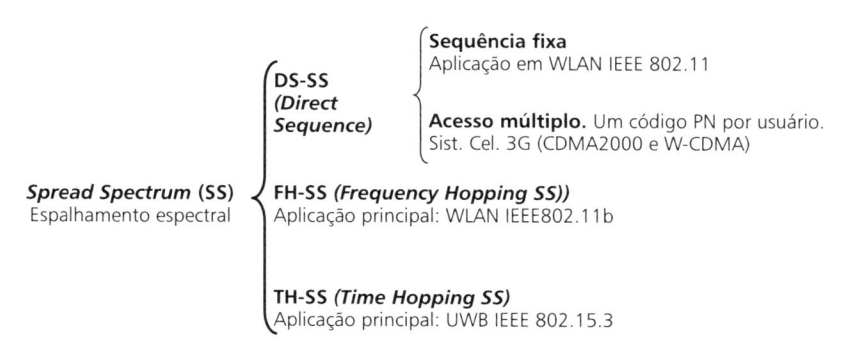

**figura 6.32** Técnicas básicas de SS (*Spread Spectrum*) e suas aplicações.

e, além disso, que:

$$\sum_{i=1}^{n}(x_i \cdot y_i) \neq 0 \quad \text{com} \quad x_i = y_i \quad (6.33)$$

O CDMA, portanto, pode ser considerado um sistema de múltiplas portadoras digitais ortogonais no domínio tempo, como pode ser observado na figura 6.31(a).

As diferentes técnicas de espalhamento espectral podem ser classificadas como mostrado na figura (6.32). Observa-se que existem três classes básicas de técnicas de espalhamento espectral que utilizam códigos pseudoaleatórios ou códigos PN (*Pseudo Noise*): DS-SS (*Direct Sequence-Spread Spectrum*), FH-SS (*Frequency Hopping-Spread Spectrum*) e TH-SS (*Time Hopping-Spread Spectrum*).

As três classes têm em comum o acesso múltiplo e a utilização de algum tipo de código pseudoaleatório para efetuar o espalhamento espectral e a individualização do acesso. Como todas as três classes utilizam algum tipo de código pseudoaleatório, podem ser consideradas, portanto, como técnicas do tipo CDMA. Além destas três classes fundamentais, cada classe apresenta ainda diversas variantes, que não serão abordadas aqui. A seguir, apresentaremos as principais características de cada uma dessas classes, além das suas principais aplicações.

### 6.7.1 DS-SS (*Direct Sequence Spread Spectrum*)

Esta classe de espalhamento espectral é a técnica mais antiga e mais tradicional. Também é conhecida simplesmente como CDMA. Espalhamento espectral pode ser definido como uma técnica de modulação em que a largura de banda usada para transmissão é muito maior do que a banda mínima necessária para transmitir a informação. Dessa forma, a energia do sinal transmitido passa a ocupar uma banda muito maior do que a banda da informação. A figura 6.33 mostra de forma mais detalhada este espalhamento. Ali pode ser observado

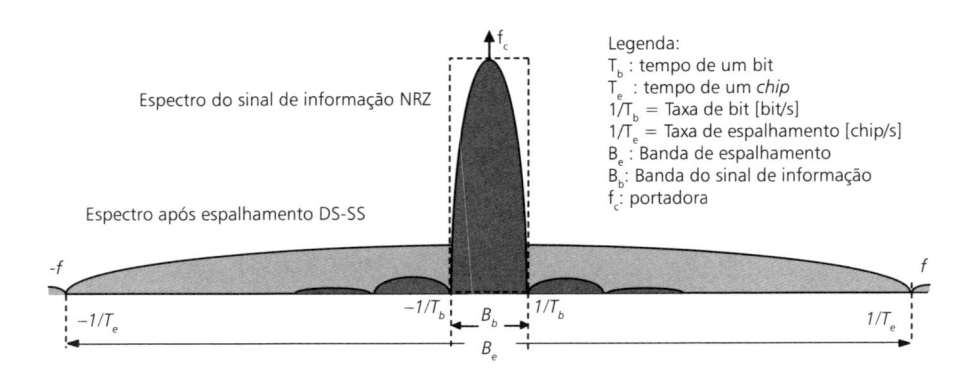

**figura 6.33** Espalhamento espectral de um sinal de informação NRZ fazendo-se uma modulação digital da informação (bit/s) com um código PN (chip/s).

que o espectro dos pulsos de informação contidos na banda $B_b$ é espalhado segundo uma banda de espalhamento $B_e >> B_b$.

O espalhamento espectral pode ser feito de várias maneiras. Uma maneira simples é por meio de uma modulação de uma portadora digital, que apresenta uma taxa de bits muito maior do que a taxa de informação. Esses bits da portadora digital, para não serem confundidos com os bits de informação, são chamados de *chips*. Por isso, dizemos que, para que haja espalhamento espectral, a taxa de chips/s deve ser bem maior do que a taxa de bits/s da informação. A modulação de dois sinais digitais é um processo totalmente digital e, a princípio, pode ser realizado por qualquer porta lógica com duas entradas. Na figura 6.34, por exemplo, mostra-se um processo de modulação de uma portadora digital utilizando-se uma porta lógica do tipo *ou-exclusivo* ou *exclusiv-or*, usado tanto no processo de modulação como no de demodulação. A sequência de *chips* deve ser única para cada usuário e ortogonal em relação a qualquer outro código pseudoaleatório para que a informação possa ser recuperada (Kopp, 2005).

A técnica de espalhamento espectral vista desta forma parece ser contraditória, já que utilizamos uma largura de banda bem maior do que a necessária para transmitir a informação. Três características, no entanto, justificam a sua utilização:

**1** a banda de espalhamento pode ser ocupada simultaneamente por múltiplos usuários com interferência mínima de um em relação aos outros.
**2** a potência do sinal de cada usuário pode ser bem abaixo da potência do ruído ou da interferência mútua observada na banda do canal.
**3** sinais de espalhamento espectral são muito robustos em relação a interferências de banda estreita. O processo de recuperação do sinal de informação filtra fora os sinais de interferência que se confundem com o ruído de fundo

A primeira característica pode ser justificada pela modulação digital da informação segundo um código PN único para cada usuário e ortogonais entre si. No receptor, ao ser feita uma correlação entre o sinal recebido e o código PN do usuário, recuperamos a informação original deste usuário.

Já a segunda característica pode ser justificada a partir do teorema de Schannon/Hartley sobre a capacidade máxima de um canal que apresenta uma determinada relação sinal ruído (seção 1.6), e que estabelece o seguinte:

$$C = B\ log_2(1+\frac{S}{N})\qquad(6.34)$$

Essa expressão nos diz que, a princípio, é possível negociar banda $B$ por relação sinal ruído $S/N$. Assim, para um canal sem ruído, ou $S/N \to \infty$, seria possível uma taxa de informação $R$ infinita, independente da largura de banda $B$. Por outro lado, para $B \to \infty$, a capacidade $C$ não tende para infinito, já que, com o aumento da banda $B$, a potência do ruído também aumenta. Lembramos que a função densidade espectral de potência do ruído é dada por $N_0/2$ (espectro bilateral) e, portanto, a potência total do ruído em uma banda $B$ será dada por $N = BN_0$. Deste modo, a expressão (6.34) pode ser escrita como:

$$C = B\ log_2\left(1+\frac{S}{N}\right) = B\ log_2\left(1+\frac{S}{BN_0}\right) = \frac{S}{N_0}\left(\frac{N_0 B}{S}\right)log_2\left(1+\frac{S}{BN_0}\right)\qquad(6.35)$$

Fazendo $x = S/BN_0$ e substituindo em (6.35) resulta:

$$C = \frac{S}{N_0}\left(\frac{1}{x}\right)log_2(1+x) = \frac{S}{N_0}log_2(1+x)^{1/x}$$

Fazendo $B \to \infty$ então $x \to 0$. Lembrando que $\lim_{x \to 0}(1+x)^{1/x} = e$, teremos então:

$$C_{B\to\infty} = \frac{S}{N_0}log_2\ e = 1,44\frac{S}{N_0}\qquad(6.36)$$

A partir da expressão 6.36, conclui-se que, mesmo que tenhamos $S/N \to 0$, mas $B$ sem limites, ou seja $B \to \infty$, existe uma capacidade $C$ de transmissão de informação que é finita e independente da banda $B$ do canal, ou seja: $C_\infty = 1,44\frac{S}{N_0}$.

É esta a base teórica da técnica de espalhamento espectral, ou seja, a técnica permite transmitir informação usando sinais que, na realidade, são muito mais fracos que o próprio ruído de fundo do canal. Em outras palavras, pode-se negociar $S/N$ por largura de banda $B$ do canal. Quanto menor for a relação $S/N$, maior deverá ser a banda necessária, e vice-versa. O espalhamento espectral faz exatamente isto, utiliza para transmitir a informação uma banda ($B_e$) bem maior e, com isto, pode usar potências de sinais bem menores (Kamen; Heck, 2006).

Por último, na terceira característica, salientamos o fato de que os sinais de espalhamento espectral são muito robustos em relação a interferências, pois o processo de recuperação do sinal de informação é feito através de um correlacionador que rejeita os sinais de interferência.

### ■ exemplo prático de espalhamento espectral por CDMA

Vamos mostrar, a seguir, como na prática pode-se fazer este espalhamento espectral, ou esta modulação digital, de uma forma bastante simples. O modulador no transmissor, por

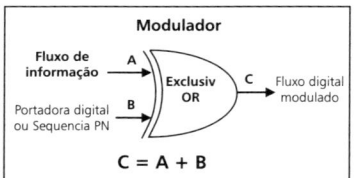

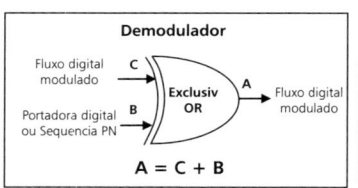

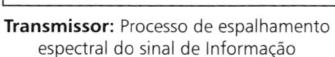

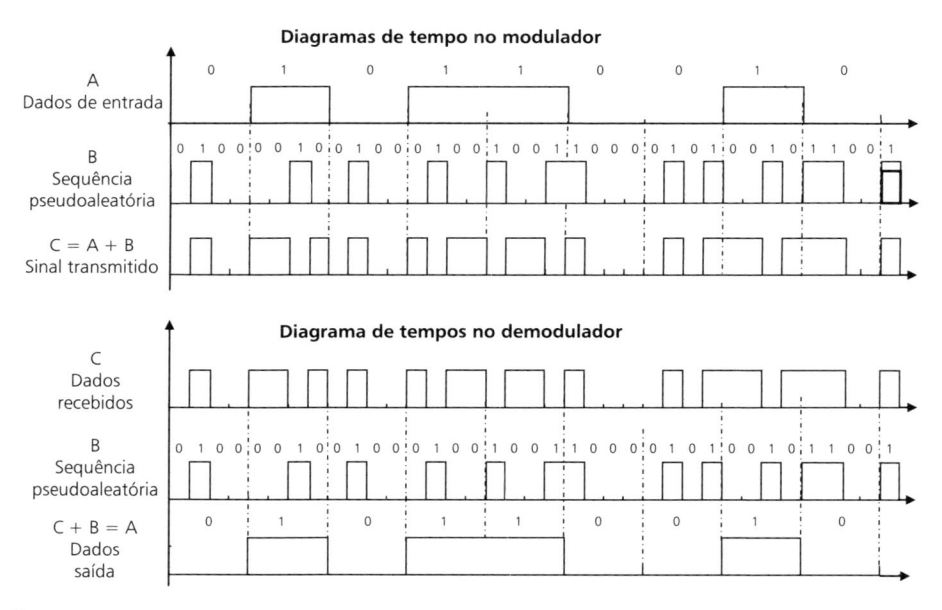

**figura 6.34** Processo de modulação (espalhamento) e demodulação digital de um sinal de informação utilizando uma porta lógica do tipo *exclusiv-or*.

exemplo, consiste de uma porta lógica do tipo *xor* com duas entradas. Numa das entradas é aplicado o fluxo de informação NRZ, enquanto na outra é aplicada a portadora digital ou a sequência PN (*Pseudo Noise*). A saída da porta corresponde ao sinal de informação espalhado. Este sinal é transmitido e recebido no receptor. O sinal recebido é aplicado a uma porta *xor*, junto com a sequência PN, o que constitui o correlacionador. Na saída da porta, recuperamos a informação transmitida.

Na figura 6.34, mostram-se as diversas etapas, tanto do processo de espalhamento no transmissor, como do processo de recuperação da informação no lado do receptor. No exemplo da figura em questão, a taxa de *chips* $R_c$ é somente quatro vezes maior que a taxa de bits de informação $R_b$ para implificar a figura.

Para que haja espalhamento dentro de um região espectral é necessário que a taxa $R_b$ [bit/s] de informação seja associada a uma alta taxa de *chips* $R_s$ [ch/s] da portadora digital. Podemos definir um ganho de processamento, ou grau de espalhamento, como:

$$G = R_s / R_b \text{ [ch/bit]}, \text{ em que } G \text{ deve ser muito maior que 1}.$$

Hoje, os ganhos de processamento podem chegar a ordens de 100 a 1000 vezes a taxa de informação.

Vamos mostrar, a seguir, como podem ser gerados os códigos PN. Uma das maneiras de obter códigos ortogonais entre si é a partir da chamada matriz de Hadamard/Walsh.

Antes de introduzirmos a matriz de Haddamard/Walsch, vamos lembrar que os sinais binários 0 e 1 (NRZ) podem ser substituídos pelos sinais bipolares $+1$ e $-1$, respectivamente. Então, a operação *vezes* é equivalente à *soma módulo 2*, como se observa na figura 6.35.

Uma matriz de Hadamard/Walsh, que representaremos por $W_L$, corresponde a uma matriz $L \times L$, em que $L = 2^n$ (com $n = 1,2,3,..$), ou seja, $L$ é uma potência inteira de dois. Os elementos da matriz são binários e podem ser tanto os dígitos binários *0* e *1*, como podem ser os símbolos NRZ polares $+1$ e $-1$, respectivamente. Vamos nos restringir aos elementos $+1$ e $-1$, mais convenientes, para demonstrar as propriedades desta matriz.

Na figura 6.36, mostra-se como pode ser gerada uma matriz Hadamard/Walsh de ordem $L$ qualquer, a partir da matriz $L/2$ anterior.

As matrizes de Hadamard/Walsh, conforme Langton (2002c), possuem as seguintes propriedades:

**1** uma coluna qualquer, exceto a primeira coluna, possui sempre o mesmo número de zeros ($+1$) e uns ($-1$). A primeira coluna possui somente zeros ($+1$).
**2** o produto de duas colunas quaisquer de uma Matriz $H_L$ gera um novo código com a mesma propriedade anterior.
**3** a soma algébrica do produto de uma coluna por outra qualquer é sempre nula, são, portanto, ortogonais.

| + | | |
|---|---|---|
| P | Q | R |
| 0 | 0 | 0 |
| 0 | 1 | 1 |
| 1 | 0 | 1 |
| 1 | 1 | 0 |

| × | | |
|---|---|---|
| P | Q | R |
| +1 | +1 | +1 |
| +1 | −1 | −1 |
| −1 | +1 | −1 |
| −1 | −1 | +1 |

Convenção:
Digito binário 1 → −1
Digito binário 0 → +1

**figura 6.35** Operações equivalentes de *soma módulo* 2 com dígitos binários e multiplicação de símbolos NRZ polares.

$$H_1 = [+1] \quad H_2 = \begin{bmatrix} +1 & +1 \\ +1 & -1 \end{bmatrix}$$

A soma do produto da coluna 2 pela coluna 6 será:
+1+1+1+1-1-1-1-1 = 0
(Ortogonalidade destes dois códigos)

$$H_4 = \begin{bmatrix} +1 & +1 & +1 & +1 \\ +1 & -1 & +1 & -1 \\ +1 & +1 & -1 & -1 \\ +1 & -1 & -1 & +1 \end{bmatrix}$$

Já a soma do produto da coluna 2 por ela mesma será:
+1+1+1+1+1+1+1+1= 8

$$H_8 = \begin{bmatrix} +1 & +1 & +1 & +1 & +1 & +1 & +1 & +1 \\ +1 & -1 & +1 & -1 & +1 & -1 & +1 & -1 \\ +1 & +1 & -1 & -1 & +1 & +1 & -1 & -1 \\ +1 & -1 & -1 & +1 & +1 & -1 & -1 & +1 \\ +1 & +1 & +1 & +1 & -1 & -1 & -1 & -1 \\ +1 & -1 & +1 & -1 & -1 & +1 & -1 & +1 \\ +1 & +1 & -1 & -1 & -1 & -1 & +1 & +1 \\ +1 & -1 & -1 & +1 & -1 & +1 & +1 & -1 \end{bmatrix}$$

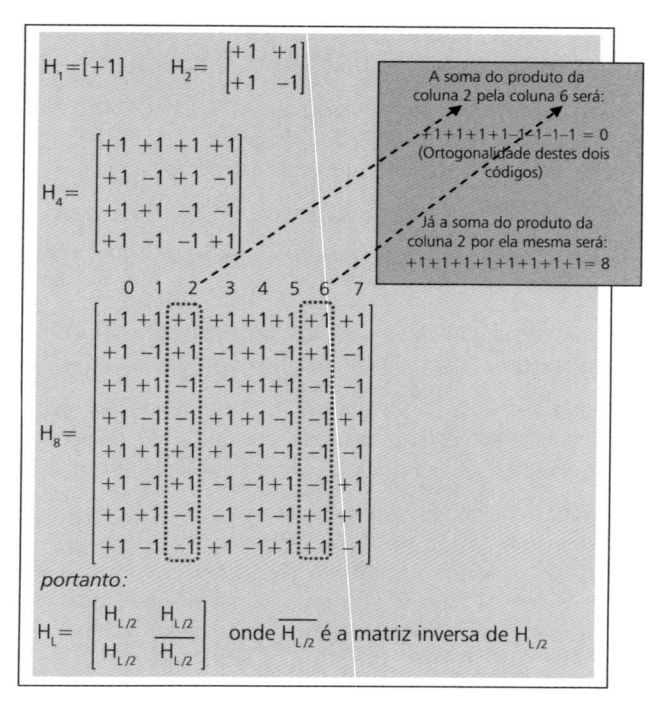

portanto:

$$H_L = \begin{bmatrix} H_{L/2} & H_{L/2} \\ H_{L/2} & \overline{H_{L/2}} \end{bmatrix} \quad \text{onde } \overline{H_{L/2}} \text{ é a matriz inversa de } H_{L/2}$$

**figura 6.36** Obtenção de códigos ortogonais a partir de uma matriz de Hadamard/Walsh de ordem $L = 8$ que dá origem a 8 códigos.

**4** a soma algébrica (S) do produto de uma coluna por ela mesma é sempre diferente de zero ($S = L$).

Devido a estas propriedades, as colunas das matrizes de Hadamard/Walsh podem ser utilizadas como códigos ortogonais para espalhamento espectral. Assim, uma matriz de ordem $L$ tem condições de fornecer até $L$ códigos ortogonais.

Por exemplo, a matriz $H_4$ possui 4 códigos, a saber: ( + 1, + 1, + 1, + 1), ( + 1 − 1 + 1 − 1), ( + 1 + 1 − 1 − 1) e ( + 1 − 1 − 1 + 1). Pode-se verificar facilmente que esses códigos atendem às propriedades de 1 a 4. Na realidade, estas mesmas propriedades se verificam também para as linhas e, portanto, tudo o que mencionamos sobre as colunas também vale para as linhas.

Na figura 6.37, mostra-se um diagrama simplificado do transmissor e receptor de um sistema DS-SS. Chamamos a atenção da dupla modulação no transmissor: primeiro uma modulação digital (espalhamento espectral), seguida de uma modulação analógica convencional. No receptor DS-SS, o bloco-chave é o correlacionador em que é feita a correlação entre o sinal da entrada e a sequência direta do código PN local. Na saída, obtemos o sinal de informação correspondente que, após um processo de demodulação convencional, recupera a informação transmitida.

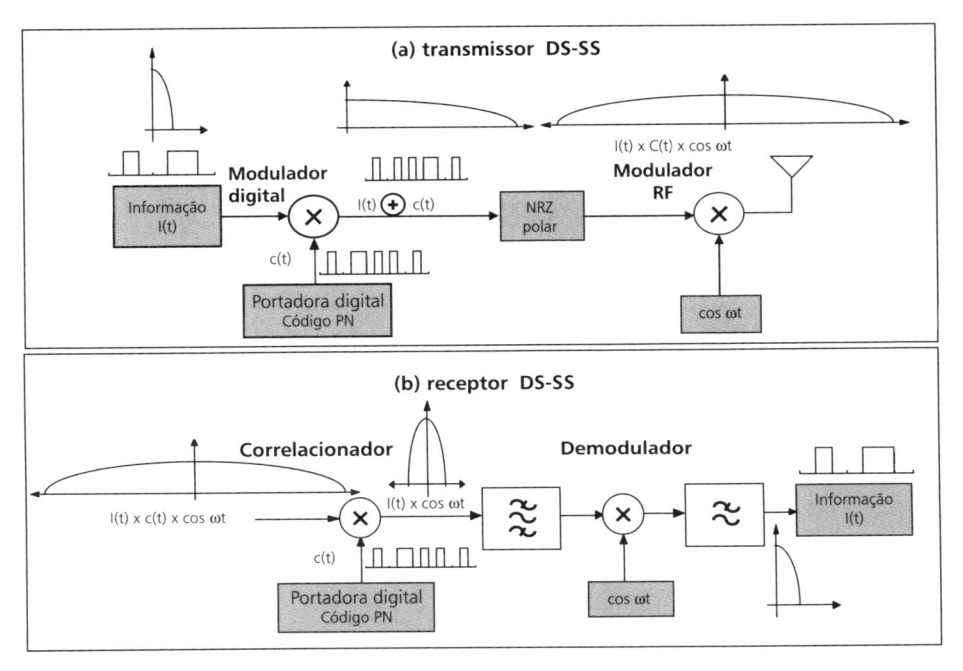

**figura 6.37** Sistema de comunicação de dados tipo DS-SS: (a) bloco Transmissor DS-SS e (b) bloco Receptor DS-SS.

### 6.7.2 FH-SS (*Frequency Hopping-Spread Spectrum*)

A técnica de espalhamento espectral por saltos de frequência da portadora, ou FH-SS (*Frequency Hopping Spread Spectrum*), consiste basicamente num chaveamento rápido e pseudoaleatório da frequência da portadora para um conjunto de frequências definidas dentro de uma banda de espalhamento $B_e$, como pode ser observado na figura 6.38. A portadora modulada, em cada salto de frequência, ocupa uma banda $B_c$ do canal que depende da taxa de informação.

O processo de modulação da portadora de um subcanal dura um determinado tempo fixo $\Delta t$, da ordem de alguns décimos de segundo. Decorrido esse tempo, o sinal de informação modula outra portadora, em outro subcanal, que é determinado por uma sequência pseudoaleatória. Os saltos para os diferentes canais são definidos a partir de um sinal de controle *c(t)*, que define a sequência pseudoaleatória dos saltos de frequência da portadora.

A banda $B_c$ dos subcanais, utilizada pela portadora modulada, é próxima à largura de banda do sinal de informação. A sequência pseudoaleatória de chaveamento da frequência da portadora deve ser conhecida *a priori*, tanto pelo transmissor como pelo receptor, para que a informação possa ser recuperada.

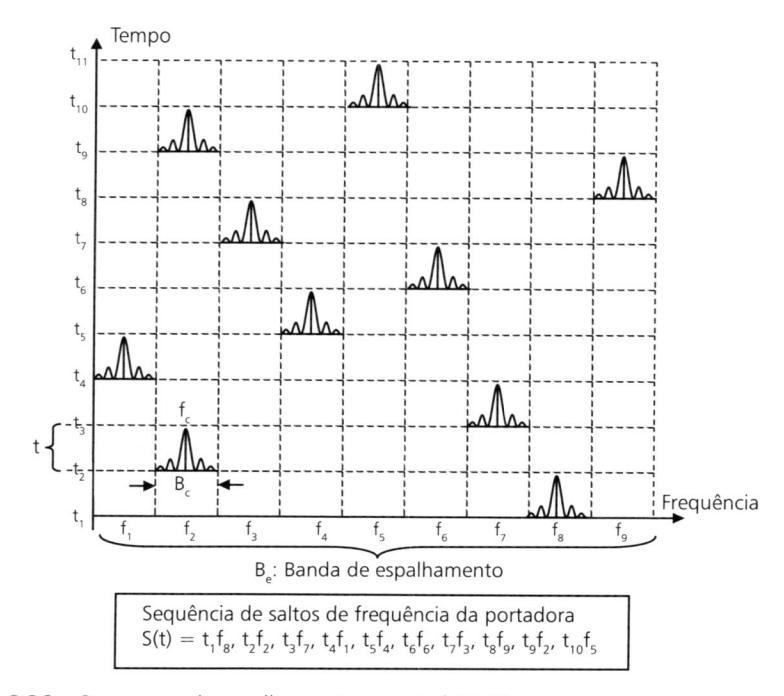

**figura 6.38** O processo de espalhamento espectral FH-SS.

Uma mesma banda de espalhamento $B_e$ pode ser utilizada simultaneamente por vários usuários desde que as sequências de salto sejam tais que não haja, em um determinado instante, o salto de mais de um usuário para dentro de um mesmo subcanal. Desta forma, se explica a alta eficiência espectral conseguida pelo FH-SS.

Uma das aplicações mais importantes do FH-SS encontramos em redes locais sem fio do padrão IEEE 802.11 do EIA de 1999. As principais características do sistema são:

- banda de frequência livre: *2,4 a 2,4835 GHz* com $B_e = 75$ *MHz* nominal.
- fator de espalhamento: 75/1 = 75
- taxa de informação: *1 ou 2 Mbit/s*
- número de subcanais: 75, com $B_c = 1MHz$
- tempo de ocupação de um subcanal: $\Delta t = 400ms$

### 6.7.3 TH-SS (*Time Hopping Spread-Spectrum*)

O UWB (*Ultra-Wide Band*) é uma tecnologia de transmissão de dados sem fio, em que são utilizados pulsos de baixa energia e muito estreitos (nano segundos), em distâncias curtas, não maiores que alguns metros. A técnica UWB, como diz o próprio nome, ocupa largas porções do espectro de radiofrequência. Um sinal pode ser chamado de UWB quando ocupa uma banda maior que 500 MHz ou quando esta banda for no mínimo maior que 25% da frequência da portadora.

Um sistema TH-SS utiliza um tipo de espalhamento espectral no qual o período e o tempo de condução (*duty cicle*) de uma portadora pulsada são variados de forma pseudoaleatória, sob controle de uma sequência codificada. O espectro de um canal TH-SS pode ser partilhado por outros usuários desde que sejam usados pelo sistema códigos ortogonais de localização temporal dos pulsos dentro de um quadro de transmissão.

A técnica de saltos no tempo, ou TH-SS, funciona de maneira muito semelhante ao esquema de modulação digital conhecido como PPM (*Pulse Position Modulation*). A sua aplicação atualmente se restringe basicamente aos sistemas sem fio conhecidos como UWB.

A estrutura de dados é baseada em uma rajada de transmissão de tamanho fixo, a qual pode ser posicionada dentro de um quadro, segundo um código PN. Dentro de uma rajada, os dados podem ser codificados em pulsos que podem ser posicionados em intervalos de tempo segundo um código PPM, como mostrado na figura 6.39(a).

Na figura 6.39(b), mostra-se um diagrama em blocos de um transmissor de um sistema sem fio UWB. A codificação TH-SS é realizada por meio de um comutador lógico do tipo *On/Off* que recebe os dados de informação e uma sequência pseudoaleatória. O sinal de saída do

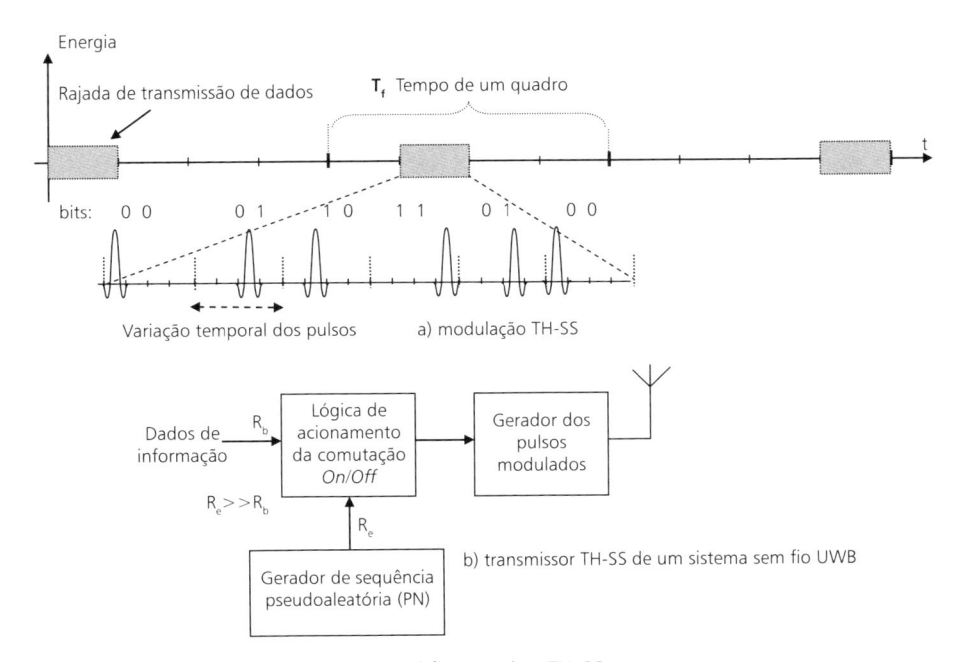

**figura 6.39** Transmissor UWB com codificação tipo TH-SS.

comutador atua sobre um gerador de pulsos, modulando o fluxo de pulsos gerados na saída. Existem, obviamente, muitas outras variações em torno deste esquema básico.

A principal aplicação do TH-SS se dá, hoje, em sistemas do tipo PAN (*Personal Area Networks*) do padrão IEEE 802.15.3 e em redes de sensores. Uma realização muito conhecida de rede PAN é o *bluetooth* que fornece interconectividade sem fio entre periféricos de computador. A utilização do TH-SS em todos estes sistemas ainda se dá de forma experimental e não foi incluído ainda em nenhum padrão.

## 6.8 técnicas de transmissão OFDM

Na área de redes locais sem fio (WLANS), surgiu, em1999, o padrão IEEE 802.11a, que apresenta como novidade uma nova tecnologia de transmissão e modulação conhecida como **OFDM (*Ortogonal Frequency Division Multiplex*)**. Essa nova tecnologia causou um grande impacto no desenvolvimento de redes sem fio móveis.

O OFDM, como diz o próprio nome, nada mais é do que um sistema FDM (*Frequency Division Multiplex*) em que as múltiplas portadoras $f_n$ mantêm entre si uma propriedade ortogonal.

Lembramos que duas funções senoidais, $f_1(t) = sen(\omega nt)$ e $f_2(t) = sen(\omega nt)$, são consideradas ortonormais (confira seção 3.3.1) se atenderem às seguintes condições:

$$\int_{t}^{t+T} f_1(t).f_2(t)dt = \int_{t}^{t+T} sen(\omega nt).sen(\omega mt)dt = 0, \text{ para qualquer m n inteiro,} \quad (6.37)$$

e, além disso:

$$\int_{t}^{t+T} sen(\omega nt).sen(\omega mt)dt \neq 0, \text{ quando } m = n \quad (6.38)$$

Desta forma, consegue-se uma multiplexação FDM de múltiplas portadoras no domínio frequência altamente eficiente, as quais podem ser partilhadas por múltiplos usuários, como mostraremos mais adiante.

Supondo que tenhamos um conjunto de *n* subportadoras ortogonais e que cada subportadora seja modulada por um fluxo de informação NRZ polar com um determinado espectro, o sistema OFDM no domínio frequência se apresenta como mostrado na figura 6.40. As interfe-

(a) espectro de uma subportadora modulada      (b) conjunto de *n* subportadoras OFDM moduladas

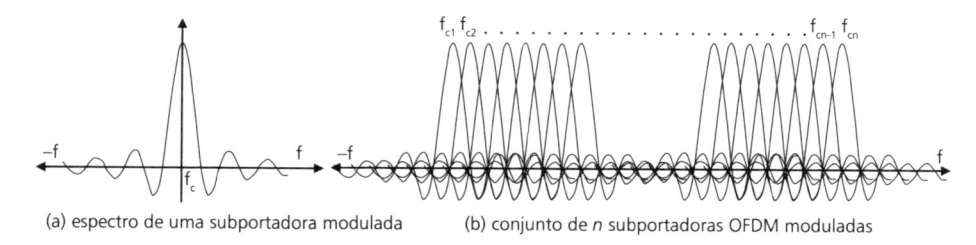

**figura 6.40**    Conjunto de *n* suportadoras ortogonais moduladas em QAM.

rências entre os espectros das subportadoras, que parecem intoleráveis na figura, na realidade se cancelam mutuamente, maximizando, desta forma, a transmissão em cada subportadora.

A partir do sistema de multiplexação OFDM da figura 6.40, pode-se estruturar um sistema de transmissão de dados como o sugerido no exemplo a seguir

### ■ exemplo de aplicação

Para entender melhor as propriedades de um sistema de transmissão de dados OFDM vamos analisar um exemplo bem simples, sugerido por Langton (2004a). Vamos considerar um conjunto de quatro subportadoras ortogonais: $f_{c1} = 1kHz$, $f_{c2} = 2kHz$, $f_{c3} = 3kHz$ e $f_{c4} = 4kHz$ e vamos supor que queremos transmitir o seguinte bloco de dados: 1, 1, −1, −1, 1, 1, 1, 1, −1, 1, −1, −1, −1, −1, 1, −1, −1, −1, 1, 1, −1, −1, −1, 1, 1, ... O primeiro bit será transmitido pela subportadora $f_{c1}$, o segundo bit pela subportadora $f_{c2}$, o terceiro pela subportadora $f_{c3}$, o quarto pela subportadora $f_{c4}$, e assim sucessivamente.

Este processo caracteriza uma conversão de um fluxo de bits serial em quatro fluxos de bits paralelos, como mostrado na figura 6.41. Supondo que a taxa de bits na entrada seja $R$ e a taxa de bits de cada uma das subportadoras seja $R_b$, então deve ser obedecida a relação $R_b = R/4$.

Vamos supor, além disso, que a nossa taxa de bits de entrada seja de 1kbit/s e que utilizamos uma modulação BPSK em cada subportadora, isto é, um bit por símbolo. Na figura 6.42, mostra-se a modulação de cada subportadora de acordo com o fluxo de bits na entrada.

Na figura 6.43, mostra-se uma visão das quatro subportadoras moduladas, considerando-se o espaço de comunicações definido por amplitude, tempo e frequência. O sinal OFDM no domínio tempo é dado pela soma das quatro subportadoras cujas amplitudes são iguais. Desta

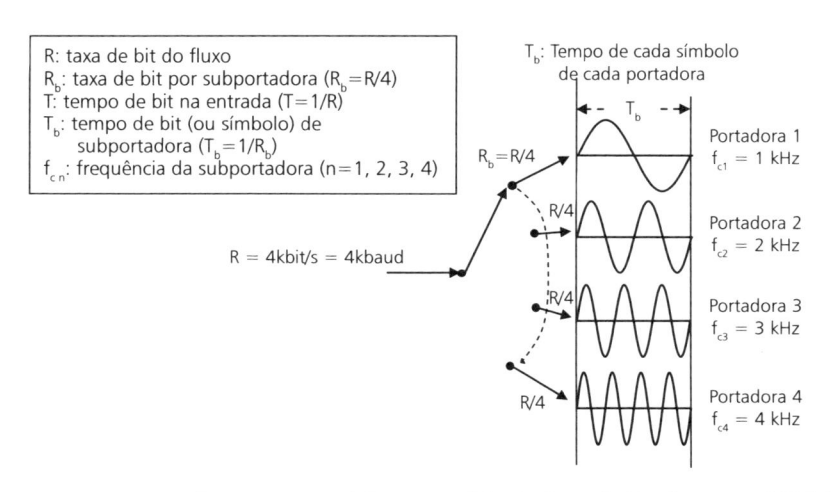

**figura 6.41** Processo de conversão serial para paralelo do fluxo de bits (Langton, 2004a).

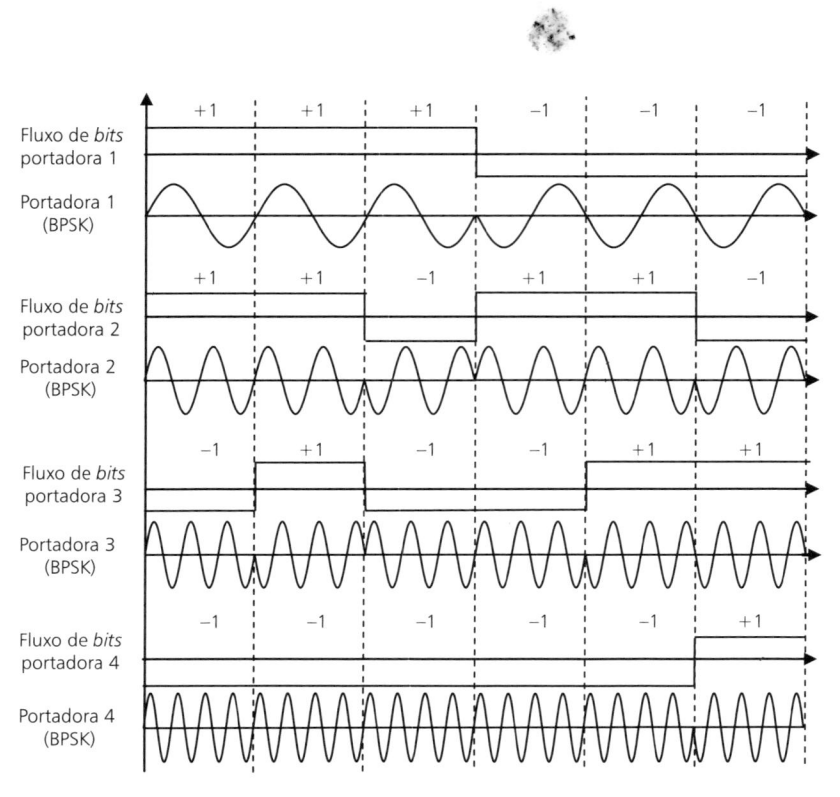

**figura 6.42** Modulação BPSK de cada subportadora OFDM.

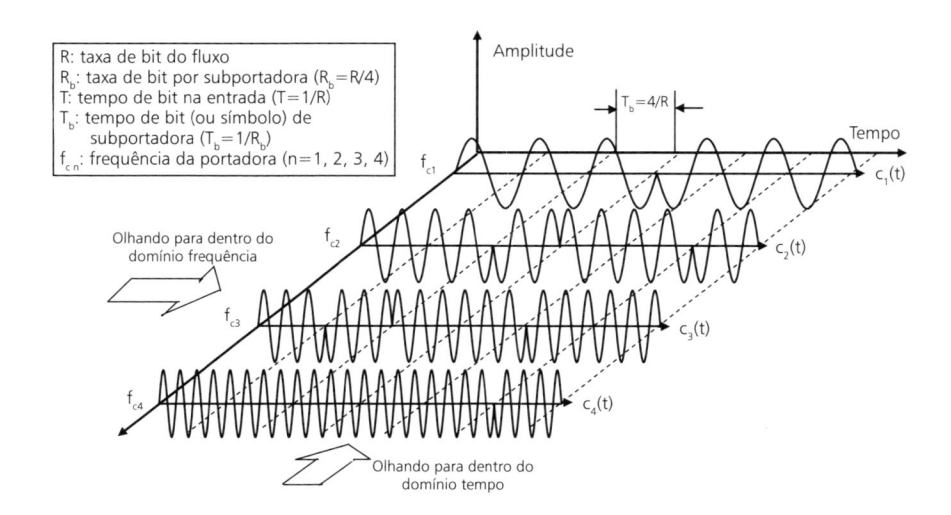

**figura 6.43** As quatro subportadoras moduladas dentro do espaço amplitude, tempo e frequência.

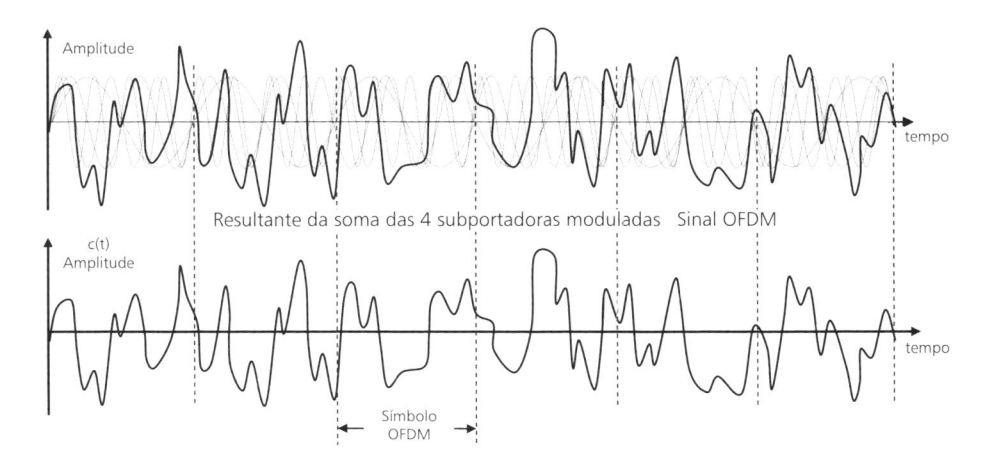

**figura 6.44** Sinal OFDM resultante da soma das quatro subportadoras moduladas, observado no domínio tempo.

forma, um símbolo OFDM ($S_{OFDM}$) representa quatro bits, pois corresponde a soma de quatro símbolos de modulação, um de cada subportadora.

O resultado da soma das quatro subportadoras moduladas ($c_1$, $c_2$, $c_3$, $c_4$), que representamos por c(t), corresponde ao sinal OFDM e pode ser observado na figura 6.44. A expressão analítica dessa soma pode ser escrita como:

$$c(t) = \sum_{n=1}^{N} m_n(t) \operatorname{sen}(2\pi nt) \qquad (6.39)$$

Essa equação é basicamente a expressão de uma transformada inversa de Fourier. O parâmetro $N$ é o número total de subportadoras, e $n$ é o número específico de uma subportadora. Os coeficientes de amplitude modulados $m_n(t)$ correspondem a cada uma das subportadoras. A expressão (6.39) é uma soma de senoides harmônicas, cada uma com um peso dado pelos coeficientes $m_n(t)$. Basicamente, este processo caracteriza uma operação linear que corresponde a uma IFFT (*Inverse Fast Fourier Transform*), como pode ser verificado ao compararmos a expressão (6.39) com a expressão (3.64) da seção 3.7 do capítulo 3.

Visto de outra forma, podemos dizer que os valores de *c* na tabela da figura 6.45, que representam os bits do sinal de entrada, são na realidade os coeficientes de um conjunto de senoides (ou frequências). Sendo assim, podemos aplicar a operação de IFFT para produzir um sinal no domínio tempo. Este sinal é o sinal OFDM, e a cada um dos $2^4 = 16$ valores discretos corresponde um símbolo OFDM ($S_{OFDM}$), ao qual estão associados quatro bits. A duração de um símbolo OFDM é igual ao de um símbolo de modulação de uma subportadora, como se pode observar nas figuras 6.41 e 6.42.

Na seção 3.8 do capítulo 3, viu-se que o algoritmo de FFT (*Fast Fourier Transform*) de Cooley e Tukey é a ferramenta de cálculo numérica mais usada em computação científica e em engenharia para se obter rapidamente o espectro de uma função discreta do tempo. A operação inversa é conhecida como IFFT (*Inverse Fast Fourier Transform*), isto é, a partir de um espectro dado, se pode obter a função no domínio tempo correspondente.

Vamos examinar a seguir, o que, na realidade, está por trás das operações lineares conhecidas como FFT e IFFT e como são utilizadas em um **sistema de transmissão OFDM**.

### 6.8.1 as transformadas FFT e IFFT

Podemos caracterizar de uma forma simples o que acontece quando realizamos uma operação FFT. Na transformada FFT, tomamos um sinal qualquer e o multiplicamos sucessivamente por exponenciais complexas (frequências) dentro de um intervalo de frequência definido. Obtemos como resultado um coeficiente para cada frequência. Os coeficientes são chamados de espectro, que representa o quanto de cada frequência está presente no sinal de entrada. O resultado da operação, no sentido geral, é um sinal no domínio frequência.

| Coeficientes das subportadoras no domínio frequência | $C_n$ | $S_{OFDM1}$ | $S_{OFDM2}$ | $S_{OFDM3}$ | $S_{OFDM4}$ | $S_{OFDM5}$ | $S_{OFDM6}$ | ...tempo |
|---|---|---|---|---|---|---|---|---|
| | $C_1$ | 1 | 1 | 1 | −1 | −1 | −1 | ... |
| | $C_2$ | 1 | 1 | −1 | 1 | 1 | −1 | ... |
| | $C_3$ | −1 | 1 | −1 | −1 | 1 | 1 | ... |
| | $C_4$ | −1 | −1 | −1 | −1 | −1 | 1 | ... |

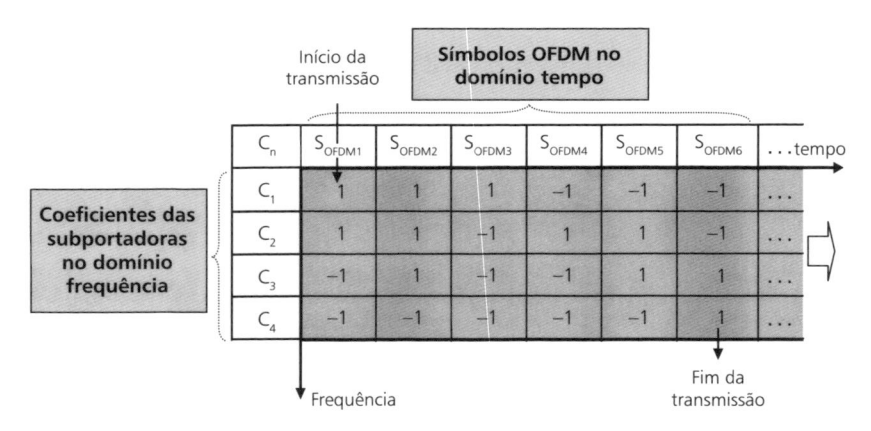

**figura 6.45** Coeficientes das subportadoras (domínio frequência) e dos símbolos OFDM (domínio tempo) (Langton, 2004a).

A transformada FFT, considerando-se senoides em vez de exponenciais complexas, pode ser escrita como:

$$x(k) = \sum_{n=0}^{N-1} x(n) \operatorname{sen}\left(\frac{2\pi kn}{N}\right) + j \sum_{n=0}^{N-1} x(n) \cos\left(\frac{2\pi kn}{N}\right) \qquad (6.40)$$

Onde:

$k$: índice de frequência, uma das $N$ frequências consideradas
$x(k)$: valor do espectro da $k$'ésima frequência ($f = 2\pi k/N$)
$n$: índice de tempo
$x(n)$: valor do sinal no tempo $n$

Já na transformada inversa, IFFT, parte-se do espectro e converte-se de volta ao sinal no domínio tempo. Isto pode ser feito multiplicando-se novamente e sucessivamente o espectro por um conjunto de exponenciais complexas ou senoides.

$$X(n) = \sum_{n=0}^{N-1} x(k) \operatorname{sen}\left(\frac{2\pi kn}{N}\right) - j \sum_{n=0}^{N-1} x(k) \cos\left(\frac{2\pi kn}{N}\right) \qquad (6.41)$$

Onde:

$k$: índice de tempo
$x(k)$: valores de amostras no tempo do sinal
$X(n)$: valores das frequências (espectro)
$n$: $n$'ésima frequência das $N$ frequências consideradas

A diferença entre a equação (6.40) e (6.41) é unicamente o tipo de coeficientes associados às senoides e um sinal de menos; no mais é tudo igual.

FFT e IFFT formam um par de operações lineares casadas, isto é, são operações reversíveis. Possuem, além disso, a propriedade comutativa, como mostrado na figura (6.46).

IFFT e FFT são conceitos matemáticos e não tomam realmente consciência do que entra ou o que sai. Ambas as operações produzem resultados idênticos quando atuam sobre o mesmo sinal de entrada.

Ressaltamos, no entanto, que a maioria de nós não está acostumada a pensar desta maneira. Nós insistimos que somente espectros entram na transformada IFFT e somente funções de tempo entram na transformada FFT.

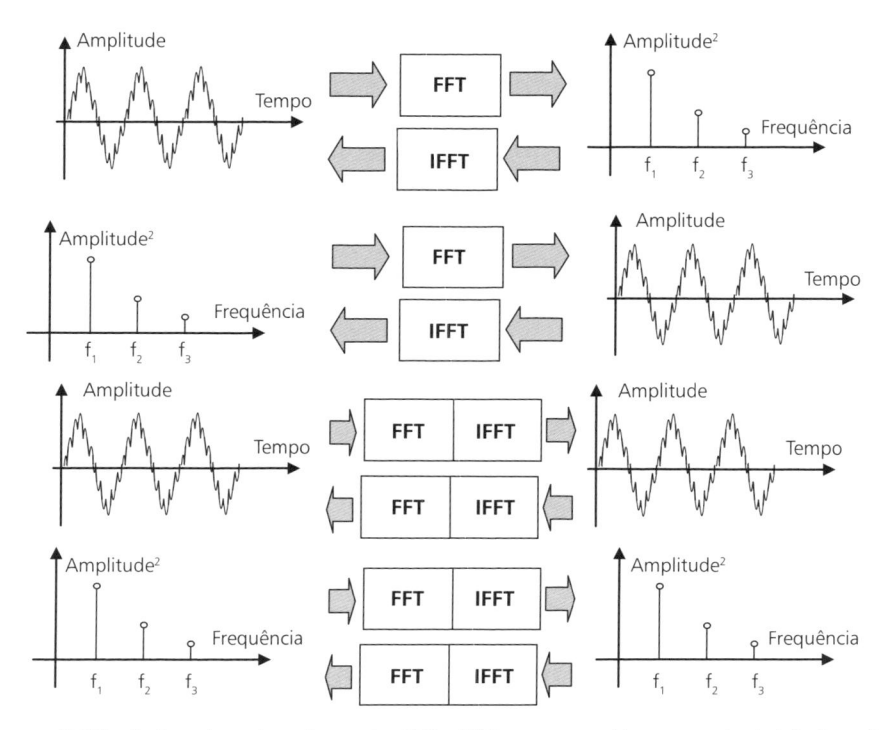

**figura 6.46** Aplicando as transformadas FFT e IFFT a uma senoide composta de três frequências e ao respectivo espectro de potência desse sinal (Langton, 2004a).

### 6.8.2 O sistema de transmissão OFDM

Um sistema de transmissão OFDM basicamente é um sistema que multiplexa múltiplas subportadoras que são mutuamente ortogonais, dentro de um determinado intervalo de banda. Cada subportadora é gerada a partir de uma frequência fundamental central $f_c$, segundo múltiplos inteiros de um determinado intervalo de frequência $\Delta f$. O conjunto das subportadoras é modulado em paralelo utilizando técnicas de QAM. Tendo em vista a necessidade de recuperar, no receptor, as diferentes frequências das subportadoras com extrema precisão para o processo de demodulação, algumas subportadoras não são moduladas e servem unicamente como referenciais para a recuperação precisa das frequências das subportadoras. Por esse motivo são chamadas de pilotos.

A soma dos símbolos QAM de cada subportadora dá origem a um símbolo OFDM de mesma duração. Os dois processos, modulação e soma, são realizados de forma simples e elegante pelo bloco IFFT. O sinal na saída do IFFT é uma sequência de símbolos OFDM no domínio tempo, como pode ser observado no canto esquerdo inferior da figura 6.47.

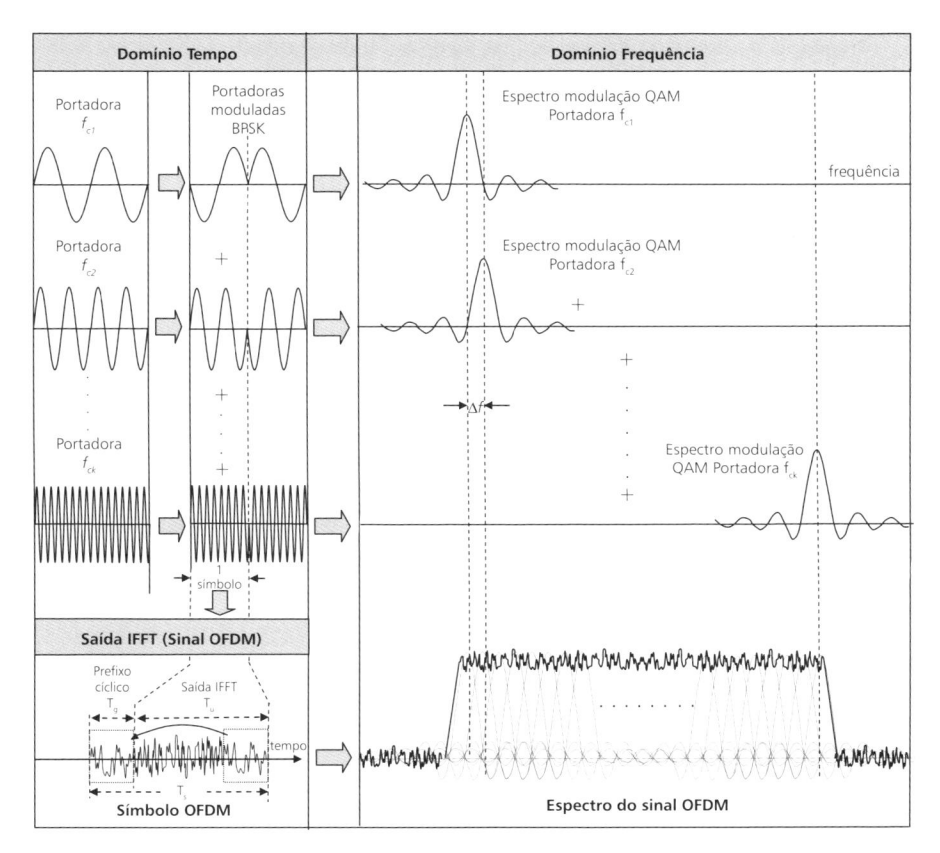

**figura 6.47** Funcionalidades de um sistema de transmissão OFDM básico, adaptado de Nakahara (2003b).

A seguir, o sinal OFDM sofre um processamento, que consiste na cópia de uma porção do final de cada símbolo, repetindo-o como um prefixo (prefixo cíclico) no início de cada símbolo OFDM. Através desta técnica atingem-se dois objetivos: 1) localizar temporalmente cada símbolo OFDM e 2) diminuir no receptor as interferências devido a múltiplos caminhos de propagação do sinal, principalmente em sistemas sem fio móveis.

A notação adotada para os diferentes parâmetros que encontramos em um sistema de transmissão OFDM é listada na figura 6.48.

Finalmente, chamamos a atenção que o acesso de múltiplos usuários a um mesmo canal em um sistema OFDM se dá principalmente através da alocação dinâmica de conjuntos de subportadoras por usuário. A técnica é conhecida como OFDMA (*Ortogonal Frequency Division Multiple Access*). Dependendo da classe de serviço e dos parâmetros de qualidade, ou QoS

**Parâmetros típicos utilizados em um sistema de transmissão OFDM**

N: número total de subportadoras previstas ($N=2^L$)
L: número inteiro positivo
K: total de subportadoras utilizadas para dados e pilotos ($K<N$)
k: número de uma determinada subportadora
l: número de um determinado símbolo OFDM
$B \approx K.\Delta f$ banda ocupada pelo sistema OFDM, desde que $K>100$
$f_c$: frequência central do sinal de RF
$T_s$: tempo de duração de um símbolo OFDM ($T_s = T_g + T_u$)
$T_g$: tempo de duração do prefixo cíclico
$T_u$: tempo de duração efetiva do símbolo (período efetivo)
$\Delta f$: espaçamento entre suportadoras ($f = 1/T_u$)
$C(l,k)$: dado de transmissão complexo correspondente ao símbolo l e subportadora k

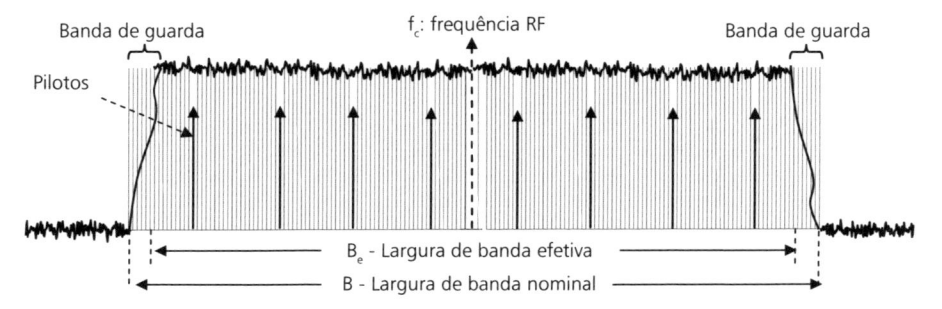

**figura 6.48** Espectro de frequência de um sinal OFDM e principais parâmetros de um sistema de transmissão OFDM.

(*Quality of Service*), exigidos pelo serviço, o usuário pode utilizar mais ou menos banda, alocando mais ou menos subpotadoras.

Os sistemas de acesso móvel à internet de última geração, como o LTE (*Long Term Evolution*) e a rede móvel metropolitana, conhecida como WiMax, ou IEEE 802.16, são todos sistemas baseados em transmissão OFDM e possuem acesso múltiplo por OFDMA. Nestes sistemas, o número de subportadoras pode chegar a 1024 ou 2048, o que possibilita um partilhamento dos recursos do sistema para os usuários segundo uma demanda dinâmica, conferindo, desta forma, uma alta eficiência espectral ao sistema.

### ■ exemplo de aplicação de um sistema OFDM

A seguir, vamos examinar como exemplo prático um sistema de transmissão OFDM real, utilizado em redes sem fio dentro do padrão IEEE 802.11a. O sistema utiliza um canal de 20 MHz, no qual é definido um conjunto de subportadoras $N = 2^L$ com $L = 9$, o que dá um total máximo de $N = 64$ subportadoras. O intervalo de frequência entre subportadoras é $\Delta f = B/N = 20/64 = 312,5$ kHz. Na figura 6.49, são mostrados e listados os demais parâmetros deste sistema de transmissão de dados OFDM.

Capítulo 6 ⋯→ Técnicas de Modulação        235

Características do sistema de transmissão OFDM na faixa de 5GHz do IEEE 802.11a

| | |
|---|---|
| Espaçamento entre subportadoras: | f=B/N ou f=20/64=0,3125 MHz ou 312,5 KHz |
| Largura de banda nominal do canal: | B=20 MHz |
| Largura de banda efetiva: | $B_e$=16,25 MHz |
| Taxa total do canal: | 12 Mbaud |
| Período de símbolo efetivo: | Tu = 1/f = 3,2 μs |
| Tempo de guarda: | ¼ do período de símbolo, ou Tg = 1/4Tu = 0,8 μs |
| Tempo total de um símbolo: | Ts=Tu+Tg  Ts = 0,8+3,2 = 4 μs |
| Taxa de símbolos/portadora: | Rs = 1/Ts = 250 Kbaud |
| Taxa de Dados (adaptativa): | 6 a 54 Mbit/s |
| Modulação QAM (adaptativa): | PSK, QPSK, 16QAM e 64QAM |
| Razão de códigos FEC: | Razão entre dados e dados mais redundância FEC |
| Dimensões do OFDM: | 48 subportadoras de dados |
| | 12 subportadoras de banda de guarda |
| | 4 pilotos |
| | Total: N=64 subportadoras |

**figura 6.49**  Características do sistema de transmissão OFDM utilizado em redes sem fio do padrão IEEE 802.11ª. (Stallings, 2005)

Uma característica importante deste sistema é a sua capacidade de ajustar automaticamente a taxa de modulação das subportadoras em função da relação sinal ruído (S/R) observada no canal. Quanto maior for a relação sinal ruído, maior será a vazão de dados que, neste caso, pode chegar a 54 Mbit/s. Por outro lado, quanto menor for a relação S/R, mais robusta deve ser a modulação e, neste caso, teremos, na pior das hipóteses, uma taxa de 6 Mbit/s, como se observa na tabela 6.8.

**tabela 6.8**  Vazão do sistema de transmissão OFDM do IEEE802. 11a

| bits/ baud QAM | Tipo de modulação | Razão códigos FEC | Taxa entrada codificador [Mbit/s] | Taxa por subportadora [kbaud] | Taxa total 48 subportadoras [Mbaud] | Taxa dados [Mbit/s] |
|---|---|---|---|---|---|---|
| 1 | BPSK | 1/2 | 12 | 250 | 12 | 6 |
| 1 | BPSK | 3/4 | 12 | 250 | 12 | 9 |
| 2 | QPSK | 1/2 | 24 | 250 | 12 | 12 |
| 2 | QPSK | 3/4 | 24 | 250 | 12 | 18 |
| 4 | 16QAM | 1/2 | 48 | 250 | 12 | 24 |
| 4 | 16QAM | 3/4 | 48 | 250 | 12 | 36 |
| 6 | 64QAM | 2/3 | 72 | 250 | 12 | 48 |
| 6 | 64QAM | 3/4 | 72 | 250 | 12 | 54 |

### 6.8.3 blocos funcionais de um transmissor e receptor OFDM

Na figura 6.50, são mostrados os principais blocos funcionais que compõem um transmissor e receptor OFDM simplificado. A figura mostra também como esses blocos estão inseridos dentro do modelo do sistema de comunicação de dados sugerido por Shannon (ver figura e descrição na seção 2.7.2). Salientamos que o bloco do codificador de canal será objeto de análise no capítulo 7. Adiantamos, por enquanto, que o codificador de canal é o responsável pelo controle de erros do sistema. De qualquer maneira, a informação mais importante do codificador de canal para o bloco de modulação é a razão de código, que diz o quanto de redundância será acrescentado ao fluxo de bits de entrada para recuperar erros no receptor devido a perturbações no canal.

Voltando aos diagramas em blocos da figura 6.50, tanto no receptor como no transmissor podemos identificar cinco blocos funcionais básicos que passaremos a descrever de forma resumida a seguir.

a) conversão série paralelo
   O fluxo de bits de entrada é segmentado em conjuntos de $m$ bits, dependendo do tipo de modulação QAM a ser adotada nas $K$ subportadoras, menos os $p$ pilotos definidos pelo sistema. Podemos estabelecer as seguintes relações:

   $R = R_s(K-p)$, onde $R_s$ é a taxa em bit/s de cada subportadora de dados.

b) geração dos coeficientes de modulação QAM
   O conjunto de $m$ bits em cada subportadora de dados é mapeado para um ponto da constelação de modulação, gerando um coeficiente $c(k,l)$, que representa os dados de transmissão sob forma de um número de símbolo complexo $l$, na portadora de número $k$.

c) conversão IFFT
   O conversor de IFFT pega os coeficientes de frequência e os multiplica pela frequência correspondente. A seguir, soma estes produtos, obtendo um sinal OFDM no domínio tempo, formado por uma sucessão de símbolos OFDM. O sinal é processado fazendo a inserção do prefixo cíclico no início de cada símbolo além da inserção dos $p$ pilotos definidos pelo sistema.

d) conversão DAC e conformação LPF
   Neste bloco, é feita uma conversão de digital para um sinal analógico que, a seguir, é filtrado visando à eliminação de componentes de alta frequência desnecessárias.

e) estágio de saída do transmissor
   Os dois sinais, $I$ (*In Phase*) e $Q$ (*Quadrature*) são modulados respectivamente pela portadora $f_c$ em fase e quadratura. Em seguida, são somados, obtém-se o sinal $s(t)$, que é irradiado pela antena.

Deixamos como exercício para o leitor o processamento inverso realizado pelos blocos do receptor até chegar ao fluxo de bits recebidos.

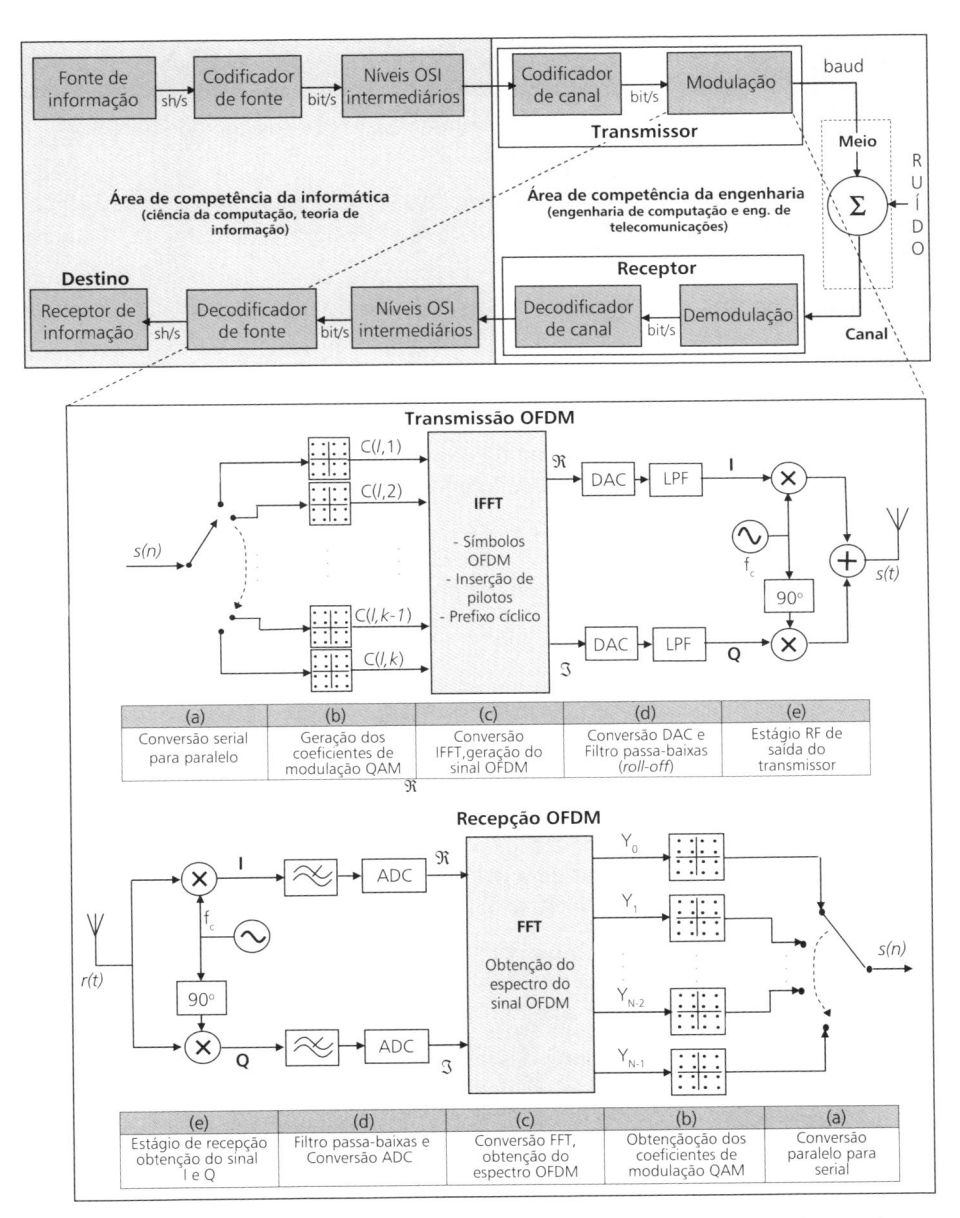

**figura 6.50** Diagrama em blocos de um transceptor OFDM e sua inserção no sistema de comunicação de dados de Shannon.

## 6.9 exercícios

**exercício 6.1** Demonstre graficamente que as funções seno e cosseno da figura 6.5(b) são ortogonais. Confira a secção 3.3.1 do capítulo 3.

**exercício 6.2** O sinal de uma portadora é dado por $e(t) = 21cos(53t + 34)$. Qual a amplitude máxima, qual a amplitude pico a pico, qual o valor rms da amplitude e qual a frequência dessa portadora?

**exercício 6.3** Um sinal de portadora é dado por $e(t) = 6cos(1258t + 4)$. Qual o período dessa portadora e quanto vale sua fase inicial?

**exercício 6.4** Um sinal de portadora é dado em notação polar por $s(t) = 5cos(\omega_c t + 45)$. Obtenha a expressão em quadratura dessa portadora.

**exercício 6.5** A expressão em quadratura de uma portadora é dada por $e(t) = 18cos(\omega_c t) - 56sen(\omega_c t)$. Determine o valor da amplitude e da fase inicial dessa portadora.

**exercício 6.6** Uma portadora dada por $e(t) = 14cos(12500t + 4)$ deve ser modulada segundo oito níveis discretos de amplitude separados de 2V. Supondo que a cada símbolo de amplitude discreta são associados dois ciclos da portadora:

a) quantos bits são associados a cada símbolo?
b) qual a taxa desse sistema?

**exercício 6.7** Uma modulação PSK utiliza uma portadora dada por $s(t) = cos(1000t)$ e adota para bit 1→$180^0$ e bit 0→$0^0$. Obtenha os valores de $x(t)$ e $y(t)$ e trace os respectivos gráficos para a seguinte sequência de bits: 1, 0, 0, 1, 1, 0, 1. Supondo que cada símbolo tem a duração de um período da portadora, qual a taxa de bits correspondente a esta modulação?

**exercício 6.8** Supondo uma portadora dada por $e(t) = 2cos\theta cos(4000t) - 2sen\theta.sen(4000t)$ modulada em QPSK(1), conforme a figura 6.11, determine os valores de $x(t)$ e $y(t)$ para os primeiros 8 bits da sequência. Qual a taxa de bit/s desta modulação?

**exercício 6.9** Dada a seguinte sequência de bits : 01011000011011, que será modulada em DPSK conforme constelação dada na figura 6.12, obtenha a sequência de saltos de fase da portadora. O que você pode concluir a partir disto?

**exercício 6.10** Demonstre que as distâncias mínimas das constelações 16QAM e 16PSK são respectivamente $d_{min} \cong 0{,}47$ e $d_{min} \cong 0{,}39$. O que se pode concluir a partir disso?

**exercício 6.11** Indique, no diagrama de estados da figura 6.25(b), a sequência de estados que serão percorridos, supondo na entrada a seguinte sequência de bits: 0, 0, 1, 0, 1, 1, 1, 0, 0, 1. O codificador se encontra inicialmente no estado 00.

**exercício 6.12** A base do espalhamento espectral está relacionada à expressão (6.36). Comente as diversas etapas que são consideradas para que, a partir da expressão (6.35), se possa chegar à expressão (6.36). O que você pode concluir desses resultados?

**exercício 6.13** Trace um paralelo entre as duas principais técnicas de acesso por múltiplas portadoras. Comente a dualidade das duas técnicas em relação a tempo e frequência.

**exercício 6.14** Obtenha a segunda e a terceira linhas da matriz de Hadamard/Walsh de ordem $H_{16}$. Demonstre que elas representam dois códigos ortogonais.

**exercício 6.15** Considerando o sistema de modulação TH-SS da figura 6.39 e supondo que o tempo de um quadro é $T_f = 96$ ns e o tempo de uma rajada é $T_r = 24$ ns:

a) qual a vazão total deste sistema?
b) qual a taxa de transmissão da rajada?
c) quantos usuários este sistema comporta?
d) qual a taxa associada a cada usuário?

**exercício 6.16** Justifique a importância das subportadoras piloto de um sistema OFDM.

**exercício 6.17** Mostre como se chega a uma taxa de 24 MHz num sistema OFDM de acordo com o padrão de rede sem fio Wi-Fi (IEEE 802.11a) da figura 6.49. Considere o funcionamento do sistema de acordo com as especificações dadas na tabela 6.8 para esta taxa.

**Termos-chave**

DS-SS (*Direct Sequence Spread-Spectrum*), p. 217
espalhamento espectral por códigos (CDMA), p. 216
FH-SS (*Frequency Hopping Spread-Spectrum*), p. 223
modulação BPSK, p. 188
modulação discreta, p. 180
modulação PSK, p. 187
modulação QAM, p. 198

modulação QPSK, p. 191
modulação TCM, 204
OFDM (*Ortogonal Frequency Division Multiplex*), p. 226
sistema de transmissão OFDM, p. 232
técnicas de acesso por múltiplas portadoras, p. 215
TH-SS (*Time Hopping Spread-Spectrum*), 224
transformadas FFT e IFFT, p. 230

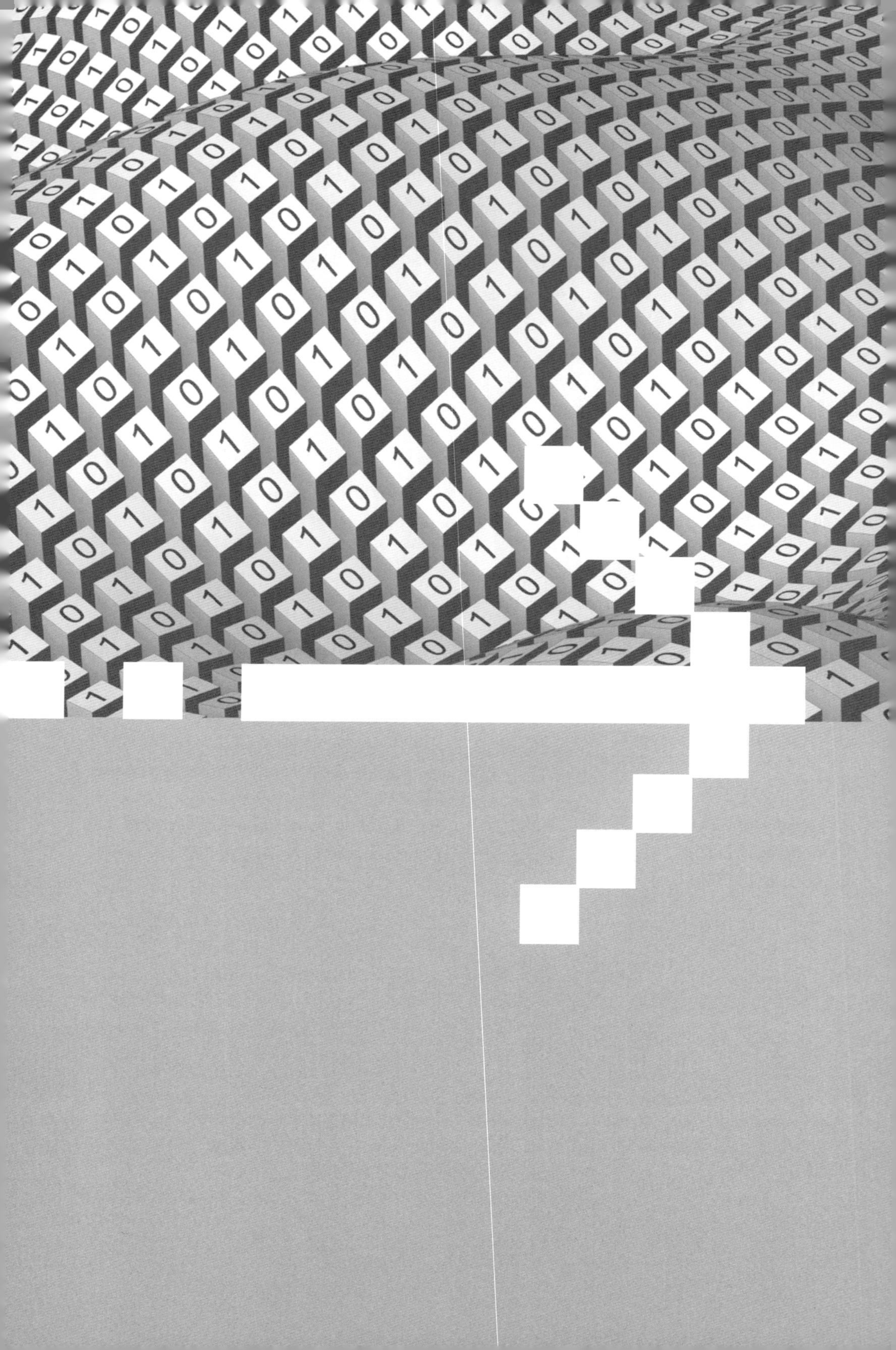

capítulo 7

# codificação de canal

■ ■ Pela importância do bloco *codificador de canal* em um sistema de comunicação de dados, este capítulo aborda especificamente as funcionalidades desse bloco. São detalhados os diferentes códigos que podem ser aplicados a um fluxo de dados visando torná-lo mais robusto às imperfeições do canal, como o ruído e a interferência entre símbolos. Apresentam-se os fundamentos da teoria de erros, e como esses conceitos podem ser aplicados no controle dos erros em um sistema de comunicação de dados. São ainda abordadas as técnicas de detecção de erros junto com a fundamentação teórica subjacente às técnicas de correção de erros conhecidas como FEC (*Forward Error Correction*). Entre os diferentes códigos FEC tratados neste capítulo estão *Reed Solomon*, códigos convolucionais, códigos de entrelaçamento, *Turbo Codes* e os códigos LPCD (*Low Density Parity Check*).

## 7.1 introdução

Neste capítulo, abordaremos o bloco funcional do sistema de comunicação de dados sugerido por Shannon, que se intitula de **codificador de canal**. Na figura 7.1, mostra-se a inserção deste bloco funcional dentro do sistema de comunicação de dados de Shannon. Chamamos a atenção para o fato de que estamos diante de um sistema realimentado, muitas vezes também chamado de sistema adaptativo. Isto significa que tanto o estágio de modulação como o de codificação de canal sentem as condições do canal físico relativos a interferências e ruído e, em função disso, utilizam técnicas de modulação e codificação mais adequadas para as condições do canal.

Em sistemas fixos, normalmente estas variações das características do canal são lentas. Porém, em sistemas móveis, que atualmente são os mais utilizados, esta dinâmica do canal, como veremos, é muito rápida, exigindo adaptações contínuas por parte dos blocos de codificação e modulação do sistema.

Como exemplos de sistemas móveis podemos citar os sistemas celulares 3G (Terceira Geração), os sistemas LTE (*Long Term Evolution*), os sistemas móveis WiMax (IEEE 802.16m) e os próximos sistemas 4G (Quarta Geração). Todos esses sistemas preconizam taxas da ordem de dezenas de Mbit/s e velocidades de deslocamento de trem da ordem de 350 km/h.

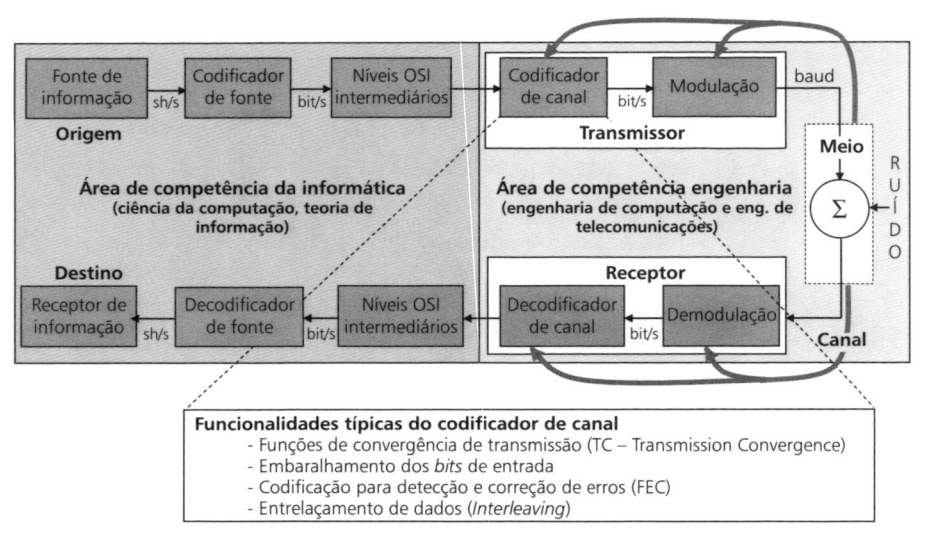

**figura 7.1** Inserção do bloco codificador de canal no sistema de comunicação de informação de Shannon.

A banda passante típica do canal desses sistemas é da ordem de 10 Mhz (3G), podendo chegar a 100 MHz (LTE e 4G), e a faixa de frequência de operação se situa entre 1 a 5 GHz. As condições de propagação dos sinais nestas frequências estão sujeitos aos mais diversos fenômenos de propagação, como; reflexão, difração, desvanecimento, efeito *doppler*, caminhos múltiplos, interferência e ruído.

Não é de se estranhar, portanto, que o bloco codificador de canal de um sistema de comunicação de dados moderno seja o bloco que apresenta implementações de códigos cada vez mais sofisticadas, visando a recuperação automática de erros e adotar o sistema de uma maior diversidade temporal e, assim, garantir uma maior robustez do fluxo de dados às condições extremas do canal.

A robustez de um sistema de comunicação de dados pode ser avaliada em função das diferentes diversidades que o sistema apresenta em relação a dimensões como: tempo, frequência e espaço. Diversidade pode ser caracterizada como uma alternativa que o sistema de comunicação de dados possui, que, ao sentir perturbações numa determinada dimensão de tempo, frequência ou espaço, altera estas dimensões para regiões com menos perturbações. As diversidades de frequência e espaço normalmente são conseguidas no bloco modulador, enquanto a diversidade temporal é conseguida no bloco codificador de canal

A diversidade temporal pode ser entendida mais facilmente a partir de um pequeno exemplo que pode ser acompanhado na figura 7.2. Na figura 7.2(a) observa-se um ruído impulsivo de curta duração que provoca uma sucessão de diversos erros de bit. O número de erros concentrados em

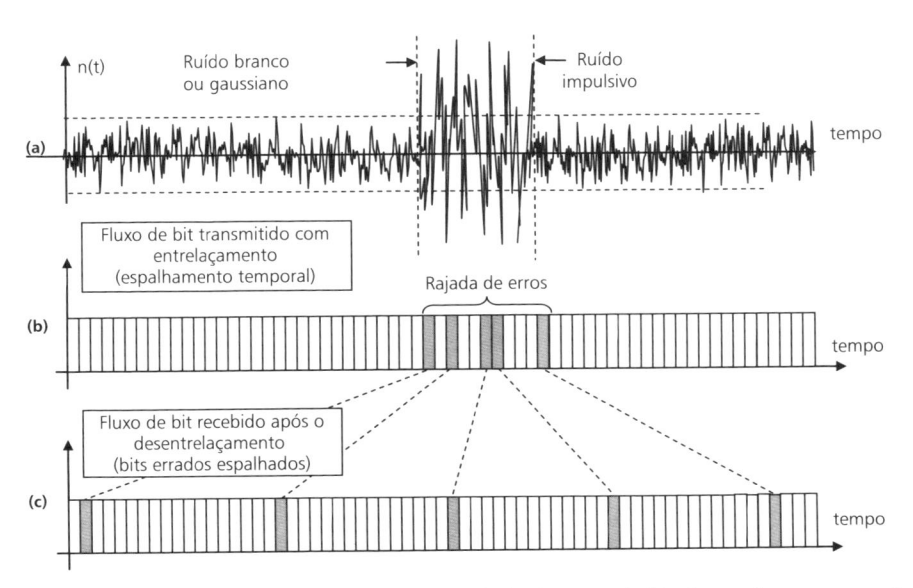

**figura 7.2** Diversidade temporal espalha uma rajada de erros de bit de um fluxo e aumenta a eficiência da técnica FEC.

um intervalo de tempo muito pequeno provocará que cheguem, no receptor, um ou mais blocos de dados em que o número de erros é maior do que a capacidade de correção da técnica FEC (Forward Error Connection).

Se o fluxo de bits, porém, estiver entrelaçado através de um código de entrelaçamento, o fluxo ao ser recebido é desentrelaçado e, como resultado, o fluxo não apresenta mais os erros concentrados num intervalo pequeno de tempo, mas espalhados ao longo de um tempo bem maior. Este espalhamento favorece o código de recuperação de erros, pois encontrará somente um ou dois erros de bit por bloco FEC (*Forward Error Correction*), conseguindo corrigi-los.

A diversidade de frequência, como já foi visto, está essencialmente associada aos sistemas de espalhamento espectral como o CDMA e OFDM, pois ao espalhar o espectro dos bits em uma banda muito larga, qualquer perturbação localizada na frequência afetará menos o fluxo de bits.

Já as perturbações e interferências que vem do espaço, hoje em dia podem ser amenizadas através dos chamados IAAs (*Intelligent Antenna Arrays*), ou seja, arranjos de antena inteligentes que conseguem, através de posicionamento da antena, minimizar perturbações e interferências indesejáveis na captação do sinal.

Os modernos sistemas de acesso à internet e de propagação de sinais de TV, principalmente os sistemas móveis, utilizam técnicas adaptativas cada vez mais sofisticadas para tentar contornar as imperfeições dinâmicas do meio provocadas principalmente pela mobilidade do usuário. A percepção rápida das mudanças do canal físico e as medidas que visam a minimizar os efeitos negativos sobre a comunicação são intensamente exploradas atualmente através de técnicas adaptativas em relação à codificação e modulação do canal.

Os rádios que exploram melhorias em termos de desempenho segundo este enfoque são conhecidos também como rádios cognitivos. Rádios cognitivos utilizam inteligência artificial associada às técnicas de diversidade temporal, frequência e espaço, para obter a máxima eficiência na utilização do canal.

Como já mencionado na seção 2.7.1, quando foi mostrado como o sistema de comunicação de dados se insere no modelo de referência OSI (figura 7.1), entre as principais funções do codificador de canal de um moderno sistema de comunicação de dados podemos destacar:

a) **funções de convergência de transmissão**
Correspondem às funções de adaptação das estruturas de dados do nível de enlace (nível dois do RM-OSI) para as estruturas de dados utilizados na transmissão e recepção do nível físico.

b) **embaralhamento (*scrambling*) do fluxo de bits**
Tem como objetivo principal a obtenção da equiprobabilidade dos símbolos binários *um* e *zero*, antes de serem enviados ao bloco de transmissão. Esta condição, como mostrado no capítulo anterior, é necessária para a obtenção de um canal binário simétrico (CBS) que estará otimizado.

c) controle de erros
   Os modernos sistemas de comunicação de dados utilizam como técnica de controle de erros a estratégia de *Forward Error Correction* (FEC). Nessa técnica, é adicionada uma redundância à informação que, desta forma, permite detectar e corrigir erros na recepção dos dados.

d) entrelaçamento de bits ou *Interleaving*
   Por meio desta técnica, procura-se evitar a concentração de erros em intervalos de tempo curtos que, de outra forma, prejudicariam o desempenho da técnica FEC. Consegue-se isto através de algoritmos de distribuição temporal dos bits de informação segundo um esquema previamente acertado entre fonte e destino. Desta forma, regiões de concentração de erros, ou rajadas de erro, serão espalhadas ao longo do fluxo, tornando mais efetivo o FEC.

A seguir, no restante deste capítulo, vamos detalhar cada um destes tópicos.

## 7.2 funções de convergência de transmissão (TC)

A transmissão dos dados no nível físico em modernos sistemas de comunicação de dados se dá através de canais físicos que transmitem continuamente e de forma síncrona. Este é o caso do nível físico dos sistemas sem fios como as redes celulares e as redes sem fio como o *Wi-Fi* e o *WiMax*.

Os *backbones* de Telecom das redes WAN (*Wide Area Networks*) que utilizam, em nível físico, estruturas de multiplexação e transmissão, como o PDH (*Plesochronous Digital Hierarchy*), o SDH/SONET (*Synchronous Digital Hierarchy/Synchronous Optical NETwork*) e mesmo a moderna rede OTN (*Optical Transport Network*) baseada em WDM (*Wavelength Division Multiplex*), usam um canal de transmissão do tipo síncrono que transmite de forma contínua. No capítulo 8, serão abordadas em mais detalhes as principais características desses sistemas de transmissão.

Na internet e nas redes metropolitanas, como a Metroethernet, o tráfego nos níveis de rede e enlace é todo formado de pacotes ou quadros que acontecem de forma totalmente assíncrona no tempo. Confira a seção 2.7 do capítulo 2, principalmente a figura 2.12, que mostra como o sistema de comunicação de dados do nível físico se insere dentro do ambiente do RM-OSI.

O problema que se configura agora é: como encapsular de forma eficiente um tráfego de pacotes assíncronos dentro de uma estrutura de transmissão totalmente síncrona e contínua (um bit do lado do outro)? E mais ainda, visto que o tráfego assíncrono de pacotes que converge para o nível físico de transmissão provém de diferentes usuários e de diferentes aplicações, como estabelecer critérios de precedência para que tanto usuários como os

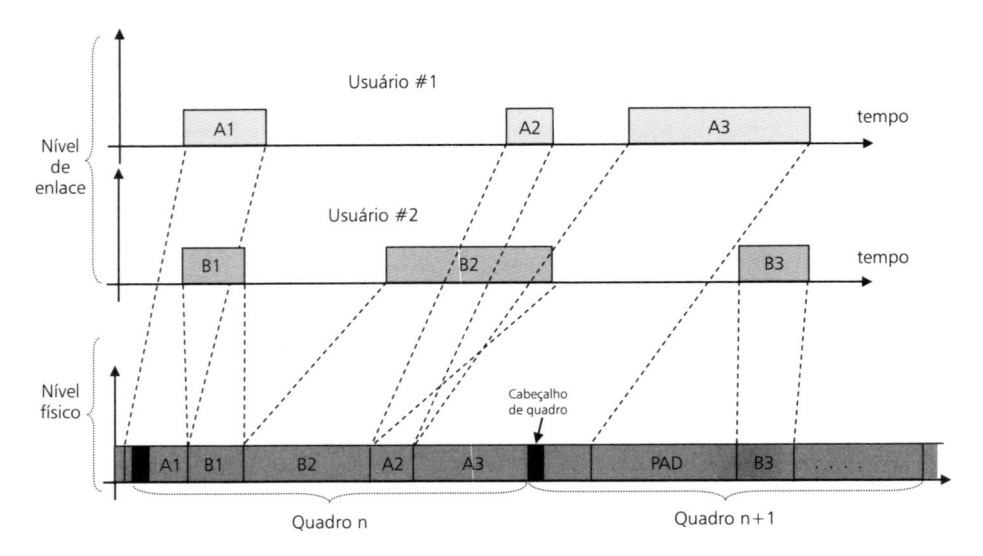

**figura 7.3** Encapsulamento de pacotes assíncronos do nível de enlace, de múltiplos usuários, em estruturas do tipo quadros síncronos do nível físico.

serviços sejam atendidos de forma a garantir uma determinada qualidade aos serviços? Essa problemática no estudo de comunicação de dados é conhecida como o problema do QaS (*Queuing and Scheduling*), o enfileiramento e o escalonamento dos pacotes a serem transmitidos pelo nível físico.

Na figura 7.4, apresenta-se uma arquitetura típica utilizada para atender as exigências de qualidade de serviço de uma aplicação de usuário num ambiente de múltiplos serviços e múltiplos usuários.

No exemplo da figura, foram adotadas quatro classes de serviço. O tráfego de cada usuário é classificado de acordo com essas classes e, a seguir, enfileirado segundo um sistema de quatro filas, que são escalonadas por um servidor segundo critérios de precedência para cada serviço. Por exemplo, o serviço de voz é o de mais alta prioridade e o de dados de melhor esforço é a fila de menor prioridade.

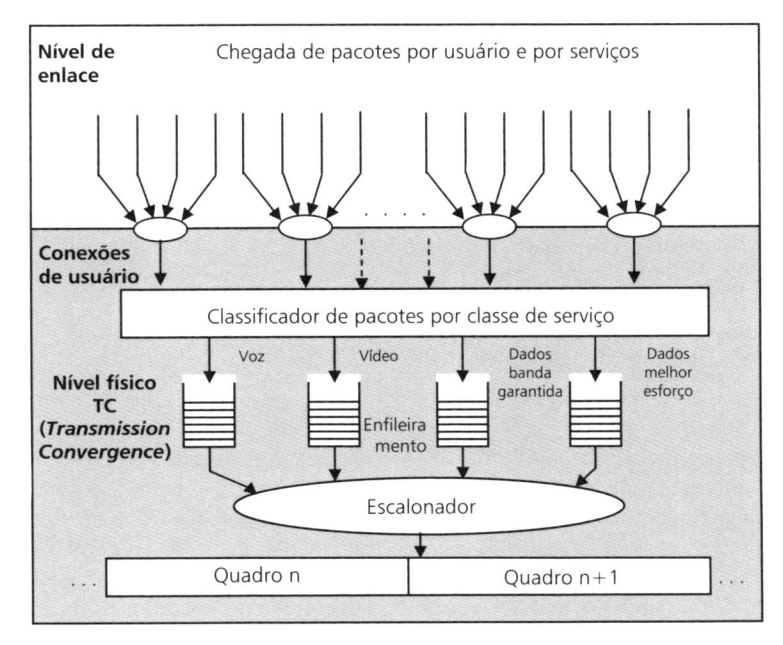

**figura 7.4** Exemplo de uma arquitetura de QaS utilizada em TC (*Transmission Convergence*).

## 7.3 ⇢ embaralhadores de entrada

Os chamados embaralhadores de entrada, ou *randomizer* ou *scrambler*, possuem como função principal a geração de um fluxo de bits com probabilidades de ocorrências de *zeros* e *uns* aproximadamente iguais. Uma segunda função, não menos importante, é a de evitar longas cadeias de *uns* ou *zeros* que têm geralmente como consequência a geração de picos indesejáveis no espectro de energia e que podem causar problemas de interferência em outros sistemas.

Embaralhadores de bit, assim como geradores de padrões pseudoaleatórios e técnicas de detecção de erros baseadas no algoritmo chamado de CRC (*Cyclic Redundancy Checking*), utilizam, nas suas implementações, blocos funcionais conhecidos como LFSR (*Linear Feedback Shift Register*). Tendo em vista a abordagem desses tópicos ao longo deste capítulo, vamos aproveitar aqui para fazer uma breve e resumida revisão sobre LFSR.

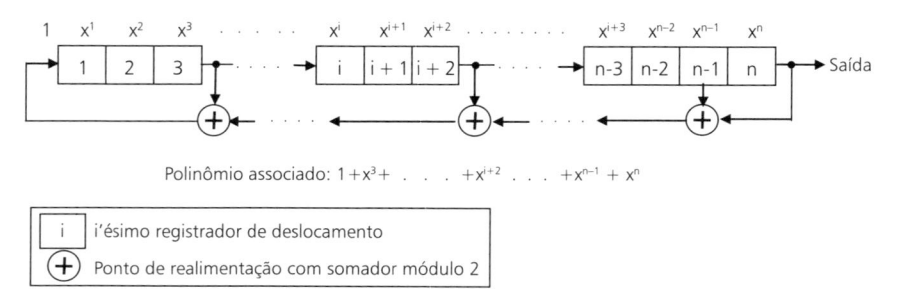

**figura 7.5** Arquitetura de um LFSR genérico.

Na figura 7.5, apresenta-se um LFSR genérico no qual são identificados os seus componentes formados por registradores de deslocamento encadeados e os pontos de realimentação constituídos por somadores do tipo módulo 2. Uma implementação particular dessa arquitetura pode ser representada por uma notação polinomial em que a ordem do polinômio é $n$, dada pelo número total de registradores de deslocamento encadeados. Os coeficientes do polinômio são *zero* ou *um*, sendo que os coeficientes *um* correspondem ao primeiro termo (termo independente), ao último termo ($x^n$) e a todos os termos onde tem realimentação por somador módulo 2.

Assim sendo, ao LFSR genérico indicado na figura 7.5 corresponde o polinômio:

$$1 + x^3 + \ldots + x^{i+2} + \ldots + x^{n-1} + x^n$$

Chamamos a atenção para o fato de que os termos $1$ e $x^n$ deverão estar sempre presentes em um LFSR. O período de repetição de um LFSR é igual a $2^n - 1$ pulsos de relógio, onde $n$ é o número total de registradores de deslocamento utilizados. Quanto maior for $n$, maior será o ciclo antes que ele se repita. Durante um ciclo qualquer, os bits na saída do LFSR se apresentam sob forma aleatória, mas se repetem no próximo ciclo e, por isso, essas sequências são chamadas de sequências pseudoaleatórias.

Módulos de *hardware* do tipo LFSR são encontrados nas mais diversas situações em que precisamos gerar sequências pseudoaleatórias de bits. Os embaralhadores, por exemplo, são arquiteturas de *hardware* baseadas em LFSR. Na literatura, são encontrados dois tipos de embaralhadores: o chamado embaralhador síncrono aditivo e o embaralhador autossincronizado multiplicativo, ambos mostrados na figura 7.6. O primeiro é utilizado, por exemplo, em DVB (*Digital Video Broadcast*). O segundo é utilizado principalmente em *modems* de canal de voz do tipo V.34. Ambos têm como arquitetura básica registradores de deslocamento encadeados com realimentação em alguns estágios predefinidos, utilizando somadores módulo 2.

O embaralhador síncrono aditivo, figura 7.6(a), carrega no início de sua operação, uma palavra de sincronismo nos registradores. Desta forma, consegue sincronizar o embaralhador com o desembaralhador em cada quadro.

O embaralhador multiplicativo autossincronizado da figura 7.6(b) não necessita de palavra de sincronismo, mas tem como desvantagem o fato de que um erro invalida todo um ciclo.

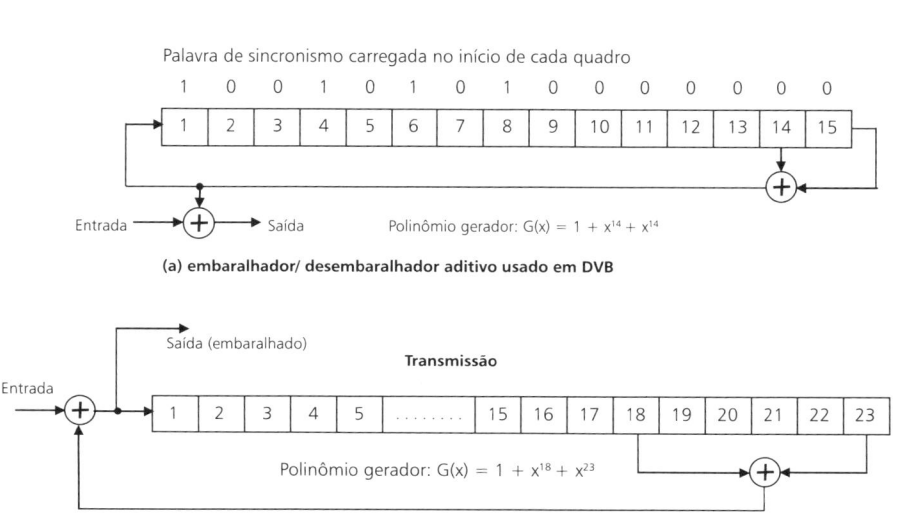

Capítulo 7 ⟶ Codificação de Canal 249

**figura 7.6** Alguns tipos de embaralhadores/desembaralhadores formados em *hardware* a partir de arquiteturas do tipo LFSR.

(a) embaralhador/ desembaralhador aditivo usado em DVB — Polinômio gerador: $G(x) = 1 + x^{14} + x^{14}$

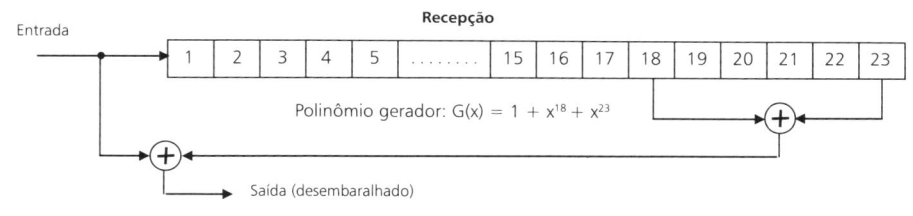

(b) embaralhador multiplicativo autossincronizado usado em *modems* V.34 do ITU-T — Polinômio gerador: $G(x) = 1 + x^{18} + x^{23}$

## 7.4 ⟶ fundamentos de teoria de erros

Entre as funções mais importantes do bloco codificador de canal vamos encontrar as funções de codificação dos dados de transmissão para que assim permitam detecção e correção de erros de bit sobre o fluxo de bits recebidos. Antes de entrarmos nestas funções, vamos fazer uma breve revisão sobre os princípios teóricos que estão por trás da chamada teoria de erros.

Quem primeiro se preocupou de forma sistemática com esse assunto foi Richard Wesley Hamming (1915-1998). Em 1950, ele publicou, no Bell System Technical Journal de abril, um trabalho com o título de: *Error Detecting and Error Correcting Codes*, que pode ser considerado a primeira sistematização teórica sobre detecção e correção de erros.

Como ponto de partida na sua análise, Hamming considera blocos de bits de tamanho fixo, chamados de palavras de código, que são formadas por bits de dados mais bits redundantes. Apresenta-se, a seguir, os principais postulados estabelecidos por Hamming para esta teoria.

**1** vamos supor palavras de código formadas por *n* bits, sendo que desses:
*m*: são bits de dados; e
*r*: são bits redundantes ou de código.
Portanto, $n = m + r$ forma uma palavra de código de *n* bits que será utilizada na troca de informação.

**2** duas palavras de código de *n* bits diferem em várias posições de bit que podem ser obtidas através de uma soma módulo 2 ("ou" exclusivo).
Ex.: A soma módulo 2 das duas palavras, 10001001 e 10110001, será:

$$\begin{array}{r} 10001001 \\ + \ 10110001 \\ \hline 00111000 \end{array}$$

As duas palavras, portanto, diferem em três posições de bit.

**3** o número de posições de bit que duas palavras de código diferem é chamado de *DH* (distância de Hamming). Duas palavras de código com DH igual a *k* requerem *k* erros de bit simples para converter uma na outra. As $2^m$ combinações possíveis dos *m* bits de dados são legais, mas dependendo de como são calculados os *r* bits redundantes nem todas as combinações das $2^n = 2^m \cdot 2^r = 2^{m+r}$ são possíveis.

Supondo um algoritmo para calcular os bits redundantes das palavras de código, é possível construir a lista completa das possíveis palavras de código e, a partir desta lista, encontrar as duas palavras código cuja distância de Hamming (DH) é mínima. Essa distância mínima ($DH_{min}$) será a distância de Hamming do código completo. A capacidade de detecção de erros "*d*" e a capacidade de correção de erros "*e*" do código dependem desta distância $DH_{min}$, como se observa pelas considerações a seguir.

a) para detectar *d* erros em uma palavra de código é necessário um código com uma $DH_{min}$ de $d + 1$ bits, ou seja:

$$DH_{min} = d + 1, \text{ ou seja } d = DH_{min} - 1 \quad (7.1)$$

Prova: A ocorrência de *d* erros simples não consegue mudar uma palavra de código válida em outra palavra de código válida.

b) para corrigir *e* erros é necessário um código com uma $DH_{min}$ de $2e + 1$ bits.

$$DH_{min} = 2e + 1, \text{ assim como } e = (DH_{min} - 1)/2 \quad (7.2)$$

Prova: As palavras de código válidas estarão tão longe que, mesmo com 2*e* erros simples, a palavra de código original ainda está mais próxima que qualquer outra palavra de código e, desta forma, pode ser determinada de forma unívoca.

## ■ exemplo de aplicação

Queremos transmitir quatro comandos representados por: 00, 01, 10 e 11. Vamos usar um código que repete cinco vezes cada bit, de cada comando, obtendo quatro palavras de código com 10 bits cada:

0000000000, 0000011111, 1111100000 e 1111111111.

Qual a distância de Hamming mínima ($DH_{min}$) desse código, quantos erros detecta e quantos erros corrige esse código?

a) por inspeção das palavras de código, pode-se concluir facilmente que o código tem uma $DH_{min}$ igual a 5.
b) a capacidade de detecção de erro d será dada pela expressão (7.1) como:

$$d = DH_{min} - 1, \text{ ou seja, } d = 5 - 1 = 4$$

c) a capacidade de correção de erros e será calculada pela expressão (7.2).

$$e = (DH_{min} - 1)/2, \text{ ou seja, } e = (5 - 1)/2 = 2$$

Para concluir, vamos supor que queremos projetar um código com m bits por palavra de código e r bits de redundância e que seja capaz de corrigir todos os erros simples. Cada uma das $2^m$ palavras de código legais possui n palavras código ilegais a uma distância 1 delas. Essas palavras de código são formadas simplesmente invertendo cada um dos n bits das n palavras código formadas a partir delas. Desta forma, cada uma das $2^m$ palavras de código legais requer $n + 1$ padrões de bit associados a elas. Como o número total de padrões de bit é igual a $2^n$, devemos ter: $(n + 1) 2^m \leq 2^n$. Como assumimos que $n = m + r$, esta condição se torna: $(m + r + 1) \leq 2^r$. Portanto, dado m, temos como definir um limite inferior para o número de bits redundantes para corrigir um erro.

### 7.4.1 taxa de erro e probabilidade de erro

Os erros de transmissão, assim como as suas causas, ocorrem de forma imprevisível e completamente aleatória no tempo. Pode-se falar, portanto, em uma probabilidade de ocorrência de erro de bit, que vai depender das condições de ruído e interferência do canal físico do sistema. Os sistemas de comunicação devem possuir mecanismos que permitem monitorar e, posteriormente, controlar e corrigir os erros ocorridos.

A frequência de ocorrência de erros de um sistema, também chamada de taxa de erro ($R_e$) ou de BER (Bit *Error Rate*), é medida por uma razão formada pelo número de bits errados para o total de bits enviados durante um determinado intervalo de tempo. O intervalo de tempo pode ser uma hora, um dia ou outro intervalo de tempo qualquer.

$$\text{Taxa de erro } (R_e) \text{ ou } Bit\ Error\ Rate\ (BER) = \frac{\text{Número de } Bits \text{ errados}}{\text{Total de } bits \text{ transmitidos}}$$

Aumentando o intervalo de tempo ($T \to \infty$) da medida da taxa de erro para um valor muito alto, cresce tanto o número de erros como a quantidade de bits transmitidos. Porém, a razão tende para um valor constante que caracteriza a probabilidade de ocorrência de erro de bit ($p_e$).

$$\text{Probabilidade de erro de } bit\ p_e \cong \frac{\text{Número de } Bits \text{ errados}}{\text{Total de } bits \text{ transmitidos}}$$

Para que se possa falar em probabilidade de erro de bit ($p_e$) é preciso que a medida seja sobre um universo de bits transmitidos muito grande, ou durante um tempo considerável. Por exemplo, a taxa de erro, ou a probabilidade de erro, $p_e = 10^{-6}$, significa um bit errado em um milhão ou, em outras palavras, a probabilidade de que um bit enviado chegue errado é de $p_e = 10^{-6}$.

Esta é, na realidade, a chamada "lei dos grandes números", que é considerada o teorema fundamental de probabilidades. O teorema foi derivado da análise de jogos de azar que são regidos por probabilidades. Este teorema, em teoria de probabilidades, é conhecido também como a lei de Bernouille dos grandes números

Para a obtenção da probabilidade de erro de bit é necessário que o universo de bits enviados seja no mínimo 100 a 1000 vezes maior do que os bits corretos para um único erro. No exemplo anterior, portanto, devemos enviar no mínimo entre 100 milhões a um bilhão de bits para que tenhamos um universo de eventos suficientemente grande e possamos falar em probabilidade de erro de bit (Stallings, 1997).

Pela teoria das probabilidades podemos então escrever os seguintes corolários:

- probabilidade de que um bit chegue errado: $p_e$
- probabilidade de que um bit chegue corretamente: $1 - p_e$
- probabilidade de que um bloco de *n* bits chegue corretamente: $(1 - p_e)^n$
- probabilidade de que um bloco de *n* bits chegue errado: $1 - (1 - p_e)^n$

### 7.4.2 taxa de pacotes errados e probabilidade de erro de pacote

Assim como foi definida uma probabilidade de erro de bit, podemos definir também uma probabilidade de erro de pacote (ou de quadro, bloco, célula, etc.) ou também uma taxa de erro de pacote, PER (*Packet Error Rate*).

$$\text{Taxa de erro de pacote (PER)} = \frac{\text{Número de pacotes com erro}}{\text{Total de pacotes transmitidos}}$$

Considerando um intervalo de tempo muito grande, podemos escrever a probabilidade $P$ de um pacote chegar errado como:

$$\text{Probabilidade de erro de Pacote } P \cong \frac{\text{Número de pacotes com erro}}{\text{Total de pacotes transmitidos}}$$

Considerando a probabilidade $P$ de um bloco ou de um pacote chegar errado, podemos escrever também, como no caso de $p_e$, as relações probabilísticas equivalentes para $P$ como:

- probabilidade de que um pacote chegue errado: $P$
- probabilidade de que um pacote chegue corretamente: $1 - P$
- probabilidade de que uma mensagem, composta de *n* pacotes iguais, chegue corretamente: $(1 - P)^n$
- probabilidade de que uma mensagem de *n* pacotes chegue errado: $1 - (1 - P)^n$

Se um dado canal possui uma probabilidade de erro de bit $p_e$ e se são transmitidos pacotes com um comprimento médio de $n$ bits, podemos escrever a taxa de erro de pacote em função da taxa de erro de bit como:

$$P = 1 - (1 - p_e)^n \qquad (7.3)$$

A seguir no nosso estudo, vamos abordar inicialmente alguns mecanismos que nos permitem detectar erros que por ventura tenham ocorrido na transmissão de um bloco de dados por um canal físico. Em uma segunda etapa, abordaremos como esses erros podem ser corrigidos.

## ■ exemplo de aplicação

Os quadros de uma rede local Ethernet variam desde $L_{min} = 64B$ (bytes) até $L_{max} = 1500B$. Obter um gráfico que mostre a variação da probabilidade de erro de quadro $P$ em função do comprimento $L$ do quadro, supondo que a probabilidade de erro de bit do canal é $p_e = 10^{-5}$.

Pela expressão (7.3) podemos escrever que:

$$P = 1 - (1 - 10^{-5})^{8L}$$

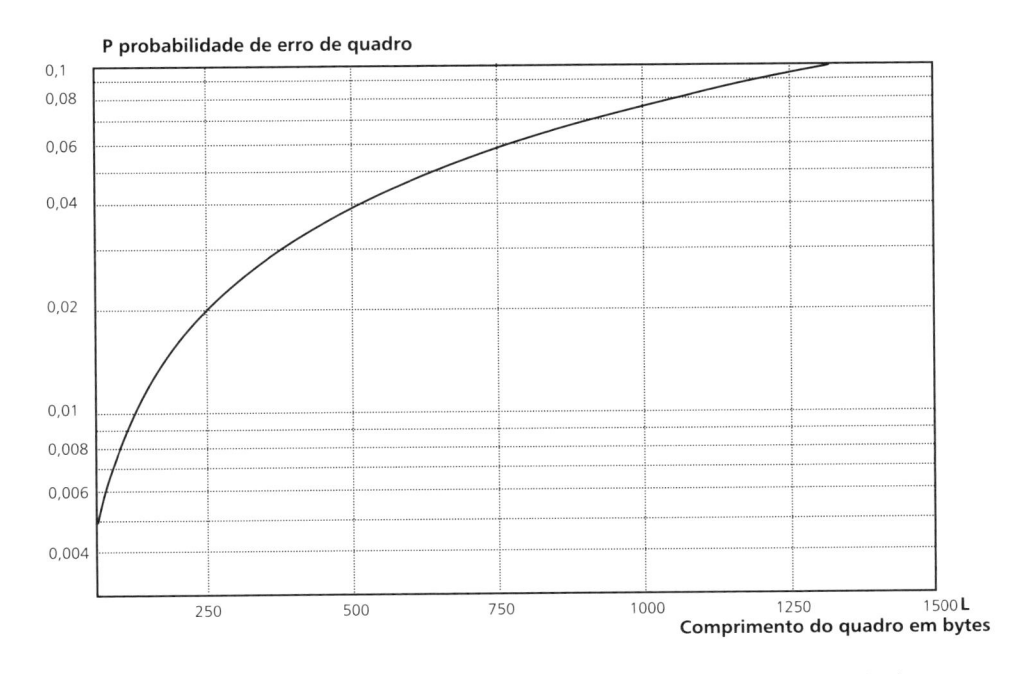

**figura 7.7** Variação da probabilidade de erro $P$ de um quadro de uma rede local Ethernet em função do comprimento $L$ (bytes) do quadro.

Podemos traçar um gráfico desta função utilizando, por exemplo, a ferramenta Graphmatica (2011), que nos dá o gráfico mostrado na figura 7.7. Observa-se, como era de se esperar, que a probabilidade de erro de quadro aumenta com o tamanho L do quadro.

### 7.4.3 técnicas de detecção de erros

Existem duas grandes classes de técnicas de detecção de erros: as técnicas baseadas em paridade e as técnicas baseadas em códigos cíclicos. As técnicas baseadas em paridade foram, historicamente, as primeiras a serem usadas devido a sua simplicidade. Atualmente, as técnicas de códigos cíclicos ou simplesmente CRC (*Cyclic Redundancy Checking*) são largamente utilizadas. Vamos analisar, a seguir, os aspectos de eficiência e implementação de cada uma destas técnicas.

a) detecção de erros por paridade
Métodos de detecção de erros por paridade são largamente utilizados em sistemas de comunicação de dados que utilizam protocolos de comunicação baseados em caracteres como o BSC-1 ou BSC-3 (*Binary Sinchronous Communication*) da IBM. Nesses protocolos, ou disciplinas de linha, são transmitidos blocos de caracteres baseados no alfabeto internacional n.5 do ITU-T. Os caracteres são formados por 8 bits, sendo 7 de dados (portanto $2^7 = 128$ caracteres) e um bit de paridade. O bit de paridade assume o valor *um* ou *zero* baseado no fato de que o número de bits em *um* no caractere seja sempre par (paridade par), ou o contrário no caso da paridade ímpar.

Além do bit de paridade, também chamado de paridade vertical, no final do bloco é acrescentado um caractere chamado de BCC (*Block Check Caracter*), que é obtido fazendo-se a paridade de todos os bits1, bits2 ... bits8, de todos os caracteres que compõem o bloco, formando o que é chamado de paridade horizontal, como mostra a figura 7.8(a).

O bit de paridade de cada caractere pode ser obtido em tempo real por um circuito de lógica combinacional simples, formado por portas *exclusiv-or* (ou *xor*), como é mostrado na figura 7.8(b). Já o caractere BCC, que é acrescentado no final do bloco, pode ser obtido por um circuito de lógica sequencial, como mostrado na figura 7.8(c)

Tendo em vista a predominância cada vez maior de protocolos de comunicação baseados em bits (e não em caracteres) e a pouca eficiência dos métodos de paridade, hoje em dia é pouco usado este tipo de técnica de detecção de erros.

A probabilidade $P$ de que ocorra um erro na transmissão de um caractere, supondo uma probabilidade de erro de bit igual a $p_e$, será dada por: $P = 1-(1-p_e)^8$. Já a probabilidade $P_b$ de erro de bloco, isto é, a probabilidade de ocorrer um erro na transmissão de um bloco de $n$ caracteres será dada por: $P_b = 1-(1-P)^n$.

b) o algoritmo de CRC – *Cyclic Redundancy Cheking*
O algoritmo de CRC é baseado em códigos polinomiais. Nesses códigos, as cadeias de bits são tratadas como polinômios formados por potências de $x$ com coeficientes 1 e 0, de acordo com

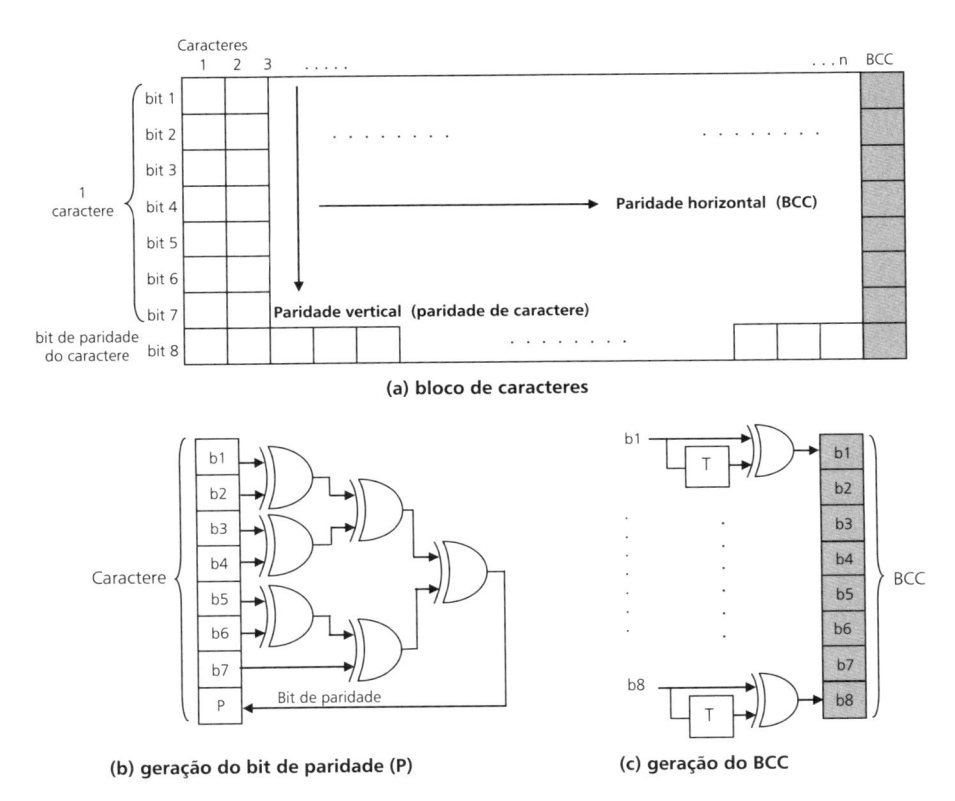

**figura 7.8** Detecção de erros por paridade horizontal e vertical de um bloco de caracteres.

os bits da cadeia. Uma cadeia de $k$ bits pode ser olhada como a lista de coeficientes de um polinômio com $k$ termos, variando de $x^{k-1}$ a $x^0$. O polinômio assim definido é dito de ordem $k - 1$.

A aritmética polinomial é baseada na soma módulo 2 (ou exclusivo), ou seja, não há *um* na soma ou empréstimo de *um* na subtração. Desta forma, a subtração e a soma em módulo 2 são idênticas, como pode ser observado no exemplo abaixo:

$$\begin{array}{r} 101000011 \\ +\ 101100111 \\ \hline 000100100 \end{array} \qquad \begin{array}{r} 101000011 \\ -\ 101100111 \\ \hline 000100100 \end{array}$$

O algoritmo de detecção de erros CRC utiliza uma divisão polinomial, tanto no receptor como no transmissor, em que o divisor é um polinômio gerador $G(x)$ predefinido, e o dividendo é um bloco de bits de dados. Tanto o bit de ordem superior como o bit de ordem inferior do polinômio $G(x)$ devem ser igual a 1, supondo, no transmissor, um quadro de $m$ bits correspondente a um polinômio $M(x)$, que deve ser maior que o polinômio gerador G(x). A divisão polinomial de $M(x)$ por $G(x)$ resulta em um resto que vamos definir como FCS (*Frame Check Sequence*). O algoritmo acrescenta o FCS no final do polinômio $M(x)$ de tal forma que o polinômio formado por $M(x).FCS$ será divisível por $G(x)$ e, a seguir, será transmitido. O receptor, ao receber o polinômio $M(x).FCS$, dividirá o mesmo por $G(x)$. Se o resto da divisão for nulo, não houve erro na transmissão; se for diferente de zero, houve erro (Stallings, 1997).

As principais etapas do algoritmo CRC podem ser resumidas como:

1 uma cadeia $M(x)$ com $m$ bits a serem transmitidos forma um polinômio de ordem *m-1*.
2 é definido um polinômio gerador $G(x)$ de $r$ bits e ordem *r-1* tal que $r<m$.
3 o polinômio $M(x)$ é multiplicado por $x^r$, obtendo-se o polinômio $M(x).x^r$. Essa multiplicação corresponde a acrescentar $r$ zeros à direita de $M(x)$.
4 é feita uma divisão polinomial de $M(x).x^r$ por $G(x)$, que tem como resto $r$ bits chamados de *FCS*.
5 é formado um polinômio $T(x) = M(x) + FCS$ que é divisível por G(x) e que é transmitido pelo meio.

```
            Transmissor                              Receptor
      M(x).x⁵        G(x)               T(x) =M(x).FCS   G(x)
  101000110100000 ÷ 110101 = 1101010110   101000110101110 ÷ 110101 = 1101010110
  110101                                  110101
  /111011                                 /111011
   110101                                  110101
   /011101                                 /011101
    000000                                  000000
    /111010                                 /111010
     110101                                  110101
     /011111                                 /011111
      000000                                  000000
      /111110                                 /111110
       110101                                  110101
       /010110                                 /010111
        000000                                  000000
        /101100                                 /101111
         110101                                  110101
         /110010                                 /110101
          110101                                  110101
          /001110                                 /000000
           000000                                  000000
           /01110  Resto da divisão → FCS          000000  Resto da divisão → zero
```

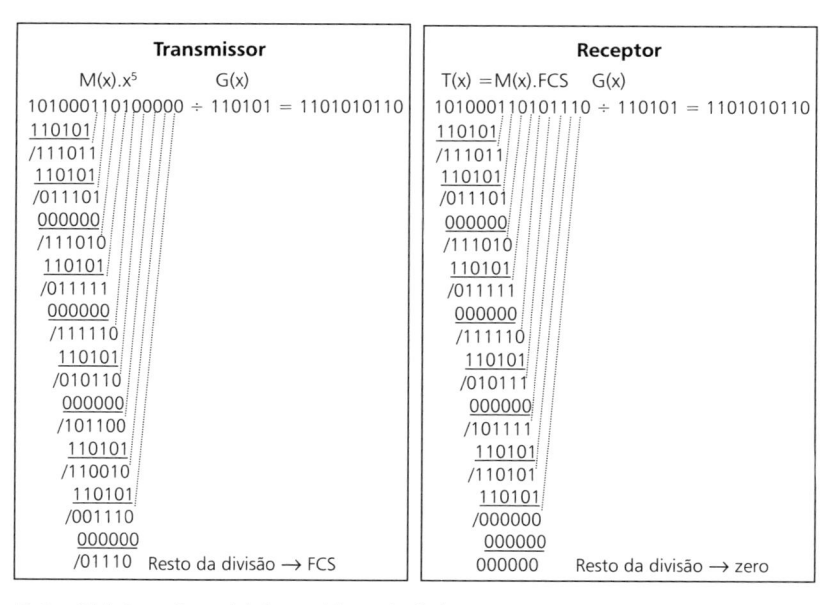

**figura 7.9** Divisão polinomial de um bloco de dados no transmissor e receptor de um canal para detecção de erros baseado em CRC.

**6** o polinômio $T(x) = M(x) + FCS$, ao chegar no receptor, é dividido por $G(x)$. Se a divisão dá resto zero, não houve erro.

**7** descartando em $T(x)$ os últimos $r$ bits correspondentes ao FCS, obtém-se a mensagem $M(x)$ original.

### ■ exemplo de aplicação

Vamos supor que queremos transmitir a mensagem $M(x) = 1010001101$. O mecanismo de CRC a ser utilizado utiliza o polinômio gerador dado por $G(x) = x^5 + x^4 + x^2 + 1$, que corresponde à notação binária dada por $G(x) = 110101$. Para calcular o FCS multiplicamos $M(x)$ por $x^5$, ou seja, acrescentamos 5 zeros a $M(x)$ e obtemos:

$$M(x)x^5 = 1010001101\ 00000$$

No transmissor, dividimos $M(x).x^5$ por $G(x)$. O resto dessa divisão formada por cinco bits, 01110, é chamado de FCS, que será acrescentado à mensagem original, obtendo-se o bloco $T(x)$ a ser transmitido.

$$T(x) = M(x) + FCS = 1010001101\ 01110$$

Lembramos que, desta forma, $T(x)$ se tornou um polinômio múltiplo inteiro de $G(x)$, isto é, $T(x)$ é divisível por $G(x)$. O bloco $T(x)$, ao chegar no receptor, é dividido pelo polinômio gerador $G(x)$. Se o resultado desta divisão for igual a zero, significa que não houve erro; caso contrário, ocorreram um ou mais erros ao longo do canal.

Os processos de multiplicação e divisão, tanto no receptor como no transmissor, são feitos em tempo real utilizando-se técnicas de circuitos digitais sequenciais simples. A figura 7.10 apre-

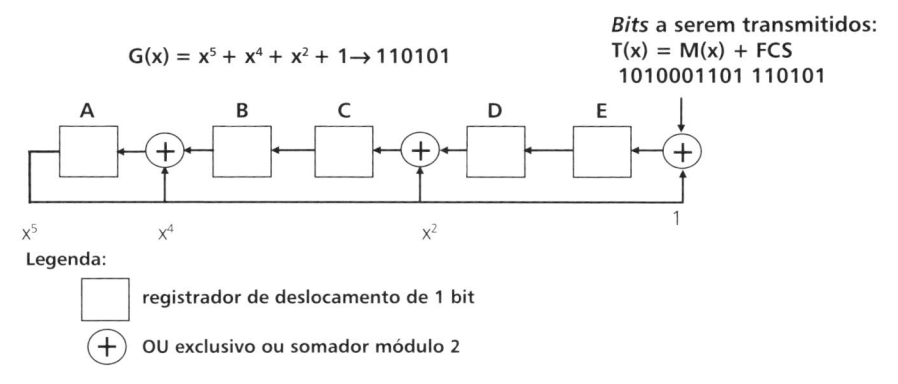

**figura 7.10** Implementação de um circuito com registradores de deslocamento para fazer a divisão de T(x) pelo polinômio $G(x) = x^5 + x^4 + x^2 + 1$ e obter o FCS.

senta uma realização em *hardware* para obtenção do FCS na transmissão, ou a verificação do resto da divisão de *T(x)* por *G(x)* na recepção.

Como se observa, o circuito básico é um LFSR (*Linear Feedback Shift Register*) cujos fundamentos teóricos já foram destacados na seção 7.3. Tanto a mensagem *M(x)* como o polinômio gerador *G(x)* são os mesmos do exemplo anterior.

Na figura 7.11, podem ser conferidos os diferentes estados observados no LFSR para a divisão de *T(x)* por *G(x)* segundo uma sequência de 16 pulsos de relógio, obtendo-se no final o resto da divisão, ou FCS. O processo de divisão no receptor é semelhante.

| Registrador | A | B | C | D | E | Bits de Entrada |
|---|---|---|---|---|---|---|
| Condição Inicial | 0 | 0 | 0 | 0 | 0 | |
| Pulso relógio 1 | 0 | 0 | 0 | 0 | 1 | 1 |
| 2 | 0 | 0 | 0 | 1 | 0 | 0 |
| 3 | 0 | 0 | 1 | 0 | 1 | 1 |
| 4 | 0 | 1 | 0 | 1 | 0 | 0 |
| 5 | 1 | 0 | 1 | 0 | 0 | 0 |
| 6 | 1 | 1 | 0 | 0 | 1 | 0 |
| 7 | 0 | 1 | 1 | 1 | 0 | 1 |
| 8 | 1 | 1 | 1 | 0 | 1 | 1 |
| 9 | 0 | 1 | 1 | 1 | 1 | 0 |
| 10 | 1 | 1 | 1 | 1 | 1 | 1 |
| 11 | 0 | 1 | 0 | 1 | 1 | 0 |
| 12 | 1 | 0 | 1 | 1 | 0 | 0 |
| 13 | 1 | 1 | 0 | 0 | 1 | 0 |
| 14 | 0 | 0 | 1 | 1 | 1 | 0 |
| 15 | 0 | 1 | 1 | 1 | 0 | 0 |

Pulsos 1–10: Mensagem *M(x)* a ser enviada (10 bits)
Pulsos 11–15: acréscimo 5 bits zero

Resto da divisão ou FCS

**figura 7.11** Tabela de estados dos registradores de deslocamento no processo de divisão para obtenção do FCS no lado do transmissor.

### 7.4.4 eficiência do método CRC

A eficiência de um método de detecção de erros fornece a percentagem de erros que são detectados pelo método. Nenhum método detecta 100% dos erros ocorridos em uma transmissão. Os erros que passam despercebidos constituem o que é chamado de taxa residual de erros do sistema de transmissão.

O método CRC é hoje o mais largamente utilizado em sistemas de transmissão por dois motivos: 1) pela sua simplicidade de implementação, normalmente através de um *hardware* muito simples (ver figura 7.10) e 2) pela sua alta eficiência.

Supondo um polinômio gerador dado por G(x), a eficiência do CRC pode ser avaliada pelas seguintes constatações, que são baseadas em propriedades matemáticas da álgebra de polinômios:

1. são detectados todos os erros de um bit;
2. são detectados todos os erros duplos desde que G(x) tenha pelo menos três termos;
3. são detectados todos os erros de bit, em número ímpar desde que G(x) tenha um fator x + 1 (por isso todos os polinômios G(x) padronizados apresentam este termo);
4. são detectados todos os erros de rajada desde que o comprimento da rajada seja menor do que a ordem do polinômio G(x), ou também menor ou igual ao comprimento do campo FCS;
5. são detectados também a maioria dos erros de rajada maior que a ordem de G(x).

Estas conclusões são demonstradas em Stallings (1997, p. 164-172). Como se observa, a maior ou menor eficiência do CRC depende fortemente da escolha do polinômio gerador G(x). Esse fato levou os organismos de padronização a definir G(x) para determinados sistemas de comunicação de dados. Assim, por exemplo, o padrão de redes locais do tipo Ethernet, IEEE 802.3, estabeleceu um FCS de 32 bits, que é gerado para um quadro que varia entre 64B a 1500B segundo um polinômio gerador dado por:

$$G(x) = x^{32} + x^{26} + x^{23} + x^{22} + x^{16} + x^{12} + x^{11} + x^8 + x^7 + x^5 + x^4 + x^2 + x + 1$$

No exemplo de redes locais Ethernet, ao se detectar que houve um ou mais erros em um quadro, o mesmo é descartado e, ao mesmo tempo, é solicitada uma retransmissão do mesmo. Esse método é conhecido como ARQ (*Automatic Repeat reQuest*). Em redes de alto desempenho, os atrasos provocados pelo ARQ na correção de erros são intoleráveis. Para contornar esse problema foram criados os processos que permitem a detecção e a correção de erros, chamados de FEC (*Forward Error Correction*), que é atualmente a estratégia mais adequada em aplicações de alto desempenho, como os atuais acessos móveis à internet, tais como o WiMax (IEEE802.16) e os sistemas celulares 3G.

## 7.5 ⋯→ códigos de correção de erros (FEC)

Com o desenvolvimento acelerado das comunicações digitais na década de 1960 e setenta, tornou-se urgente a preocupação com o tratamento dos erros nesses troncos digitais. Monitorar a qualidade desses enlaces no nível físico OSI consistia principalmente em métodos de detecção de erros baseados em técnicas de verificação de paridade sem qualquer preocupação com a correção desses erros.

Em redes de computadores, a correção dos erros do nível físico era relegada ao nível de enlace do modelo OSI, onde despontavam as diferentes técnicas de ARQ baseadas em janela de dados deslizante (*sliding window*), embutidas em protocolos como o LAP-D (*Link Access Procedure-Data*) e o HDLC (*High-level Data Link Control*) e suas variantes. Todas essas técnicas de correção de erros eram, no entanto, custosas e demoradas, não sendo adequadas para aplicações em tempo real como vídeo e voz.

Os trabalhos de Shannon e Hamming mostravam que poder-se-ia adicionar informação redundante aos dados e que essa redundância poderia ser utilizada para correção de erros que por ventura tivessem ocorridos na transmissão. O receptor, ao receber a informação útil e a redundância, poderia proceder uma detecção e correção dos erros, em tempo real, à medida que a informação chegasse. Essa técnica recebeu o nome de FEC (*Forward Error Correction*), e os códigos que realizam essa tarefa são chamados de ECC (*Error Correcting Codes*).

Nas próximas seções, abordaremos os principais códigos FEC que começaram a surgir, principalmente a partir da década de 1960. Abordaremos inicialmente os chamados códigos lineares, entre os quais destacamos: os códigos RS (*Reed Salomon*), os códigos convolucionais, os turbo-codes e os códigos LDPC.

Cronologicamente, foram os códigos RS os primeiros a surgir (Reed; Solomon, 1960). Nessa mesma década, os códigos convolucionais, que já eram conhecidos desde 1950, começaram a ter importância para FEC, tendo em vista os trabalhos de Viterbi que, em 1967, desenvolveu um algoritmo de decodificação preciso e realizável para esses códigos. Os códigos LDPC, conhecidos também como códigos de Gallager, foram desenvolvidos por Robert G. Gallager, no MIT, em 1963 (Gallager, 1962). Esquecidos por muitos anos, foram sugeridos em 1996 por J. C. David para realizações de FEC, com resultados surpreendentes, que chegavam muito próximos ao limite teórico de Shannon.

Em 1993, começaram a surgir também os códigos conhecidos como *turbo-codes*. Esses códigos, aplicados em FEC, também mostraram uma eficiência que chega muito perto da capacidade máxima de Shannon. Apesar de sua complexidade, graças ao desenvolvimento das técnicas de VLSI (*Very Large Scale Integration*) da microeletrônica, os *turbo-codes* puderam ser realizados em *hardware*, tornando viável a sua utilização em sistemas reais.

As técnicas de codificação FEC muitas vezes não são suficientes para corrigir alguns tipos de erros. Por exemplo, em canais físicos onde há ocorrência de erros em rajada devido à concentração desses erros em poucos blocos, a codificação FEC não consegue detectar e corrigir todos os erros. Para resolver esse problema, a codificação FEC precisa ser complementada com a adição de uma técnica de entrelaçamento (*interleaving*) de bits. Abordaremos também neste capítulo algumas técnicas de entrelaçamento utilizadas em FEC que, desta forma, potencializam os códigos FEC frente aos erros de rajada. Esta característica é conseguida introduzindo-se no fluxo de bits uma diversidade temporal, isto é, um reordenamento temporal do fluxo de bits, como mostrado na figura 7.2.

### 7.5.1 códigos *Reed Solomon* (RS)

Os primeiros códigos que causaram impacto na área de FEC foram os códigos conhecidos como RS (*Reed e Solomon*), assim denominados em homenagem aos seus inventores. Esses códigos foram propostos em 1960 por Irving S. Reed e Gustave Solomon, do Laboratório Lincoln do MIT (*Massachusetts Institute of Technology*). Na época em que esses códigos foram propostos, não se conhecia ainda um algoritmo de decodificação simples e eficiente para os mesmos. Foi somente em 1969, graças aos trabalhos de Elwyn Berlekamp e James Massey, que surgiu o primeiro decodificador RS realizável em *hardware* e executável em tempo real.

Com o desenvolvimento acelerado da microeletrônica na década de 1970, esses códigos começaram a ser utilizados largamente para as mais diversas aplicações.

Os códigos RS são classificados em teoria de códigos como códigos lineares, cíclicos, não binários, capazes de detectar e corrigir erros múltiplos e aleatórios de símbolos. Um código RS pode ser especificado como um código RS(n, k), formado de *n* símbolos, cada símbolo formado de *m* bits, sendo que k símbolos são de dados e *n-k* = 2t é a redundância do código, como é mostrado na figura (7.12).

O código é capaz de corrigir até *t* símbolos, em que *t* é dado por:

$$t = \frac{n-k}{2} \quad (7.3)$$

Assim, por exemplo, o sistema de televisão digital europeu, conhecido como DVB (*Digital Vídeo Broadcasting*), utiliza um código RS(204,188) em que cada símbolo possui *m* = 8bits. Portanto, cada bloco de 188 símbolos de dados é substituído por um bloco de 204 símbolos, ou seja, possui uma redundância de 16 símbolos e uma capacidade de correção de *t* símbolos, dada por:

$$t = \frac{n-k}{2} = \frac{204-188}{2} = 8 \quad \text{(símbolos)}$$

A grande vantagem dos códigos RS é o fato de que eles corrigem tanto um símbolo com um erro de bit como um símbolo com todos os bits errados.

Códigos RS são baseados em conjuntos de símbolos finitos, ou campos finitos muitas vezes chamados de campos de Galois.[1] Os campos de Galois possuem uma propriedade interessante, a de que qualquer operação em um elemento do campo sempre resulta em outro elemento desse campo. O campo é finito e, portanto, o comprimento do campo pode ser representado por uma palavra binária. As operações aritméticas sobre elementos de um campo de Galois, tais como soma subtração e multiplicação, não são equivalentes à aritmética tradicional.

Vamos considerar, por exemplo, o código RS utilizado no sistema DVB. O código é constituído de símbolos com *m* = 8 bits por símbolo. Neste caso, o campo de Galois $GF(2^8)$ será constituído de 256 símbolos. A ordem em que os símbolos aparecem depende do polinômio

```
|←———————— Total de n símbolos ————————→|
|←———— k símbolos de dados ————→|←— 2t símbolos —→|
|          Dados                |   Redundância   |
```

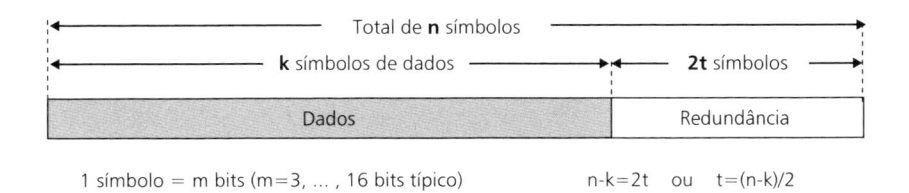

1 símbolo = m bits (m=3, ... , 16 bits típico)    n-k=2t   ou   t=(n-k)/2

**figura 7.12** Formação do bloco de símbolos em um código RS(n,k).

---

[1] Évariste Galois (1811 – 1832), matemático francês.

gerador dos símbolos. O polinômio gerador é dado por $p(x) = 1 + x^2 + x^3 + x^4 + x^8$, ou em formato binário simplesmente por 100011101. Assim, o enésimo elemento do campo será obtido elevando-se o elemento $0$ à potência $n$.

### ■ exemplo de um codificador RS

Para especificar um código RS é necessário, antes de qualquer coisa, construir a tabela de símbolos do campo de Galois a serem utilizados. Para simplificar a realização do nosso codificador RS, vamos nos basear em um exemplo de Joel Sylvester (2001), publicado em um documento da Elektrobit em janeiro de 2001. Vamos considerar um campo de Galois definido como GF($2^4$), formado por símbolos de 4 bits e um total de 16 símbolos. Além disso, vamos considerar que os símbolos foram obtidos a partir de um polinômio gerador dado por 19, ou seja, $p(x) = 1 + x + x^4$ (Sylvester, 2001).

Lembramos que uma das propriedades de um campo finito de Galois é que cada elemento é o elemento anterior multiplicado por $\alpha$. Como ponto de partida, vamos estabelecer que $p(\alpha) = 0$. Substituindo $\alpha$ em $p(x)$, obtém-se, pela condição anterior, que $\alpha^4 \rightarrow 1 + \alpha$. Desta forma, podemos construir a tabela dos símbolos como é mostrado na tabela 7.1. O último parâmetro que ainda precisamos especificar é o estado inicial dos registradores de deslocamento do polinômio gerador, que, no exemplo, vamos considerar igual a zero. Podemos concluir que, dado $n$, $k$ e $m$, além do polinômio gerador $p$ e o estado inicial do gerador, o código RS está completamente especificado.

Na figura 7.13, apresenta-se uma realização em *hardware* de um codificador RS. Como se observa, a obtenção do bloco de símbolos RS(n,k) é baseada numa arquitetura polinomial tradicional. Porém, as portas lógicas do tipo multiplicação e soma que aparecem no circuito são baseadas em aritmética de Galois e não em módulo 2.

### ■ exemplo de um decodificador RS

Como geralmente costuma acontecer em teoria de códigos, a tarefa de decodificação de um código é sempre uma tarefa bem mais complexa que a de codificação. Assim sendo, o código RS tornou-se mais popular no momento em que surgiu, em 1969, o algoritmo de decodificação Berlekamp-Massey. A partir de realizações eficientes desse decodificador em *hardware*, o campo de aplicação de técnicas FEC utilizando o algoritmo RS popularizou-se enormemente. Atualmente, encontramos o código RS em aplicações de armazenamento de dados em massa, em dispositivos como o CD e o DVD, e até em aplicações mais simples como em sistemas de leitura de códigos de barra.

**tabela 7.1** tabela de símbolos do campo de Golois GF($2^4$)

| Representação em potências | \multicolumn{4}{c}{Representação polinomial} | Representação binária |
|---|---|---|---|---|---|
| | 0/1 | $\alpha$ | $\alpha^2$ | $\alpha^3$ | |
| 0 | 0 | | | | 0000 |
| 1 | 1 | | | | 1000 |
| $\alpha$ | | $\alpha$ | | | 0100 |
| $\alpha^2$ | | | $\alpha^2$ | | 0010 |
| $\alpha^3$ | | | | $\alpha^3$ | 0001 |
| $\alpha^4$ | 1 | $+\alpha$ | | | 1100 |
| $\alpha^5$ | | $\alpha$ | $+\alpha^2$ | | 0110 |
| $\alpha^6$ | | | $\alpha^2$ | $+\alpha^3$ | 0011 |
| $\alpha^7$ | 1 | $+\alpha$ | | $+\alpha^3$ | 1101 |
| $\alpha^8$ | 1 | | $+\alpha^2$ | | 1010 |
| $\alpha^9$ | | $\alpha$ | | $+\alpha^3$ | 0101 |
| $\alpha^{10}$ | 1 | $+\alpha$ | $+\alpha^2$ | | 1110 |
| $\alpha^{11}$ | | $\alpha$ | $+\alpha^2$ | $+\alpha^3$ | 0111 |
| $\alpha^{12}$ | 1 | $+\alpha$ | $+\alpha^2$ | $+\alpha^3$ | 1111 |
| $\alpha^{13}$ | 1 | | $+\alpha^2$ | $+\alpha^3$ | 1011 |
| $\alpha^{14}$ | 1 | | | $+\alpha^3$ | 1001 |

**Legenda:**

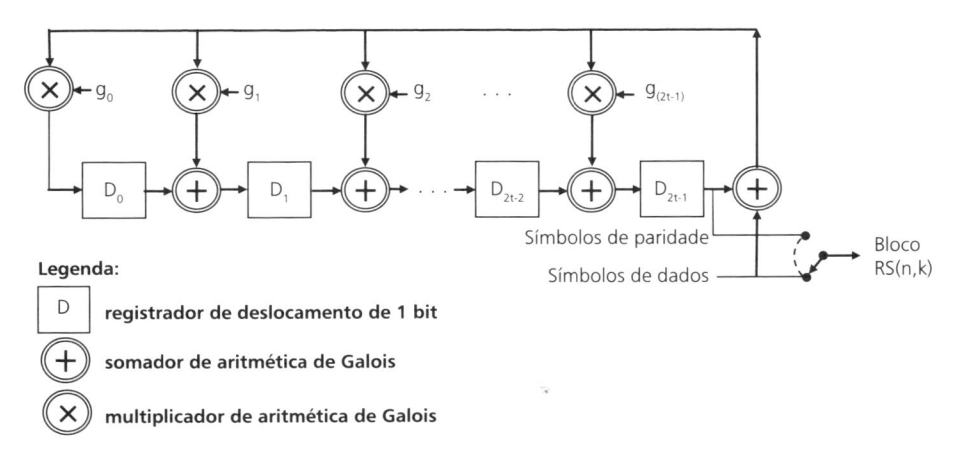

| D | registrador de deslocamento de 1 bit |
| ⊕ | somador de aritmética de Galois |
| ⊗ | multiplicador de aritmética de Galois |

**figura 7.13** Exemplo de um codificador RS em *hardware*.

O decodificador a seguir foi publicado originalmente nesse documento da Eletrobit, por Joel Silvester (2001).

Na figura 7.14, apresenta-se um fluxograma simplificado de um decodificador Berlekamp-Massey. Vamos descrever o processo de decodificação RS de forma simplificada através de seis etapas, conforme indicadas no fluxograma da figura 7.14 (Sylvester, 2001).

**1** o bloco RS de $n$ símbolos é delimitado no fluxo de dados recebidos e, a seguir, armazenado para processamento.

**2** o bloco RS é submetido a uma divisão polinomial dos $n$ símbolos recebidos pelo polinômio gerador. O resto dessa divisão, se não houve erro, é zero. Se o resto for diferente de zero, é chamado de síndrome e é composto de $2t$ símbolos.

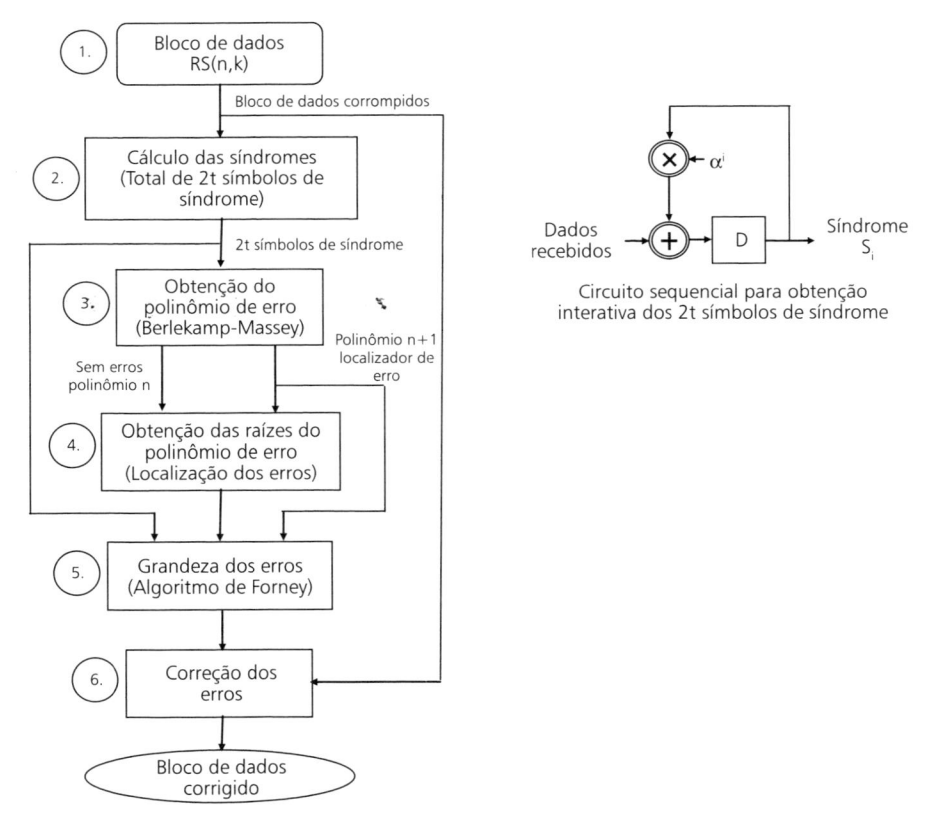

**figura 7.14** Fluxograma simplificado de um decodificador RS baseado no algoritmo de Berlekamp-Massey.

**3** a terceira etapa consiste na obtenção do polinômio de erro lambda. Para isto, devemos resolver um sistema de *2t* equações simultâneas, uma para cada símbolo de síndrome com *t* variáveis desconhecidas. Essas variáveis correspondem à localização dos erros.
**4** para a obtenção do polinômio de erro e de suas raízes, diferentes algoritmos foram propostos na literatura, entre os quais se destaca o algoritmo de Berlekamp-Massey. Uma vez obtido o polinômio de erro lambda e calculadas as suas raízes, define-se a localização dos erros no bloco de símbolos recebido.
**5** uma vez conhecido onde os erros estão localizados, os valores dos erros devem ser identificados. Isto pode ser feito a partir das raízes do polinômio de erro e das síndromes, aplicando-se o chamado algoritmo de Farley para obter os valores dos erros.
**6** em cada cálculo anterior, obtemos o símbolo errado correspondente àquela localização. Se um bit está *setado* no símbolo de erro, então o bit correspondente do símbolo recebido está em erro e deve ser invertido.

Os códigos RS são pouco eficazes frente a erros em rajada. Uma maneira de potencializar a eficiência dos códigos RS em relação a este tipo de erros é através de códigos de entrelaçamento, conforme será visto na seção 7.5.3 e mostrado na figura 7.21.

## 7.5.2 códigos convolucionais

O conceito de códigos convolucionais já foi introduzido na seção 6.5.1, de forma limitada, quando abordamos a modulação em treliça (TCM). O principal objetivo de um código convolucional é gerar, a partir de um fluxo de $k$ bits de dados paralelos na entrada, um fluxo codificado com $n$ bits paralelos na saída, tal que $n>k$, e, assim, assegurar uma capacidade de correção de erros aos dados transmitidos.

Vimos que os códigos RS acrescentam a um bloco de $k$ símbolos de dados uma redundância de 2t símbolos, formando um novo bloco RS (n, k) com um total de $n$ símbolos. Um código RS, portanto, é tipicamente uma codificação em blocos onde distinguimos perfeitamente o bloco dos símbolos que correspondem aos dados e o bloco dos símbolos acrescentados que formam a redundância. Códigos RS atuam sobre blocos de símbolos (dados e redundância), enquanto os códigos convolucionais atuam sobre fluxos de bits contínuos (entrada e saída).

Códigos convolucionais são hoje largamente empregados em sistemas de comunicação de dados de alta confiabilidade. As aplicações incluem transmissão de vídeo digital, comunicações móveis, rádio enlaces e comunicação de satélites. Muitas vezes, o código RS é concatenado com um código convolucional para, assim, obter um maior desempenho no processo de FEC do sistema. Com o advento e a rápida disseminação dos códigos turbo, os modernos sistemas de comunicação de dados utilizam cada vez mais realizações de FEC baseadas nestes códigos, os quais apresentam uma eficiência muito próxima do limite de Shannon (Käsper, 2010).

## ■ codificação convolucional

Um codificador convolucional é especificado por três parâmetros (n, k, m):

n: número de bits de saída;
k: número de bits de entrada; e
m: a cadeia com o maior número de registradores de deslocamento (D).

A partir destes parâmetros, podemos definir a razão de código como:

$$r = \frac{k}{n} \qquad (7.4)$$

Essa relação fornece a razão entre a taxa de bits de entrada e a taxa de bits de saída. Além disto, pode-se definir também um comprimento limitante máximo $L$ de bits como:

$$L = k.m \quad [\text{ bits}]^2 \qquad (7.5)$$

Nessa expressão, $L$ pode ser interpretado como o número máximo de bits que efetivamente contribuem para os $n$ bits de saída. Na figura 7.11, apresenta-se uma arquitetura de um codificador convolucional arbitrário onde podemos identificar os seguintes parâmetros: $n = 3$, $k = 2$ e $m = 3$. Portanto, $r = 2/3$. O comprimento limitante L deste código será calculado a partir do ramo com os três deslocadores e uma entrada. Portanto, $L = 1(3) = 3$.

Em geral, códigos convolucionais com L grande produzem códigos mais poderosos, porém a complexidade do algoritmo de decodificação cresce exponencialmente com L.

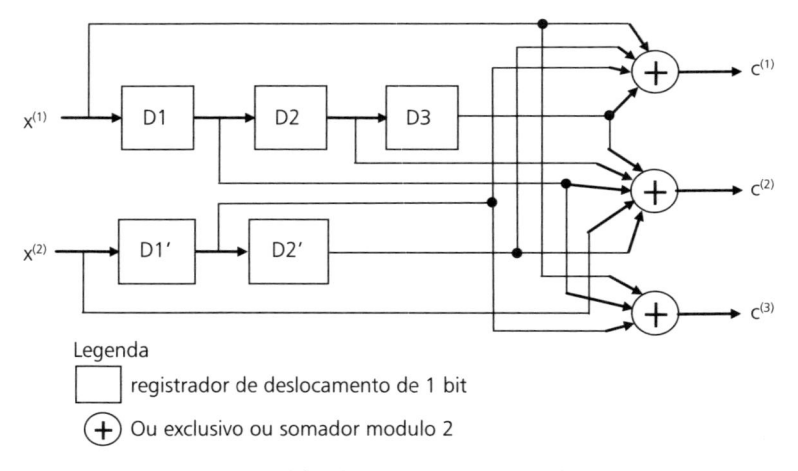

**figura 7.15** Arquitetura de um codificador convolucional com $(n, k, m)$ dado por $(3, 2, 3)$, razão de código $r = 2/3$ e comprimento limitante de bits de $L = 1(3) = 3$.

---

[2] Alguns autores definem o comprimento de bits limitantes (*constraint length*) como $K = m + 1$. Neste caso, vamos ter que $L = K - 1$.

## ■ tipos de códigos convolucionais

Os códigos convolucionais podem ser divididos em códigos recursivos e em códigos não recursivos. Na figura 7.16(a), apresenta-se um exemplo de um código recursivo (a saída realimenta a entrada), enquanto na figura 7.16(b) temos um exemplo de um codificador não recursivo (Wikipédia, 2010).

Um código convolucional pode ser definido também como sistemático e não sistemático. O código é sistemático quando parte dos bits de entrada do codificador, também faz parte da saída do mesmo, como pode ser observado no exemplo da figura 7.16(a). Já o codificador da figura 7.16(b) é um codificador não sistemático. Geralmente, os códigos recursivos são sistemáticos enquanto os códigos não recursivos são não sistemáticos (Barbulescu; Pietrobon, 1999a).

## ■ distância livre de um código convolucional

Os códigos convolucionais podem ser avaliados também em relação a sua capacidade de correção de erros. Essa capacidade é função de um parâmetro chamado de distância livre $d$ (*free distance*). A distância livre $d$ pode ser caracterizada como a distância de Hamming mínima entre diferentes sequências de codificação. Desta forma, podemos definir uma capacidade de correção de $t$ erros do código convolucional, que representa o número de erros que o código consegue corrigir, como:

$$t = \left\lfloor \frac{d-1}{2} \right\rfloor \tag{7.6}$$

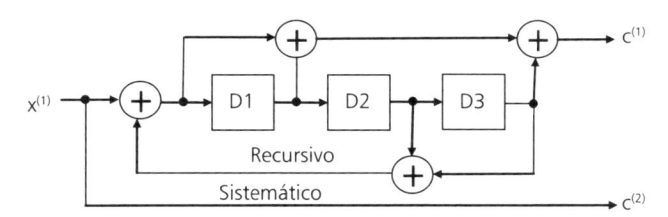

(a) codificador convolucional sistemático e recursivo com $r=1/2$ e $L=3$

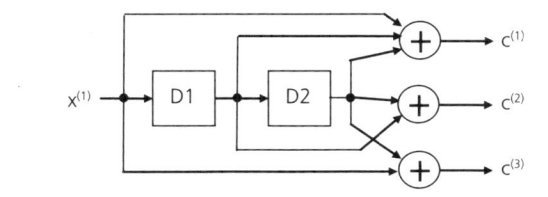

(b) codificador convolucional não sistemático e não recursivo com $r=1/3$ e $L=2$

**figura 7.16** Classificação de códigos convolucionais. (a) código convolucional sistemático e recursivo. (b) código convolucional não sistemático e não recursivo.

Tendo em vista que códigos convolucionais não utilizam blocos, mas processamento sobre um fluxo contínuo de bits, o valor de *t* se aplica aos erros que estão localizados relativamente próximos dentro do fluxo. Isto significa que grupos múltiplos de *t* erros podem ser corrigidos quando estão relativamente afastados.

### ■ códigos convolucionais picotados

Códigos convolucionais com k = 1 e que formam códigos com razão de código com r = 1/2, 1/3, 1/4, 1/5, 1/7 são chamados de códigos matrizes. Pode-se combinar estes códigos de um bit na entrada para produzir códigos chamados de códigos picotados (*punctured codes*) com diferentes razões de código. Na figura 7.17, mostra-se como exemplo a combinação de dois códigos (2,1,2) para formar um codificador tipo (3,2,2), no qual o terceiro bit na saída é picotado fora.

Na tabela 7.2, apresenta-se uma matriz de picotamento dos diferentes códigos picotados gerados a partir de um código matriz tipo (2,1,2). Por exemplo, para obter um código (3,2,2) com *r* = 2/3, a matriz de picotamento da tabela 7.2 indica que são considerados, na saída, o primeiro bit do primeiro codificador e os dois bits do segundo codificador, como mostrado na figura 7.17. O segundo bit do primeiro codificador foi picotado fora.

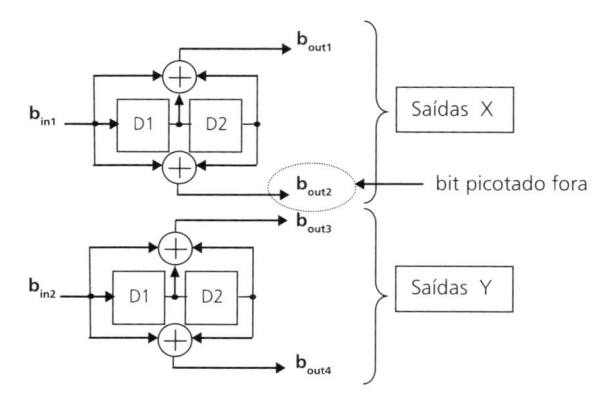

**figura 7.17** Combinação de dois códigos (2,1,2) para formar um codificador (3,2,2) com picotamento do segundo bit.

**tabela 7.2** Matriz de picotamento para códigos gerados a partir de um código matriz dado por (2,1,2) e razão r = 1/2

| Razão de código | Matriz de picotamento | Distância livre [d][3] |
|---|---|---|
| 1/2 (código matriz) | X: 1<br>Y: 1 | 10 |
| 2/3 | X: 1 0 (bit 0 é picotado)<br>Y: 1 1 | 6 |
| 3/4 | X: 1 0 1<br>Y: 1 1 0 | 5 |
| 5/6 | X: 1 0 1 0 1<br>Y: 1 1 0 1 0 | 4 |
| 7/8 | X: 1 0 0 0 1 0 1<br>Y: 1 1 1 1 0 1 0 | 3 |

### ■ representação de códigos convolucionais

Como já foi mencionado na seção 6.5.2, em que introduzimos o conceito de codificador convolucional, existem quatro maneiras de representar os codificadores:

**1** diagrama de um circuito lógico sequencial com base em deslocadores de um bit e portas lógicas do tipo somador módulo 2 (porta XOR ou, *Exclusiv OR*);
**2** diagrama de treliça;
**3** diagrama de uma máquina de estados finitos com $N = 2^L$ estados; e
**4** diagrama em árvore.

Na seção 6.5.2, apresenta-se um codificador convolucional (2,1,2), representado por um circuito lógico na figura 6.24. Esse codificador é representado por um diagrama de treliça e por um diagrama de estados na figura 6.25. Essas representações podem ser obtidas a partir de uma tabela de transições, mostrada na figura 6.25, e que relaciona a informação de entrada com o estado inicial do codificador, fornecendo o novo estado do codificador e os bits codificados na saída.

A partir da tabela de transição de estados da figura 6.25, pode ser obtido também um diagrama em árvore do código que não foi mostrado na seção 6.5.1. Na figura 7.18, mostra-se o diagrama em árvore do codificador. A cada tic do relógio há uma nova transição. Se o bit de entrada é *um*, a transição é para baixo (linha tracejada), se for *zero*, é para cima (linha cheia). A linha contínua mais grossa na figura mostra a evolução do código na árvore, supondo na entrada a sequência de bits dada por: *1, 0, 1, 1*. Os bits codificados na saída em paralelo serão: *r = 1 1, 1 0, 0 0, 0 1*, como é indicado pela linha em negrito na figura 7.18(a).

---
[3] Valores correspondentes ao código da NASA com $L = 6$.

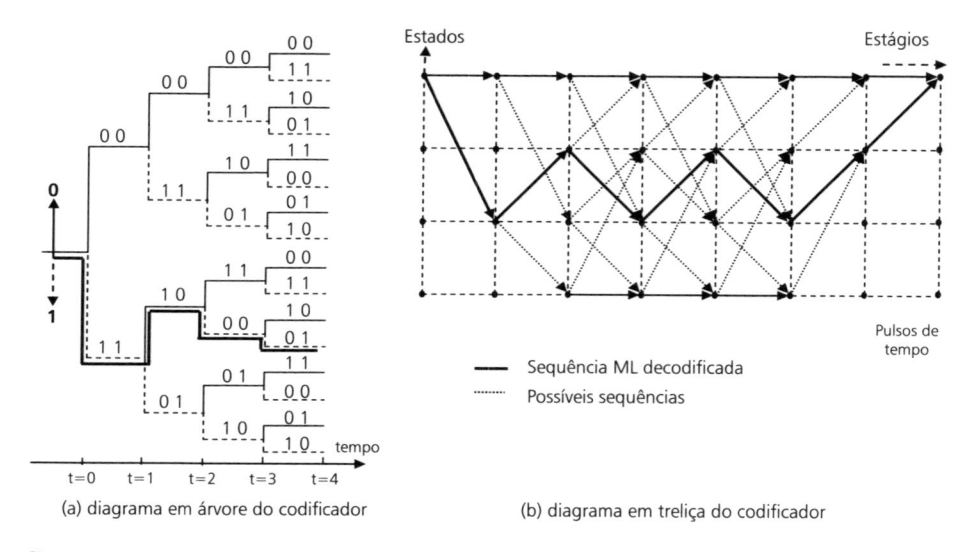

**figura 7.18**  Representação do codificador (2, 1, 2) da figura 6.24.

(a) diagrama em árvore do codificador

(b) diagrama em treliça do codificador

## ■ decodificador Viterbi para códigos convolucionais

Como na maioria dos códigos, o processo de decodificação de um código apresenta sempre uma complexidade muito maior do que o da codificação. Os códigos convolucionais devem a sua grande popularidade certamente ao fato de que, em 1967, Andrew Viterbi apresentou um algoritmo de decodificação para códigos convolucionais que causou grande impacto nas comunicações devido a sua generalidade de aplicação, eficiência e relativa facilidade de realização.

O algoritmo de Viterbi (VA) é atualmente o algoritmo por excelência para decodificação de códigos convolucionais, com aplicações em sistemas celulares (CDMA e GSM), redes sem fio (802.11 e 802.16), *modems* ADSL e comunicação de satélites. O VA comprovou ser também um algoritmo importante em aplicações como reconhecimento de voz, busca de palavras--chave, bioinformática e outras áreas.

Vamos supor um codificador convolucional que recebe uma sequência de $x$ bits que são con-volucionados no codificador para uma sequência de $c$ bits codificados. A sequência $c$ é trans-mitida por um canal ruidoso e é recebida como uma sequência $r$ no receptor, como mostra a figura 7.19. O VA calcula, a partir de estimativas de sequências de código $y$, obtidas a partir da sequência $r$ recebida, uma estimativa $y$ com a máxima semelhança (*ML – Maximum Likelihood*). A estimativa com a máxima semelhança é obtida a partir da máxima probabilidade condicional $p(r|y)$ da sequência $r$ recebida, condicionada à sequência de código $y$. A sequência $y$ deve ser uma das sequências de código válidas, ou seja, não pode ser qualquer sequência.

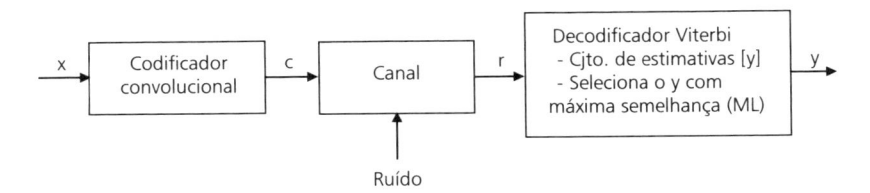

**figura 7.19** Sistema de codificação e decodificação segundo o algoritmo de Viterbi.

O VA pode ser classificado segundo dois tipos: o algoritmo de Viterbi de decisão dura, ou HDVA (*Hard Decision Viterbi Algorithm*) e o algoritmo de decisão suave, ou SDVA (*Soft Decision Viterbi Algorithm*). No algoritmo HDVA, o receptor associa o bit *um* ou *zero* a partir de uma informação representada unicamente por um bit de informação. Já no algoritmo SDVA, a associação é baseada em uma informação de quantização de múltiplos bits. A informação está relacionada com uma determinada métrica da distância de Hamming. Na seção 6.5.1, é apresentado um exemplo de aplicação que mostra em detalhes um decodificador convolucional do tipo HDVA aplicado ao codificador mostrado na figura 6.24.

Por último, vamos apresentar algumas considerações sobre o desempenho dos codificadores convolucionais. Um dos parâmetros importantes na avaliação do desempenho desses códigos é a complexidade de realização do VA.

# ■ complexidade de decodificação dos códigos convolucionais

Vamos considerar um codificador convolucional genérico no qual a sequência de entrada contém k.N bits, em que k é o número de entradas em paralelo e N o número total de intervalos de tempo do codificador. O número de intervalos de tempo do decodificador será dado por $N = X + m$, onde $X$ corresponde ao número de bits por entrada paralela e $m$ ao número de registradores[4] do codificador. Nestas condições, o diagrama de treliça terá ao todo N estágios e exatamente $2^{k.N}$ caminhos distintos pelo diagrama em treliça. Como consequência, uma pesquisa exaustiva na busca da sequência ML terá uma complexidade computacional da ordem de:

$$O[2^{k.N}] \qquad (7.7)$$

O VA reduz esta complexidade por fazer a pesquisa da sequência ML do diagrama de treliça considerando um estágio por tempo. Em cada estado ou nó da treliça, são feitos $2^k$ cálculos. O número de nós por estágio na treliça é $2^m$. Desta forma, podemos concluir que a complexidade do VA é da ordem de:

$$O[(2^{k.m})(N)] \qquad (7.8)$$

---

[4] A parcela *m* é necessária tendo em vista que o codificador acrescenta *m* zeros no final do bloco de bits de entrada para forçar o codificador a voltar para o estado inicial após a codificação dos bits de dados.

Comparando as expressões (7.7) com (7.8), observa-se claramente que a última expressão reduz, de forma significativa, as operações necessárias para a obtenção da decodificação ML. Isso ocorre porque o número de intervalos de tempo N agora é um fator linear e não mais um fator exponencial na complexidade. Note, porém, que há um crescimento exponencial da complexidade com o aumento de $k$ e $m$ (Barbulescu; Pietrobon, 1999b).

### 7.5.3 códigos de entrelaçamento

Códigos de entrelaçamento (*interleaving codes*) são códigos que não alteram os bits (ou símbolos) de dados nem acrescentam qualquer tipo de redundância, alteram unicamente a sequência temporal dos bits (ou símbolos) de dados.

Os códigos FEC que vimos até aqui foram desenvolvidos para corrigir erros causados principalmente pelo ruído AWGN (*Additive White Gaussian Noise*). A ocorrência desses erros em um canal é completamente aleatória ao longo do tempo. A realidade, porém, mostra que um canal apresenta também frequentemente ruídos do tipo impulsivos, além de interferências destrutivas (*fading*) de curta duração, como é mostrado na figura 7.2. Esses tipos de perturbações provocam rajadas de erros, concentradas geralmente em intervalos de tempo curtos. Os códigos FEC não conseguem dar conta desses erros tendo em vista que os blocos de dados afetados apresentam um excesso de erros, acima da capacidade de correção prevista pelo código. A solução para este problema foi o espelhamento dos erros sobre intervalos de tempo maiores, para que assim se confundissem com os erros AWGN.

A arquitetura típica de um codificador de canal que corrige tanto erros AWGN como erros em rajada pode ser observada na figura 7.20. Nessa arquitetura, como se observa, há uma concatenação de códigos que devem observar uma determinada ordem. Assim, o primeiro código (codificação FEC) é chamado de código externo, que deve ser decodificado por último no receptor. O segundo corresponde ao código interno, que corresponde ao código de entrelaçamento sendo o último a ser codificado e o primeiro a ser decodificado no receptor.

O funcionamento de um código de entrelaçamento pode ser observado melhor na figura 7.21. Os erros provocados por um ruído impulsivo ou uma interferência destrutiva (*fading*) provocadas pelo canal estão concentrados em um intervalo de tempo curto como mostra a sequência de bits na saída do entrelaçador (figura 7.21(a)). No receptor, ao ser feito o desentrelaçamento (figura 7.21(b)), os erros são espalhados em um intervalo de tempo muito maior, confundindo-os com erros AWGN. Com isso, podem ser tratados de forma eficiente pelos códigos FEC (AHA Product Group 2004).

Existem dois tipos de algoritmos de entrelaçamento muito utilizados hoje:

**1** entrelaçamento em bloco; e
**2** entrelaçamento convolucional.

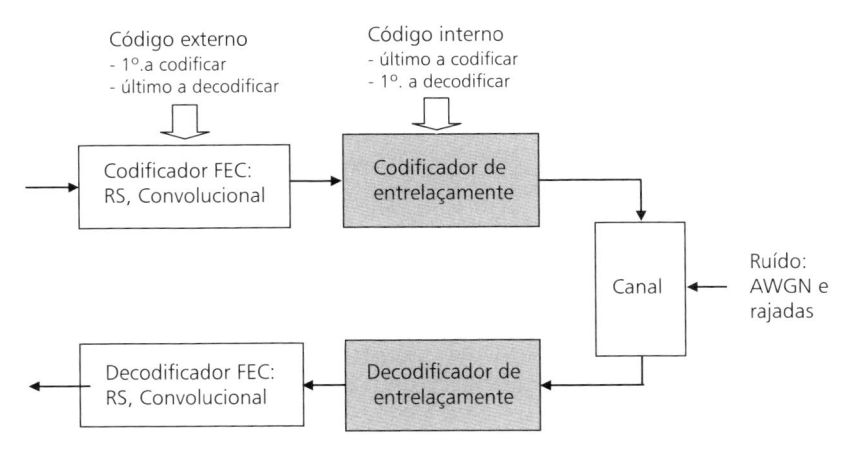

**figura 7.20** Concatenação de códigos FEC com código de entrelaçamento em um codificador de canal.

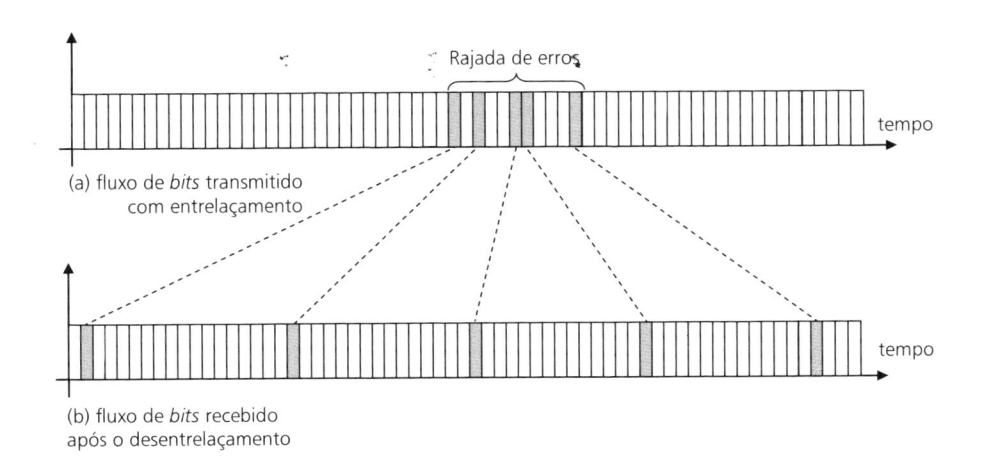

**figura 7.21** Fluxo de bits (ou símbolos) entrelaçado (a) com erros em rajada, na saída do canal e (b) fluxo de bits (ou símbolos) na saída do decodificador de entrelaçamento.

## ■ entrelaçamento por blocos

No entrelaçamento em bloco, os dados (bits ou símbolos) são primeiro escritos, linha por linha, em uma memória retangular $L = T \times N$, em que a dimensão vertical $T$ é o número de linhas, a dimensão horizontal $N$ é o número de colunas e, portanto, $L$ é a capacidade total da memória. A dimensão vertical $T$ também é chamada de profundidade do código de entrelaçamento. O entrelaçamento é obtido fazendo-se simplesmente a leitura desta memória, agora coluna por coluna, como é mostrado na figura 7.2. O desentrelaçamento no receptor é feito de modo inverso, escrevendo-se num bloco de memória $L = T \times N$, coluna por coluna, os bits ou símbolos recebidos. A seguir, é feita uma leitura da memória no sentido linha por linha.

A memória total necessária para o entrelaçamento e desentrelaçamento por blocos é de $2L$ módulos de memória, que podem ser de bits ou símbolos, como pode ser inferido a partir da figura 7.22. Observa-se também que dois símbolos consecutivos do fluxo de entrada estarão afastados de $T$-1 símbolos na saída do entrelaçador.

Uma das grandes desvantagens dos códigos de entrelaçamento em bloco é a latência ou atraso que introduzem. A latência $A$ pode ser calculada pela expressão:

$$A = 2TN = 2L \quad [tempos\ de\ símbolo] \tag{7.9}$$

O atraso é diretamente proporcional a duas vezes o tamanho do bloco de memória do entrelaçador. Quanto maior $L$, maior a rajada que pode ser tolerada e maior será o atraso introduzido no sistema.

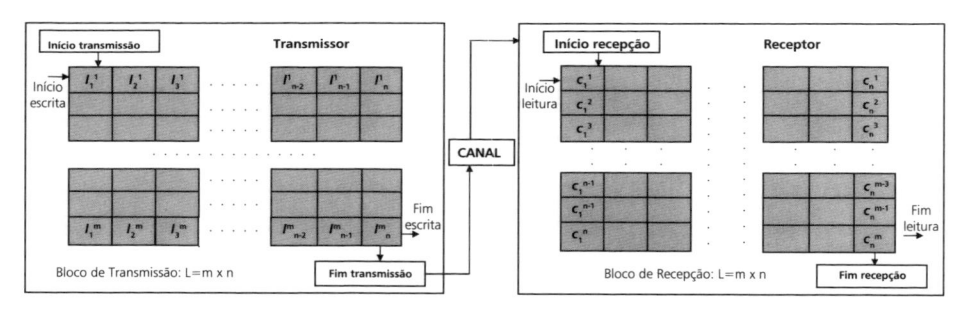

**figura 7.22** Entrelaçamento em bloco $L = m \times n$ bits (ou símbolos) pela escrita sequencial nas linhas horizontais e posterior transmissão coluna por coluna.

## ■ entrelaçador convolucional

Para contornar o problema da latência e do tamanho da memória dos códigos de entrelaçamento em bloco, surgiram os códigos de entrelaçamento convolucionais. Esses entrelaçadores são formados por um conjunto de $T$ registradores de deslocamento com atrasos variáveis, sendo que o primeiro é nulo e o último apresenta um atraso de $T-1$ pulsos de relógio de símbolo (Vafi; Wysocki, 2005). Vamos definir $M = N/T$ como sendo o módulo de registrador de deslocamento básico que possui $M$ estágios. Estes deslocadores são atendidos sequencialmente segundo um ciclo de $T$ tempos de símbolos, e em cada tempo é atendido um determinado deslocador quando é escrito um símbolo na entrada e lido um símbolo na saída desse deslocador, como é mostrado na figura 7.23.

O i'ésimo deslocador do nosso entrelaçador possui, então, $(i-1)M$ estágios de deslocamento, sendo que $1 < i \leq T$. Da mesma forma, o i'ésimo deslocador do desentrelaçador será composto de $(T-1)M$ estágios. Um símbolo qualquer até chegar na saída passará, portanto, por um total de estágios dado por:

$$(i-1)M + (T-i)M = M(T-1) \qquad (7.10)$$

Em cada ciclo $T$, um símbolo qualquer é deslocado de um estágio. O atraso $A$ que um símbolo sofrerá para passar pelos $M(T-1)$ estágios será obtido multiplicando-se a expressão (7.10) pelos $T$ tempos de símbolos e, portanto:

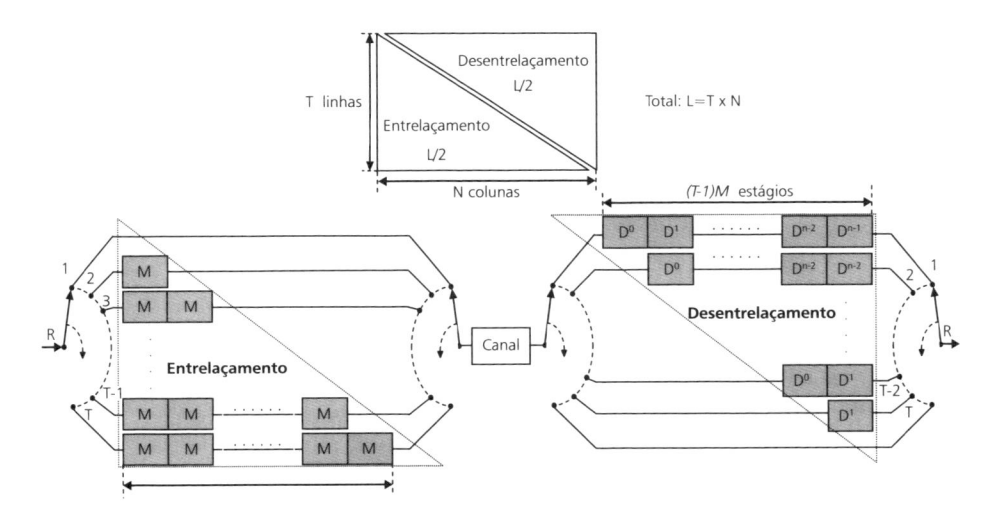

**figura 7.23** Codificador e decodificador de entrelaçamento do tipo convolucional com um total de $L = m \times n$ memórias de deslocamento, conforme Hanna (1993).

$$A = T.M(T-1) = N(T-1) \qquad (7.10)$$

O valor N(T-1) representa o atraso total de um símbolo, medido pelo número total de tempos de símbolo, mas também representa o número total de elementos de memória do entrelaçador/desentrelaçador. Como se observa, a latência total e o número de memórias deste codificador de entrelaçamento caíram para menos da metade em relação ao entrelaçador em bloco expresso pela relação (7.9).

A partir dessas duas arquiteturas básicas de entrelaçamento, encontramos na literatura muitas variantes, em que ora se definem sequências de leitura e escrita diferentes, ora se buscam arquiteturas com menores latências e menos memória.

### ■ exemplo de aplicação

Vamos supor um canal que utiliza FEC do tipo RS e que apresenta erros em rajada que podem ser caracterizados por *b* blocos RS errados seguidos. Supondo os blocos RS definidos por *(n, k)* e uma capacidade de correção de *t* símbolos, podemos afirmar que se $b \leq t$, então o código RS consegue controlar os erros. Se, porém, o tamanho da rajada for $b > t$, então o código RS provavelmente não vai conseguir corrigir os erros. É neste caso que a codificação de entrelaçamento pode ser útil. Supondo que $b > t$, então o código de entrelaçamento convolucional deve satisfazer a condição:

$$b \leq t.i \qquad (7.11)$$

Nessa expressão, *i* é a profundidade ou o grau do código de entrelaçamento. A profundidade *i* é um número inteiro que corresponde ao número de blocos de símbolos RS considerados no entrelaçamento.

### ■ exemplo de aplicação

Vamos supor o codificador de canal de um sistema *wireless* do tipo WiMax, que utiliza um código RS (255, 235) e apresenta os seguintes parâmetros:

n = 255, comprimento do bloco em símbolos;
k = 235, comprimento da mensagem em símbolos;
n − k = 2t = 20, número de símbolos de paridade; e
t = 10, número máximo de símbolos que podem ser corrigidos.

Queremos resolver rajadas de erro com b = 215 símbolos. Que profundidade deve ter o entrelaçador convolucional para que consiga atender estas rajadas?

Pela relação (7.12) temos que:

$$i \geq \frac{b}{t} \quad \therefore \quad i \geq \frac{215}{10} = 21{,}5$$

O código de entrelaçamento convolucional deve ter no mínimo uma profundidade *i>22*.

### 7.5.4 *turbo-codes*

Claude Berrou (*1951), francês, junto com Alain Glavieux e Punya Thitimajshima são considerados os inventores dos chamados *turbo-codes*. Em 1993, Berrou publicou, junto com outros autores, um trabalho intitulado: *Near Shannon Limit Error-Correcting Coding and Decoding: Turbo-Codes*, nos Anais da *International Conference on Communications*, em que pela primeira vez surge o termo *turbo-codes*. A partir desse trabalho pioneiro, muitos esquemas de codificação têm surgido, e o termo *turbo-codes*, atualmente, cobre tanto códigos convolucionais como códigos em bloco (Berrou; Glavieux; Thitimajshima, 1993).

No seu sentido original, podemos definir *turbo-codes* como um esquema de codificação formado a partir da concatenação de dois codificadores separados por um entrelaçador, como é mostrado na figura 7.24. Mesmo que os dois codificadores nessa arquitetura possam ser genéricos, a maioria das realizações segue as ideias sugeridas no trabalho original de Berrou, que são:

- os dois codificadores são normalmente idênticos;
- os codificadores são do tipo convolucional, sistemático e recursivo;
- o entrelaçador geralmente é do tipo em bloco com leitura em ordem pseudoaleatória.

Vimos, na seção 7.4.2, que a decodificação de códigos convolucionais pode ser feita com base no decodificador de Viterbi, que se apresenta em duas versões: o chamado HDVD (*Hard Decision Viterbi Decoder*) e o SDVD (*Soft Decision Viterbi Decoder*). No primeiro caso, a decisão sobre o valor do bit na saída é baseado em uma informação binária do tipo sim (*um*) ou não (*zero*). Na decodificação dos *turbo-codes*, o algoritmo adotado é baseado em *Soft-Decision* conhecido como SISO (*Soft-In-Soft-Out*). Na decodificação SISO, o decodificador recebe na entrada uma informação quantizada real, portanto suave (*soft*), sobre o valor do símbolo. O decodificador fornece na saída, para cada símbolo, uma estimativa suave (*soft*) que expressa a probabilidade de que o símbolo transmitido corresponde a um ou outro valor de bit. Na figura 7.25, apresenta-se uma arquitetura simplificada de um decodificador turbo.

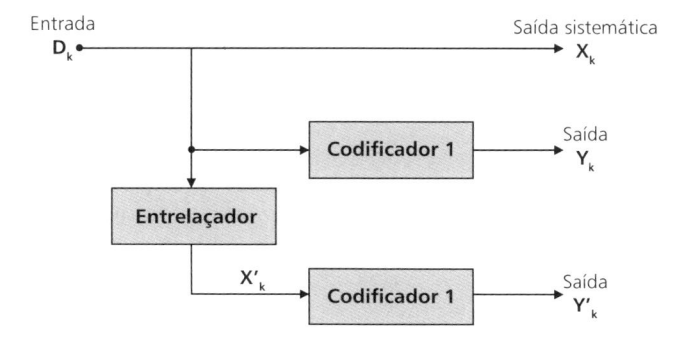

**figura 7.24** Arquitetura genérica de um turbo codificador.

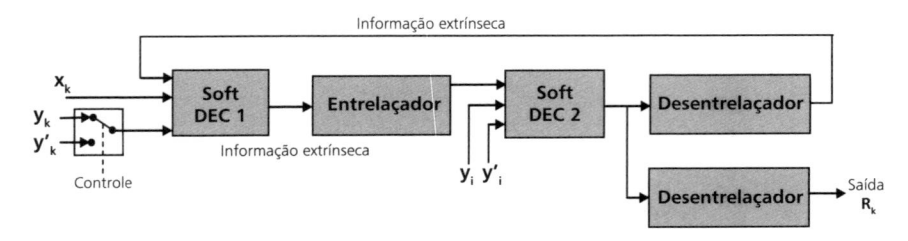

**figura 7.25** Arquitetura de um ciclo de iteração de um *turbo decoder*.

Nesta arquitetura, temos dois decodificadores suaves (*soft*), DEC1 e DEC2, e ambos fornecem informações sobre os mesmos símbolos de saída, apesar de estarem numa ordem temporal diferente por causa do entrelaçador. O funcionamento de uma iteração completa para obter uma melhora na informação suave de decodificação dos símbolos é descrita a seguir (Huang, 1997).

O decodificador DEC1 fornece, na saída, uma informação do tipo suave, que é uma medida da confiança sobre cada bit decodificado em DEC1. A partir dessa informação de confiança, é produzida uma informação extrínseca que não depende das atuais entradas do decodificador. Essa informação extrínseca, após entrelaçada, é passada ao decodificador DEC2, que a usa para decodificar a sequência de bits entrelaçados. A partir das informações suaves do DEC2, uma nova informação extrínseca é realimentada para o DEC1 e, assim, é obtido um valor de confiança melhorado sobre o símbolo. Desta forma, a partir de sucessivas interações, pode-se melhorar a informação da decisão sobre o valor dos símbolos decodificados. Em cada rodada, os decodificadores reavaliam as suas estimativas utilizando informação extrínseca do outro decodificador. Finalmente, na última etapa, é tomada uma decisão com base na informação suave melhorada em relação ao valor do símbolo.

Esta decodificação colaborativa entre os dois decodificadores proporcionou aos *turbo-codes* um desempenho incomum em relação às outras técnicas de codificação. Pode-se dizer que é através desses códigos que os sistemas de comunicação de dados estão conseguindo chegar a taxas bem próximas da capacidade máxima teórica prevista por Shannon. A relação entre a taxa de bits efetiva $R$ e a capacidade máxima teórica $C$ de Shannon (ver expressão 1.37), medida em dBs, se situa atualmente em torno de $\sim 0,3dB$, o que corresponde aproximadamente a 93% do limite de Shannon. Antes dos *turbo-codes*, a distância entre o limite teórico e a taxa efetiva conseguida na prática estava situada em torno de $\sim 2db$, ou seja, 65% do limite superior de Shannon.

Na figura 7.26, apresenta-se como exemplo a realização simplificada de um codificador *turbo* como é utilizado nos sistemas celulares 3G (3ª. Geração) do sistema europeu UMTS (*Universal Mobile Telephony System*). O codificador utiliza dois codificadores tipo RSC (*Recursive Systematic Convolutional*) em paralelo, separados por um entrelaçador. Recomendamos o *site* da University of South Australia (2009), Turbo Coding Home Page para maiores detalhes sobre o Turbo Coding.

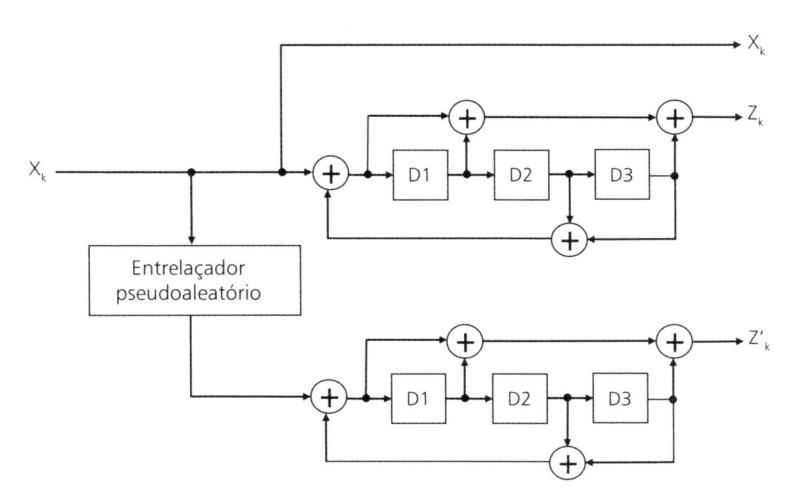

**figura 7.26** Turbo codificador com dois codificadores RSC, utilizado no sistema celular europeu UMTS.

### 7.5.5 códigos LDPC (*Low Density Parity Check*)

Os códigos LDPC foram inventados por Robert Gallager e apresentados em sua tese de doutorado apresentada no MIT em 1960 (Gallager, 1962). Por muito tempo, esses códigos foram ignorados devido a sua alta complexidade computacional e também porque haviam surgido os **códigos Reed Solomon**. O conjunto concatenado de códigos, *Reed Solomon* e convolucionais, eram considerados perfeitamente suficientes para codificação em controle de erros.

Os códigos LDPC foram redescobertos somente em 1998, por Richardson, Urbanke e MacKay. Atualmente, os códigos LDPC são considerados os códigos de controle de erro que mais se aproximam do limite teórico de Shannon. Os códigos LDPC são códigos lineares, em bloco, e podem ser descritos perfeitamente através de um grafo chamado de Tanner, ou através de uma matriz de paridade $H$, a partir da qual pode ser obtida a matriz geradora $G$, que é capaz de gerar as palavras de código válidas para um conjunto de bits. Ambas as matrizes descrevem perfeitamente o código.

Na figura 7.27, apresenta-se como exemplo um grafo de Tanner. O grafo é do tipo bipartite, isto é, formado por duas classes de nodos; os nodos $f$, chamados de verificação (*check nodes*) e os nodos variáveis $c$ de bit. As arestas do grafo interconectam somente nodos que não são da mesma classe (Sun, 2003).

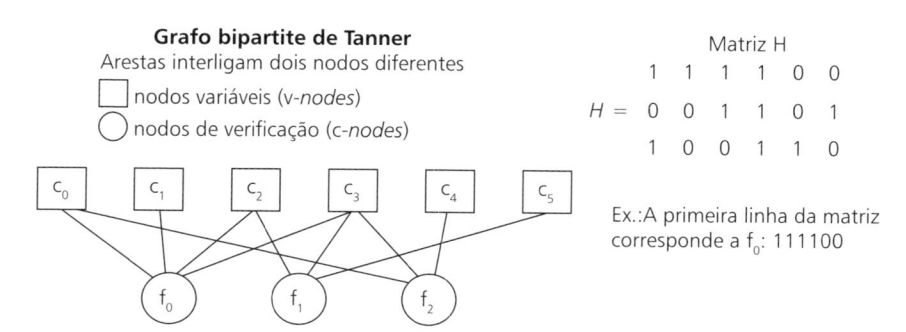

**Grafo bipartite de Tanner**
Arestas interligam dois nodos diferentes
☐ nodos variáveis (v-*nodes*)
◯ nodos de verificação (c-*nodes*)

Matriz H

$$H = \begin{matrix} 1 & 1 & 1 & 1 & 0 & 0 \\ 0 & 0 & 1 & 1 & 0 & 1 \\ 1 & 0 & 0 & 1 & 1 & 0 \end{matrix}$$

Ex.: A primeira linha da matriz corresponde a $f_0$: 111100

**figura 7.27** Exemplo de um grafo bipartite simples de um código LDPC e a matriz de paridade associada.

O código LDPC do exemplo da figura 7.27 corresponde a um codificador de mensagens de três bits, que serão codificados em seis bits. É, portanto um código linear em bloco (n, k) = (6, 3), em que *n* é o número total de bits por palavra de código e *k* é o total de bits da mensagem. Desta forma, a partir do exemplo podem ser geradas ao todo 8 possíveis palavras de código de 6 bits: 000000, 011001, 110010, 101011, 111100, 100101, 001110, 010111.

Um código LDPC apresenta duas características: a matriz H é do tipo binário e escasso (*sparse*), ou seja, apresenta normalmente poucos *uns* em suas colunas e linhas (por isso o nome de *low density parity*); e há uma distância mínima de Hamming grande entre as palavras de código. A matriz H do nosso exemplo pode ser obtida diretamente do gráfico de Tanner escrevendo-se em cada linha a equação correspondente a cada nodo de verificação (Leiner, 2005).

O código LDPC é chamado de regular se o número de *uns* por coluna, $w_c$, e o número de *uns* por linha, $w_r$, for constante, ou seja, se $w_c/w_r = n/m$. Essas definições implicam que devemos ter $w_r << n$ e $w_c \geq 3$ para bons códigos. Se o número de *uns* por linha ou coluna não for constante, o código é chamado de irregular. Normalmente, códigos irregulares têm melhor desempenho do que códigos regulares.

No código do nosso exemplo, a distância de Hamming entre as palavras de código é $d_{min}$ = 3, e tanto $w_c$ como $w_r$ variam, caracterizando um código irregular. A matriz G pode ser obtida a partir da matriz H pelo método da eliminação Gaussiana. O método estabelece que a matriz H pode ser colocada na forma de $H = [P^T|I]$ com transformações simples nas linhas, do tipo soma e substituição, baseadas em propriedades destas linhas, que representam um sistema linear. Lembramos que as operações básicas de *soma* e *produto* nas matrizes binárias podem ser resumidas como mostra a tabela 7.3.

No formato $H = [P^T|I]$, reconhecemos $P^T$ como uma matriz parcial transposta e *I* como a matriz identidade. A matriz identidade nesse caso será uma matriz *3 x 3* em que a diagonal é formada de *uns* enquanto os outros elementos são todos nulos. A seguir, mostra-se como, a

**tabela 7.3** Operações binárias soma e produto

| Soma | Produto |
|---|---|
| 0 + 0 = 0 | 0 × 0 = 0 |
| 0 + 1 = 1 | 0 × 1 = 0 |
| 1 + 0 = 1 | 1 × 0 = 0 |
| 1 + 1 = 0 | 1 × 1 = 1 |

partir de simples operações do tipo soma e permutação de linhas sobre a matriz H original do exemplo, pode ser obtida a matriz no formato $H = [P^T | I]$ (Wikipédia, 2011).

$$H = \begin{pmatrix} 1 & 1 & 1 & 1 & 0 & 0 \\ 0 & 0 & 1 & 1 & 0 & 1 \\ 1 & 0 & 0 & 1 & 1 & 0 \end{pmatrix} \rightarrow \begin{pmatrix} 1 & 1 & 1 & 1 & 0 & 0 \\ 0 & 0 & 1 & 1 & 0 & 1 \\ 0 & 1 & 1 & 0 & 1 & 0 \end{pmatrix} \rightarrow \begin{pmatrix} 1 & 1 & 1 & 1 & 0 & 0 \\ 0 & 1 & 1 & 0 & 1 & 0 \\ 0 & 0 & 1 & 1 & 0 & 1 \end{pmatrix} \rightarrow \begin{pmatrix} 1 & 1 & 1 & 1 & 0 & 0 \\ 0 & 1 & 1 & 0 & 1 & 0 \\ 1 & 1 & 0 & 0 & 0 & 1 \end{pmatrix}$$

Soma 1ª linha com a 3ª linha e substitui na 3ª linha  
Permuta a 2ª linha com a 3ª linha  
Soma 1ª linha com a 3ª linha e substitui na 3ª linha  
$P^T$ Matriz parcial transposta  
$I$ Matriz identidade

$$H = [P^T | I] = \begin{pmatrix} 1 & 1 & 1 & 1 & 0 & 0 \\ 0 & 1 & 1 & 0 & 1 & 0 \\ 1 & 1 & 0 & 0 & 0 & 1 \end{pmatrix} \quad (7.12)$$

A matriz geradora G é definida pelo formato $G = [I | P]$. Podemos obter G a partir de H dada pela expressão (7.12), trocando simplesmente a ordem da matriz identidade $I$ com a matriz parcial $P^T$, porém transposta para P, e obtemos:

$$G = [I | P] = \begin{pmatrix} 1 & 0 & 0 & 1 & 0 & 1 \\ 0 & 1 & 0 & 1 & 1 & 1 \\ 0 & 0 & 1 & 1 & 1 & 0 \end{pmatrix} \quad (7.13)$$

A partir da matriz geradora G e das 8 combinações possíveis das mensagens de 3 bits $x_k$ ($k = 0,1,...6,7$), podemos agora obter as 8 palavras de código $c_k$, a partir da seguinte relação:

$$c_k = x_k \cdot G \text{ e } k = 0,1,...6,7 \quad (7.14)$$

Assim, por exemplo, a mensagem $x_3 = (1\ 0\ 1)$ será codificada como:

$$c_3 = (1\ 0\ 1) \cdot \begin{pmatrix} 1 & 0 & 0 & 1 & 0 & 1 \\ 0 & 1 & 0 & 1 & 1 & 1 \\ 0 & 0 & 1 & 1 & 1 & 0 \end{pmatrix} = (1\ 0\ 1\ 0\ 1\ 1)$$

As palavras de código $c_k$, ao serem enviadas por um canal com ruído gaussiano, podem ser corrompidas. Para detectar erros na palavra $r$ recebida, pode ser feita a seguinte verificação baseada em propriedade da matriz de paridade $H$:

$$r.H^T = 0 \tag{7.15}$$

A palavra de código $r$ recebida, multiplicada pela matriz transposta $H^T$, se não houve erros, deve ser igual a zero. Nesta expressão, $H^T$ é a matriz transposta que é obtida a partir de $H$ substituindo-se as colunas por linhas.

$$H = \begin{pmatrix} 1 & 1 & 1 & 1 & 0 & 0 \\ 0 & 0 & 1 & 1 & 0 & 1 \\ 1 & 0 & 0 & 1 & 1 & 0 \end{pmatrix} \rightarrow H^T = \begin{pmatrix} 1 & 0 & 1 \\ 1 & 0 & 0 \\ 1 & 1 & 0 \\ 1 & 1 & 1 \\ 0 & 0 & 1 \\ 0 & 1 & 0 \end{pmatrix}$$

Supondo que $r$ foi recebido sem erro, isto é, $r = c = (1\ 0\ 1\ 0\ 1\ 1)$, teremos:

$$r.H^T = c.H^T = \begin{pmatrix} 1 & 0 & 1 & 0 & 1 & 1 \end{pmatrix} . \begin{pmatrix} 1 & 0 & 1 \\ 1 & 0 & 0 \\ 1 & 1 & 0 \\ 1 & 1 & 1 \\ 0 & 0 & 1 \\ 0 & 1 & 0 \end{pmatrix} = \begin{pmatrix} 0 & 0 & 0 \end{pmatrix} = 0 \tag{7.16}$$

A mesma verificação pode ser feita também de forma gráfica utilizando o grafo de paridade de Tanner do nosso exemplo. Aplicando a palavra de código (1 0 1 0 1 1) nos nós variáveis, é feita uma verificação de paridade nos nós de verificação em relação aos bits com os quais cada nó tem ligação (soma módulo 2). Nos três nós, o número de uns é par e, portanto, obtém-se nos nós de verificação (0 0 0), como mostrado na figura 7.28.

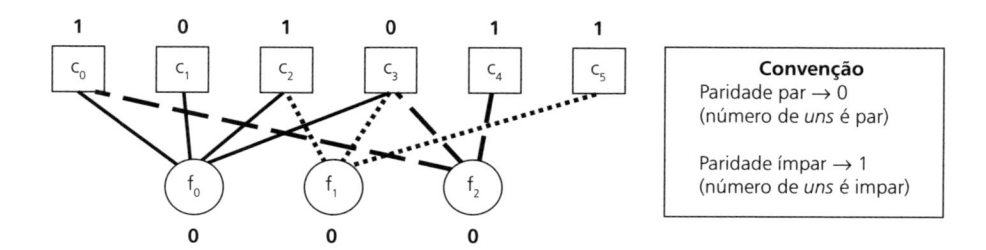

**figura 7.28** Verificação de paridade da palavra de código (010111) aplicada nos nodos variáveis e o resultado obtido nos nodos de verificação.

Quando esta condição não é satisfeita é porque ocorreram erros na mensagem e deve ser feita uma decodificação de *r* com base na matriz de paridade, ou através do grafo de Tanner, para tentar fazer as possíveis correções na palavra de código.

Existem diversos algoritmos de decodificação LDPC. Todos utilizam como critério de convergência a condição (7.16) e, no seu processamento, ou utilizam critérios de decisão do tipo binário (sim ou não), ou critérios de decisão suaves (escala de valore) com variáveis probabilísticas. Os algoritmos de decodificação LDPC mais conhecidos são o *Message Passing Algorithm* e o *Log-Domain Algorithm*. Os dois são semelhantes, porém no último é feita uma simplificação no processamento, diminuindo a sua complexidade.

A seguir, vamos mostrar um exemplo de decodificação LDPC gráfica, utilizando critério de decisão binário (*hard decision*) e considerando um canal binário com apagamento de bits, ou BEC (*Binary Erasure Channel*).[5]

Vamos supor que estamos transmitindo por um canal binário do tipo BEC e que ocorreram dois erros do tipo bits apagados (*erased* bits) na nossa palavra de código, ou seja, (? 0 1? 1 1), em que "?" representa os bits apagados. Vamos tentar recuperar os bits apagados utilizando o método gráfico de decodificação LDPC da figura 7.29.

Sobre os nós variáveis escrevemos os seis bits de código. Considerando sequencialmente cada um dos nós de verificação, observamos que $f_0$ está ligado a 4 bits ($c_0 = ?$, $c_1 = 0$ $c_2 = 1$ e $c_3 = ?$), sendo que dois são bits apagados (*erased*). Portanto, nada podemos afirmar sobre o bit de paridade $f_0$. Já o nó $f_1$, que está ligado a três bits, ($c_2 = 1$, $c_3 = ?$, e $c_5 = 1$), sendo que um é um bit apagado (*erased*), podemos afirmar que para termos $f_1 = 0$ é necessário que $c_3 = 0$. Por último, o $f_2$, que está ligado a $c_0 = ?$, $c_3 = 0$ e $c_4 = 1$ e, portanto, devemos ter $c_0 = 1$ para que seja satisfeita a condição $f_2 = 0$.

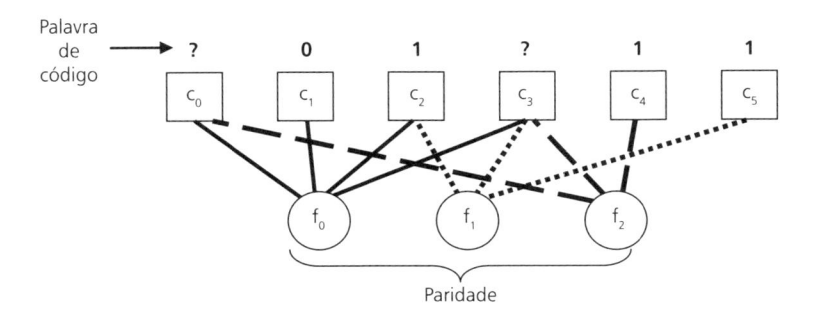

**figura 7.29** Verificação de paridade da palavra de código (? 0 1? 1 1) para recuperar os bits apagados pelo canal BEC.

---
[5] Confira definição de BEC (*Binary Erasable Channel*) na seção 1.4.4 do capítulo 1.

Fazendo uma segunda iteração nos nós $f_0$, $f_1$ e $f_2$, agora com os valores de $c_0 = 1$ e $c_3 = 0$ obtidos, verifica-se que a condição $f_0 = 0$, $f_1 = 0$ e $f_2 = 0$ é satisfeita, e os dois bits apagados são recuperados.

Para concluir, tecemos alguns comentários sobre a realização e o desempenho dos códigos LDPC. Os códigos LDPC utilizados na prática utilizam matrizes de paridade $H$ que podem chegar a comprimentos $n$ das palavras de código, com valores que variam desde 576 bits a 2304 bits e com razões de código $r = k/n$ que variam de 0,5 a 0,8.

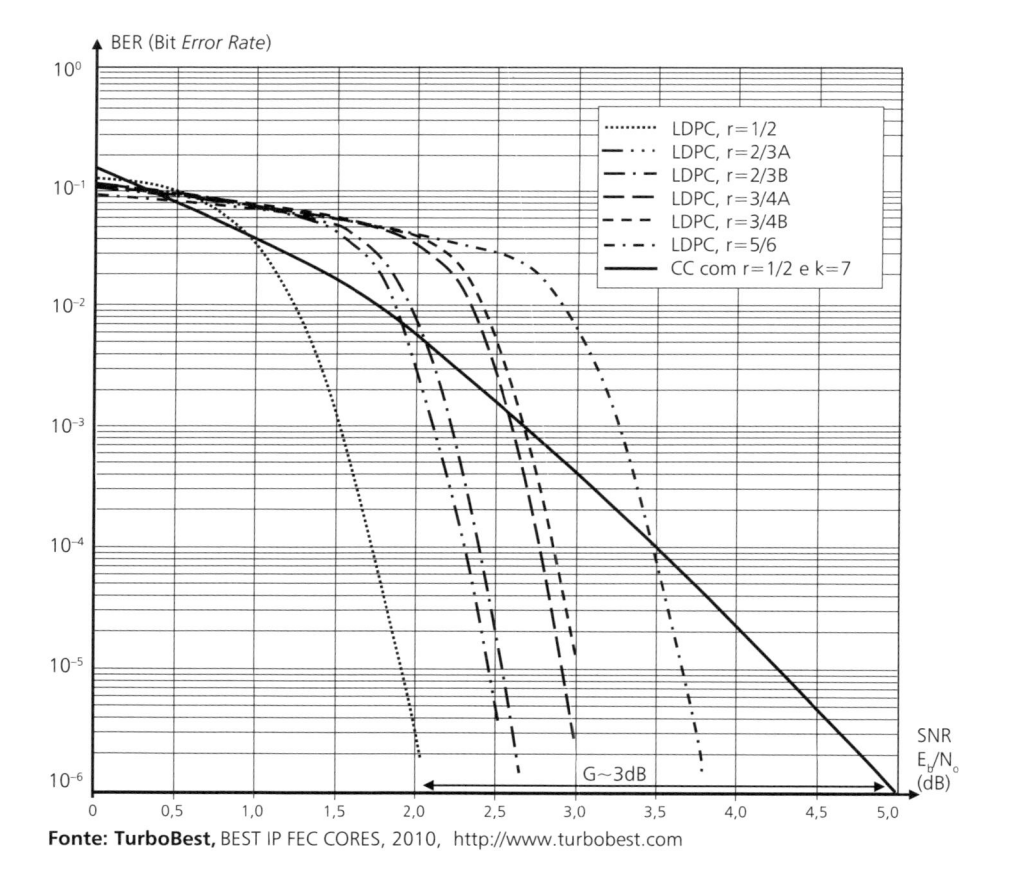

Fonte: TurboBest, BEST IP FEC CORES, 2010, http://www.turbobest.com

**figura 7.30** Curvas de desempenho de Códigos LDPC em redes sem fio WiMax (IEEE 802.16e), para palavras de código com comprimento $n = 2304$ bits e diferentes razões de código ($r = k/n$), considerando 50 iterações na decodificação.

Na figura 7.20, mostra-se o desempenho de alguns códigos LDPC utilizados em redes sem fio do tipo IEEE 802.16 (WiMax). Os códigos considerados utilizam palavras de código com comprimento $n = 2304$ bits e diferentes razões de código ($r = k/n$). As curvas mostradas utilizam, na decodificação, ao todo 50 iterações, isto é, percorremos os nós de verificação 50 vezes para fazer correções nos bits da palavra de código.

As curvas de desempenho dos códigos LDPC do WiMax na figura 7.30 podem ser comparadas também com a curva de desempenho de um código convolucional (CC) com $r = 1/2$ e $k = 7$. Para um LDPC com $r = 1/2$ nota-se um ganho de codificação que chega próximo a 3dB em relação ao $E_b/N_o$ para um BER de $10^{-6}$.

## 7.6 exercícios

**exercício 7.1** As funções de TC (*Transmission Convergence*) estão localizadas no nível físico de um sistema de transmissão de dados. Explique a sua importância, quais são as suas principais funções e como são realizadas na prática.

**exercício 7.2** Os serviços de aplicação de um sistema de comunicação de dados são atendidos segundo um algoritmo de precedência, ou algoritmo de escalonamento, que utiliza critérios como atraso, variabilidade de atraso, banda mínima, perda de pacotes e outros, conhecidos como parâmetros de QoS (*Quality of Service*) de uma aplicação. Classifique os serviços a seguir segundo um critério de maior ou menor tolerância a atrasos.

a) *e-mail* e SMS (*Short Message Switching*)
b) pesquisa na *Web*
c) telefonia
d) *download* de arquivos
e) vídeo conferência
f) vídeo ou áudio tipo *streeming*

**exercício 7.3** No subnível TC, são implementados geralmente de 3 a 6 classes de serviços, e a cada classe está associado um sistema de fila que é atendido conforme critérios do algoritmo de escalonamento.

a) qual a principal função dos sistemas de fila?
b) sugira critérios de classificação de pacotes (ou quadros) para um sistema que adota 4 classes de serviço

**exercício 7.4** Quais as principais funções do **embaralhador de bits** na entrada do codificador de canal?

**exercício 7.5** Qual a diferença entre um gerador de eventos aleatórios e um gerador de eventos pseudoaleatório?

**exercício 7.6** Dadas as seguintes palavras: 0101010101, 0000000000, 1111111111, 0000011111, 1111100000:

a) qual a distância de Hamming mínima ($DH_{min}$) deste código?
b) qual a capacidade $d$ de detecção de erros do código?
c) qual a capacidade $e$ de correção de erros do código?

**exercício 7.7** Numa rede local Ethernet, são utilizados quadros com tamanho mínimo $L_{min}$ = 64B e com tamanho máximo $L_{max}$ = 1500B. Supondo uma probabilidade de erro de bit de $10^{-6}$, qual a probabilidade de que um quadro $L_{max}$ e $L_{min}$ chegue errado ao seu destino?

**exercício 7.8** Os pacotes de uma rede possuem um cabeçalho útil de 16 bytes. O cabeçalho contém a informação de encaminhamento do pacote e, portanto, um erro no cabeçalho provoca um fenômeno que é conhecido como multiplicação de erros, já que o pacote é encaminhado para um endereço onde não é esperado e a sua falta é sentida no seu destino correto, ou seja, são contabilizados 2L (L: tamanho do pacote) bits errados ao todo pela rede. Para evitar esse fenômeno, é acrescentada uma redundância ao cabeçalho para que tenha condições de corrigir os bytes errados. Supondo que seja utilizado um código RS(24,16) com cada símbolo formado por 8 bits, quantos símbolos (bytes) do cabeçalho poderão ser corrigidos?

**exercício 7.9** Defina os polinômios associados às três saídas ($c^{(1)}$, $c^{(2)}$ e $c^{(3)}$) do codificador convolucional não sistemático, não recursivo, da figura 7.16(b).

**exercício 7.10** Qual o objetivo do processo de entrelaçamento no codificador de canal e quais as vantagens e desvantagens que ele apresenta?

**exercício 7.11** Explique o que você entende por grau de entrelaçamento ou profundidade de entrelaçamento (*interleving depth*).

**exercício 7.12** Um sistema de comunicação de dados utiliza um código RS (64, 48) e um algoritmo de entrelaçamento com profundidade $i = 12$. Qual o tamanho de rajada que esse sistema consegue atender? (Resp.: b ≤ 96 símbolos).

**exercício 7.13** Considerando os gráficos da figura 7.30, determine o ganho de código dos códigos LDPC com $r = 3/4A$ e $r = 3/4B$, relativo ao código convolucional com $r = 1/2$ e $k = 7$, supondo um BER do canal de $10^{-3}$. Comente os resultados obtidos.

## Capítulo 7 → Codificação de Canal

**Termos-chave**

codificador de canal, p. 242
códigos Reed Solomon, p. 260
códigos convolucionais, p. 265
códigos de entrelaçamento, p. 272
códigos LDPC, p. 279
códigos de correção de erros (FEC), p. 259
detecção de erros, p. 254

embaralhadores de entrada, p. 247
funções de convergência de transmissão, p. 244
fundamentos de teoria de erros, p. 249
taxa de erro, p. 251
taxa de pacotes errados, p. 252
*turbo-codes*, p. 277

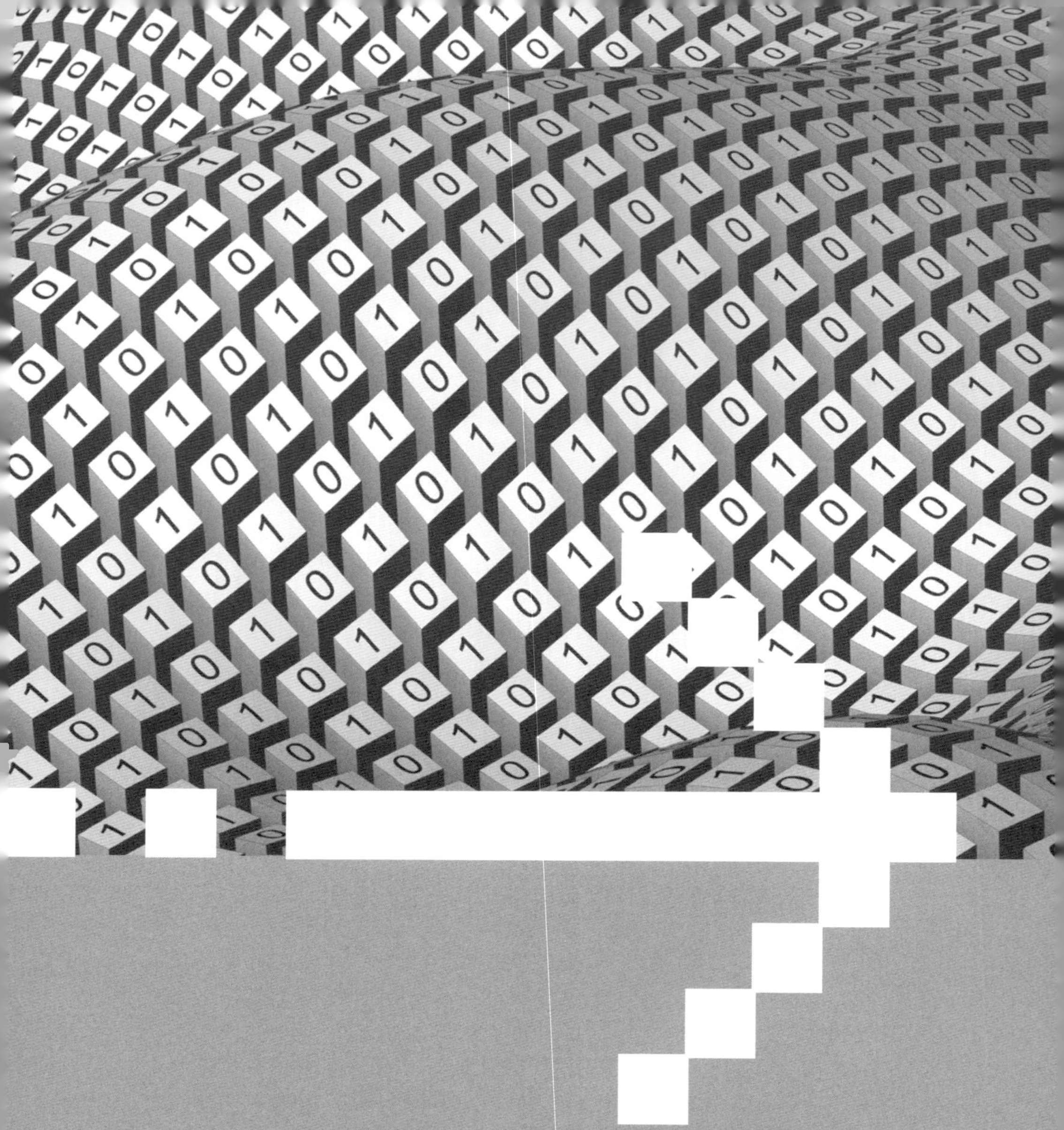

capítulo

# redes de transporte de dados

■ ■ Neste capítulo é apresentado um estudo dos diferentes subsistemas inteligentes encontrados no *nível físico* dos modernos sistemas de telecomunicações. Normalmente estruturados como sistemas de multiplexação e transmissão de dados para longas distâncias, eles são conhecidos também como plataformas de transporte digital ou redes de transporte de dados. Suportados no nível de transmissão por fibras ópticas, têm TDC como técnica de multiplexação. Os principais sistemas abordados, em ordem cronológica, são: PDH (*Plesiochronous Digital Hierarchy*), SDH/SONET (*Synchronous Digital Hierarchy/Synchronous Optical Network*), NG-SDH/SONET (*Next Generation-SDH/SONET*) e OTN (*Optical Transport Network*). A rede de transporte OTN é considerada a mais inovadora e sofisticada rede óptica da atualidade. No nível de transmissão, a OTN utiliza modernas técnicas de multiplexação por comprimentos de onda, conhecidas como WDM (*Wave-length Division Multiplex*), que pode oferecer taxas da ordem de dezenas de tera bits por segundo numa única fibra.

## 8.1 introdução

Os sistemas de comunicação de dados analisados até aqui compreendem principalmente funções de transmissão/recepção e funções de codificação e decodificação dos dados, levando em conta as características de banda, ruído e interferência do canal físico. O objetivo principal dessas funções é a obtenção de um serviço de transferência eficiente e confiável dos dados pelo canal físico. Vimos também que o referencial, para saber o quanto esse objetivo está sendo atingido, nos é fornecido pelo limite de Shannon. No capítulo 2, (seção 2.7), vimos, além disso, que as funções que elaboram o serviço de transferência confiável de dados fazem parte do nível físico do RM-OSI. As diferentes funções elaboradas no nível físico têm como objetivo principal elaborar um serviço de conexão física confiável que é oferecido ao nível de enlace para formar uma conexão ponto a ponto entre as entidades de enlace.

O nível físico do RM-OSI, hoje, vai muito além dessas funções básicas. Quando, na década de 1980, surgiram as primeiras plataformas de transporte inteligentes, como o SDH (*Synchronous Digital Hierarchy*) e o SONET (*Synchronous Optical Network*), essas tiveram que ser inseridas também no recém-criado modelo OSI. A solução encontrada foi inserir estas plataformas sob forma de um subsistema inteligente[1] dentro do nível físico (L1) do RM-OSI. As diferentes funcionalidades associadas a essas plataformas, como multiplexação, comutação de circuitos físicos e funções de OAM (*Operation, Administration Management*)[2] passaram a ser associadas a diferentes subníveis que, por sua vez, formam um subsistema inteligente dentro do nível físico que correspondente ao conceito de **rede de transporte de dados**.

A rede de transporte de dados é conhecida também por nomes como: rede núcleo de telecom, *backbone* de telecom, sistema de portadoras digitais (*carriers*) e hierarquia digital de transmissão e multiplexação de telecom. Todos estes termos são de uso corrente em telecomunicações e podem ser tomados como sinônimos. Ao longo deste capítulo, vamos privilegiar a designação de plataforma de transporte, ou rede de transporte de dados, para destacar a característica fundamental desse subsistema, que possui características próprias de uma rede e está inserido dentro do nível físico.

Os meios físicos das redes de transporte são todos baseados em troncos ópticos formados por diversas fibras e, em cada fibra, podem ser multiplexados diferentes comprimentos de onda que formam os canais ópticos básicos. Cada canal óptico, hoje, tem uma capacidade de transmissão de algumas dezenas de Gbit/s, o que significa que a vazão total desses troncos ópticos pode chegar a alguns Tbit/s.

A extensão geográfica das redes de transporte pode chegar a centenas e milhares de quilômetros, dependendo se estamos diante de um *backbone* nacional ou internacional. Redes de transportes, portanto, formam a rede núcleo, ou *Core Network* (CN), que dá suporte ao tráfego de longa distância para as diferentes redes de dados de usuário, como metroethernet, *frame relay*, TCP/IP (internet), ATM, MPLS, rede de telefonia fixa, redes corporativas, redes sem fio, etc.

---

[1] Subsistema inteligente capaz de processar informações. O conceito de subsistema inteligente é definido no capítulo 2 e pode ser conferido na figura 2.4.
[2] OAM: *Operating, Administration & Management* – Funções de supervisão e controle do subsistema.

**tabela 8.1** Plataformas digitais padronizadas

| Rede de transporte (plataforma) | Época de surgimento | Principal serviço | Norma | Capacidade mínima e máxima |
|---|---|---|---|---|
| PDH (*Plesiochronous Digital Hierarchy*) | Década de 1960 | Tráfego de voz | ITU-T Rec. Série G ANSI (amer.) | Canal base: 64kbit/s Canal máx: 139,264Mbit/s |
| SDH europeu (*Synchronous Digital Hierarchy*) | Década de 1980 | Tráfego de voz e dados | Europeu: ITU-T Rec. Série G | Canal base: 155,52 Mbit/s Canal máx: 43,0 Gbit/s |
| SONET norte-americano (*Synchronous Optical Network*) | | | Norte-americano: ANSI T1.105 (1985) | Canal base: 51,84Mbit/s Canal máx: 43,0 Gbit/s |
| NG-SDH (*Next Generation SDH*) | Década de 1990 | Dados | ITU-T Rec.: G.707,G.7041, G.7042, X.85, X.86 | Canal base: 155,52 Mbit/s Canal máx: 43,0 Gbit/s |
| OTN Optical Transport Network | Década 2000 | Dados | ITU-T Rec. G.709 | Canal óptico: 2,7 Gbit/s Canal óptico: 10,7Gbit/s Canal óptico: 43,0 Gbit/s |

As primeiras plataformas de transporte de telecom começaram a surgir na década de 1960, simultaneamente com o processo de digitalização da rede telefônica. Ao longo dos últimos anos, essas redes passaram por diversas mudanças até chegarem ao seu atual estágio, uma rede totalmente óptica, o qual é baseado em comutação automática de comprimentos de onda que formam os canais ópticos. As plataformas de transporte constituem atualmente o núcleo da rede global de informação que dá suporte à internet de longa distância, tanto em nível nacional como internacional.

Tendo em vista a necessidade de uma perfeita interoperabilidade internacional entre essas plataformas de transporte, as mesmas seguem rígidos padrões técnicos que são estabelecidos em nível internacional pelo ITU-T (*International Telecommunication Union-Telecommunication Standardization Sector*). Outro aspecto importante desses subsistemas é a preocupação da ITU-T de manter uma total interoperabilidade entre as plataformas de transporte antigas e as novas, o que fez que o núcleo das redes de telecom em cada país apresentasse atualmente uma grande heterogeneidade tecnológica.

As redes de transporte para longas distâncias podem ser classificadas em quatro grandes plataformas. Cada plataforma tem seu surgimento associado a um momento histórico que normalmente coincide com o surgimento de uma nova tecnologia de impacto em telecomunicações, de modo que cada novo sistema incorpora os mais modernos avanços tecnológicos da sua época. Na tabela 8.1, apresentam-se, em ordem cronológica, essas quatro plataformas com sua designação mais usual, sua época de aparecimento, sua normalização, sua principal aplicação e suas principais características técnicas.

A primeira rede de transporte de telecomunicações começou a surgir na década de 1960 e é conhecida como plataforma de transmissão e multiplexação PDH (*Plesiochronous Digital Hierarchy*), ou simplesmente PDH. Devido a sua grande disseminação, é utilizada até hoje como a rede capilar no acesso aos troncos ópticos de alta velocidade. A rede núcleo, ou CN (*Core Network*), da maioria das concessionárias de telecom é atualmente formada por uma plataforma típica que surgiu no final da década de 1980, conhecida como SDH/SONET (*Synchronous Digital Hierarchy* e *Synchronous Optical NETwork*). As plataformas de transporte combinadas, PDH e SDH/SONET, são largamente utilizadas hoje em dia para fornecimento de suporte aos níveis L2 (*Level two*) e L3 (*Level three*) da internet em longas distâncias. Na figura 8.1, mostra-se uma topologia típica de uma rede internet de longa distância, destacando os diferentes suportes de comunicação correspondentes aos três primeiros níveis do RM – OSI.

A partir da década de 1990, o tráfego nas redes das concessionárias de telecom começou a ser predominantemente de dados e não de telefonia. Isso obrigou as concessionárias de telecom a repensar a sua rede núcleo que era essencialmente voltada para o tráfego síncrono de telefonia e não para o tráfego de pacotes de dados, que é um tráfego essencialmente assíncrono. A nova plataforma é conhecida como NG-SDH (*Next Generation – Synchronous Digital Hierarchy*), que é basicamente uma otimização do SDH para o tráfego assíncrono de pacotes dados (Helvoort, 2005).

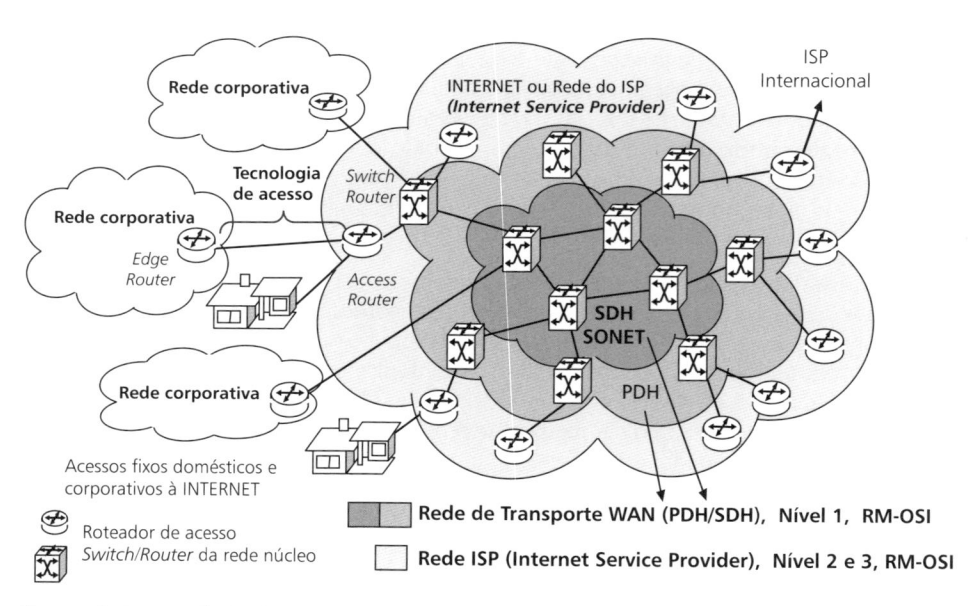

**figura 8.1** Topologia de um segmento de rede INTERNET de um ISP (*Internet Service Provider*) que utiliza como suporte de comunicação de dados, no nível 1, uma rede de transporte baseada em PDH e SDH.

A solução definitiva para a rede núcleo de transporte da internet começou a ser vislumbrada no final da década de 1990 com o surgimento da técnica WDM em fibras ópticas. Esta nova rede núcleo é conhecida como OTN (*Optical Transport Network*) do ITU-T, Rec. G.709 (International Telecommunication Union, 2003a). A OTN faz a integração de todos os serviços: voz, dados, vídeo, multimídia e telefonia, em uma única rede núcleo, totalmente óptica. A OTN é voltada à conexão e comuta canais ópticos baseados em comprimentos de onda e, além disso, é centrada em tráfego assíncrono de pacotes de dados.

O objetivo principal deste capítulo é fazer uma análise funcional e estrutural dessas quatro plataformas de transporte e mostrar como elas se inserem dentro da rede global de informação – a internet. Todas essas plataformas estão definidas no nível físico, ou seja, são L1 do RM-OSI e, portanto, complementam o sistema de comunicação de dados básico que foi definido no capítulo 2 (confira a seção 2.7). Se lembrarmos que o escopo de comunicação de dados está essencialmente ligado às funcionalidades do nível 1 do RM-OSI, consideramos justificado o seu estudo neste livro.

## 8.2 ⋯⟶ a hierarquia digital plesiócrona (PDH)

Com a digitalização progressiva do sistema telefônico a partir da década de 1960, o suporte telefônico passou de uma rede com comutação eletromecânica de circuitos que trafegavam sinais analógicos de voz para uma rede inteligente com transmissão e comutação digital, mantendo, praticamente apenas nas pontas (telefone), uma característica analógica.

A telefonia digital utiliza como canal básico o canal de voz digital de 64 kbit/s que, por sua vez, é multiplexado segundo técnicas TDM (multiplexação em tempo) nos diversos enlaces e troncos de comunicação que compõem o sistema. O sistema de multiplexação é hierarquizado, geralmente com 4 níveis, começando com o canal básico de 64 kbit/s, agregando, a seguir, feixes de canais básicos, segundo esquemas próprios, padronizados pelo ITU ou por algum outro padrão como o norte-americano ou o japonês. As principais características dos níveis de multiplexação da hierarquia de transmissão digital do ITU, da norte-americana e da japonesa estão resumidas na tabela 8.2. Desses três padrões, o Brasil optou por seguir a padronização do ITU.

Em cada nível de multiplexação do PDH é levado em conta o fato de que os relógios dos tributários (sincronismo de bit), além de serem de bases de tempo distintas, não são exatamente iguais, mas quase iguais, isto é, estão dentro de certos limites de tolerância do valor nominal e, por isso, são chamados de sinais plesiócronos.[3] Devido a esse fato, o sistema de multiplexação assim estruturado é chamado de sistema PDH *(Plesiochronous Digital Hierarchy)*. Aos relógios de cada tributário deste sistema é permitida uma pequena variação ou tolerância em torno de um valor nominal, como se observa na última coluna da tabela 8.3.

Esse fato cria alguns problemas na multiplexação, pois para que se possa fazer uma multiplexação TDM, que é síncrona e determinística, é necessário que a base de tempo dos tribu-

---
[3] *Plésio*, do grego, significa quase. Plesiócrono, quase síncrono.

## tabela 8.2 Hierarquias de multiplexação digitais PDH: europeia, norte-americana e japonesa

| Hierarquia digital europeia (ITU) | | | Hierarquia digital norte-americana | | | Hierarquia digital japonesa | | |
|---|---|---|---|---|---|---|---|---|
| Designação | Taxa [kbit/s] | Equival. Canal B | Designação. | Taxa [kbit/s] | Equiv. DS0 | Designação | Taxa [kbit/s] | Equiv. Canal B |
| Canal B | 64 | – | DS0 | 64 | – | Canal B | 64 | – |
| E1 | 2048 | 30 | DS1 | 1.544 | 24 | DS1 | 1.544 | 24 |
| E2 | 8.448 | 128 | DS1C | 3.152 | 48 | DS2 | 6.312 | 96 |
| E3 | 34.368 | 512 | DS2 | 6.312 | 96 | J1 | 32.064 | 501 |
| E4 | 139.264 | 2048 | DS3 | 44.736 | 672 | J2 | 97.728 | 1527 |
| | | | DS4NA | 139.264 | 2016 | | | |
| | | | DS4 | 274.176 | 4032 | | | |

DS: Digital Signal E: Europeu J: Japonês

tários e do agregado seja derivada de uma mesma base de tempo, comum aos tributários e ao fluxo agregado. Essa condição só é conseguida no primeiro nível de multiplexação, pois, como são agregados 32 canais básicos a partir de CADs (Conversor Analógico Digital) locais, estes podem ser cadenciados segundo um relógio comum de 2048 kHz, conforme figura 8.2.

Na tabela 8.2, estão resumidas as principais características do sistema PDH europeu que foi padronizado pelo ITU e adotado pela Telebrás no Brasil. A partir do 2º nível de multiplexação (E2) desta hierarquia, os tributários possuem nominalmente a mesma cadência, mas, como são obtidos de bases de tempo distintas, possuem tolerâncias e, portanto, não são perfeitamente síncronos (mesma frequência e mesma fase). Por isso, são chamados de sinais plesiócronos, isto

## tabela 8.3 A hierarquia europeia PDH do ITU

| Canal básico e agregados | Taxa[bit/s] | Tipo de multiplexação | Número de canais B agregados | Base de tempo e tolerância |
|---|---|---|---|---|
| B (canal de voz básico) | 64 kbit/s | – | 1 | 64 kHz ( + / – 100ppm) |
| E1 | 2,048 Mbit/s | TDM | 32 | 2048 kHz ( + / – 50ppm) |
| E2 | 8,448 Mbit/s | plesiócrona | 128 | 8448 kHz ( + / – 30ppm) |
| E3 | 34,368 Mbit/s | plesiócrona | 512 | 34,368 MHz ( + / – 20ppm) |
| E4 | 139,264 Mbit/s | plesiócrona | 2048 | 139,264 MHz ( + / – 10ppm) |

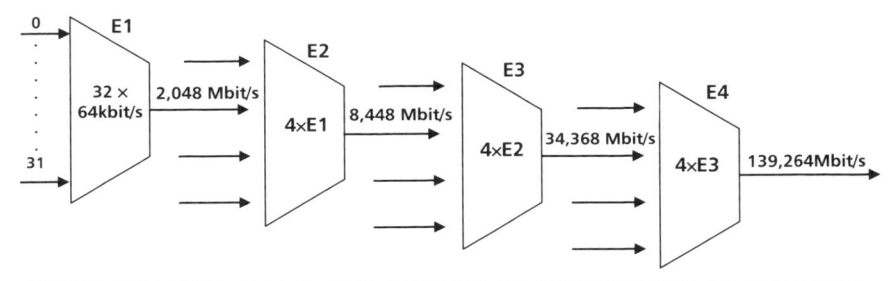

| Nível hierárquico | Taxa de *bits* nominal [kbit/s] | Frequência relógio [kHz] | Tolerância do relógio [ppm: partes por milhão] |
|---|---|---|---|
| B (canal básico) | 64 | 64 | 64 ± 100 ppm |
| 1 (E1) | 2048 | 2048 | 2048 ± 50 ppm |
| 2 (E2) | 8448 | 8448 | 8448 ± 30 ppm |
| 3 (E3) | 34368 | 34368 | 34368 ± 20 ppm |
| 4 (E4) | 139.264 | 139.264 | 139.264 ± 10 ppm |

**figura 8.2** Arquitetura da Hierarquia de Multiplexação Plesiócrona (PDH) do ITU.

é, frequência nominal quase igual a menos de certa tolerância. Essa tolerância justifica-se tendo em vista que, na época, as bases de tempo disponíveis eram baseadas em cristais piezelétricos que possuíam precisão limitada, variavam principalmente com a temperatura. Este é também o motivo que limitou a hierarquia PDH em 4 níveis e taxa máxima de 139,264 MHz ±10ppm

Para tornar os tributários dos níveis de multiplexação 2 a 4 em fluxos síncronos, os tributários desses níveis são inseridos em um *buffer* que é lido a uma taxa ligeiramente superior à taxa nominal do tributário. Quando não há bit no registrador de entrada, visto que os bits vêm a uma taxa um pouco menor, é adicionado um bit de enchimento *(stuff* bit) no fluxo de bits agregado. É claro que existe um mecanismo que sinalizará ao demultiplexador que foi feito um "enchimento" e que este bit deverá ser retirado do fluxo na recepção. Através deste mecanismo de *buffer* elástico, todos os tributários do multiplexador são compatibilizados segundo um relógio único em cada nível, permitindo, desta forma, uma multiplexação TDM síncrona (Carissimi; Rochol; Granville, 2009b).

Os multiplexadores de nível 2 a 4 aplicam essa técnica em relação aos seus tributários que são todos plesiócronos. Na figura 8.2, mostra-se a arquitetura com os quatro níveis de multiplexação do PDH europeu. Devido a sua importância, vamos detalhar, a seguir, o primeiro multiplexador deste sistema denominado de E1.

## ■ o multiplexador E1

No primeiro nível da hierarquia de multiplexação digital PDH, são agregados 32 canais de voz de 64 kbit/s, formando um agregado de 32 × 64 = 2048 kbit/s. Os sinais dos tributários provêm dos conversores analógicos digitais e são cadenciados sincronamente a partir de um relógio único do próprio MUX E1. Portanto, a multiplexação E1 do 1º nível do PDH é do tipo TDM, enquanto os níveis de multiplexação E2, E3 e E4 são plesiócronos. As três principais funções do serviço telefônico estão localizadas no primeiro nível da multiplexação da hierarquia digital telefônica e são: 1) conversão AD/DA, 2) multiplexação e 3) comutação dos canais telefônicos, que detalharemos a seguir (Carissimi; Rochol; Granville, 2009b).

### ■ conversão AD/DA:

Cada canal é amostrado 8000 vezes/s (tempo de amostragem, $T_a$ = 125µs), gerando em cada amostragem a informação do nível do sinal naquele instante, medido com 8 bits. (8000/s × 8 bit = 64 kbit/s).

### ■ multiplexação:

A multiplexação no primeiro nível é do tipo síncrona (TDM), 32 fatias de tempo de 8 bits (*slot-times*) são agregadas em um quadro constituído de 32 × 8 bits = 256 bits, com duração de 125µs (1/8000 amostragens).

### ■ comutação:

A matriz de comutação básica é 32 × 8 e consiste basicamente na comutação das fatias de tempo (*time slots*) de 8 bits dentro do quadro agregado. Como cada fatia de tempo representa um canal de voz, essa comutação caracteriza uma comutação entre os canais de voz digitais. Essa comutação é conhecida como TSI – *Time Slot Interchange*. Maiores detalhes são mostrados na figura 8.3

Tendo em vista as diferenças entre os sistemas PDH europeu, norte-americano e japonês, torna-se difícil a interligação desses sistemas num sistema de comunicação digital mundial unificado. Esse fato, além de outros fatores, como a compatibilização da cadência de cada tributário segundo uma base de tempo comum a todos os tributários, contribuiu para a definição de um novo sistema de comunicação digital que oferecesse suporte para a transmissão em taxas maiores e uma perfeita compatibilidade entre os seus diversos níveis hierárquicos de multiplexação digitais. Também foram fatores decisivos para esta mudança a necessidade de maior flexibilidade e confiabilidade destes sistemas, além de facilidades de gerenciamento, reconfiguração e supervisão, enfim, um sistema dentro do conceito de rede inteligente.

Este novo sistema se impôs no final da década de 1980 e é conhecido como hierarquia digital síncrona, SDH (ITU ou europeu) ou SONET (norte-americano). A principal característica desse sistema, como, aliás, diz o próprio nome, é o fato de que ele é totalmente síncrono, baseado em um relógio mestre universal único com precisão atômica.[4] Os canais digitais do sistema PDH podem ser transportados pelos canais digitais síncronos do SDH somente após passarem por um processo de adaptação das respectivas bases de tempo de cada canal PDH. A rede de transporte do núcleo da rede de telecomunicação será formada predominantemente por uma plataforma mista formada por PDH e SDH.

---

[4] A precisão do relógio atômico aperfeiçoado é cerca de 1 segundo em 1 milhão de anos.

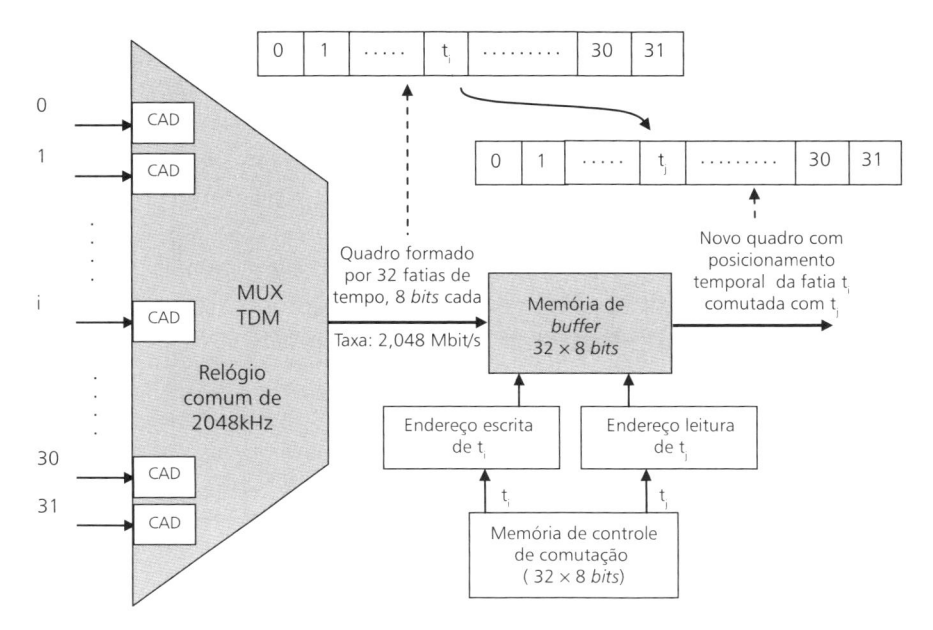

**figura 8.3** Conversão analógica/digital (CAD), multiplexação e comutação de canais telefônicos no primeiro nível (E1) de multiplexação do PDH.

## 8.3  a hierarquia digital síncrona (SDH/SONET)

Por volta de 1985, o comitê T1X1 da ANSI (*American National Standard Institute*) desenvolveu as primeiras interfaces para troncos ópticos de alta velocidade baseados em fibras ópticas, conhecidas como SONET *(Synchronous Optical NETwork)*. A partir de 1988, muitos dos estudos, interfaces e propostas da SONET foram acolhidos pelo ITU-T por meio das Recomendações G.707, G.708, e G.709, tornando-se um padrão mundial conhecido como SDH *(Synchronous Digital Hierarchy)* do ITU-T. Apesar das grandes semelhanças entre os dois sistemas, há diferenças marcantes entre o SDH e o SONET. O Brasil, como no caso do PDH, optou pela adoção da plataforma de transporte SDH em sua rede núcleo de telecomunicações. Dentro das características inovadoras das novas plataformas de transporte destacamos:

- é um sistema inteligente, totalmente síncrono, que utiliza multiplexação TDM; todos os canais transmitem de forma contínua e são cadenciados a partir de uma mesma base de tempo.
- a adição ou extração de um canal de um nível hierárquico superior ou inferior é direta, sem necessidade de complicados processos de *add/drop*.
- os quadros dos diferentes níveis hierárquicos possuem todos a mesma duração, T = 1/65 kbit/s = 125μs, e utilizam uma estrutura baseada em octetos (ou bytes).

- um octeto de um quadro de qualquer nível possui uma taxa associada de 64 kbit/s, típico de um canal de voz digital.
- o sistema é voltado principalmente para o tráfego síncrono de telefonia, mas permite também tráfego assíncrono de dados.
- o suporte físico do sistema são fibras ópticas, que podem tanto ser do tipo MMF como SMF, e taxas que podem chegar a 40 Gbit/s.

Apresentaremos, a seguir, de forma concomitante, as principais características dos dois sistemas, SDH e SONET, sempre destacando, porém, as diferenças que por ventura se apresentem.

### 8.3.1 arquitetura da plataforma de transporte SDH/SONET

A estrutura do SDH/SONET segue os conceitos do modelo de referência de sistemas de arquitetura aberta (RM-OSI) e se enquadra nos conceitos de uma rede inteligente *(IN-Inteligent Network)*. Incorpora, portanto, todas as vantagens dessas redes inteligentes em termos de flexibilidade, reconfiguração automática, supervisão e gerenciamento. O SDH/SONET, atualmente, é usado como o suporte de transmissão para todas as técnicas modernas de transporte de dados fim--a-fim, como MPLS *(MultiProtocol Label Switching)*, ATM *(Asynchronous Transfer Mode)*, *frame relay* e TCP/IP.

A rede de transporte SDH/SONET forma um subsistema inteligente dentro do nível físico e é estruturada em três níveis hierárquicos: nível de seção, nível de linha e nível de rota. Na figura 8.4, mostra-se a topologia de um segmento de rede SDH/SONET, destacando-se os seus principais componentes. A arquitetura é composta basicamente dos seguintes blocos funcionais: Equipamentos de Terminação de Rota (PTE), Equipamentos de Terminação de Linha (LTE) e Equipamentos de Terminação de Seção (STE). As principais funções executadas em cada equipamento são:

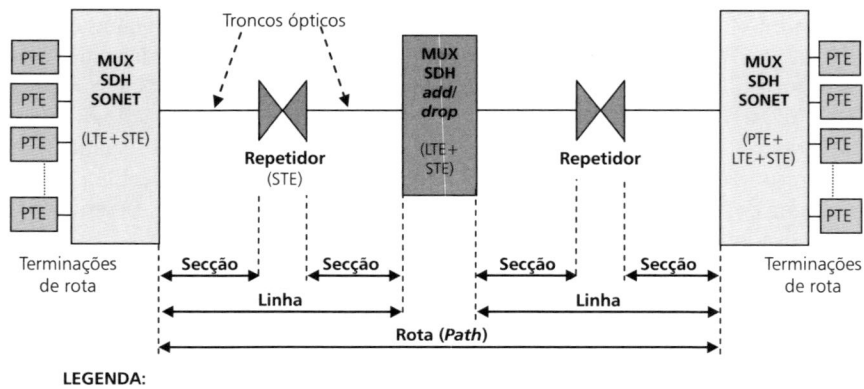

**LEGENDA:**
STE: *Section Terminating Equipment* (Terminação de Secção)
LTE: *Line Terminating Equipment* (Terminação de Linha)
PTE: *Path Terminating Equipment* (Terminação de Rota)

**figura 8.4** Arquitetura da topologia de um segmento de rede SDH/SONET.

- STE: Funções próprias de um regenerador óptico. Executa funções como: reamplificação, reformatação e ressincronização do sinal óptico. Essas funções são conhecidas também como funções 3R.
- LTE: Funções de multiplexação/demultiplexação e comutação de canais ópticos em uma linha óptica. Engloba também funções intermediarias de seção como regeneração de sinais ópticos.
- PTE: Estabelecimento, manutenção e supervisão de uma rota fim-a-fim na rede de transporte. Além das funções próprias de terminação de rota, pode englobar funções intermediárias, desde as funções de regeneração do sinal óptico até as funções de linha como multiplexação e comutação de sinais ópticos.

Na figura 8.5, apresenta-se o MRP (Modelo de Referência de Protocolos) do segmento de rede SDH/SONET da figura 8.4. É esta a modelagem que é adotada tradicionalmente para análise de redes de dados. Observa-se que o nível físico está dividido em funções de TC (*Transmission Convergence*) e funções de PMD (*Physical Médium Dependent*). O PMD oferece um serviço de transmissão confiável de dados ao TC. O principal serviço elaborado pelo TC é a obtenção de uma rota (*path*) fim-a-fim, utilizando para isso os serviços de comutação e multiplexação elaborados pelo nível de linha.

Conclui-se que o SDH/SONET é um suporte de telecom público de concepção moderna e inteligente que é oferecido pelas concessionárias de telecom como suporte para o nível físico de praticamente todas as RDSIs (Rede Digital de Serviços Integrados). As rotas ópticas fim-a-fim do SDH/SONET estão aptas, não só para encapsular e transmitir os canais digitais do PDH, mas também para qualquer tipo de transmissão de pacotes, células ou quadros de redes de dados que utilizam um modo de transferência assíncrona, como é o caso do *frame relay*, metroethernet, ATM e o próprio TCP/IP da internet.

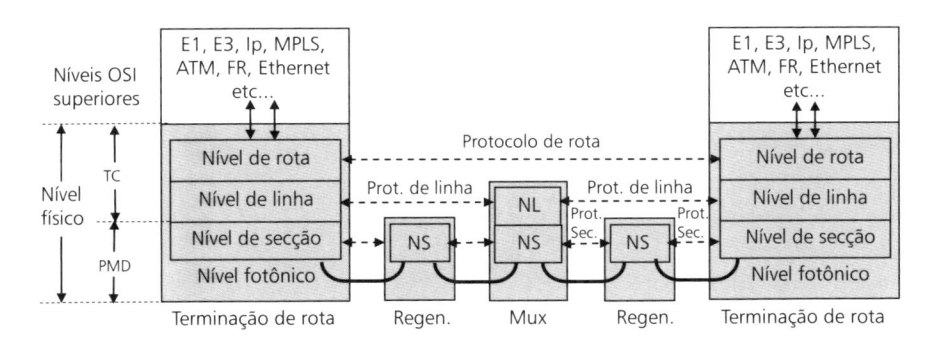

**figura 8.5** Modelo de referência de protocolos da hierarquia digital SDH/SONET referente ao segmento de rede da figura 8.4.

Quanto a topologia, tendo em vista as exigências de alta disponibilidade e confiabilidade de uma rede de transporte de longa distância como a SDH/SONET, a topologia preferencial utilizada é o anel. O anel possui facilidades de tolerância a falhas, reconfiguração automática rápida e verificação de continuidade inerente à própria topologia.

Tipicamente, uma rede de transporte é estruturada a partir de um anel principal, que funciona como o *backbone* principal, ao qual se conectam nós de acesso ou mesmo anéis de acesso, como é mostrado na figura 8.6. O anel principal oferece taxas que podem chegar atualmente a 40 Gbit/s.

Em nível de linha é feita tanto a multiplexação *add/drop* como a comutação de rotas. Os comutadores são do tipo comutação-estática; por isso são chamados de *cross-connect*. Um *cross-connect* não faz comutação automática por demanda, ou seja, as rotas podem ser re-configuradas unicamente quando o equipamento está fora de operação. No nível três da rede, encontramos os equipamentos de terminação de rota (PTE). Os PTEs normalmente representam pontos de concentração de tráfego de múltiplos usuários.

Um dos pontos negativos de uma rede de transporte do tipo SDH/SONET é principalmente o fato de que essa plataforma não aproveita adequadamente a multiplexação de vários

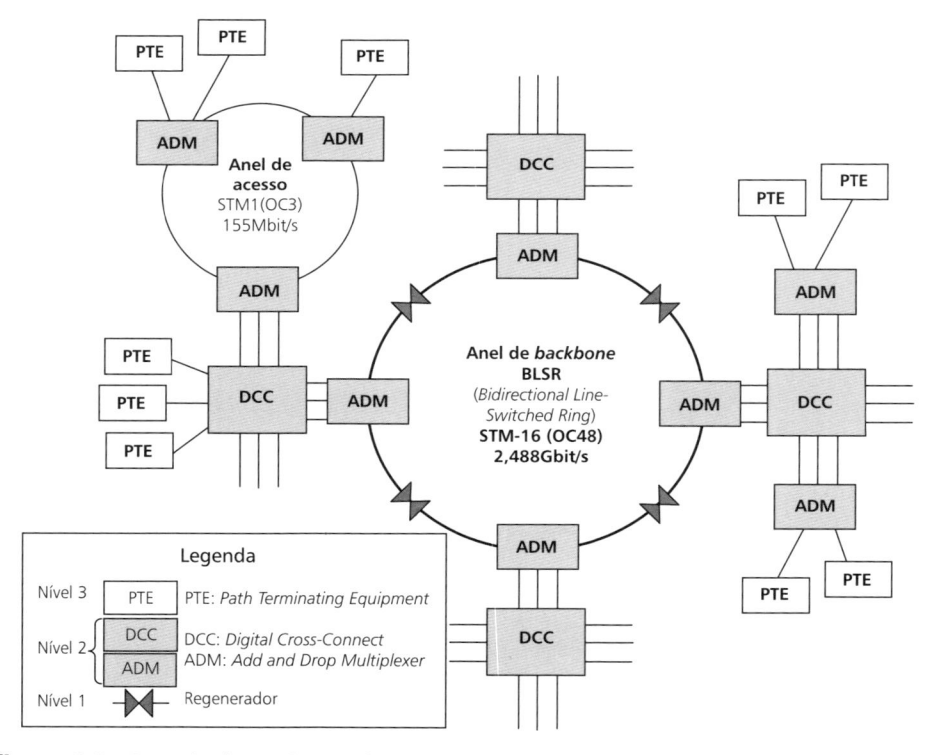

**figura 8.6** Exemplo de arquitetura de uma rede de transporte SDH/SONET.

comprimentos de onda dentro de uma fibra única. Por outro lado, o aspecto mais vantajoso dessas redes é o seu conjunto de funções conhecidas com OAM (*Operation Administration Management*), que conferem à tecnologia uma confiabilidade invejável, ainda não superada por tecnologias mais recentes com o metroethernet e a própria OTN.

### 8.3.2 funcionalidades da hierarquia digital síncrona SDH/SONET

Na tabela 8.4, apresentam-se as principais características das hierarquias de multiplexação SDH/SONET como número de níveis, designação dos canais e taxas nominais e efetivas. Chamamos a atenção ao fato de que os dois sistemas são totalmente síncronos e os diferentes níveis de multiplexação são múltiplos inteiros exatos do canal básico de cada sistema. As diferenças entre os dois sistemas, além da designação diferente dos diversos canais digitais, são a taxa e a estrutura do quadro do canal básico, a partir do qual é estruturada a hierarquia de multiplexação SDH e SONET.

Enquanto a hierarquia SONET inicia com um canal básico chamado STS-1, de 51,84 Mbit/s, a hierarquia SDH começa com um canal básico chamado de STM-1, de 155,52 Mbit/s, que é exatamente igual 3 × 51,84 Mbit/s. Portanto, o número no final da designação de um canal representa o fator de multiplicação da taxa do canal básico para obter a taxa desse canal. Assim, por exemplo, o canal STM-12 do SDH é 12 × 155,52 Mbit/s, que é igual a 1866,24 Mbit/s. Esse canal é equivalente ao canal STS-36 do SONET, pois corresponde a 36 × 51,84 Mbit/s, que é exatamente igual a 1866,24 Mbit/s (Schultz, 2004).

Em cada nível de multiplexação é utilizada uma estrutura de quadro que é composta de uma série de cabeçalhos, além de um campo de carga útil (*payload*) com uma capacidade de transporte medida em octetos. A duração de qualquer quadro STS-n ou STM-n é sempre de 125 μs e seu tamanho em octetos varia de acordo com o nível de multiplexação. A cada octeto de

**tabela 8.4** Hierarquia Digital Síncrona SDH/SONET

| Designação SONET (ANSI) | Designação SDH (ITU-T) | Taxa quadro [Mbit/s] | Taxa SPE [Mbit/s] | Taxa *Payload* SDH [Mbit/s] | Taxa *Payload* SONET [Mbit/s] |
|---|---|---|---|---|---|
| STS-1 (OC-1) | – | 51,84 | 50,112 | – | 49,536 |
| STS-3 (OC-3) | STM-1 | 155,52 | 150,336 | 149,76 | 148,608 |
| STS-9 (OC-9) | STM-3 | 466,56 | 451,008 | 449,28 | 445,824 |
| STS-12 (OC-12) | STM-4 | 622,08 | 601,344 | 599,04 | 594,432 |
| STS-18 (OC-18) | STM-6 | 933,12 | 902,016 | 898,56 | 891,648 |
| STS-24 (OC-24) | STM-8 | 1244,16 | 1202,688 | 1198,08 | 1188,864 |
| STS-36 (OC-36) | STM-12 | 1866,24 | 1804,032 | 1797,12 | 1783,296 |
| STS-48 (OC-48) | STM-16 | 2488,32 | 2405,376 | 2396,16 | 2377,728 |
| STS-96 (OC-96) | STM-32 | 4976,64 | 4810,752 | 4792,32 | 4755,456 |
| STS-192 (OC-192) | STM-64 | 9953,28 | 9621,504 | 9584,64 | 9510,912 |
| STS-768 (OC-768) | STM-256 | 39813,12 | 38486,016 | 38338,56 | 38043,648 |

qualquer quadro está associada uma taxa de 64 kbit/s, ou seja, um canal de voz digital. Os bytes de um quadro são transmitidos serialmente de cima para baixo e da esquerda para a direita.

Na figura 8.7, apresenta-se a estrutura genérica de um quadro STS-n do SONET e um quadro genérico STM-n do SDH. Em cada quadro, n indica um fator de multiplicação que corresponde ao número de canais básicos multiplexados no nível hierarquia do sistema considerado. No sistema SONET, $n = 1, 3, 9, 12, 18, 24, 36, 48, 96, 192, 768$, no SDH, $n = 1, 3, 4, 6, 8, 12, 16, 32, 64, 256$.

Tanto os quadros STM-n como os quadros STS-n possuem um campo de *payload* que define a capacidade máxima de bytes que o quadro pode transportar. Além disso, os quadros STM-n e STS-n possuem três campos de cabeçalhos, um para cada protocolo: rota, linha e seção. Os cabeçalhos são chamados de *path overhead* (POH), *line overhead* (LOH) e *section overhead* (SOH), e podem ser localizados na figura 8.6. Observa-se que o número

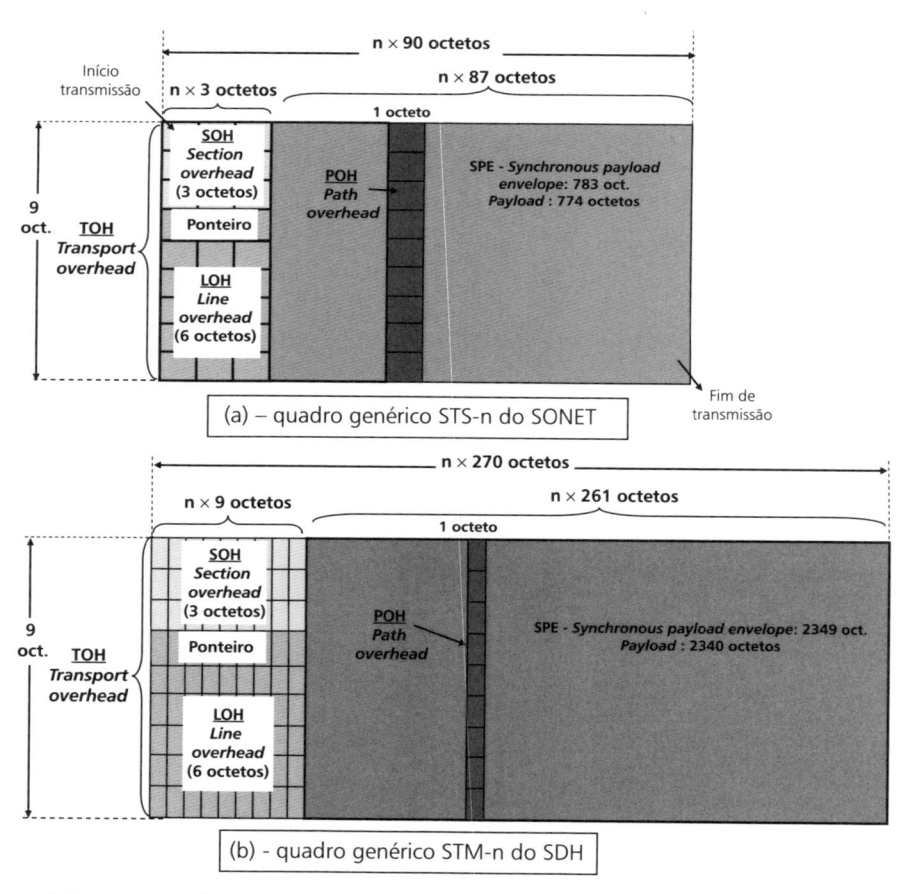

**figura 8.7** Estrutura dos quadros genéricos: (a) STS-n do SONET e (b) STM-n do SDH.

de bytes associados a cada campo varia de acordo com o valor do fator de multiplicação *n* associado a cada nível.

O conjunto formado pelos cabeçalhos SOH + LOH é definido como TOH (*Transport Overhead*), enquanto o conjunto formado pelo *payload* + POH é definido como SPE (*Synchronous Payload Envelope*). Desta forma, pode-se obter facilmente a estrutura de qualquer quadro, de qualquer nível de multiplexação e de qualquer sistema.

Por exemplo, o quadro STS-48 do SONET, que corresponde a $48 \times 51,84 = 2488,32$ Mbit/s, apresenta as seguintes características:

$$SPE = Payload + POH = 48 \times 87 = 4176 \text{ octetos}$$
$$TOH = SOH + LOH = 48 \times 3 \times 9 = 1296 \text{ octetos.}$$

Um dos níveis de acesso mais importantes do SDH/SONET é o de 155,52 Mbit/s. Os quadros de acesso do SDH e do SONET, mesmo sendo de mesma taxa, são incompatíveis, como se observa na figura 8.8. Para facilitar a compatibilização entre SDH e SONET neste nível, o

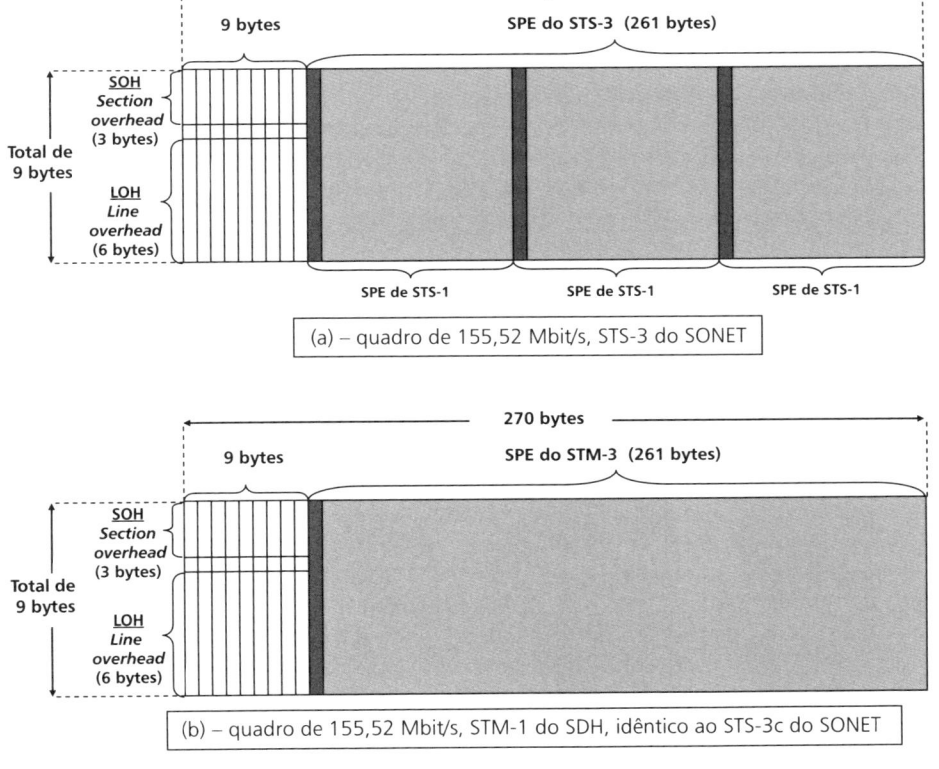

**figura 8.8** Quadros equivalentes de 155,52 Mbit/s (a) quadro STS-3 do SONET e (b) quadro STM-1 do SDH.

SONET definiu um quadro designado de STS-3c (concatenado), que é perfeitamente idêntico ao STM-1 do SDH, resolvendo assim o problema (Carissimi; Rochol; Granville, 2009b).

### ■ exemplo de aplicação

Vamos comparar a eficiência de transporte de dois quadros equivalentes: o STS-3 do SONET e o STM-1 do SDH, ambos com uma taxa de 155,52 Mbit/s.

O quadro STS-3, $n = 3$, possui um total de 3×90×9 = 2430 bytes e um campo de SPE de 3×87×9 = 2349 bytes como pode ser observado na figura 8.8(a). Para os diferentes cabeçalhos temos: POH = 3×9 = 27 bytes, o campo LOH = 3×3×6 = 54 bytes e o campo SOH = 3×3×3 = 27. A eficiência de transporte de dados do STS-3 pode ser calculada então como sendo:

$$\eta = \frac{2430 - 108}{2430} 100 = 95,55\% \qquad (8.1)$$

Como se observa, o quadro STS-3 é uma versão multiplexada de 3 quadros STS-1. Todos os quadros SONET podem ser derivados a partir do quadro básico STS-1.

Considerando agora o quadro STM-1 equivalente do SDH, vemos que este possui também um total de 270 × 9 = 2430 bytes e um SPE de 261 × 9 = 2349 bytes, como se pode observar na figura 8.8(b). A eficiência de transporte do STM-1 pode ser calculada então como sendo:

$$\eta = \frac{2430 - 90}{2430} 100 = 96,29\% \qquad (8.2)$$

Comparando as eficiências de transporte dos dois quadros expressas pelas relações (8.1) e (8.2), vê-se que a capacidade de transporte do STM-1 é ligeiramente superior ao quadro STS-3 do SONET. Isso se explica pelo fato de que o STM-1 possui somente um campo POH, enquanto o STS-3 tem 3 cabeçalhos POH, tendo em vista que é composto de 3 quadros STS-1.

Para resolver o problema da interoperabilidade entre o SDH e o SONET neste nível, o SONET definiu um quadro designado STS-3c, que possui uma estrutura exatamente idêntica ao STM-1.

### 8.3.3   os protocolos de seção, linha e rota do SDH/SONET

Vimos que a hierarquia de multiplexação SDH/SONET tem o comportamento de uma rede de transporte (*core-network*) e está estruturada em três níveis: seção, linha e rota. Como tal, executa protocolos próprios em cada nível que visam à elaboração de um serviço de rede, isto é, a obtenção de uma rota fim-a-fim. Portanto, o serviço final da rede de transporte SDH/SONET é o oferecimento de uma rota fim-a-fim para o nível imediatamente acima, que pode ser uma rede de serviços qualquer como: internet, MPLS, ATM, metroethernet, etc., ou mesmo o transporte transparente de um canal digital qualquer de taxa constante. Deve-se notar, no entanto, que, ao contrário de uma rede de serviços, que comuta pacotes ou quadros assíncronos,[5] a rede de transporte comuta canais digitais ou rotas contínuas síncronas.

---

[5] O termo "*assíncrono*" aqui salienta o fato de que os pacotes, ou quadros, são emitidos de forma completamente aleatória no tempo.

Podem-se destacar três características importantes do serviço de rota fim-a-fim oferecido pelo SDH/SONET:

1. as rotas são todas de alta velocidade e variam desde 51,85 Mbit/s até 40Gbit/s atualmente. São implementadas em fibras ópticas de alto desempenho, e a hierarquia é totalmente síncrona, sem necessidade de complicados processos de *add/drop* para inserção ou extração de canais intermediários.
2. o sistema é de alta confiabilidade e disponibilidade. Esse desempenho é conseguido graças a um elenco sofisticado de funções internas de supervisão e monitoramente em nível de seção, linha e rotas, genericamente conhecidas como funções OAM (*Operation, Administration Management*). Para ilustrar, destacamos que a disponibilidade do sistema é tipicamente de 99,999% durante um ano e é conhecida como a disponibilidade dos cinco noves. Significa que, durante um ano, o tempo total que o sistema fica inoperante é menor do que 6 minutos.
3. o sistema é tolerante a falhas, ou seja, um circuito óptico defeituoso é substituído automaticamente, em menos de 50 ms, por um circuito reserva. Essa técnica é conhecida como APS (*Automatic Protection Switching*).

Lembramos que essas exigências são necessárias em uma rede núcleo, tendo em vista que o tráfego transportado nesse tipo de rede corresponde ao tráfego de milhares de redes corporativas (pessoas jurídicas) e de dezenas de milhares de usuários domésticos. Os prejuízos de uma falha numa rede deste porte seriam catastróficos. Para conseguir um serviço de rota fim-a-fim com as características destacadas, em cada nível da rede são elaboradas funções, de tal forma que o conjunto dessas funções consegue oferecer um serviço de rede dentro dessas características.

A elaboração das funções em cada nível é feita por um protocolo estabelecido entre as entidades pares em cada nível. Cada nível elabora um conjunto de funções de acordo com os diferentes campos de informação encontrados no cabeçalho. Desta forma, a descrição destes campos nos dá uma ideia das funções elaboradas no respectivo nível.

Na figura 8.9, são mostradas a estrutura e uma descrição suscinta dos diferentes campos de informação encontrados nos três cabeçalhos: SOH, LOH e POH de um quadro. Os bytes dos diversos campos de um cabeçalho são agrupados segundo as funções que executam e são identificados através de letras e de um índice numérico já que podem se repetir em outros níveis com funções idênticas. As principais funções de cada cabeçalho podem ser conferidas na tabela 8.5 (Helvoort, 2005).

### 8.3.4 convergência do PDH para o SDH/SONET

Simultaneamente à implantação da plataforma de transporte SDH/SONET na década de 1980, foi desenvolvida a integração da plataforma PDH com o SDH/SONET. Enquanto o PDH é tipicamente uma plataforma de acesso de canais de baixas taxas, a plataforma SDH/SONET é uma rede núcleo de transporte de altas taxas e alto desempenho. Foram definidas inicialmente as quatro interfaces de acesso do sistema PDH europeu, E1, E2, E3 e E4, e as quatro interfaces de acesso do sistema PDH norte-americano, DS1, DS1c, DS2, e DS2, ao SDH/SONET. Destacamos aqui também que qualquer uma das interfaces de acesso PDH pode ser

**TOH - Transport overhead**
TOH = SOH + LOH  (9 x 3 = 27 bytes)

| | 1 | 2 | 3 |
|---|---|---|---|
| 1 | 2 bytes para sincronismo de quadro (F6, 28) **(A1, A2)** | | Identificador de STS –1 de 1 a N **(C1)** |
| 2 | BIP (bit *interleaved parity*) **(B1)** | Linha de serviço **(E1)** Canal de voz de 64 kbit/s | Canal de usuário **(F1)** 64 kbit/s |
| 3 | Canal de comunicação de dados para OAM **(D1, D2, D3)** 192 kbit/s | | |
| 4 | Ponteiro que localiza o início do *Payload* dentro do SPE **(H1, H2)** | | Byte de ajuste do ponteiro **(H3)** |
| 5 | BIP (Bit *Interleaved Parity*) **(B2)** | Protocolo para *Automatic Protection Switching* (APS) K1, K2 | |
| 6 | Canal de comunicação de dados de 576 kbit/s para OAM **D4 a D12** (9 bytes ao todo) | | |
| 7 | | | |
| 8 | | | |
| 9 | 2 bytes reservados para uso futuro **(Z1 e Z2)** | | Linha de serviço **(E1)** Canal de voz de 64kbit/s |

**POH** – *Path Overhead*
(9 bytes)

| | |
|---|---|
| 1 | **(J1)** Verificação continuidade rota |
| 2 | **(B3)** BIP (bit *interleaved parity*) |
| 3 | **(C2)** Tipo de STS ou nome da linha |
| 4 | **(G2)** Estado da rota |
| 5 | **(F2)** Canal de usuário 64 kbit/s |
| 6 | **(H4)** Indicador de *multiframes* |
| 7 | **(Z3)** Uso futuro |
| 8 | **(Z4)** Uso futuro |
| 9 | **(Z5)** Uso futuro |

**figura 8.9** Campos de informação dos cabeçalhos SOH, LOH e POH dos quadros STM-n e STS--n, conforme Schultz (2004).

utilizada também para transportar qualquer outro fluxo de dados, como um canal de uma rede corporativa ou o fluxo de dados de alguma aplicação de rede, desde que não ultrapasse a capacidade máxima da interface PDH.

Tipicamente, um canal PDH qualquer, para ser inserido dentro SDH/SONET, passa por um processo de adaptação composto de quatro etapas que são mostradas na figura 8.9. A figura traz como exemplo a convergência de um canal E1 do PDH europeu para dentro de um qua-

### tabela 8.5 Funções dos cabeçalhos SOH, LOH e POH do quadro básico STS-1

| Bytes | SOH – *Section Overhead* (9 bytes) |
|---|---|
| A1,A2 | Sequência de sincronização do quadro |
| C1 | Identificador de STS-1 (varia de 1 a n conforme o nível de multiplexação) |
| B1 | Byte de paridade (entrelaçamento de bytes) |
| E1 | Canal de voz PCM de 64 kbit/s de terminação de seção |
| F1 | Canal de 64 kbit/s do usuário |
| D1 – D3 | Canal de comunicação de dados de 192 kbit/s (Alarme, manutenção, etc.) |

| Bytes | LOH – *Line Overhead* (18 bytes) |
|---|---|
| H1 – H3 | Bytes do mecanismo de ponteiros (ajuste de frequência ou alinhamento) |
| B2 | Byte de paridade |
| K1, K2 | Protocolo orientado a bit para comutação automática de proteção |
| D4 – D12 | Canal de comunicação de dados de 576 kbit/s (Alarme, manutenção, etc.) |
| Z1, Z2 | Bytes de reserva |
| E2 | Canal de voz PCM de 64 kbit/s para comunicação entre terminação de linha |

| Bytes | POH – *Path Overhead* (9 bytes) |
|---|---|
| J1 | Canal de 64 kbit/s para teste periódico de continuidade de uma rota |
| B3 | Byte de paridade |
| C2 | Etiqueta da rota STS segundo um sinal |
| G1 | Canal de comunicação para controle de *status* fim-a-fim da rota |
| F2 | Canal de comunicação de 64 kbit/s para uso da rota |
| H4 | Indicador de *multiframe* para *payloads* maior que o STS-1 |
| Z3-Z5 | Reservados para uso futuro |

dro STM-1 do SDH. Em cada etapa são feitas modificações específicas na estrutura dos dados como descritas a seguir:

1. definição de um contêiner (C), ou *payload*, com uma determinada capacidade de bytes específica para cada porta PDH.
2. ao contêiner é adicionado um cabeçalho de rota para formar o *Virtual Container* (VC).
3. ao VC é adicionado um campo de ponteiro, formando assim a unidade de transporte (TU), e é feito um ajuste entre a fase do VC e o ponteiro de referência.
4. formação de um grupo de unidades de transporte (TUG), de tal forma que o TUG ocupe de forma eficiente o *payload* de um quadro básico STM ou STS.

Na figura 8.11, mostra-se a inserção dos canais PDH europeus e norte-americanos dentro do SDH, enquanto na figura 8.12 mostra-se a inserção dos mesmos canais no sistema SONET. Devido a sua importância, destacaremos a seguir o funcionamento do mecanismo de ajuste do ponteiro mencionado na etapa três (Helvoort, 2005).

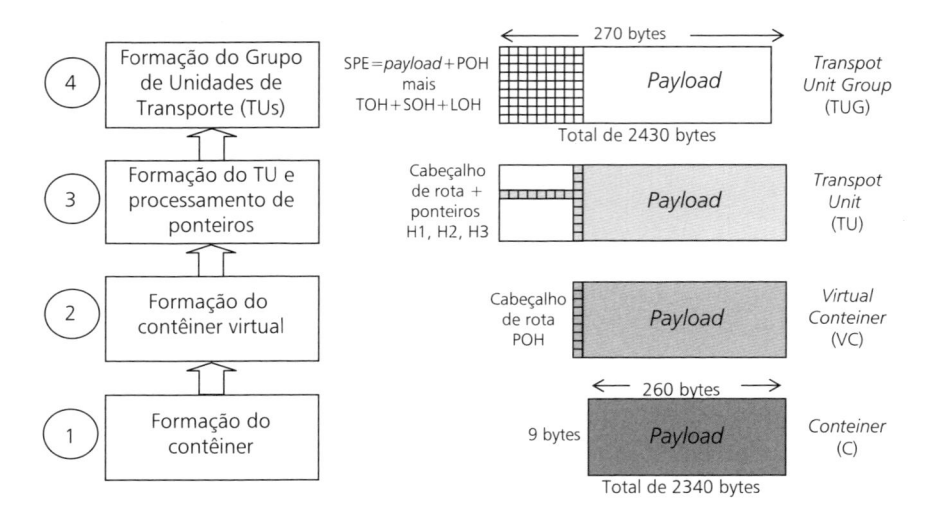

**figura 8.10** Exemplo de adaptação de E4 do PDH europeu para o quadro STM-1 do SDH.

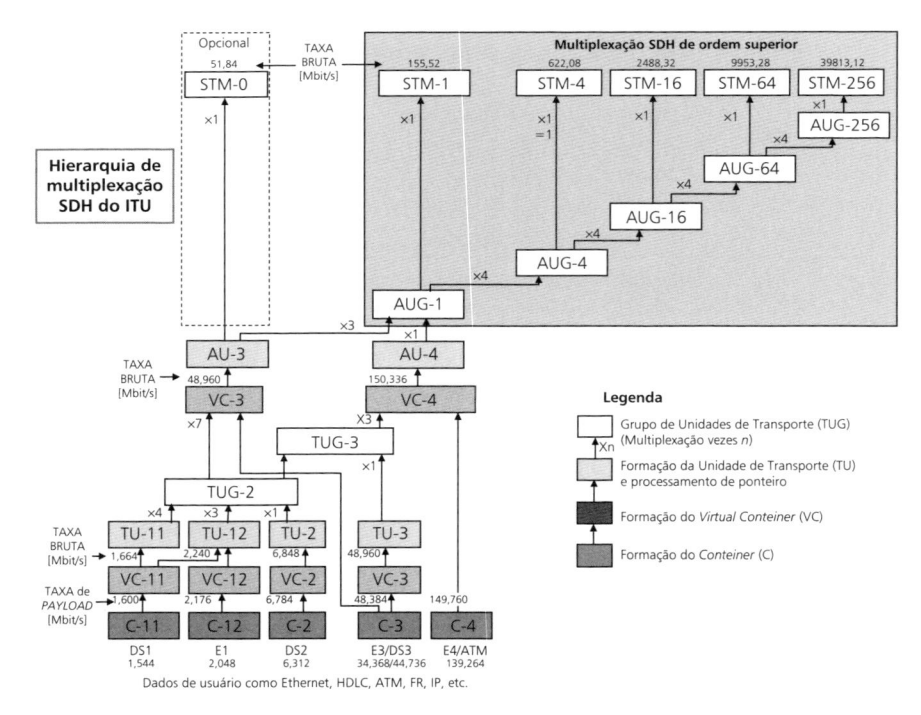

**figura 8.11** Integração dos canais PDH europeu e norte-americano no SDH do ITU-T.

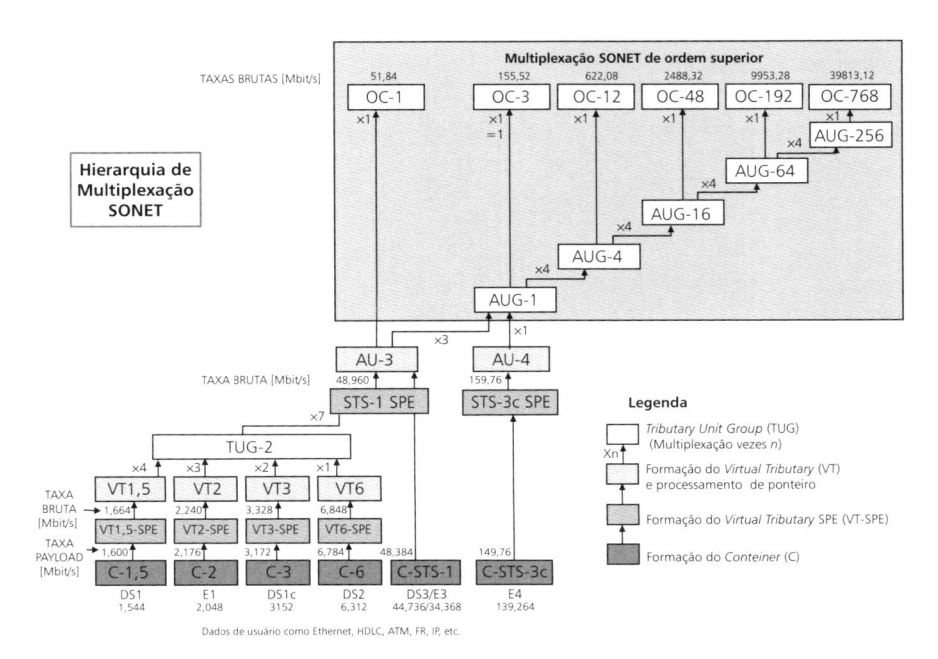

**figura 8.12** Integração dos canais PDH europeus e norte-americanos no SONET.

### 8.3.5 o mecanismo do ponteiro do SDH/SONET

O SDH/SONET foi desenvolvido especialmente para o transporte de dados em altas taxas, através de fibras óticas e de forma totalmente síncrona, ponta-a-ponta. No SDH/SONET, há uma total sincronização dos diversos níveis hierárquicos em relação a um único relógio do sistema. Para que o SDH possa transportar dados de tributários autônomos, com relógios próprios, como são os canais PDH, há necessidade de um ajustamento do relógio do tributário com o relógio do sistema SDH/SONET. Esse ajuste é realizado através do chamado mecanismo dos ponteiros do SDH/SONET, que vamos detalhar a seguir.

Um quadro SDH/SONET pode ser dividido em duas porções: (1) o SPE e (2) o TOH, como podem ser conferidos na figura 8.13. Lembramos que o SPE = *payload* + POH e o TOH = SOH + LOH. A principal característica associada a cada porção é o fato de que o SPE é cadenciado a partir do relógio do tributário de dados. Já a estrutura TOH é cadenciada a partir do relógio mestre do sistema SDH/SONET. Desta forma, as duas porções do quadro podem flutuar uma em relação à outra, como pode ser observado na figura 8.13. Para eliminar as flutuações de fase entre o SPE e a estrutura formada pelo TOH, existem, no cabeçalho de linha (LOH), três bytes (H1, H2, H3) chamados de ponteiro, que formam a base do mecanismo de compatibilização dos dois relógios.

Uma vez que o sistema notar que o atraso, ou adiantamento do SPE, se acentua, é disparado o mecanismo dos ponteiros. Para isso, estão disponíveis no cabeçalho LOH três bytes: H1,

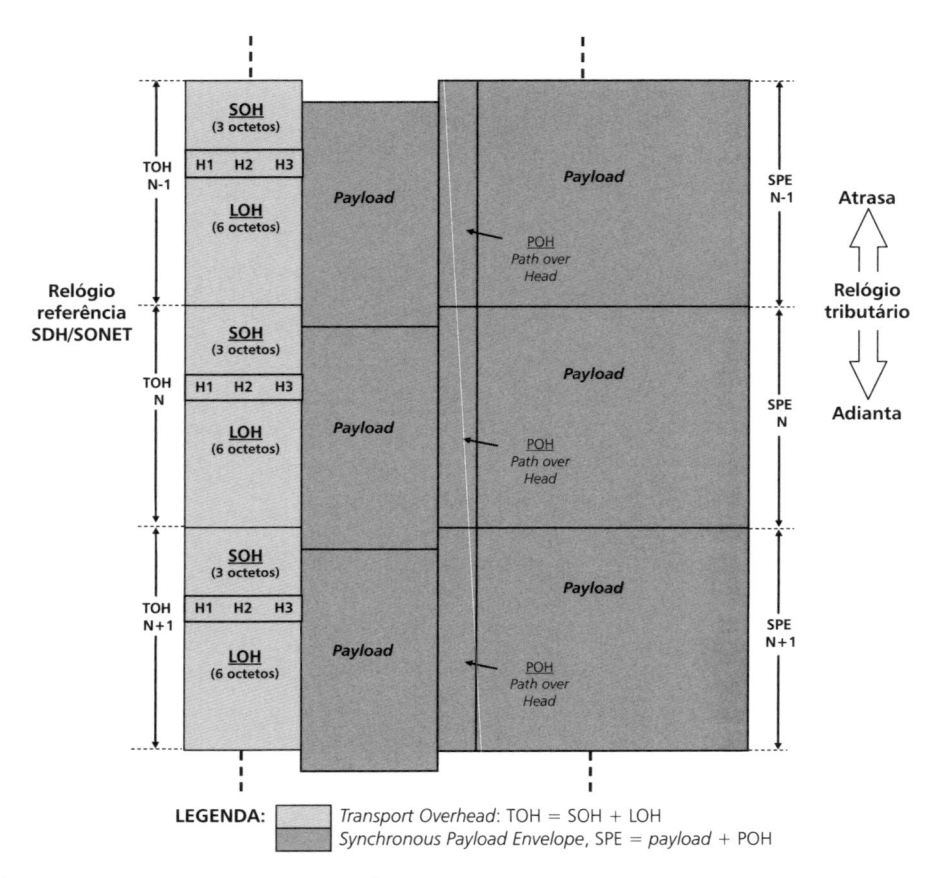

**figura 8.13** Flutuação do SPE em relação ao TOH.

H2 e H3. Os bytes H1 e H2 são utilizados para a localização do início do SPE e são eles que detectam a situação de atraso ou adiantamento do SPE. Se for detectado um adiantamento do SPE, como é mostrado na figura 8.14(a), o byte H3 é ocupado pelo SPE, o que provoca um pequeno atraso. Essa situação é mantida até que TOH e SPE estejam em fase. No caso de atraso do SPE em relação ao TOH, figura 8.14(b), o byte adjacente a H3 não será ocupado pelo SPE, o que provocará um adiantamento do SPE em relação ao TOH. A referência é sempre o TOH que está "*amarrado*" ao relógio do sistema SDH, enquanto os dados do SPE estão "*amarrados*" ao relógio do tributário.

Através dessa facilidade, que está presente em todas as portas de entrada do SDH/SONET, é possível transportar quaisquer dados de cliente, desde que o relógio nominal da porta de entrada e o relógio dos dados sejam nominalmente idênticos, ao menos o da fase que será corrigida pelo mecanismo dos ponteiros.

Capítulo 8 ⋯→ Redes de Transporte de Dados 311

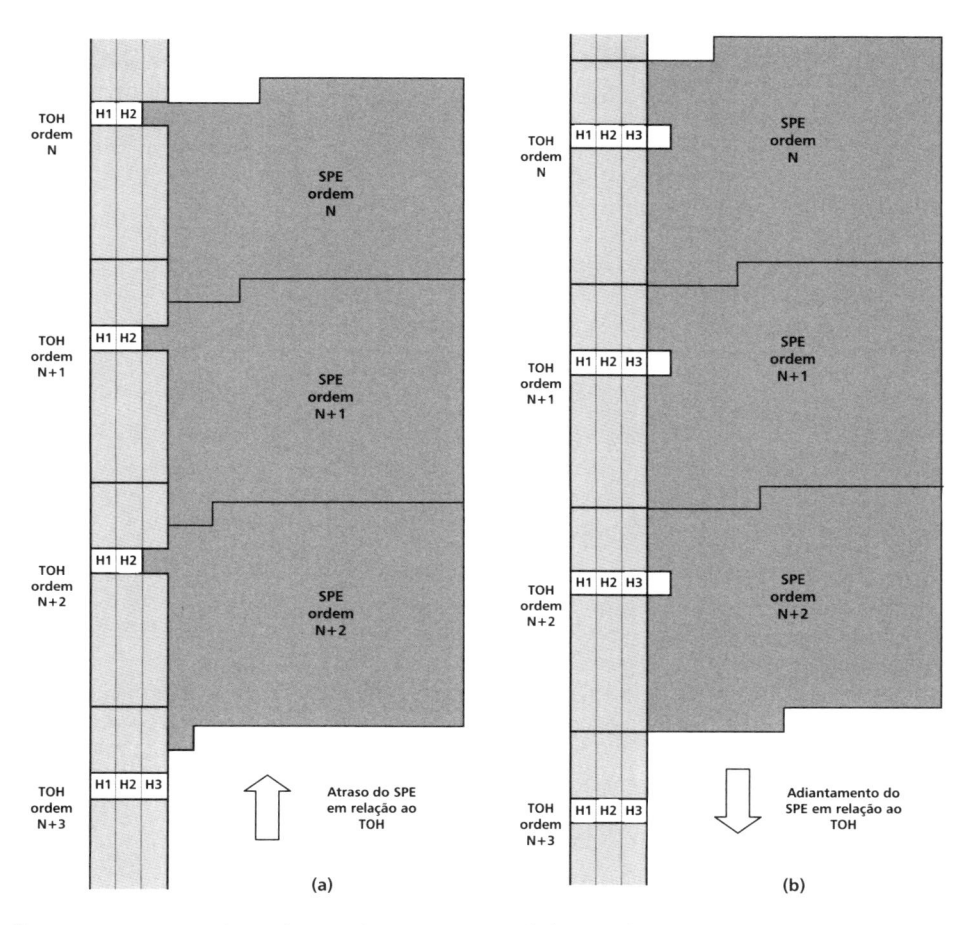

**figura 8.14** Mecanismo de ponteiros para compatibilização do relógio do SPE com o relógio do TOH ou relógio mestre do SDH.
(a) SPE está adiantado em relação ao TOH, SPE é atrasado
(b) SPE está atrasado em relação ao TOM, SPE é adiantado

### 8.3.6 concatenação contígua (CCAT) no SDH/SONET

Observando as portas de entrada do sistema SDH e SONET das figuras 8.11 e 8.12, verificamos que o SDH e o SONET possuem portas de entrada para transporte de dados de usuário conforme resumido na tabela 8.6.

As taxas de acesso dos sistemas SDH e SONET podem ser divididas em duas classes: taxas de baixa ordem, variando entre 1,6 Mbit/s a 6,7Mbit/s, e taxas de alta ordem, variando de 48,3 Mbit/s

**tabela 8.6** Portas de acesso do SDH e SONET para transporte de dados de usuário

| Taxas [Mbit/s] | Hierarquia SDH<br>Taxa de *Payload* | Hierarquia SONET<br>Taxa de *Payload* |
|---|---|---|
| Ordem baixa | 1,600<br>2,176<br>– | 1,600<br>2,176<br>3,152 |
| Ordem alta | 6,784 (VC-2)<br>48,384<br>149,760 (VC-4) | 6,784 (VT-6)<br>48,384<br>149,760 (STS-3c SPE) |

a 149,7 Mbit/s. Percebe-se perfeitamente que esta distribuição possui dois inconvenientes para as atuais exigências em relação a uma rede de transporte: 1) as taxas de ordem baixa são poucas e quase idênticas e 2) as taxas altas têm pouca granularidade e não atendem às exigências dos atuais serviços de transporte de dados, que chegam à ordem de dezenas de Gbit/s.

Para contornar esses problemas, a solução encontrada foi aumentar a granularidade de banda, tanto da faixa de ordem baixa como da de ordem alta, utilizando uma técnica conhecida como *Contigous ConCAtenation* (CCAT), ou concatenação contígua. Nessa técnica, para diminuir o desperdício de banda em relação aos extensos e repetitivos cabeçalhos do SDH/SONET, usou-se uma técnica de agregação de diversos contêineres virtuais (VCs) que, como se sabe, possuem somente um cabeçalho de rota, o que deu origem ao nome de *concatenação contígua*. A concatenação de baixa ordem é conhecida como LO-CCAT (*Low Order CCAT*), enquanto a de ordem alta é conhecida como HO-CCAT (*High Order CCAT*). Vamos detalhar, a seguir, as principais características do LO-CCAT e do HO-CCAT.

■ **concatenação de ordem baixa**

Como contêiner básico para a concatenação de baixa ordem do SDH será usado o contêiner virtual de maior taxa, que é o VC-2 (6,784 Mbit/s). Esse contêiner virtual será usado como a base de qualquer concatenação. O total de contêineres concatenados será indicado por X em que X = 1, 2, 3, 4, 5, 6, 7. A expressão geral da concatenação contígua de baixa ordem do SDH será então dada por:

$$\text{VC-2-Xc com } X = 1, 2, 3, 4, 5, 6, 7 \qquad (8.3)$$

Já no SONET, o maior contêiner virtual de ordem inferior é o VT-6 (6,784 Mbit/s), que pode ser concatenado X vezes, com X = 1, 2, 3, 4, 5, 6, 7. A expressão geral da concatenação contígua de baixa ordem do SONET será então:

$$\text{VT-6-Xc com } X = 1, 2, 3, 4, 5, 6, 7 \qquad (8.4)$$

As diferentes taxas de acesso assim conseguidas estão na tabela 8.6. Na figura 8.15, mostra-se também a estrutura dos diversos contêineres virtuais assim concatenados. Desta forma, temos agora à disposição para trafego de dados acessos que variam desde 6,784 Mbit/s, em múltiplos inteiros desta taxa, até o máximo de 47,936 Mbit/s. Chamamos a atenção para o fato de que os contêineres de baixa ordem possuem um POH reduzido para 4 bytes, e a duração de qualquer quadro é fixa e igual a 500µs (4 x 125µs). Esses valores se justificam pelas taxas baixas dessas portas e são encontrados somente no LO-CCAT. Nestas condições, a banda associada a um byte desses quadros é de $8/(0,5.10^{-6}) = 16$ k bit/s (Helvoort, 2005).

### ■ exemplo de aplicação

Um fluxo de dados de usuário deverá ser transportado por uma rede de transporte SDH. As características do fluxo são as seguintes: Taxa média sem rajadas em torno de 10,8 Mbit/s. Picos de rajada de 28 Mbit com duração máxima de 10 ms e período de repetição Tr = 50 ms, quer se saber:

a) Supondo que não houvesse CCAT, qual o canal que daria suporte a este serviço e qual a eficiência na sua utilização.
b) Qual o canal mais adequado do CCAT para este serviço e qual será a eficiência na utilização deste canal.

Inicialmente devemos calcular a taxa média do serviço $R_s$, com rajadas. Vamos chamar a taxa média sem rajada de $R_{msr}$ e a taxa média associada à rajada de $R_{mr}$. Temos então que $R_s = R_{msr} + R_{mr}$. Nesta expressão $R_{msr} = 10,8$ Mbit/s e o valor de $R_{mr}$ pode ser calculado como a seguir:

$$R_{mr} = \frac{N_t}{T_r} = \frac{10.10^{-3}.42.10^6}{50.10^{-3}} = 8,4 \text{ Mbit/s}$$

**tabela 8.7** Concatenação contígua (CCAT) de ordem inferior do SDH/SONET

| Padrão SDH | Padrão SONET | Taxa de *payload* do virtual conteiner [Mbit/s] | Taxa bruta do virtual contêiner [Mbit/s] |
|---|---|---|---|
| Expressão geral VC-2-Xc (X = 1, 2, 3, 4, 5, 6, 7) | Expressão geral VT-6-Xc (X = 1, 2, 3, 4, 5, 6, 7) | SDH/SONET | SDH/SONET |
| VC-2 | VT-6 | 6,784 | 6,848 |
| VC-2-2c | VT-6-2c | 13,568 | 13,696 |
| VC-2-3c | VT-6-3c | 20,352 | 20,544 |
| VC-2-4c | VT-6-4c | 27,136 | 27,392 |
| VC-2-5c | VT-6-5c | 33,920 | 34,240 |
| VC-2-6c | VT-6-6c | 40,704 | 41,088 |
| VC-2-7c | VT-6-7c | 47,488 | 47,936 |

## 314 ⋯→ Comunicação de Dados

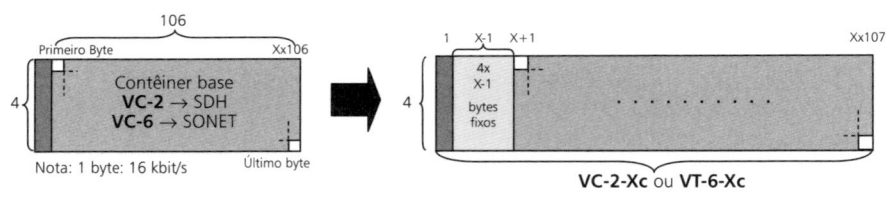

**figura 8.15** Obtenção dos contêineres virtuais do CCAT de ordem baixa a partir de um VC-2 (SDH) ou um VT-6 (SONET).

Podemos agora calcular a taxa média de serviço do canal como:

$$R_s = R_{msr} + R_{mr} = 10{,}8 + 8{,}4 = 19{,}2 \text{ Mbit/s}$$

Na situação (a), sem CCAT, o canal mais adequado pela figura 8.10 será o VC-3 de 48,384 Mbit/s, e a sua eficiência será $\eta = (19{,}2/48{,}384).100 = 39{,}6\%$

Na situação (b), com o LO-CCAT, o canal mais adequado pela tabela 8.6 será o VC-2-3c de 20,352 Mbit/s, e sua eficiência será $\eta = (19{,}2/20{,}352).100 = 94{,}3\%$.

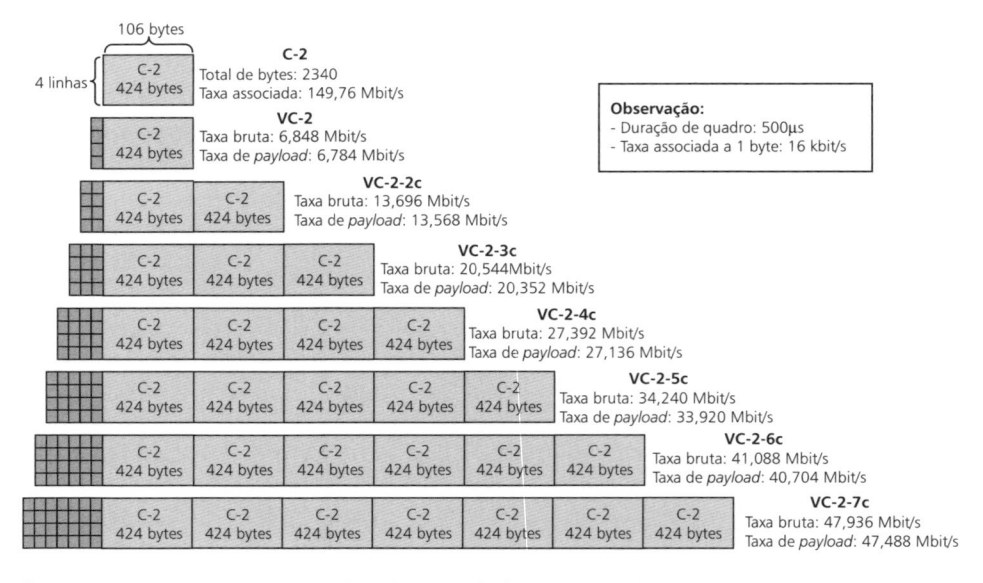

**figura 8.16** Estrutura dos quadros da CCAT de baixa ordem do SDH.

Observa-se que com o LO-CCAT se consegue uma solução com eficiência muito maior devido a granularidade oferecida pelo LO-CCAT.

## ■ concatenação de ordem alta

Na concatenação de ordem alta do SDH, ou HO-CCAT, fui utilizado também o virtual contêiner de maior taxa, ou seja, VC-4 (149,76 Mbit/s), que será concatenado X vezes, com X = 4, 16, 64, 256. A expressão geral da concatenação de ordem alta do SDH pode ser escrita como:

$$\text{VC-4-Xc com X} = 4, 16, 64, 256 \tag{8.5}$$

O maior contêiner virtual equivalente do SONET é o STS-3c SPE, que pode ser concatenado N vezes, em que N = 12, 48, 192 e 768. A expressão geral da concatenação de ordem alta do SONET pode ser expressa então como:

$$\text{STS-3cN, com N} = 12, 48, 192, \text{ e } 768. \tag{8.6}$$

Pela tabela 8.8 pode-se observar que as duas concatenações, a do SDH e do SONET, são perfeitamente equivalentes em termos de canais e taxas.

As estruturas dos quadros base e dos quadros concatenados do SDH e SONET são perfeitamente equivalentes e podem ser observadas na figura 8.17 e 8.18. Chamamos a atenção para o fato de que a duração de qualquer quadro do HO-CCAT é sempre igual a 125µs, e a banda associada a um byte de qualquer estrutura é de 64 kbit/s (Helvoort, 2005).

**tabela 8.8** Concatenação Contígua (CCAT) de ordem superior do SDH/SONET

| Padrão SDH | Padrão SONET | Taxa de *Payload* do Contêiner (C) [Mbit/s] | Taxa bruta do virtual container [Mbit/s] |
|---|---|---|---|
| Expressão Geral VC-4-Xc (X = 4, 16, 64, 256) | Expressão Geral STS-3cN (N = 12, 48, 192, 768) | SDH/SONET | SDH/SONET |
| VC-4 | STS-3c | 149,76 | 150,336 |
| VC-4-4c | STS-12c | 599,04 | 601,344 |
| VC-4-16c | STS-48c | 2396,16 | 2405,376 |
| VC-4-64c | STS-192c | 9584,64 | 9621,504 |
| VC-4-256c | STS-768c | 38338,56 | 38486,016 |

## ■ exemplo de aplicação

O acesso a uma rede local Gbe (Giga bit Ethernet) deve ser repassado através do HO-CCAT do SDH. Pergunta-se qual o canal mais adequado para este serviço, e qual será a sua eficiência?

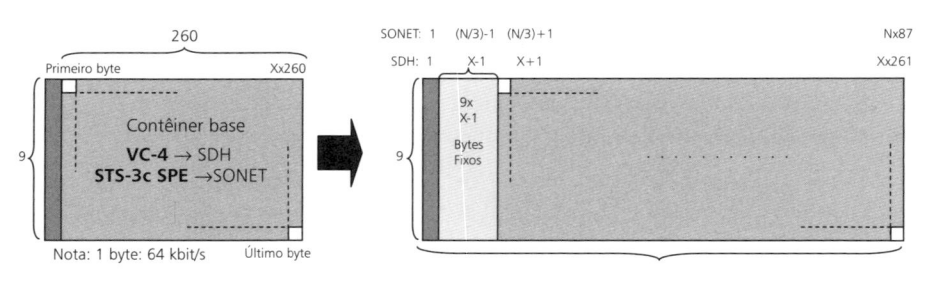

**figura 8.17** Obtenção dos contêineres virtuais do CCAT de ordem superior a partir do VC-4 (SDH) ou STS-3c SPE (SONET).

Contêineres virtuais SDH: **VC-4-Xc** com X= 4, 16, 64, 256
Contêineres virtuais SONET: **STS-Nc-SPE** com N= 12, 48, 192, 768

A taxa desta Ethernet é de 1 Gbit/s. O canal da HO-CCAT mais próximo desta taxa é o VC-4-16c do SDH, ou o STS-48c do SONET, ambos apresentando uma capacidade de carga útil de 2396,16 Mbit/s, ou seja, 2,396 Gbit/s.

A eficiência na utilização do canal será:

$$\eta = (1/2{,}396) \cdot 100 = 41{,}7\%.$$

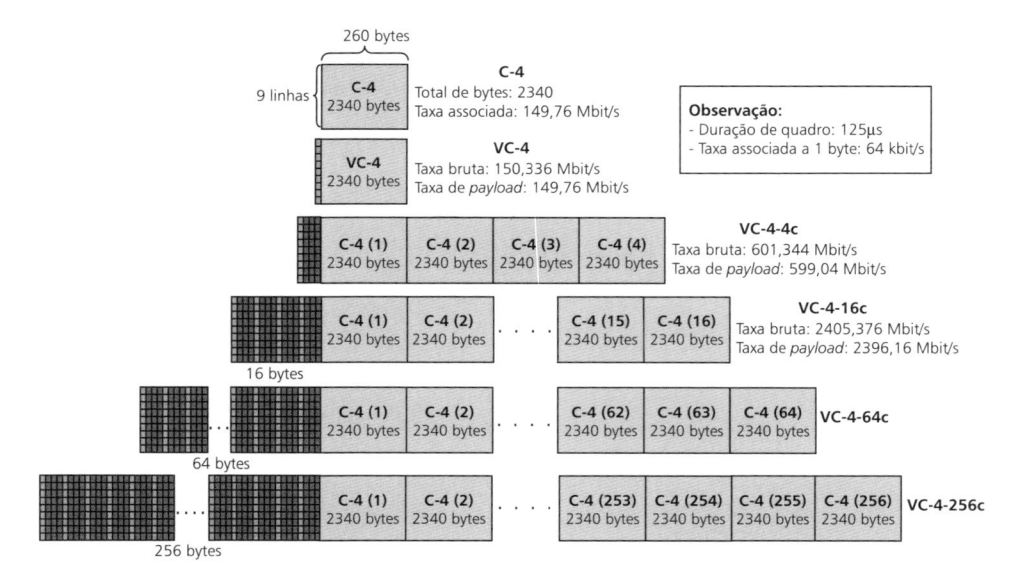

**figura 8.18** Estrutura dos quadros do CCAT de ordem superior do SDH.

Na seção a seguir, analisaremos o NG-SDH (*Next Generation* SDH) e veremos que esta eficiência pode ser melhorada muito com a nova geração tecnológica do NG – SDH.

O LO-CCAT, devido a suas taxas relativamente modestas e considerando a demanda de banda cada vez maior por parte das novas aplicações de rede, tem sua utilização cada vez mais restringida. Já o HO-CCAT, devido a suas altas taxas, deverá ser utilizado de forma cada vez mais intensiva em futuro próximo. Nas figuras 8.19 e 8.20 apresenta-se um esquema abrangente das arquiteturas estendidas do SDH e do SONET, e como se dá a inserção do HO-CCAT nos níveis altos dessas hierarquias.

## 8.4  a plataforma de transporte NG-SDH

Observou-se, ao final da década de 1990, uma demanda cada vez maior do tráfego de dados sobre o tráfego de telefonia nas redes núcleo (*backbones*) de telecom. As caríssimas plataformas de transporte SDH/SONET recém haviam sido estruturadas na maioria dos países e já se observava uma distorção na demanda dos clientes majoritários destes serviços – as redes de computadores. Na tabela 8.9, apresenta-se, na primeira coluna, as características marcantes da plataforma de transporte SDH/SONET e, na segunda, as características mais marcantes das aplicações de dados.

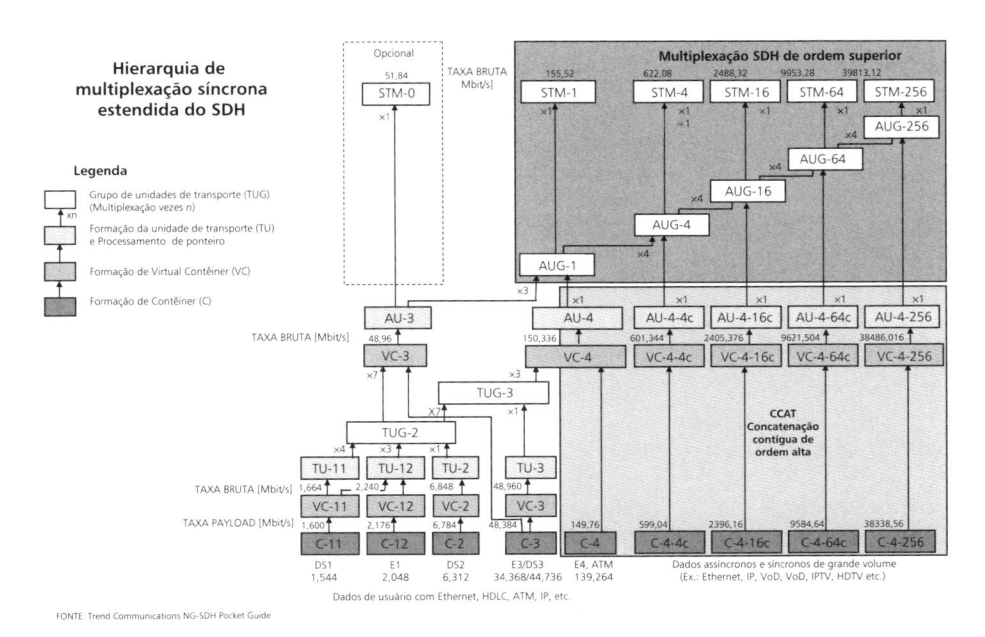

**figura 8.19** Hierarquia digital síncrona estendida do SDH.

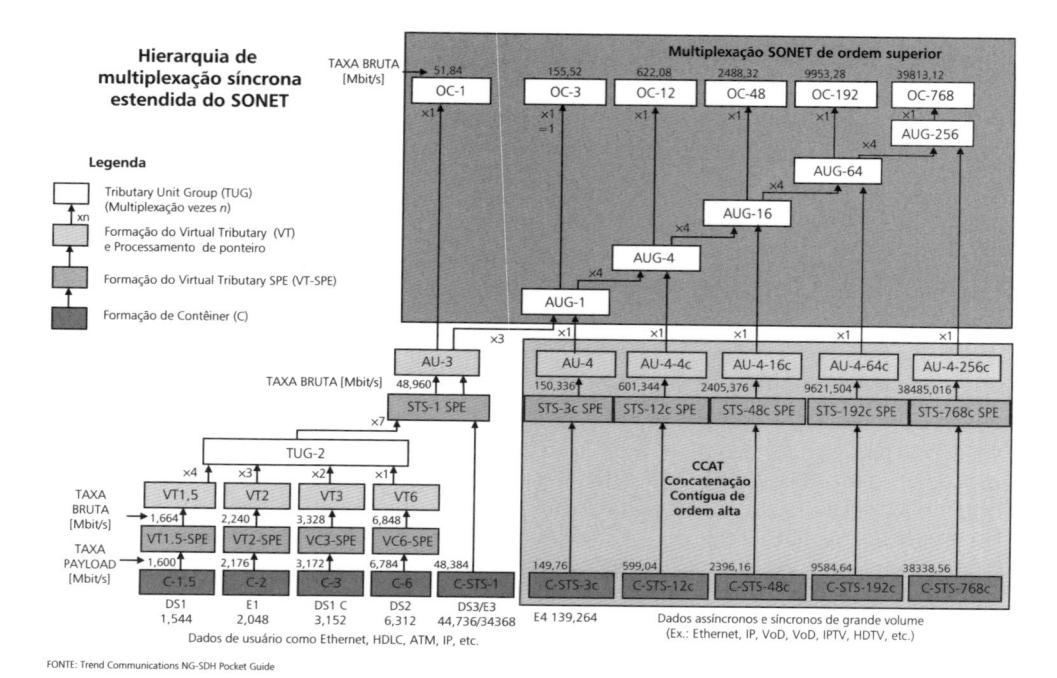

**figura 8.20** Hierarquia digital síncrona estendida do SONET, adaptado de Helvoort (2005).

### tabela 8.9 Características da plataforma de transporte SDH/SONET *versus* características das aplicações

| Plataforma de transporte L1 SDH/SONET | Características das aplicações L2 e L3 (quadros Ethernet e pacotes) |
|---|---|
| Trafega preferencialmente canais de voz de 64 kbit/s | Trafego múltiplos serviços como: DVB, HDTV/SDTV, IP, FR, ATM |
| Serviço de transporte de alta qualidade | Serviço de transporte de melhor esforço – BE (Best Effort) |
| Taxa de transporte fixa (Banda Fixa) | Taxa de transporte variável (Banda variável, rajadas) |
| Serviço baseado em conexão fim-a-fim (Rota) | Serviço sem conexão |
| Transporte serial síncrono e contínuo | Transporte assíncrono de quadros ou pacotes |
| Mercado de *carriers* de telecom (restrito e caro) | Mercado de massa de redes Ethernet (simples e barato) |

A fim de corrigir esta distorção, observam-se, no início do novo milênio, duas tendências que contribuíram decisivamente para uma mudança radical na concepção das redes de transporte de telecom em nível mundial:

**I** a penetração cada vez maior da tecnologia Ethernet no ambiente das redes de telecom de longa distância, conhecida como *carrier* Ethernet ou Metroethernet.
**II** a necessidade da adequação da plataforma SDH/SONET para o transporte de pacotes genéricos de dados, principalmente quadros Ethernet, que deu origem ao NG-SDH/SONET (*Next Generation SDH/SONET*).

Esses dois fatos, na realidade, se complementam, e caracterizam, a partir de 2000, uma nova tendência na rede núcleo de transporte de dados, genericamente denominada pelo ITU de EoS (Ethernet *over* SDH/SONET). A extensão da tecnologia Ethernet para dentro das redes WAN se dá segundo técnicas de comutação no L2 da rede global de informação e, por isso, foge ao escopo deste livro.

A redefinição da plataforma SDH/SONET, visando transformá-la definitivamente em uma plataforma de transporte preferencial de pacotes de dados, criou condições para que a nova plataforma resultante assegurasse ao SDH/SONET uma longa sobrevida tecnológica. A estratégia adotada pelo ITU para esta adaptação foi através de um conjunto de três protocolos, que executam funções do tipo *transmission convergence* (TC), todos eles executados em subníveis específicos dentro do nível físico L1. Os protocolos são conhecidos como GFP (*Generic Frame Procedure*), VCAT (*Virtual conCATenation*) e LCAT (*Link Capacity Adjustment Scheme*).

A nova terminação de rota, onde são executados estes protocolos fim-a-fim, é chamada de MSP (*MultiService Platform*). Esse equipamento fornece aos usuários acesso múltiplo à plataforma NG-SDH/SONET. Desta forma, uma rede SDH/SONET legada pode ser transformada facilmente em uma moderna plataforma de serviços NG-SDH/SONET, adicionando-se simplesmente este equipamento nas pontas da rede. Não há necessidade de qualquer alteração maior na plataforma SDH/SONET legada.

Nesta seção, vamos analisar inicialmente a arquitetura do NG-SDH e, a seguir, apresentar as principais características dos protocolos GFP, VCAT e LCAS, que visam a otimizar o tráfego de pacotes genéricos de dados sobre o suporte básico SDH/SONET

### 8.4.1 arquitetura do NG-SDH/SONET

A hierarquia digital síncrona SDH/SONET, como se viu, é um suporte de transmissão estruturado, contínuo, síncrono, determinístico, inteligente e suportado por fibras ópticas, projetado para transportar o tráfego telefônico (*voice centric*). O NG-SDH/SONET tem como objetivo fornecer um meio padronizado e eficiente para encapsular tráfego de pacotes assíncronos em rajadas sobre o SDH/SNET. O NG-SDH[6] acredita que, desta forma, a sobrevida do SDH/SONET será garantida por muito tempo. Para atender estes objetivos, a estratégia adotada pelo ITU deu-se segundo quatro diretrizes:

---

[6] Forum (http://www.ng-sdh.com/ng-sdh-forum/)

- adição de uma camada de TC (*Transmission Convergence*), a fim de otimizar o tráfego de dados (pacotes) sobre a plataforma SDH/SONET;
- o suporte físico SDH/SONET no núcleo não deve ser alterado;
- a nova plataforma de transporte deve ser padronizada pelo ITU e foi designada NG-SDH (*Next Generation* SDH);
- a otimização do tráfego de pacotes sobre SDH visa principalmente ao encapsulamento eficiente dos quadros Ethernet, ou EoS (Ethernet *over* SDH/SONET).

Deduz-se desses critérios que a principal modificação introduzida é essencialmente um novo equipamento de terminação de rede, como pode ser observado na figura 8.21(a). Este equipamento,

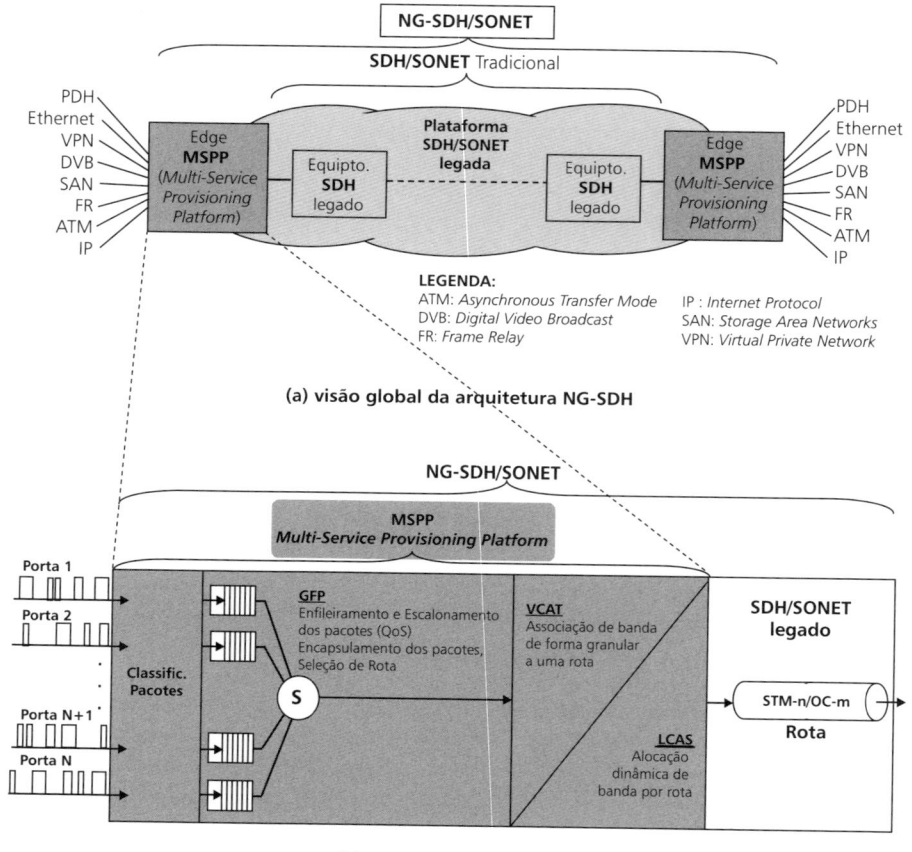

**figura 8.21** Visão da arquitetura do NG-SDH:
(a) estrutura da arquitetura da plataforma NG-SDH
(b) estrutura interna do MSPP

designado de MSPP (*Multi-Service Provisioning Platform*), executa funções de TC (*Transmission Convergence*), definidas através de uma hierarquia de três protocolos: (1) GFP (*Generic Frame Procedure*), (2) VCAT (*Virtual conCAtenation*) e (3) LCAS (*Link Capacity Adjustment Sheme*).

O MSPP, além dos serviços de TC, oferece também interfaces para diferentes quadros e pacotes, e serviços de linha como: ADM (*Add and Drop Multiplex*) e DXC (*Digital Cross Connect*). As interfaces de pacotes normalmente executam também funções como classificação dos pacotes (por serviço ou por conexão), enfileiramento e escalonamento de pacotes e conformação de tráfego, todas elas voltadas para oferecimento de QoS (*Quality of Service*). Na figura 8.21(b), são apresentados os detalhes estruturais de um MSPP genérico (Trend Communications, 2005).

Toda plataforma de transporte NG-SDH reside no nível físico do RM-OSI e está estruturada segundo um subsistema inteligente composto de 6 subníveis, como pode ser observado na figura 8.22. Chamamos a atenção para o fato de que os três protocolos próprios do NG-SDH são protocolos fim-a-fim e estão localizados nos equipamentos de terminação de rota que, neste caso, são representados pelos MSPPs das pontas.

Os protocolos GFP, VCAT e LCAS executam funções típicas de TC (*Transmission Convergence*), enquanto os protocolos de rota, linha e seção integram funções próprias de PMD (*Physical Medium Dependent*).

A normalização desses protocolos deu-se através de três recomendações do ITU-T:

Rec. G.7041/Y.1303 de 08/2005 – *Generic Framing Procedure* (GFP)
Rec. G.707/Y.1322 de 10/2000 – *Virtual ConCATenatin* (VCAT) do SDH
Rec. G.7042/Y.1305 de 02/2004 – *Link Capacity Adjustment Scheme* (LCAS)

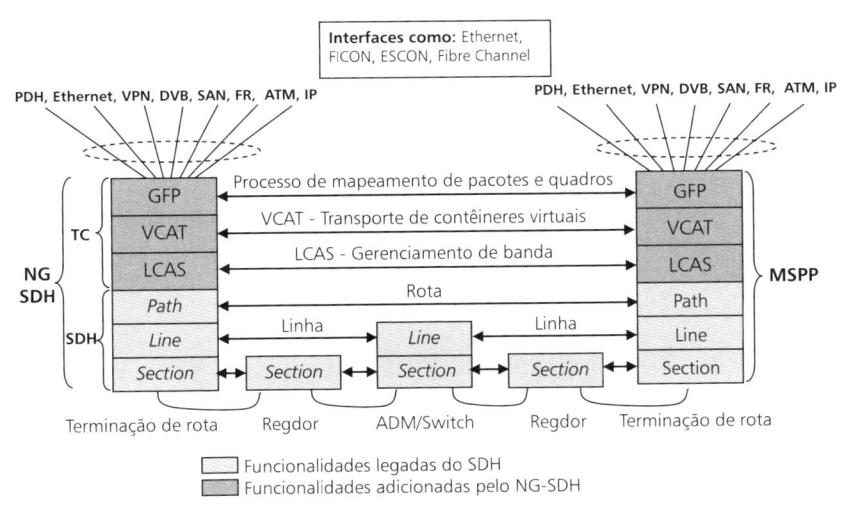

**figura 8.22** Modelo de referência de protocolos da arquitetura NG-SDH, adaptado de *Trend Communications* (2005).

A seguir vamos analisar as funcionalidades de cada um desses protocolos que compõem o TC, ou seja, GFP, VCAT e LCAS.

### 8.4.2 o protocolo GFP do NG-SDH/SONET

O GFP, o protocolo do topo da pilha do NG-SDH, foi padronizado em 2005 segundo dois enfoques de encapsulamento genérico de quadros e pacotes:

GFP-F (*Generic Frame Procedure – Framed*) e
GFP-T (*Generic Frame Procedure – Transparent*)

Na figura 8.23, mostra-se a inserção dos dois protocolos de encapsulamento genéricos do NG-SDH no modelo de referência de protocolos OSI.

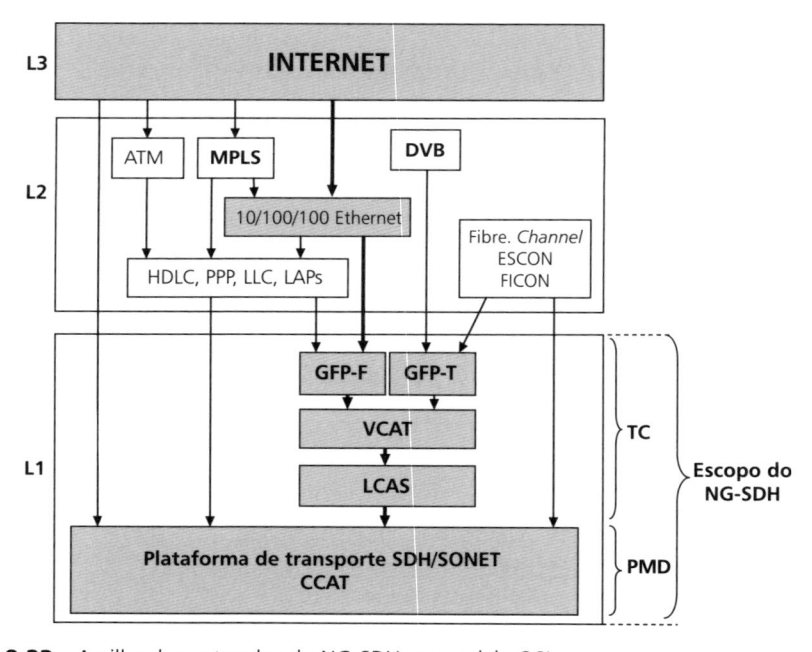

**figura 8.23** A pilha de protocolos do NG-SDH no modelo OSI.

### ■ GFP-F

O protocolo GFP-F encapsula tráfego em rajadas de quadros e pacotes, tais como Ethernet e RPR, etc. O quadro do cliente é mapeado integralmente em um quadro GPF-F. Assim, por exemplo, um quadro Ethernet de cliente dá origem a um quadro GPF-F que, por sua vez, será encapsulado em um quadro STS-1 do SDH.

Como se observa pela figura 8.24, o quadro GFP é composto de quatro partes, sendo as três primeiras obrigatórias e a última (FCS) opcional. Chama a atenção neste quadro o fato de

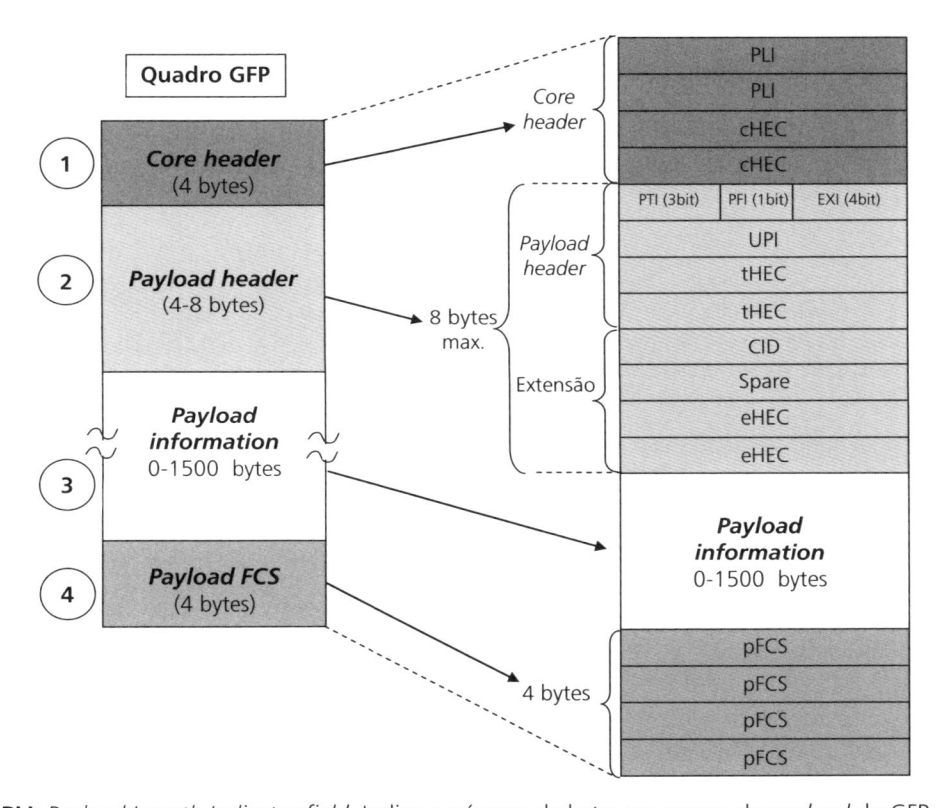

**PLI**: *Payload Length Indicator field*. Indica o número de bytes no campo do *payload* do GFP.
**cHEC**: *Core Header Error Control*. É um CRC 16 com capacidade de correção de 1 erro e detecção de múltiplos erros.
**PTI**: *Payload Type Identifier*. Especifica dados do cliente ou quadro de gerenciamento.
**PFI**: *Payload FCS Identifier*. Indica presença (1) ou ausência (0) de FCS de *payload*.
**EXI**: *Extension Header Identifier*. Indica tipo de extensão: NULL (sem), linear e extensão de anel.
**UPI**: *User Payload Identifier*. *Setado* pelo cliente de acordo com o tipo de dados do cliente.
**tHEC**: *Type* HEC (CRC16) de 2 bytes. Correção de erro de um bit sobre campo do *Type* (2 octetos anteriores).
**CID**: *Channel Identifier* (opcional). Extensão linear.
**eHEC**: *Extension* HEC. Para recuperação de erro de um bit no campo de extensão.
**pFCS:** *Payload* FCS (CRC32)

**figura 8.24** Quadro genérico GFP para encapsulamento de pacotes e quadros, conforme *Trend Communications* (2005).

que o mesmo possui dois tipos de cabeçalhos, um chamado de *core* e outro de *payload*. O primeiro indica o comprimento do *payload*, e o segundo detalha a estrutura e a identificação do *payload*. Pela importância dessas informações, as mesmas são protegidas com dois bytes de informação redundante em cada campo (cHEC e tHEC), que implementam um mecanismo FEC para correção de um bit errado. A preocupação com a integridade da informação destes campos se justifica pelo fato de que um erro de bit nestes campos pode provocar uma avalanche de erros, pois o quadro normalmente será perdido. Observa-se também que o tamanho do *payload* é de 1500 bytes, atendendo o encapsulamento de quadros Ethernet que possuem tamanho máximo de 1500 bytes. Na figura 8.25, mostra-se o encapsulamento de um quadro GFP-F em um quadro STS-1 do SONET.

### ■ GFP-T

O GFP-T (*Generic Frame Procedure-Transparent*) funciona em nível de byte em aplicações de baixa latência e fluxos contínuos como, por exemplo, em aplicações de SAN (*Storage Area Network*) com *fibre channel* ou em interfaces como ESCON (*Enterprise Systems Connection*) e FICON (*Fibre Connection*), ambas desenvolvidas pela IBM.

Na figura 8.26, apresenta-se as quatro etapas envolvidas no encapsulamento de quadro *fibre channel* em um quadro GFP-T. Na figura 8.27, são mostradas as diferentes estruturas intermediárias até chegar no quadro GFP-T

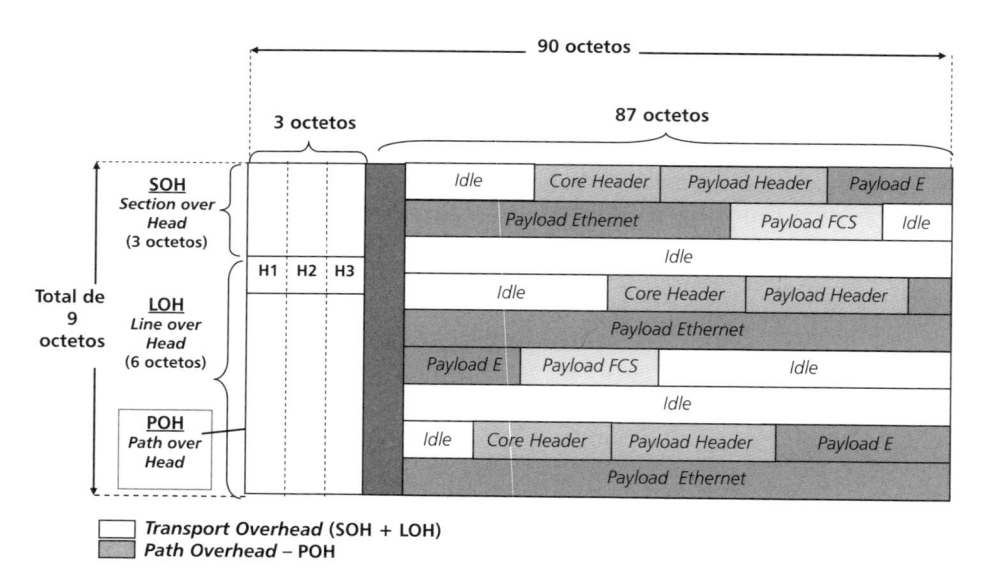

**figura 8.25** Encapsulamento de um quadro GFP-F em um quadro STS-1.

## Capítulo 8 → Redes de Transporte de Dados

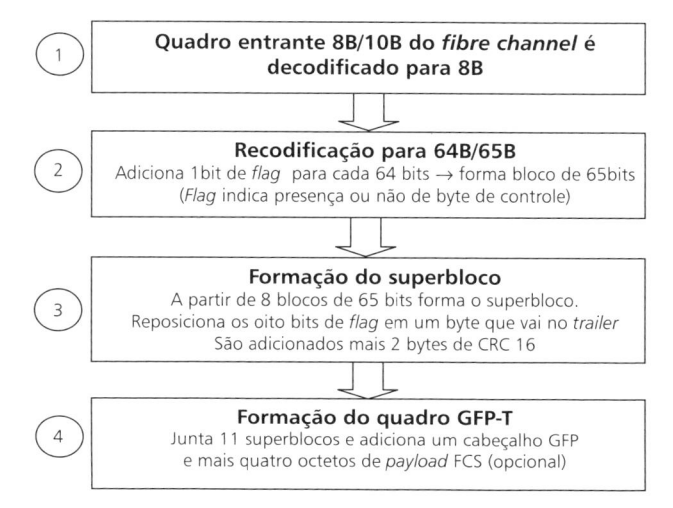

**(1)** Quadro entrante 8B/10B do *fibre channel* é decodificado para 8B

**(2)** **Recodificação para 64B/65B**
Adiciona 1bit de *flag* para cada 64 bits → forma bloco de 65bits
(*Flag* indica presença ou não de byte de controle)

**(3)** **Formação do superbloco**
A partir de 8 blocos de 65 bits forma o superbloco.
Reposiciona os oito bits de *flag* em um byte que vai no *trailer*
São adicionados mais 2 bytes de CRC 16

**(4)** **Formação do quadro GFP-T**
Junta 11 superblocos e adiciona um cabeçalho GFP
e mais quatro octetos de *payload* FCS (opcional)

**figura 8.26** Etapas de encapsulamento de *fibre channel* para quadro GFP-T.

Quadro *fibre channel* (8B/10B) - Total de 2148 bytes

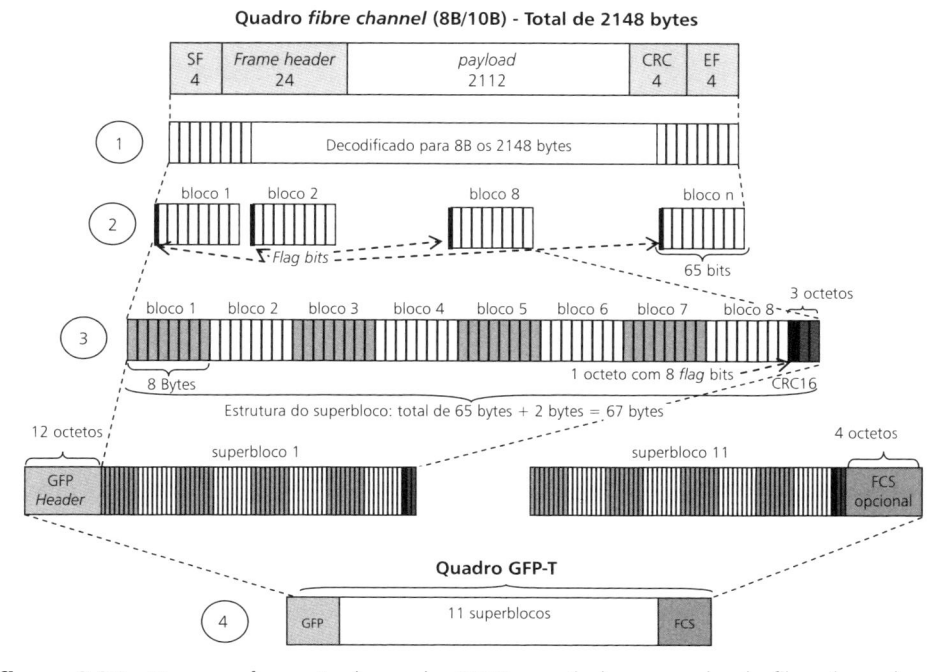

| SF 4 | Frame header 24 | payload 2112 | CRC 4 | EF 4 |

**(1)** Decodificado para 8B os 2148 bytes

**(2)** bloco 1, bloco 2, ... bloco 8, ... bloco n — Flag bits — 65 bits

**(3)** bloco 1, bloco 2, bloco 3, bloco 4, bloco 5, bloco 6, bloco 7, bloco 8 — 3 octetos
8 Bytes — 1 octeto com 8 *flag* bits — CRC16
Estrutura do superbloco: total de 65 bytes + 2 bytes = 67 bytes

12 octetos — GFP Header — superbloco 1 ... superbloco 11 — 4 octetos — FCS opcional

**(4)** Quadro GFP-T: GFP | 11 superblocos | FCS

**figura 8.27** Etapas na formação do quadro GFP-T a partir de um quadro do *fibre channel* com codificação 8B/10B.

### 8.4.3 a concatenação virtual (VCAT)

A concatenação virtual – VCAT foi especificada por volta de 2000 com a Recomendação G.707/Y.1322 do ITU-T. O VCAT estabelece conexões fim-a-fim com características que atendem, de forma precisa, às necessidades especificadas pelo usuário. Na figura 8.28, apresenta-se um comparativo entre as principais características do CCAT e do VCAT.

O VCAT, mesmo tendo semelhança formal com o CCAT, apresenta, no entanto, uma diferença fundamental: enquanto o CCAT concatena vários VCs, formando uma nova estrutura de quadro com o *payload* maior, no VCAT, cada VC mantém a sua individualidade, e a taxa da conexão será ajustada a partir de um fator de multiplicação do VC básico. O fator de multiplicação X define também o número de rotas paralelas que serão utilizadas para atender a taxa desejada da aplicação.

Assim como no CCAT, também o VCAT é definido segundo duas classes de conexões: VCAT de ordem alta, que fornece resoluções de 48,384 Mbit/s e de 149,760 MBit/s, e o VCAT de ordem baixa, que oferece resoluções de 1,6 Mbit/s, 2,176 Mbit/s, 3,328 Mbit/s e 6,784 Mbit/s. Cada uma dessas resoluções pode formar um VCG (*Virtual Conteiner Group*), em que o número de membros que compõe o VCG é especificado por um fator de multiplicação. O fator de multiplicação Xv varia de 1 a 64 no LO-VCAT (*Low Order VCAT*) e de 1 a 256 no HO-VCAT (*High Order VCAT*). A expressão geral de um VCG com um determinado número de membros pode ser indicada como:

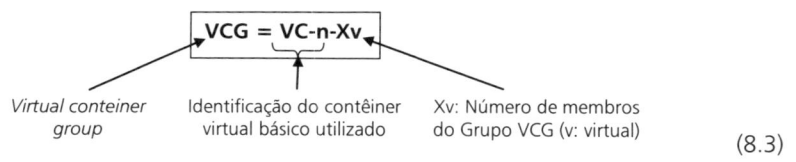

$$VCG = VC\text{-}n\text{-}Xv$$

- Virtual conteiner group
- Identificação do contêiner virtual básico utilizado
- Xv: Número de membros do Grupo VCG (v: virtual)

(8.3)

Nas figuras 8.29 e 8.30, além do formato dos quadros, estão resumidas também as principais características do LO-VCAT e do HO-VCAT, respectivamente.

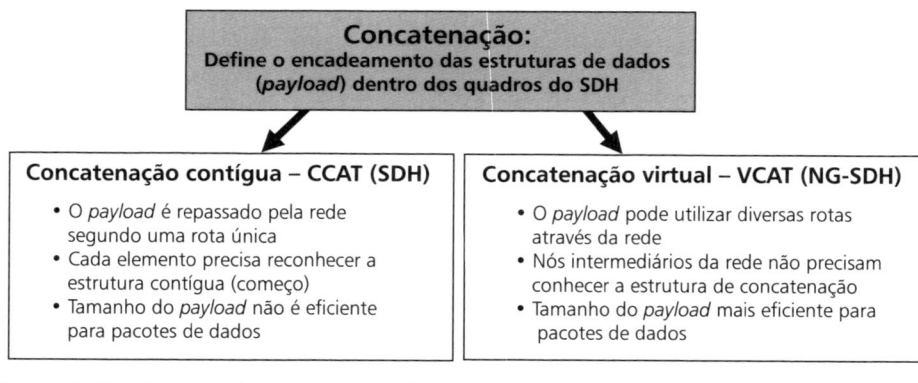

**Concatenação:**
Define o encadeamento das estruturas de dados (*payload*) dentro dos quadros do SDH

| Concatenação contígua – CCAT (SDH) | Concatenação virtual – VCAT (NG-SDH) |
|---|---|
| • O *payload* é repassado pela rede segundo uma rota única<br>• Cada elemento precisa reconhecer a estrutura contígua (começo)<br>• Tamanho do *payload* não é eficiente para pacotes de dados | • O *payload* pode utilizar diversas rotas através da rede<br>• Nós intermediários da rede não precisam conhecer a estrutura de concatenação<br>• Tamanho do *payload* mais eficiente para pacotes de dados |

**figura 8.28** Comparativo entre o CCAT (SDH) e o VCAT (NG-SDH).

## Capítulo 8 — Redes de Transporte de Dados

**SDH**

| Sistema padrão | q (500µs) | Expressão do contêiner C-m=4.q.16 kbit/s (m = 11, 12, 2) | VC-m = Cm + 4 (POH) (m = 11, 12, 2) | Expressão geral do grupo de VCAT VC-m-Xv (X = 1...64) | Capacidade do grupo de VCAT: Xv (X=1...64) | Limites da faixa de cobertura |
|---|---|---|---|---|---|---|
| SDH | 25 | C-11 = 1600 kbit/s | VC-11 | VC-11-Xv | X * 1600 kbit/s | 1600 kbit/s - 102,4 Mbit/s |
| | 34 | C-12 = 2176 kbit/s | VC-12 | VC-12-Xv | X * 2176 kbit/s | 2176 kbit/s - 139,264 Mbit/s |
| | 106 | C-2 = 6784 kbit/s | VC-2 | VC-2-Xv | X * 6784 kbit/s | 6784 kbit/s – 434,176 Mbit/s |

**SONET**

| Sistema padrão | p (500µs) | Expressão do contêiner C-m = 4.p.16 kbit/s (m = 1.5, 2, 3, 6) | VTm SPE = C-m+4 (POH) (m = 1.5, 2, 3, 6) | Expressão geral do grupo de VCAT VTm-Xv (X = 1...64) | Capacidade do grupo de VCAT: Xv (X=1...64) | Limites da faixa de cobertura |
|---|---|---|---|---|---|---|
| SONET | 25 | C-1,5 = 1600 kbit/s | VT1,5 SPE | VT1,5-Xv SPE | X * 1600 kbit/s | 1600 kbit/s - 102,4 Mbit/s |
| | 34 | C-2 = 2176 kbit/s | VT2 SPE | VT2-Xv SPE | X * 2176 kbit/s | 2176 kbit/s - 139,264 Mbit/s |
| | 52 | C-3 = 3328 kbit/s | VT3 SPE | VT3-Xv SPE | X * 3328 kbit/s | 3328 kbit/s - 212,992 Mbit/s |
| | 106 | C-6 = 6784 kbit/s | VT6 SPE | VT6-Xv SPE | X * 6784 kbit/s | 6784 kbit/s – 434,176 Mbit/s |

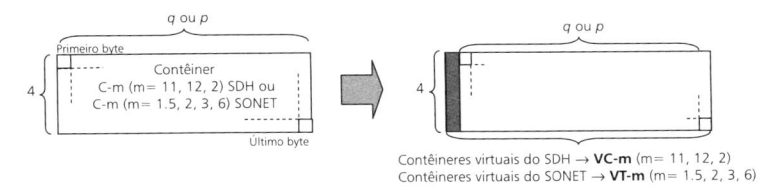

**figura 8.29** Contêineres virtuais e capacidades do LO-VCAT no SDH e SONET (Helvoort, 2005).

| Sistema padrão | q (125µs) | Expressão do contêiner C-n = 9.q.64 kbit/s (n = 3, 4) | VC-n = C-n + 9 (POH) (n = 3, 4) | Expressão geral do grupo de VCAT VC-n-Xv (X=1...256) | Capacidade do grupo de VCAT: Xv (X=1...256) | Limites da faixa de cobertura |
|---|---|---|---|---|---|---|
| SDH | 84 | C-3 = 48384 kbit/s | VC-3 | VC-3-Xv | X*48,384 Mbit/s | 48,384 Mbit/s – 12,386304 Gbit/s |
| | 260 | C-4 = 149760 kbit/s | VC-4 | VC-4-Xv | X*149,760 Mbit/s | 149,76 Mbit/s – 38,33856 Gbit/s |

| Sistema padrão | p (125µs) | Expressão do contêiner C-STS-n = 9.p.64 kbit/s (n = 1, 3c) | STS-n=C-STS-n+9 (POH) (n = 1, 3c) | Expressão geral do grupo de VCAT STS-n-Xv SPE (X=1...256) | Capacidade do grupo de VCAT: Xv (X=1...256) | Limites da faixa de cobertura |
|---|---|---|---|---|---|---|
| SONET | 84 | C-STS-1 = 48384 kbit/s | STS-1 SPE | STS-1-Xv SPE | X*48,384 Mbit/s | 48,384 Mbit/s – 12,386304 Gbit/s |
| | 260 | C-STS-3c = 149760 kbit/s | STS-3c SPE | STS-3c-Xv SPE | X*149,760 Mbit/s | 149,76 Mbit/s – 38,33856 Gbit/s |

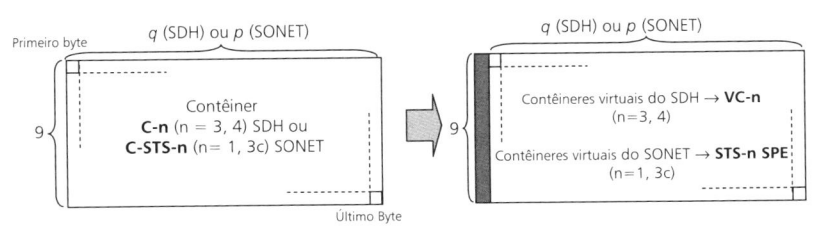

**figura 8.30** Contêineres virtuais e capacidades do HO-VCAT no SDH e no SONET (Helvoort, 2005).

## ▪ exemplo de aplicação

Um grupo de VCG é especificado como VCG = VC-11 – 6v. Qual a taxa associada a essa conexão? Um tráfego de 10 Mbit/s de uma porta Ethernet poderia ser suportada por essa conexão?

Da tabela da figura 8.29 relativa ao SDH temos que VC-11 = 1,6 Mbit/s. Então, VCG = 1,6 × 6 = 9,6 Mbit/s. Pode-se dizer, então, que o serviço Ethernet de 10 Mbit/s será atendido por um conjunto de 6 rotas, cada um transmitindo a 1,6 Mbit/, que corresponde a uma banda total de 9,6 Mbit/s.

Como uma porta Ethernet gera um tráfego assíncrono que, no pico, chega próximo de 10 Mbit/s, a conexão de 9,6 Mbit/s suporta perfeitamente esta taxa, já que a porta de entrada no MSPP é *bufferizada* para tolerar pequenos excessos.

Como o VCAT utiliza um conjunto de rotas em paralelo para obter a banda desejada para o serviço, os diversos VCs que passam por essas rotas podem sofrer atrasos variáveis. Este atraso é definido como atraso diferencial. Em muitas aplicações, o atraso total que os quadros sofrem ao passar pela rede não é tão importante como a variação desse atraso. Serviços multimídia (voz e imagem) cadenciados e em tempo real são sensíveis ao atraso diferencial.

As exigências do NG-SDH/SONET em relação a este parâmetro é de que este atraso no destino não ultrapasse 256 ms. Observa-se, no entanto, que, na prática, o valor típico é da ordem de 100 ms, bem abaixo do exigido. Na figura 8.31, mostra-se, a partir de um exemplo simples, como surge o atraso diferencial numa conexão VCAT.

Chamamos a atenção para o fato de que os VCs de ordem baixa têm duração fixa de 500µs e, portanto, a banda associada a um byte de qualquer VC será $8/(500.10^{-6})$ = 16 kbit/s,

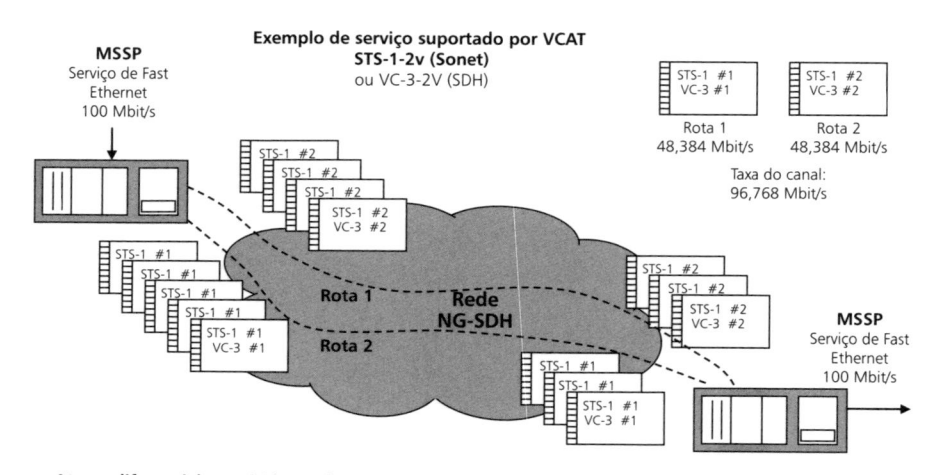

**figura 8.31** Surgimento do atraso diferencial em uma aplicação suportada por VCAT.

enquanto os VCs de ordem alta tem duração fixa de 125 μs e, portanto, um byte tem uma banda associada de $8/(125.10^{-6}) = 64$ kbit/s.

### ■ exemplo de aplicação

Vamos supor um serviço Fast-Ethernet de 100 Mbit/s, suportado por uma conexão VCAT definida por STS-1-2v (Sonet), ou o equivalente VC-3-2V (SDH), como é mostrado na figura 8.31. São definidas duas rotas em paralelo porém independentes, cada uma com banda de 48,384 Mbit/s, o que dá uma banda total de 96,788 Mbit/s.

O fato de que a banda disponibilizada pelo VCAT é um pouco menor do que 100 Mbit/s não traz maiores problemas, visto que a porta de entrada do MSPP é *bufferizada*. O serviço Fast-Ehernet é do tipo não sensível ao atraso e, portanto, não será afetado pelo atraso diferencial entre os quadros da rota 1 em relação aos quadros da rota 2. Verificou-se, na prática, que o atraso diferencial dificilmente ultrapassa os 100 ms.

Por último, na tabela 8.10, apresenta-se um comparativo da eficiência de ocupação da banda do canal com diferentes serviços, suportados por CCAT e VCAT. Observa-se claramente, na última coluna, que a eficiência do VCAT é, em média, acima de 95%, enquanto os mesmos serviços no CCAT não passam, em média, de 40%.

### 8.4.4 o esquema de ajuste da capacidade do enlace (LCAS)

O esquema de ajuste da capacidade do enlace, LCAS (*Link Capacity Adjustment Scheme*), foi padronizado pelo ITU-T da Recomendação G.7042/Y.1305 de fevereiro de 2004. O LCAS é um protocolo que oferece um esquema padronizado e sofisticado de ajuste dinâmico da banda de um canal durante a sua utilização. O esquema de ajuste da banda atua tanto no sentido de transmissão como no sentido de recepção. O funcionamento básico do esquema consiste em adicionar ou liberar componentes do grupo de VCG (*Virtual Container Group*) em função da demanda de banda da aplicação.

**tabela 8.10** Comparativo de eficiência CCAT × VCAT de alguns serviços típicos, conforme *Trend Communications* (2005)

| Serviço | Taxas [Mbit/s] | Concatenação contígua CCAT | | Eficiência CCAT | Concatenação virtual VCAT | | Eficiência VCAT |
|---|---|---|---|---|---|---|---|
| | | SONET | SDH | | SONET | SDH | |
| Ethernet | 10 | STS-1 | STM-0 (VC-3) | 20% | VT-11-7v | VC-12-5v | ~90% |
| *Fibre channel* | 25 | STS-1 | STM-0 (VC-3) | 50% | VT-11-16v | VC-12-12v | 98% |
| Fast Ethernet | 100 | STS-3c | STM-1 (VC-4) | 67% | STS-1-2v | VC-3-2v | 100% |
| ATM | 200 | STS-12c | VC-4-4c | 33% | STS-1-4v | VC-3-4v | 100% |
| Gb-Ethernet | 1000 | STS-48c | VC-4-16c | 42% | STS-1-21v | VC-3-7v | 95% |

No LO-LCAS, o PCI (*Protocol Control Information*) está associado ao segundo bit do byte K4 do cabeçalho de rota reduzido (4 bytes). Para expandir o campo do PCI, o SDH utiliza a técnica de formação de um multiquadro a partir do quadro básico. No caso do LO-LCAS são utilizados 32 quadros básicos, o que define um campo de PCI para LO-LCAS de 32 bits, como pode ser observado na figura 8.32. O ciclo completo se realiza com 32 multiquadros e tem uma duração de 512 ms. As principais informações utilizadas pelo protocolo estão relacionadas na tabela da figura 8.32. A dinâmica do protocolo LO-LCAS é idêntica ao HO-LCAS e, por isso, será abordada no final.

O campo de PCI do HO-LCAS é implementado a partir do byte H4 do cabeçalho de rota (POH) do quadro básico. Para expandir este campo é utilizada novamente a técnica de formação de um multiquadro. O multiquadro é formado a partir de 16 quadros básicos, como pode ser observado na figura 8.33. Desta forma, o campo de PCI do HO-LCAS tem um total de 16 bytes, ou 128 bits. O ciclo completo é composto de um total de 256 multiquadros com uma duração total de 512ms. O PCI utiliza dois parâmetros de identificação de multiquadro. O parâmetro MFI-1 enumera os 16 quadros básicos do multiquadro, enquanto o MFI-2 enumera sequencialmente todos os multiquadros (0,..256) que compõem um ciclo completo do LCAS.

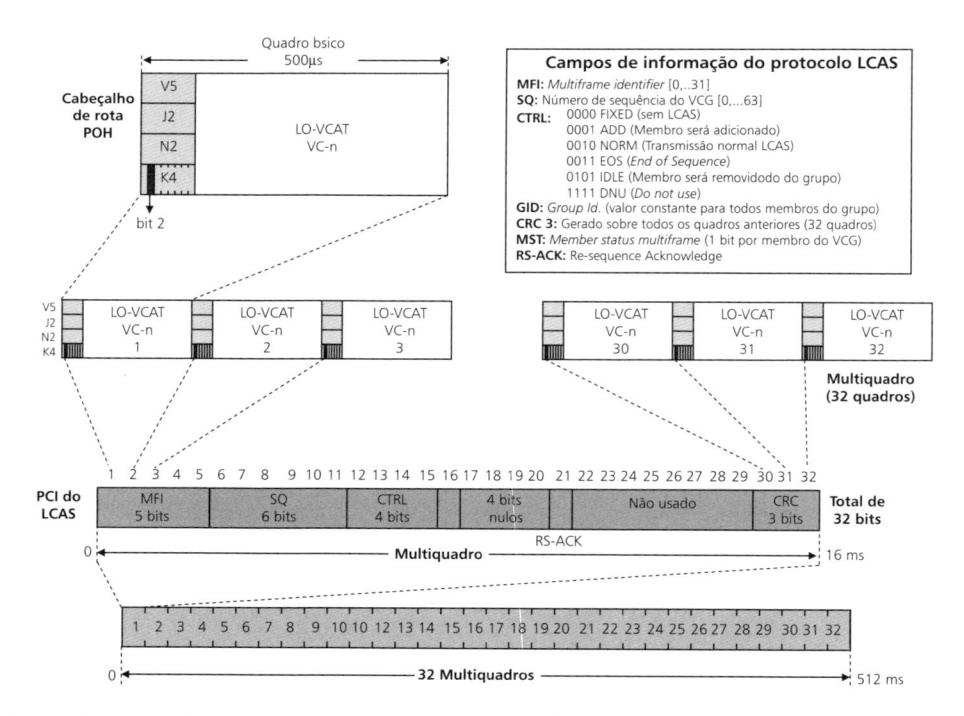

**figura 8.32** Definição do campo PCI para o LO-VCAT.

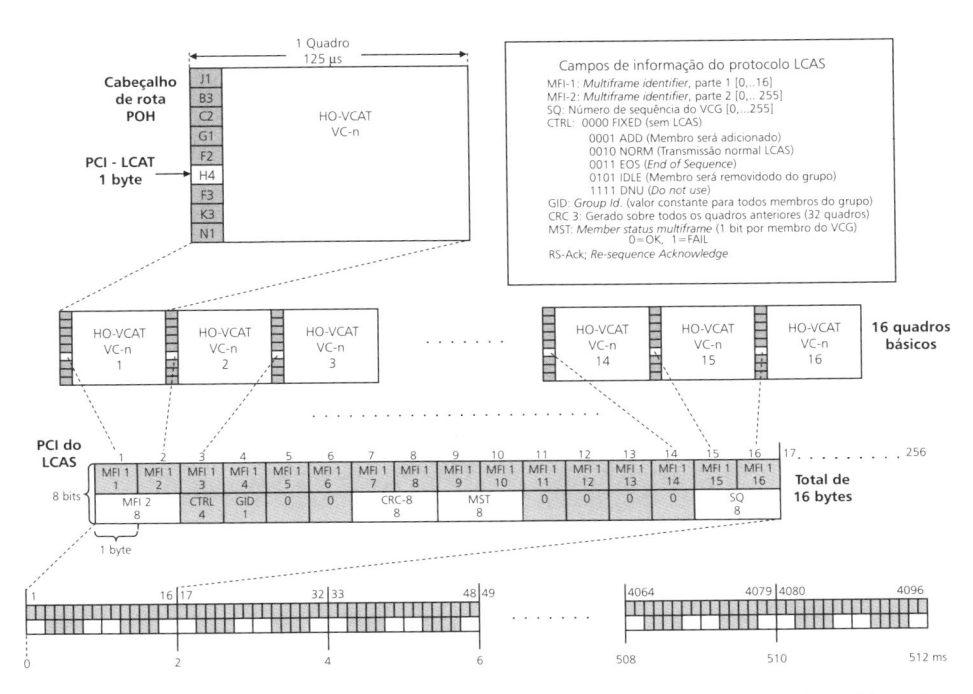

**figura 8.33** Obtenção do campo de PCI do HO-LCAS a partir de uma estrutura de multiquadros.

O LCAS, em útima análise, altera dinamicamente a largura de banda do canal. É o sistema de gerenciamento e controle de tráfego que informa ao LCAS se um novo membro deve ser adicionado ou removido do VCG, em função da necessidade (ou sobra) de banda da aplicação.

Para ilustrar a dinâmica de funcionamento do protocolo LCAS, vamos considerar o caso em que um novo membro deve ser adicionado ao VCG. Supomos um sistema como mostra a figura 8.34, em que a fonte demanda por mais um membro para o seu VCG (Helvoort, 2005).

## 8.5  rede de transporte óptica (OTN)

Duas tecnologias mudaram profundamente a arquitetura e a operação das redes de telecomunicações no início deste milênio, a saber:

1 as redes de acesso sem fio, que adicionaram mobilidade ao usuário na sua interação com a internet.
2 as redes ópticas de altíssima velocidade, que formam o *backbone* de longa distância da rede global de informação, conhecida como *Optical Transport Network* (OTN).

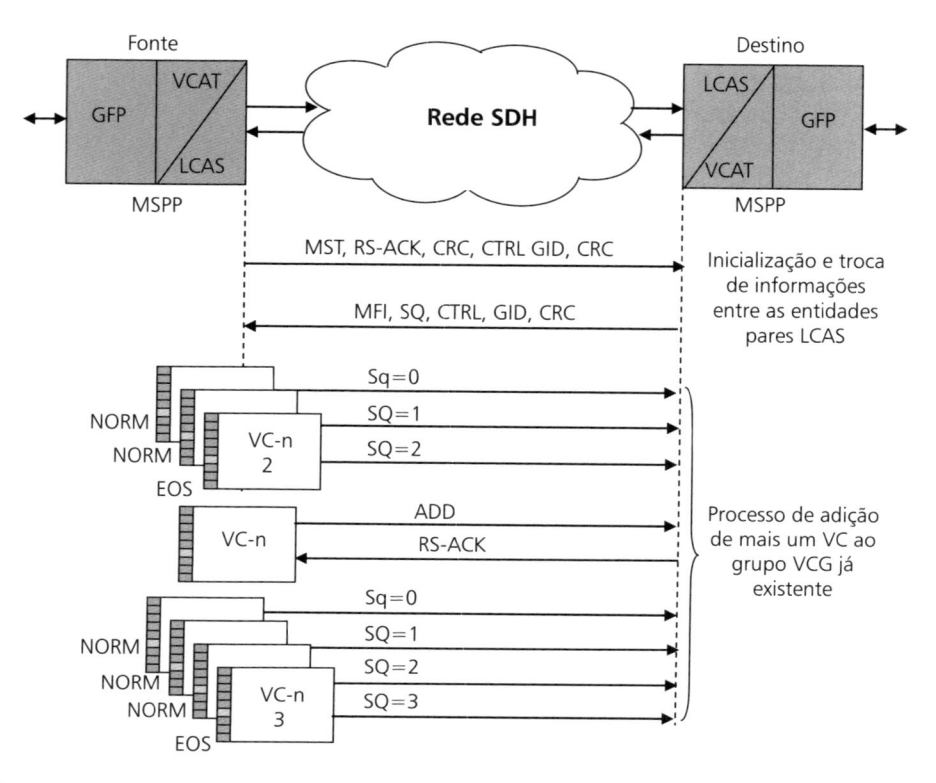

**figura 8.34** O processo LCAS para adicionar um novo membro a um canal de VCG já existente visando a aumentar a largura de banda do canal.

Nesta seção, vamos enfocar as principais características inovadoras desta rede de transporte totalmente óptica, que foi concebida para ser o *backbone* dos *backbones* das redes de transporte, como é indicado na figura 8.35.

A partir dos estudos da plataforma de transporte SDH/SONET feitos até aqui, podemos fazer uma avaliação crítica da mesma e tirar algumas conclusões:

a) a plataforma de transporte SDH/SONET possui características que favorecem o tráfego telefônico, das quais destacamos: quadros de tamanho variável, porém sempre com a mesma duração de 125 $\mu$s. Dessa forma, um byte, em qualquer quadro, pode representar um canal de voz de 64 kbit/s. A plataforma favorece a cadência em detrimento do volume de dados.

b) a taxa máxima do SDH/SONET se situa atualmente em 40 Gbit/s, bem abaixo da capacidade máxima de uma fibra óptica, que pode chegar a taxas de alguns Tbit/s.

## Capítulo 8 → Redes de Transporte de Dados 333

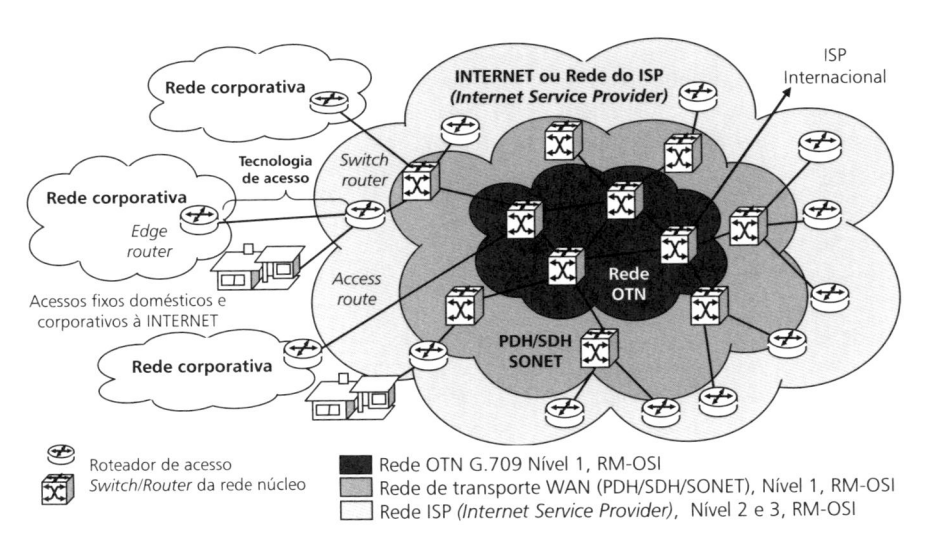

**figura 8.35** Hierarquização da rede internet para longas distâncias: OTN/SDH/SONET e rede ISP.

c) desde o final do século passado, o tráfego dominante nos *backbones* SDH/SONET das concessionárias de telecom é de pacotes de dados. Portanto, é centrado em dados e não mais em telefonia baseada em canais de voz de 64 kbit/s (ver figura 8.36a).

d) a plataforma de transporte SDH/SONET não tem condições para lidar com a multiplexação de comprimentos de onda em fibras ópticas, ou seja, não tem condições de absorver os avanços espetaculares na comunicação óptica.

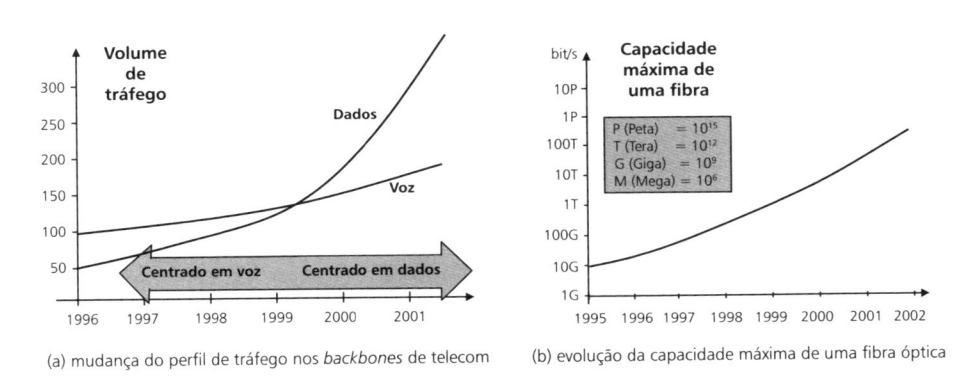

**figura 8.36** (a) evolução do tráfego de voz e dados em sistemas de telecomunicações, (b) evolução da capacidade máxima de uma fibra óptica.

A partir dessa realidade, a ITU tomou a iniciativa de desenvolver uma rede de transporte óptica de nova geração que fosse focada nas seguintes diretrizes: 1) que contornasse as deficiências encontradas no SDH/SONET e 2) que utilizasse os modernos recursos das comunicações ópticas na sua implementação. Essa rede é conhecida como OTN e teve sua primeira recomendação, a G.709, aprovada em 1997 (International Telecommunication Unit, 2003a).

Para termos uma ideia dos avanços tecnológicos nas comunicações ópticas, lembramos que uma única fibra óptica atualmente tem uma largura de banda útil com uma capacidade teórica de transmissão de informação que é aproximadamente 1000 vezes superior a toda a capacidade de transmissão de informação associada ao espectro de frequências eletromagnéticas em uso. Desenvolvida a partir da década de 1960, apresenta-se como uma tecnologia amadurecida, confiável e a um custo muito favorável. Outras vantagens da fibra óptica são: grande alcance, baixa taxa de erros, imunidade a ruído eletromagnético, segurança, baixo peso e custo. Taxas e alcances não imagináveis há alguns anos estão sendo oferecidos a custos muito vantajosos. A infraestrutura de fibras ópticas em muitas redes teve sua capacidade multiplicada por fatores de 4, 8, 16, 32, ou mais, com a simples troca de equipamentos nas pontas.

Paralelo ao desenvolvimento das fibras ópticas, houve também, nos últimos anos, um extraordinário desenvolvimento dos equipamentos intermediários e finais para redes ópticas, que deu origem inclusive a um novo ramo da engenharia conhecido como fotônica. Assim como a eletrônica, que manipula e controla fluxos de elétrons, na fotônica são manipulados e controlados fluxos de fótons. *Lasers* semicondutores, fotodetectores tipo APD (*Avalanche Photo-diode*) e PIN (*Positive Intrinsic Negative*), filtros ópticos, amplificadores ópticos, comutadores e multiplexadores ópticos são alguns dos frutos desta nova ciência que avança a passos largos a cada ano (Gorshe, 2009).

As grandes infovias internacionais de alta velocidade são atualmente baseadas em troncos de fibra óptica que interligam comutadores e multiplexadores ópticos estruturados a partir de uma nova tecnologia de multiplexação conhecida como WDM (*Wave-length Division Multiplex*). A multiplexação de diversos comprimentos de onda dentro da fibra permite definir cada comprimento de onda como um canal independente capaz de transmitir dados. Pela equação (4.21), $\lambda = c/f$, observa-se que lambda é função da frequência, ou seja, a técnica de

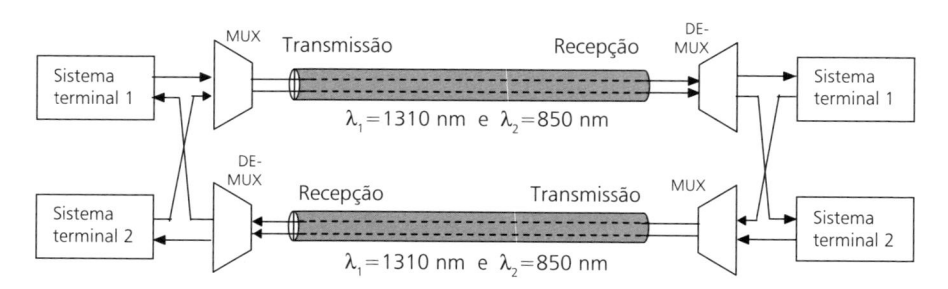

**figura 8.37** Sistema WDM da década de 1980 com dois canais por fibra.

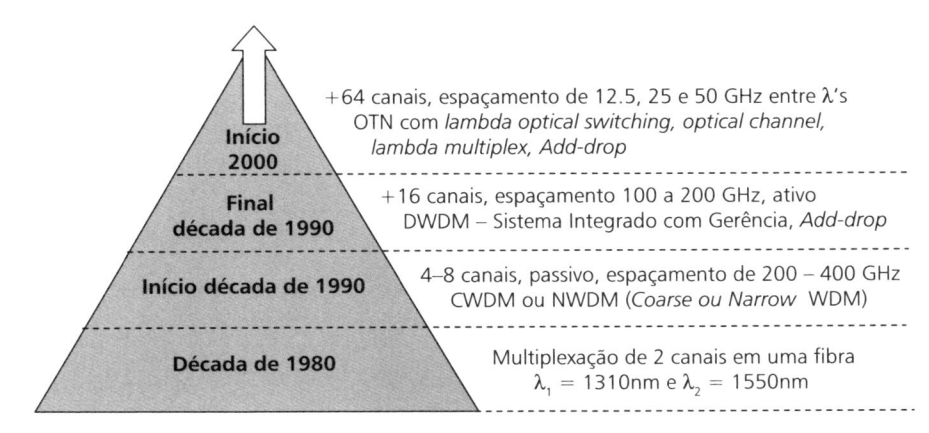

**figura 8.38** Evolução dos sistemas WDM.

Pirâmide (da base ao topo):
- **Década de 1980**: Multiplexação de 2 canais em uma fibra $\lambda_1 = 1310$nm e $\lambda_2 = 1550$nm
- **Início década de 1990**: 4–8 canais, passivo, espaçamento de 200 – 400 GHz CWDM ou NWDM (*Coarse ou Narrow* WDM)
- **Final década de 1990**: +16 canais, espaçamento 100 a 200 GHz, ativo DWDM – Sistema Integrado com Gerência, *Add-drop*
- **Início 2000**: +64 canais, espaçamento de 12.5, 25 e 50 GHz entre $\lambda$'s OTN com *lambda optical switching, optical channel, lambda multiplex, Add-drop*

multiplexação WDM é, na realidade, uma espécie de multiplexação FDM (*Frequency Division Multiplex*) (Cisco Documentation, 2006).

A primeira geração de sistemas WDM surgiu na década de 1980, utilizando dois comprimentos de onda por fibra. Uma arquitetura típica deste sistema de comunicação pode ser observada na figura 8.37. Os dois canais correspondem a $\lambda_1 = 1310$ nm e $\lambda_2 = 850$ nm.

No início da década de 1990 surge a segunda geração de WDM, também chamada de NWDM (*Narrow WDM*) ou também CWDM (*Coarse WDM*), que utiliza 4 a 8 comprimentos de onda, porém de forma passiva, ou seja, sem amplificação fotônica. Na segunda metade da década de 1990, surgem os primeiros sistemas denominados de DWDM (*Dense WDM*). Esses sistemas apresentam 16 a 40 canais com espaçamento de 100 a 200 GHz. Finalmente, no início do milênio, surgem os sistemas capazes de operar com 64 a 128 canais, espaçados em intervalos de 50, 25 e mesmo 12,5 GHz.

O aumento no número de canais utilizados em sistemas DWDM provocou um drástico aumento na capacidade máxima das fibras ópticas a partir de 1995, quando surgiu o primeiro sistema DWDM com capacidade de 10 Gbit/s. A taxa de crescimento da capacidade máxima da fibra, até então, dobrava a cada ano. A partir de 1995, observa-se que a capacidade máxima quadruplica a cada ano. Na figura 8.36 (b), pode-se observar a curva deste fantástico crescimento.

O DWDM tem como bloco funcional básico o chamado canal óptico, que é caracterizado por um comprimento de onda ($\lambda$), que é capaz de transportar qualquer tipo de tráfego de dados, síncrono ou assíncrono. Todo encaminhamento de fluxos de tráfego, ponta-a-ponta nessas redes, dá-se através da concatenação de um ou mais canais ópticos (lambdas) que vão formar a conexão física entre as duas pontas. Para elaborar este serviço de conexão física, a rede utiliza comutação automática por demanda de lambdas e, por isso, a nova rede óptica é chamada de ASON (*Automatic Switched Optical Network*).

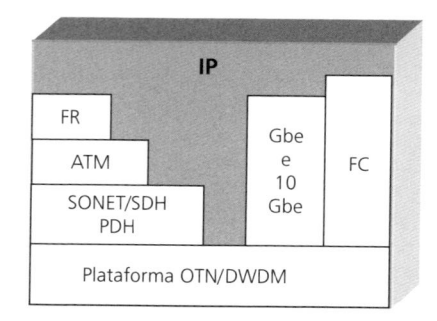

**figura 8.39** Pilha de protocolos suportados pela plataforma OTN/DWDM.

A plataforma óptica OTN/DWDM tem capacidade de suportar todos os protocolos das tradicionais estruturas de transporte, como ATM, *Frame-Relay*, MPLS, GMPLS, SDH/PDH, IP, *Gigabit* Ethernet, 10GE, *Fibre Channel*, sem maiores problemas de interoperabilidade, como mostrado na figura 8.39.

Hoje redes ópticas não são somente a realidade em redes WAN, mas também são utilizadas cada vez mais em ambientes metropolitanos (MAN) e redes corporativas (LAN). O entroncamento do núcleo da rede global de informação mundial atinge, hoje, taxas da ordem de dezenas de Tbit/s (T = $10^{12}$).

### 8.5.1 arquitetura da OTN do ITU

Em 1997, a ITU-T publicou pela primeira vez a recomendação G.709 *"Interfaces for the Optical Transport Network (OTN)"*, que especifica um meio de transportar dados de cliente de forma transparente sobre uma rede óptica (OTN) baseada em DWDM. A última versão consolidada da recomendação G.709 data de dezembro de 2009. Pode-se resumir a três os principais objetivos desta recomendação.

- primeiro, definir a hierarquia de transporte óptica (OTH) para a OTN. A OTH (*Optical Transport Hierarchy*) é uma nova tecnologia de transporte baseada na Recomendação G.872, *Architeture for the Optical Transport Network*.
- segundo, definir as funcionalidades relacionadas com os campos de redundância dos seus cabeçalhos, que dão suporte à rede de transmissão óptica baseada em DWDM.
- terceiro, definir a estrutura dos dados, taxas e formatos dos quadros a serem usados para mapear a informação do cliente nestas estruturas.

A rede de transporte OTN possui uma tecnologia muito menos complexa do que a SDH/SONET e, além disso, possui cabeçalhos otimizados, o que favorece o custo de transporte. A OTN é muito mais escalável e possui um mecanismo de FEC muito efetivo, que permite aumentar a extensão dos enlaces para uma mesma taxa de erros. A tabela 8.11 apresenta um compara-

**tabela 8.11** Algumas diferenças marcantes entre o SDH/SONET e OTN

| Características | PDH/SDH/SONET (TDM) | OTN do ITU-T G.709 (DWDM) |
|---|---|---|
| Tipo de rede | Rede síncrona/determinística com comutação de circuitos | Rede síncrona/determinística com comutação de lambdas |
| Estrutura de dados | Quadros de tamanho variável e duração fixa (125µs) | Quadros de tamanho fixo (16320 octetos) e taxa variável |
| Suporte de transmissão | Fibra multímodo e monomodo Feixe único | Fibras monomodo com multiplexação de lambdas (DWDM) |
| Tipos de multiplexadores | Multiplexadores *Add/Drop* TDM elétricos | Multiplexador *Add/Drop* de lambdas, ópticos |
| Tipos de comutadores | *Cross-connect* elétrico (XCE) (Comutador estático) | Comutador ópticos de lambdas, dinâmico e por demanda |
| Arquitetura | Anéis ópticos interconectados (Resileança) | Anéis ópticos interconectados (Resileança) |
| Funções de OAM | Complexas e eficientes | Em definição e consolidação |

tivo entre alguns aspectos importantes referente ao transporte de dados pela plataforma de transporte SDH/SONET e a nova rede de transporte óptica OTN.

A OTN fornece uma série de vantagens que facilitam a transmissão de qualquer tipo de dados sobre a plataforma de transmissão DWDM. Além dos aspectos de total transparência a qualquer tipo de dados e protocolos, a OTN fornece facilidades como reconfiguração dinâmica e funções do tipo OAM (*Operation Administration Management*). Em relação a confiabilidade no transporte de dados, oferece:

- monitoramento da taxa de erro de bit;
- alarmes de *status* do enlace nos dois sentidos de transmissão;
- correção de erros – FEC (*Forward Error Correction*); e
- monitoramento de conexões em *tandem* – TCM (*Tandem Connection Monitoring*)

Na figura 8.40, apresenta-se uma topologia típica de uma rede OTN com os seus diferentes domínios, interfaces e blocos funcionais. A rede apresenta dois tipos de interfaces, que foram denominadas pelo ITU, a *Inter-domain Interface* (IrDI) e a *Intra-domain Interface* (IaDI). No primeiro caso, são interligados dois domínios autônomos, como quando há duas operadoras em dois domínios administrativos distintos ou quando queremos interligar equipamentos de fornecedores distintos. Esta interface envolve sempre regeneração 3R. Através da interface IrDI, rigidamente padronizada, consegue-se assegurar a interoperabilidade entre equipamentos de diferentes fornecedores (International Telecommunication Unit, 2001).

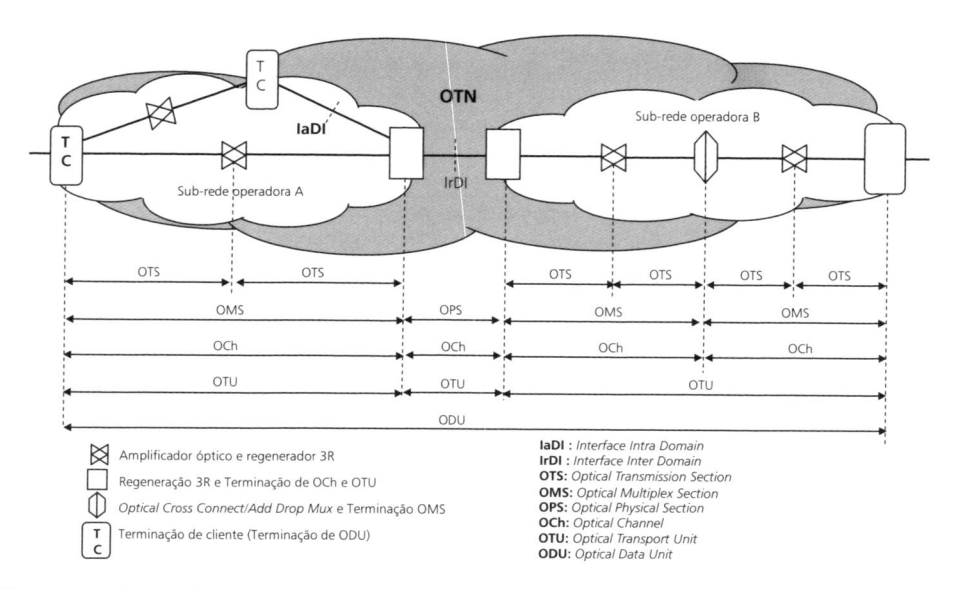

**figura 8.40** Topologia de uma rede OTN com seus diversos blocos funcionais e interfaces.

A interface IaDI, mais simples, deve assegurar necessariamente a interligação de equipamentos de um mesmo fornecedor. Na tabela 8.12, são apresentadas, segundo Krauss (2002), algumas diferenças funcionais entra as interfaces IrDI e IaDI do ITU.

Encotramos na rede OTN uma hierarquia de equipamentos que possuem, ou terminação somente para um protocolo, ou equipamentos com terminação completa para todos os pro-

**tabela 8.12** Difrerenças entre IrDI e IaDI

| Característica | Inter-Domain Interface (IrDI) | Intra-Domain Interface (IaDI) |
|---|---|---|
| Padronização | Exigida | Desejável |
| Facilidade de Interoperabilidade | Fácil, devido à funcionalidade limitada | Difícil, devido à funcionalidade extensa |
| Número de extensões | Única, com facilidade 3R nas pontas | Múltiplas extensões ópticas |
| Distância | Curta (<40 km) | Ultralongas (Raman e Turbo-FEC) |
| Capacidade | Baixa (16 comprimentos de onda) | Muito alta |
| Escopo do padrão | Todos os componentes da interface são padronizados | Padronização e responsabilidade do fornecedor |

tocolos da rede. O protocolo de maior hierarquia normalmente caracteriza o equipamento, mas lembramos que o mesmo deve possuir terminação para todos os protocolos hierarquicamente inferiores. Assim, em ordem crescente, podemos ter os seguintes equipamentos:

- regenerador e amplificador de seção óptica, OTS (*Optical Transmission Section*)
- equipamentos de multiplexação/comutação, OMS (*Optical Multiplex Section*)
- equipamento de terminação de canal óptico, OCh (*Optical Channel*)
- terminação de transporte entre domínios, OTU (*Optical Transp. Unit*)
- terminação de cliente, ODU (*Optical Data Unit*)

A figura 8.40 apresenta também a concatenação de seções ópticas físicas básicas que dão suporte a conexões entre equipamentos de multiplexação e/ou comutação. A concatenação de conexões de multiplexação forma a conexão de transporte de um domínio. Finalmente, a concatenação de conexões de transporte forma uma conexão fim-a-fim de uma rede OTN. A conexão fim-a-fim permite a troca de informações utilizando ODUs de clientes, que não são alterados ao longo da conexão fim-a-fim (International Telecommunication Unit, 2004).

Na figura 8.41, apresenta-se o modelo conceitual da OTN segundo o RM-OSI. A arquitetura da OTN está toda ela alocada no nível físico do modelo OSI e está dividida em um subnível de TC (*Transmission Convergence*), totalmente elétrico, e em um subnível de transmissão física, que é totalmente óptico, baseado em técnicas DWDM. Vamos detalhar, a seguir, as principais funcionalidades associadas a cada um desses dois subníveis (Schubert, 2011).

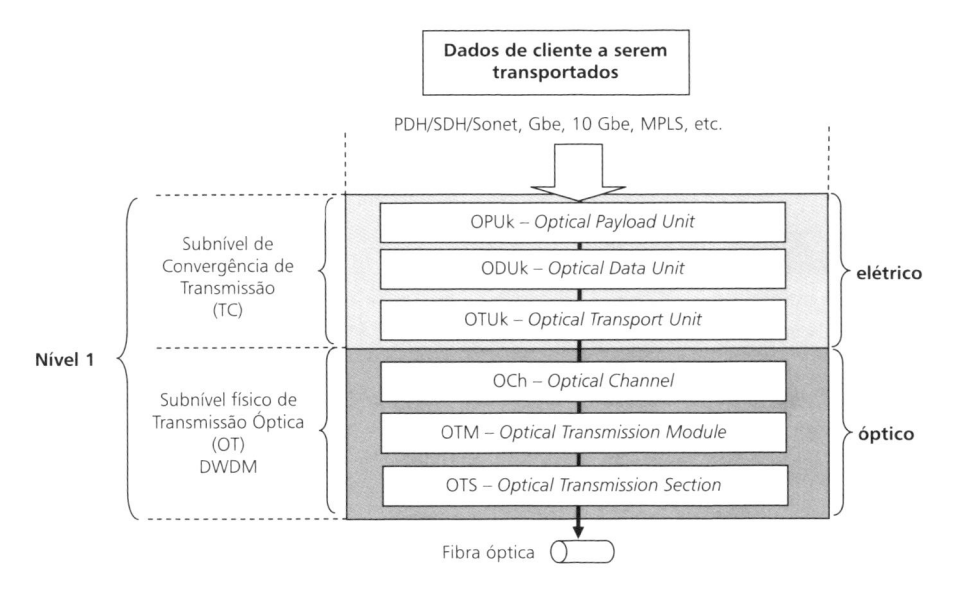

**figura 8.41** Modelo de camadas OSI da OTN.

## 8.5.2 subnível de convergência de transmissão (TC)

O subnível superior do nível físico da OTN (figura 8.40) é constituído pelas funções de TC (*Transmission Convergence*), que têm como finalidade adaptar os dados do cliente para que possam ser transportados pela plataforma óptica DWDM do subnível de transmissão óptica. As funções de convergência são realizadas por etapas dentro da chamada Hierarquia de Transporte Óptica (OTH) da OTN, todas, porém, são executadas em nível elétrico. Cada nível possui funções que se traduzem através de cabeçalhos próprios, inseridos na estrutura de dados que vai se formando e que, ao final, será repassada para o subnível de transmissão óptica.

Na figura 8.41, pode-se observar o encadeamento desses três níveis de convergência, denominados de OPUk (*Optical Payload Unit*), ODUk (*Optical Data Unit*) e, finalmente, OTUk (*Optical Transport Unit*), onde k é um índice (k = 1,2,3) associado às três taxas de *payload* de entrada que foram padronizadas até agora. Observa-se que o espaço do *payload* útil de entrada é fixo, igual a 15.232 octetos. As três taxas até agora definidas são aproximadamente igual a 2,488 Gbit/s, 9,995 Gbit/s e 40,150 Gbit/s para o *payload* básico de 15232 octetos da OPUk. Outros valores de taxas ao longo do processo de convergência podem ser observados na tabela 8.13.

Fazendo um paralelo com a plataforma SDH, pode-se dizer que o nível OPUk é semelhante ao nível de rota (*path*) do SDH, uma vez que os dados dos clientes são encapsulados na origem e são recuperados no destino, sem que sejam modificados pela rede. Da mesma forma, o nível ODUk executa funções semelhantes que o LOH do SDH/SONET. Finalmente, o nível OTUk, além do mecanismo de FEC, também executa funções semelhantes ao SOH do SDH/SONET.

Chamamos a atenção também para a simplicidade desta hierarquia, comparada com a complexidade do SDH/SONET. Considerando a redundância dos cabeçalhos, pode-se observar que os mesmos são fixos e não utilizam mais que 64 bytes no total. No final, desta convergência de transmissão, no último quadro (OTUk), é acrescentado também uma redundância de FEC

**tabela 8.13** Taxas, períodos e frequências das estruturas de dados da OTN G.709

| Estrutura | k = 1<br>Taxa em Gbit/s<br>Tolerância: ±20ppm | k = 2<br>Taxa em Gbit/s<br>Tolerância: ±20ppm | k = 3<br>Taxa em Gbit/s<br>Tolerância: ±20ppm |
|---|---|---|---|
| *Payload* OPUk<br>Total de 15232 oct. | 2,488320 Gbit/s | 9,995277 Gbit/s | 40,150519 Gbit/s |
| ODUk<br>Total de 15296 oct. | 2,498775 Gbit/s | 10,037274 Gbit/s | 40,319219 Gbit/s |
| OTUk<br>Total de 16320 oct. | 2,666057 Gbit/s | 10,709225 Gbit/s | 43,018413 Gbit/s |
| Frequência* | 20,42 kHz | 20,42 kHz | 20,42 kHz |
| Período* | 48,971 µs | 48,971 µs | 48,971 µs |

* Valores arredondados para dois dígitos após a vírgula.

Capítulo 8 ⋯→ Redes de Transporte de Dados    **341**

fixa de 1048 bytes. Essa inovação, como se verá mais adiante, acrescenta uma grande robustez ao transporte dos dados do quadro. Todas essas características conferem à rede OTN a tão desejada centralidade em dados, além de uma boa escalabilidade e simplicidade (Gendron; Gidaro, 2006).

Na figura 8.42, mostra-se em maiores detalhes a estrutura final do quadro OTUk, que será a estrutura de dados inserida dentro da plataforma de transmissão óptica DWDM. Para termos uma melhor ideia das funcionalidades dos protocolos de convergência, apresentaremos, a seguir, uma descrição resumida dos diferentes campos dos cabeçalhos de cada uma das seguintes estruturas: OPUk-OH, ODUk-OH e OTUk-OH.

A estrutura completa de um quadro (OTUk), como é repassada pelo subnível de **convergência de transmissão (TC)** para o subnível de transmissão óptica (OT), é apresentada em detalhes na figura 8.42. O conjunto dos três cabeçalhos forma um bloco de 64 bytes e engloba ao todo 4 campos distintos:

- FAS: *Framing Alignement Signal* para sincronismo de quadro (7 bytes)
- OPUk-OH – Cabeçalho das unidades de *payload* (OPUk), com 8 bytes
- ODUk-OH – Cabeçalho das unidades de dados (OPUk), com 42 bytes

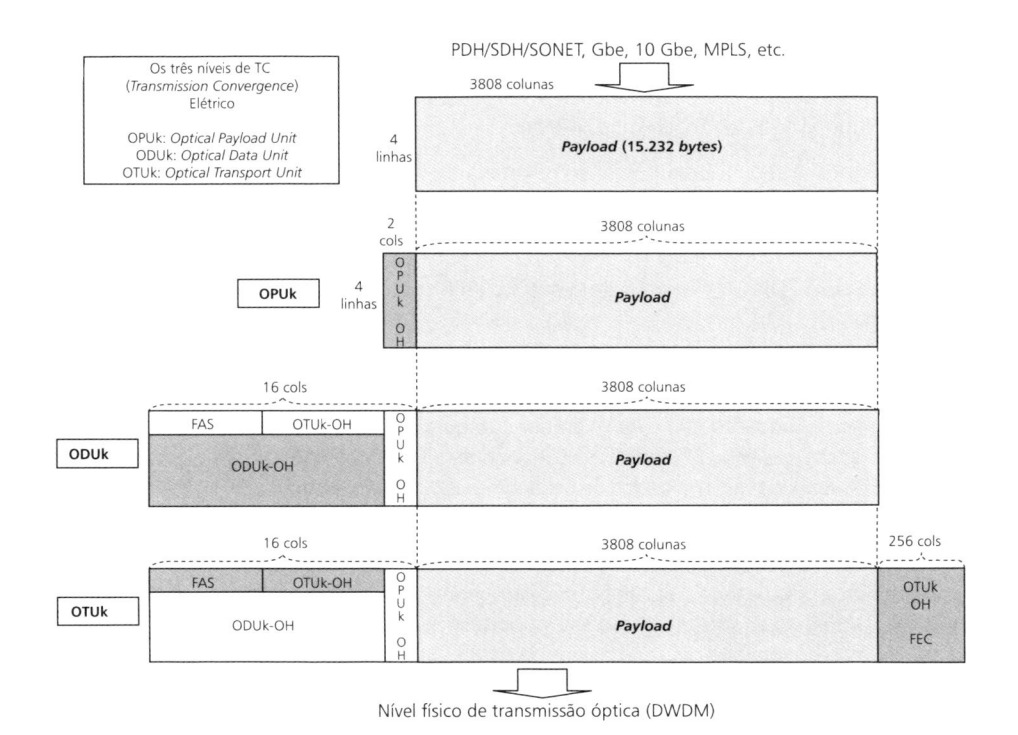

**figura 8.42**   Estrutura dos quadros dos três níveis de TC: OPUk, ODUk e OTUk.

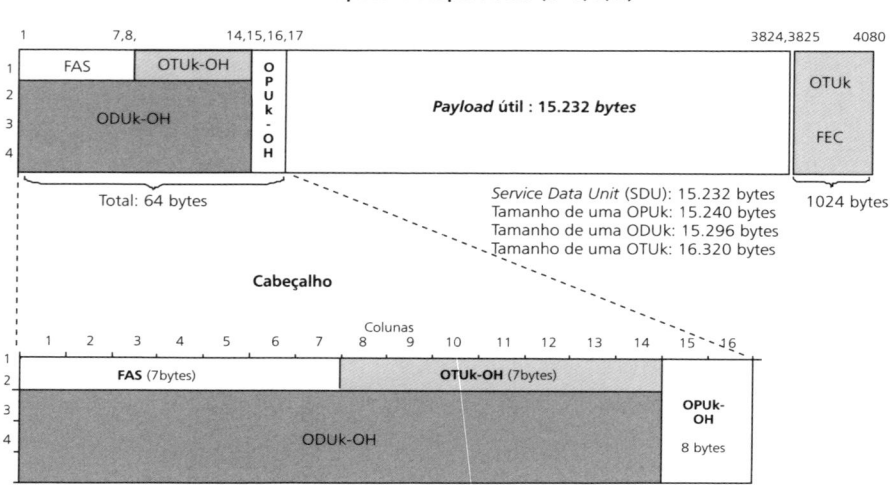

**figura 8.43** Estrutura detalhada do quadro OTUk e respectivo cabeçalho.

- OTUk-OH – Cabeçalho das unidades de transporte (OTUk), com 7 bytes
- FEC – Redundância do FEC com 1024 bytes

Apresentaremos, a seguir, uma descrição resumida de cada um desses cabeçalhos.

## ■ o cabeçalho OPUk-OH (*Optical Payload Unit OverHead*)

O cabeçalho do OPUk-OH (figura 8.44) consiste de 8 bytes distribuídos em três campos: PSI, RES e JC.

**PSI:** *Payload Structure Identifier* (1 byte)
Corresponde a um byte em cada quadro, porém representa um campo de 256 bytes na estrutura do multiquadro que é formado por 256 quadros (figura 8.44). Dos 256 bytes do PSI, apenas um byte, *Payload Type* (PT), é usado. Os demais 255 bytes estão reservados para informação de mapeamento de dados de usuário no campo de *payload* da OPUk (Barlow, 2011).

**JC:** *Justification Control* (4 bytes)
Estes quatro bytes têm uma função idêntica ao mecanismo dos ponteiros do SDH. Através desse mecanismo é feito o ajuste (*justification*) entre o relógio associado aos dados de entrada e o relógio do quadro. O mecanismo suporta desvios de até 65 ppm. Assim, por exemplo, se o relógio do quadro tiver uma tolerância de 25 ppm, a tolerância do relógio de dados não pode ser maior que 45 ppm.

**RES:** *Reserved* (3 bytes)
Três bytes reservados para uso futuro.

Capítulo 8 ⇢ Redes de Transporte de Dados 343

**OPUk-OH** (8 bytes)
1 byte PSI (*Payload Structure Identifier*)
3 bytes *Reserved*
4 bytes JC (*Justification Control*)

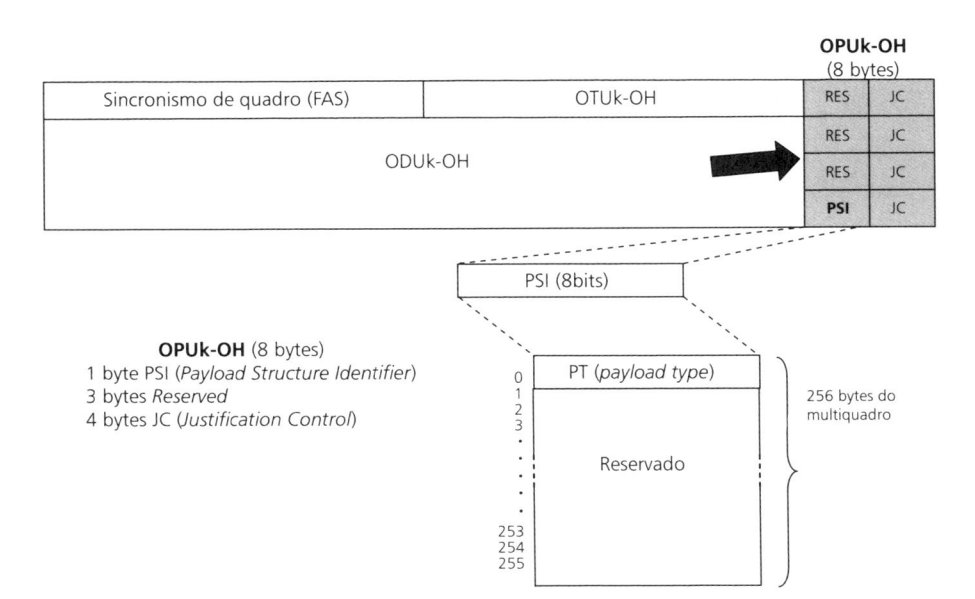

**figura 8.44** O campo OPUk-OH

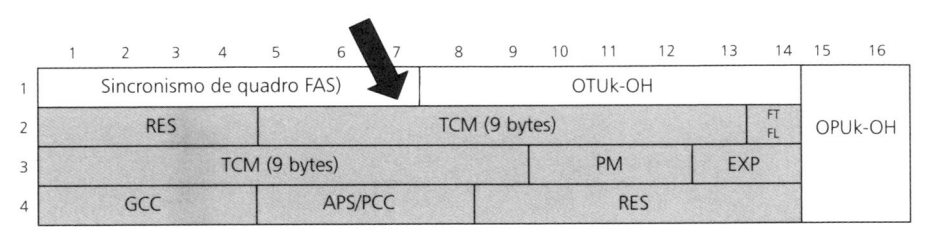

**ODUk-OH** (Total de 42 bytes)
**TCM:** *Tandem Connection Monitoring* (18 bytes)
**FTFL:** *Fault Type e Fault Localization* (1 byte)
**PM:** *Path Monitoring* (3 bytes)
**EXP:** Campo reservado para experimentação (2 bytes)
**GCC:** *General Communication Channel* (4 bytes)
**APS/PCC:** *Automatic Protection Switching/Protection Control Channel* (4 bytes)
**RES:** Campo para funções futuras (*reserved*) (10 bytes)

**figura 8.45** Os diversos campos do cabeçalho ODUk-OH

## ■ o cabeçalho ODUk-OH (*Optical Data Unit OverHead*)

O cabeçalho ODU-OH, composto de 42 bytes ao todo, contém uma grande variedade de campos para as mais diversas funcionalidades, como se pode observar na figura 8.45, e que são listados a seguir:

**TCM** – *Tandem Connection Monitoring* (18 bytes)
Basicamente, o TCM é um método refinado de monitoramento de bits. Tendo em vista que o controle de erro de bit (BIP – Bit *Interleaved Parity*) é inserido no início da rota óptica e somente avaliado no fim, é possível detectar os erros, mas não onde eles ocorreram. Para resolver esse problema é utilizado o TCM. O valor de cada seção de rota *em tandem* (encadeado) é avaliado e acrescentado em cada seção em *tandem* até um total de 6 níveis (3 bytes por nível) e, desta forma, consegue-se localizar a seção defeituosa (Gendron; Gidaro, 2006).
**PM** – *Path Monitoring* (2 bytes)
Monitoramento de rota fim-a-fim.
**FTFL** – *Fault Type e Fault Localization* (um byte)
Neste campo, podem ser indicadas falhas e sua respectiva localização.
**APS/PCC** – *Automatic Protection Switching/Protection Control Channel*
Em caso de falhas severas de uma seção óptica, a mesma pode ser substituída através deste mecanismo.
**GCC** – *General Communication Channels* (3 bytes)
Estes canais se destinam basicamente a conectar elementos de rede para transmitir informação de controle entre os elementos de rede, utilizados principalmente pelo sistema de gerenciamento (TMN).
**EXP** – *Experimental* (3 bytes)
Campo reservado para experimentos de funcionamento do sistema por parte da operadora ou usuário.

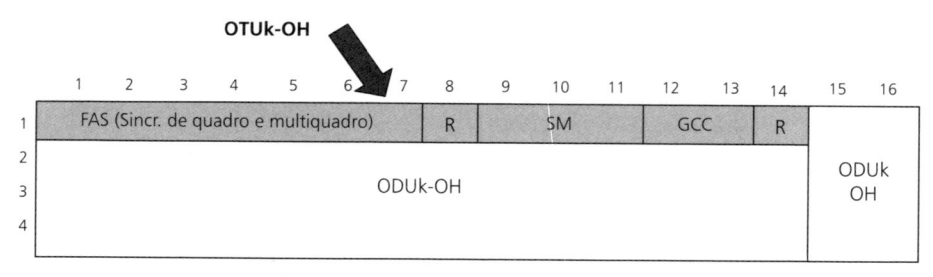

OTUk-OH (Total de 14 bytes)
FAS: *Frame Alignment Signal* (7 bytes)
R: Reserva (2 bytes)
SM: *Section Monitoring* (3 bytes)
GCC: *General Communication Channel* (2 bytes)

**figura 8.46**   Campos do cabeçalho da OTUk-OH

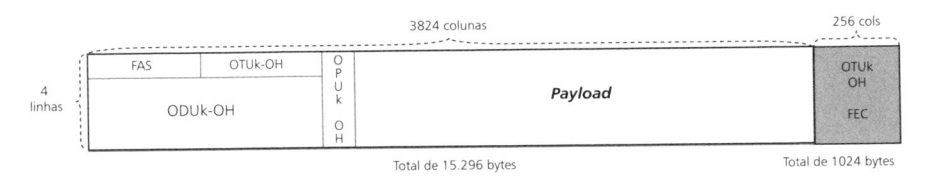

**figura 8.47** Bloco de redundância FEC e o bloco de dados onde atua o RS(255, 239) da OTN.

### ■ o cabeçalho do OTU-OH (*Optical Transport Unit-OverHead*)

O cabeçalho OTUk (possui uma funcionalidade parecida com o cabeçalho da ODUk, somente que neste nível são monitoradas seções ópticas individuais entre regeneradores 3R. Os campos principais deste cabeçalho compreendem:

**FAS**: *Frame Alignment Signal* (7 bytes)
Sinal fixo para sincronismo de quadro e multiquadro.
**SM**: *Section Monitoring* (3 bytes)
A supervisão de seção é feita de forma semelhante ao monitoramento da rota inteira. Contém informação de TTI (*Tail Trace Identifier*), BIP, BDI (*Backward Defect Indicator*) e BEF (*Backward Error Indication*) semelhante aos usados em ODUk.
**GCC**: *General Communication Channels* (2 bytes)
Canal de comunicação do sistema com protocolo próprio para fins de gerenciamento.
**R**: *Reserved* (2 bytes)
Dois bytes de reserva para futuras modificações ou adições.

### ■ o campo de FEC do OTUk

Faz parte do campo do cabeçalho da OTUk um bloco de redundância FEC que é acrescentado ao final da OTUk, como pode ser observado na figura 8.42. O mecanismo de FEC atua sobre todo o bloco de octetos da OTUk e engloba o bloco de cabeçalhos mais o *payload*, num total de 15926 bytes, como é mostrado na figura 8.47.

A técnica de FEC recomendada para a OTN é a RS (*Reed Solomon*). O RS é do tipo (n, k) = (255, 239). Baseado na fundamentação teórica da seção 7.5.1 e pela relação (7.3), temos que o total de símbolos que podem ser corrigidos em um *codeword* serão:

$$t = \frac{n-k}{2} = \frac{255-239}{2} = 8 \quad \text{octetos}$$

Costuma-se definir um ganho de desempenho do sistema, com e sem a codificação FEC, como o ganho de código, que representaremos por $G_C$. O ganho de código pode ser definido como a diferença em dBs entre a relação $E_b/N_o$[7] sem codificação e o $E_b/N_o$ com codificação, para um mesmo BER (*Bit Error Rate*).

---

[7] Sobre a razão $E_b/N_o$, veja na seção 5.5.1, o tópico – A relação $E_b/N_o$ em comunicação de dados.

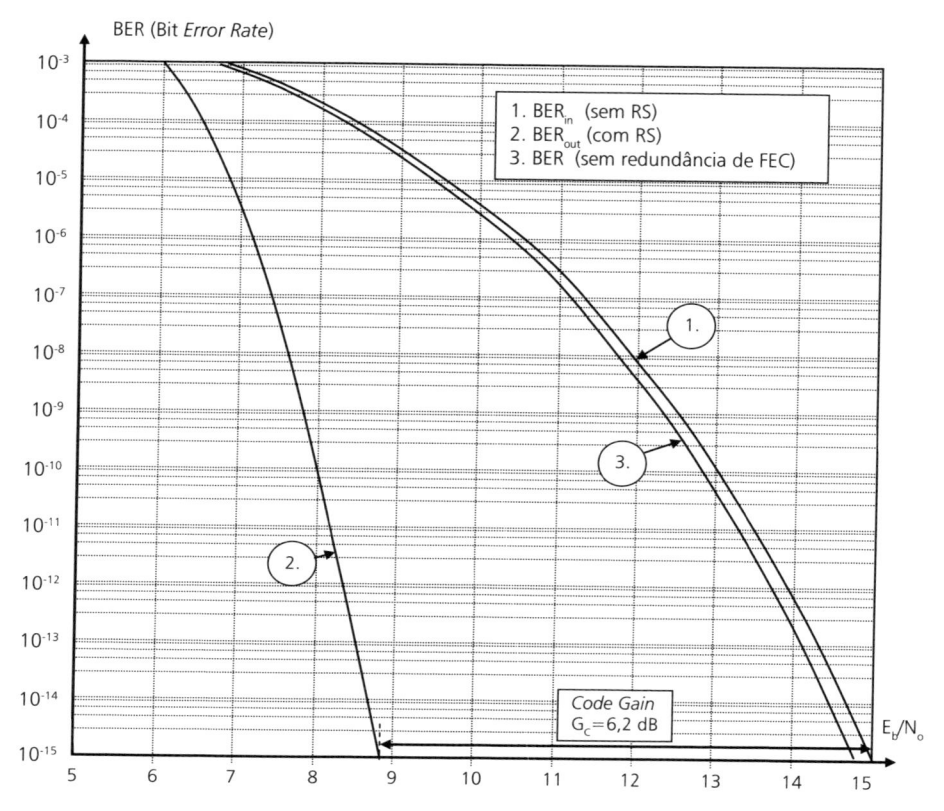

**figura 8.48** Curvas de desempenho de um enlace OTN (G.709 do ITU) em relação ao BER, com e sem codificação FEC RS(255, 239) em relação ao Eb/No, de acordo com Walker (2002).

$$G_c = \left(\frac{E_b}{N_0}\right)_{sem} - \left(\frac{E_b}{N_0}\right)_{com} \quad (8.4)$$

Este ganho de código para um BER típico de $10^{-13}$ a $10^{-15}$ é da ordem de 4 a 5 dB.

## ■ exemplo de aplicação

Dadas as curvas de desempenho BER versus $E_b/N_0$, da figura 8.48, de um enlace óptico OTN G.709, com a primeira sem codificação FEC RS(255, 239) e a segunda com codificação FEC, quer se obter o ganho de codificação do sistema para um BER = $10^{-15}$.

Observa-se facilmente pelo gráfico que o BER do sistema sem codificação apresenta um $E_b/N_0$ = 15dB e o BER do sistema com codificação um $E_b/N_0$ = 8,8 dB. Pela expressão 8.4, obtemos o ganho de codificação:

$$G_c = 15 - 8{,}8 = 6{,}2\, dB$$

É interessante observar a curva três, que apresenta o desempenho do sistema sem considerar o campo de FEC. A degradação introduzida devido à redundância é em torno de 0,25 dB, porém o ganho efetivo com o FEC é em torno de 6,2 dB.

### 8.5.3 o subnível físico de transmissão óptica (OT) – DWDM

É no subnível físico de transmissão óptica que vamos encontrar as grandes inovações tecnológicas da OTN. A primeira está relacionada com a multiplexação DWDM, que está sendo feita em escala cada vez maior dentro de uma fibra óptica. Cada comprimento de onda ou lambda define um canal óptico, ou OCh (*optical channel*). As funções de comutação e multiplexação óptica da OTN utilizam como recurso de menor granularidade de banda a capacidade associada a um canal óptico. Essa capacidade atualmente se situa em torno de 10 a 40 Gbit/s por lambda.

Tendo em vista que, em fotônica, não existe o equivalente óptico de memória ou *buffer* óptico, torna-se muito difícil a execução de funções de comutação ou multiplexação no nível fotônico. A saída encontrada para esse problema foi a utilização de equipamentos de rede do tipo OEO. Nesses equipamentos, o sinal óptico da entrada é convertido em um sinal elétrico, que em seguida é processado segundo funções de *switch* e/ou *mux* em nível elétrico e, na saída, é feita uma reconversão de sinal elétrico para um sinal óptico. O grande inconveniente desta solução são obviamente as duas conversões O = >E e E = >O.

Uma solução fotônica do tipo OOO (*optical, optical, optical*), ou seja, equipamentos de comutação e/ou multiplexação totalmente ópticos, esbarra na dificuldade de realização de memórias ou *buffers* de dados ópticos, mesmo que sejam de curta duração. A solução encontrada

**tabela 8.14** Etapas na transmissão óptica do *payload* pelo plano de dados do usuário e do cabeçalho pelo plano de sinalização e controle do nível de transmissão óptica

| Plano de sinalização e controle óptico | | Plano de dados de usuário | |
|---|---|---|---|
| Estrutura OT | Função da etapa OT | Estrutura OT | Função da etapa OT |
| Optical Supervisory Channel OSC ($\lambda$) | Encapsula o OCh-OH em um OSC | Optical Channel OCh | Encapsula a OTUk em um OCh ($\lambda$) |
| Obtenção da Optical Multiplexing Unit Overhead OMU-OHn,m | Multiplexação vários Cabeçalhos: OMU-OH. $(OCh\text{-}OH)_1 + (OCh\text{-}OH)_2 + ...$ $+ (OCh\text{-}OH)_n => OMU\text{-}OH$ | Obtenção do Optical Channel Carrier OCC | Multiplexação de vários OCh em 1 OCC $OCh_1 + OCh_2 + ... +$ $OCh_n => OCC$ |
| Obtenção do Optical Transmission Section Overhead OTS-OH$_{n,m}$ | Multiplexa vários OTS-OH $(OTS\text{-}OH)_1 + (OTS\text{-}OH)_2 + ...$ $+ (OTS\text{-}OH)_n => OMS\text{-}OH$ | Obtenção do Optical Channel Grup OCG$_{n,m}$ | Formação do Grupo OCC$_1$ $+ OCC_2 + ... + OCC_n =>$ $OCG_{n,m}$ |

**L1 - Subnível de *Optical Transmission* (OT) - DWDM**

[Diagrama mostrando:
- OCG-n,m, OMU-n,m, OTM-n,m
- OSC- Optical Supervisory Channel: Och-OH ... Och-OH, OMS-OH, OTM, OTS-OH
- OTM Overhead Signal (OOS)
- OCh – Optical Channel: Och-OH, OCh - Optical Channel Unit; OMS-OH, OCC Optical channel Carrier (λ) .... OCC Optical channel Carrier (λ); OTS-OH, OCG- Optical Channel Group
- OTUk: OTUk-OH, ODUk-OH, Payload, FEC]

**LEGENDA**
FEC: *Forward Error Correction*
OCC: *Optical Channel Carrier*
OCG-n,m: *Optical Channel Group*
OCh: *Optical Channel*
OMS: *Optical Multiplex Section*
OMU-n,m: *Optical Multiplex Unit*
OTM-n,m: *Optical Transmission Module*
OOS: OTM *Overhead Signal*
OTS: *Optical Transmission Section*
OTUk: *Optical Channel Transport Unit*
OSC: *Optical Supervisory Channel*

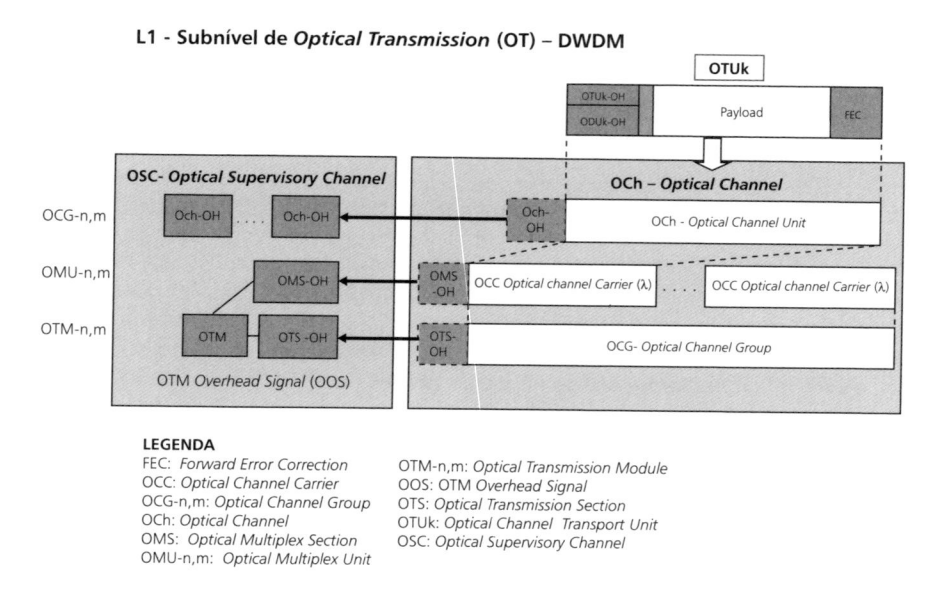

**figura 8.49** Etapas na transmissão do *payload* pelo plano do usuário e do cabeçalho pelo plano de sinalização, supervisão e controle.

para uma rede OTN completamente óptica, baseada em equipamentos de rede do tipo OOO, foi a definição de dois planos de transmissão, completamente distintos. O primeiro é o chamado plano de transmissão dos dados do usuário, e o segundo o plano que transmite somente informações de sinalização, supervisão e controle da OTN, como mostrado na tabela 8.14.

Os dois planos são completamente separados e utilizam canais ópticos distintos: um para o tráfego de dados do usuário pelo OCh (*Optical Channel*) e o outro para o tráfego de controle e sinalização pelo OSC (*Optical supervisory Channel*). A ideia que está por trás dessa solução é transmitir, de forma completamente separada, a informação do usuário e o cabeçalho de controle associado a esta informação. Desta forma, o cabeçalho do quadro tem como chegar ao comutador ou multiplexador antes do *payload* e, assim, já executar essas funções para que, quando chegar o *payload*, este já encontre o caminho de encaminhamento ou de multiplexação definido e não haja necessidade de *buferização*. A seguir, baseado na tabela 8.14, apresenta-se uma descrição muito simplificada das funcionalidades de cada plano.

A unidade básica do plano de sinalização e controle, como se observa na tabela 8.14, é o OSC que encapsula o OCh-OH (*Optical Channel OverHead*) correspondente aos cabeçalho dos dados do OCh. Numa segunda etapa, vários OCh-OH's são multiplexados em uma estrutura OMU-OH (*Optical Multiplexing Unit Overhead*), que finalmente dá origem ao OTS-OH (*Optical Transmission Section Overhead*), que é transmitido por uma seção óptica (Gendron; Gidaro, 2006).

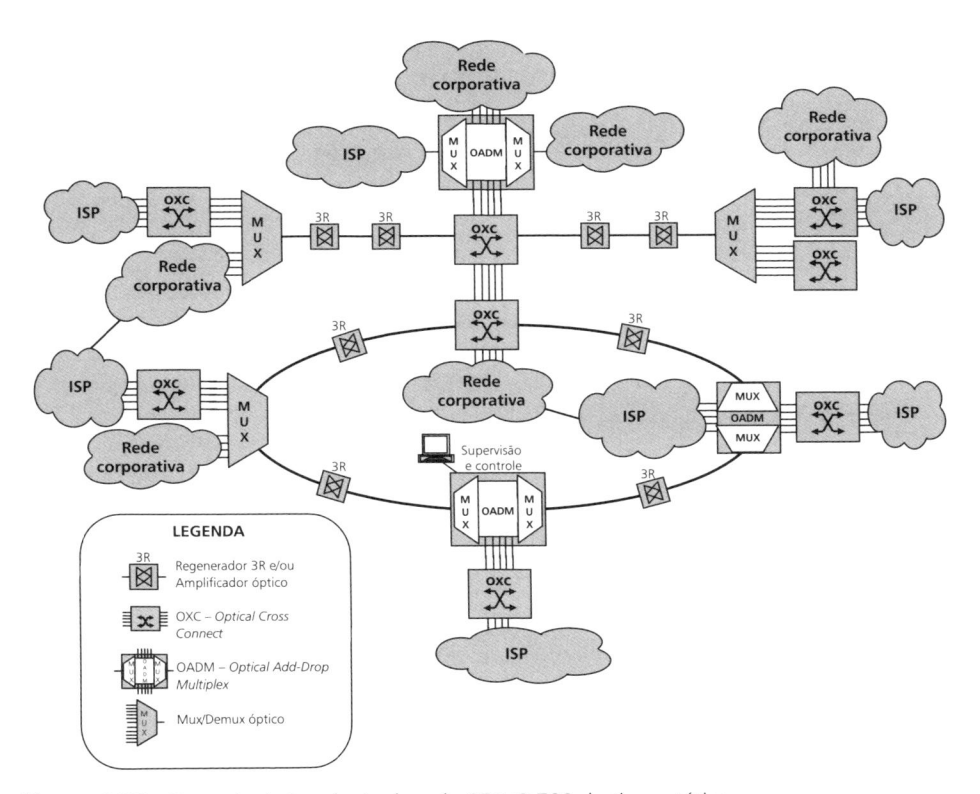

**figura 8.50** Exemplo de topologia de rede OTN G.709 do tipo estático.

No plano de dados do usuário, a estrutura básica é o OCh, que encapsula OTUk's de usuário vindos do subnível de TC e forma um novo cabeçalho chamado OCh-OH, que é repassado ao plano de supervisão e controle. Numa próxima etapa, são multiplexados vários OCh's para formar o OCC (*Optical Channel Carrier*) que, por sua vez, numa nova etapa, pode dar origem ao PCG (*Optical Channel Group*), que é transmitido pela seção óptica. Na figura 8.49, é dada uma ideia do encadeamento das diversas etapas em cada plano que acabamos de descrever.

Uma OTN que funcione como *backbone* de longa distância pode ser estruturada de duas maneiras: 1) sem comutação dinâmica de conexões, ou seja, baseada em comutadores estáticos do tipo OXC (*Optical Cross Connect*) e 2) com comutação dinâmica de conexões por demanda, utilizando comutadores dinâmicos.

No primeiro caso, estamos diante de um *backbone* estático, simples e econômico, em que as conexões da rede não variam muito e, no máximo, são reconfiguradas periodicamente algumas conexões, quando a rede assim o exige, mas somente fora de operação. A maioria dos *backbones* WAN atualmente em uso é deste tipo. Na figura 8.50, apresenta-se uma topologia típica de uma rede OTN baseada em OXC (*Optical Cross-Connect*).

No segundo caso, a rede OTN possui capacidade de comutação de conexões por demanda do cliente e, por isso, foi denominada pelo ITU de ASON (*Automatic Switched Optical Network*). Esta rede de transporte é, hoje, a versão mais sofisticada e complexa da OTN G.709 do ITU. A sua implementação se justifica somente em *backbones* internacionais de alto desempenho, com taxas de Tbit/s, onde há necessidade de uma altíssima confiabilidade e disponibilidade (Gorshe, 2009).

Um *backbone* deste tipo, além de totalmente óptico internamente, possui sofisticados mecanismos de comutação automática contra falhas, além de um conjunto amplo de ferramentas do tipo OAMP (*Operating, Administration, Management, Provisioning*) para garantir o seu perfeito funcionamento (International Telecommunication Unit, 2003b).

## 8.6 ⇢ exercícios

**exercício 8.1** Qual a faixa de variação em frequência, limite inferior e superior, das seguintes bases de tempo especificadas por: $f_1 = 64\ kHz$, $\pm 100ppm$ e $f_2 = 2048\ kHz$, $\pm 50ppm$? Qual o motivo dessa tolerância?

**exercício 8.2** A primeira fatia de tempo de um quadro E1 é consumida em funções de controle. Uma delas, o sincronismo de quadro E1, é feita através de uma sequência de 7 bits fixos na primeira fatia de tempo, que se repete em cada quadro ímpar, como se observa na figura a seguir. Calcule o tempo máximo para o sistema adquirir o sincronismo de quadro. Qual a banda associada a essa função? Qual a eficiência do canal E1?

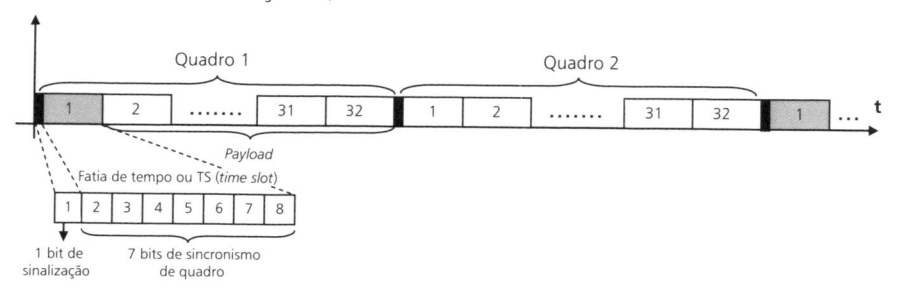

**exercício 8.3** Como você justifica as especificações do canal de voz básico: 8000 amostragem/s, 8 bits/amostragem e taxa de 64kbit/s?

**exercício 8.4** Como é conseguida a maior estabilidade na referência de tempo de um sistema SDH/SONET, e como pode ser utilizada essa referência em vários equipamentos de multiplexação distribuídos?

**exercício 8.5** Compare o quadro STS-36 do SONET com o quadro STM-12 do SDH em termos de eficiência. Explique esta diferença de desempenho.

**exercício 8.6** Explique, em poucas palavras, por que o campo do TOH (*Transport Overhead*) e o do SPE (*Synchronous Payload Envelope*) de um quadro STM/STS possuem cadências diferentes e, por isso, defasam.

**exercício 8.7** Justifique por que as funções de OAM e de comutação de proteção são de fundamental importância em sistemas SDH/SONET.

**exercício 8.8** Uma aplicação com taxa de bit variável apresenta uma taxa estatística de 7,5Mbit/s e possui um conformador de tráfego na saída que limita a taxa de pico a 12 Mbit/s. Qual a interface e o tipo de rota mais adequada do SONET para transportar um fluxo agregado formado por 10 fluxos idênticos aos descritos? Quanto de banda sobra nessa rota e que tipo de serviço poderia ser transportado nessa sobra?

**exercício 8.9** Dadas as seguintes aplicações do tipo CBR (*Constant Bit Rate*): 10 Mbit/s, 25 Mbit/s, 43 Mbit/s, 120 Mbit/s, 1,5 Gbit/s, 6 Gbit/s e 30 Gbit/s, especifique o melhor canal do CCAT do sistema SDH para cada fluxo e qual a eficiência de utilização de cada canal.

**exercício 8.10** Comente as diferenças entre um comutador *cross-connect* e um comutador automático de rotas em um sistema SDH/SONET. Explique por que em *backbones* de núcleo são utilizados tipicamente comutadores do tipo *cross-connect*.

**exercício 8.11** A plataforma MSPP, que é adicionada nas pontas das rotas do sistema SDH/SONET, é o *hardware* que, junto com SDH/SONET, resulta na nova plataforma de transporte conhecida como NG-SDH. Comente quais as deficiências do SDH em relação ao transporte de dados e como são resolvidos com essa estratégia.

**exercício 8.12** Qual a importância da classificação dos pacotes de dados em classes de serviços e qual a finalidade do enfileiramento e escalonamento dos pacotes no MSPP para assegurar a qualidade de serviço (QoS) das diferentes aplicações no NG-SDH?

**exercício 8.13** Comente, a partir da figura 8.22, como a implantação do NG-SDH se dá sem alterações na plataforma SDH/SONET núcleo, resumindo-se na introdução, no nível físico de um subnível de TC (*Transmission Convergence*) representado pelo MSPP, que elabora funções e serviços segundo três subcamadas e três novos protocolos.

**exercício 8.14** A modelagem do NG-SDH segundo o RM-OSI corresponde a uma rede de transporte núcleo formada por 6 níveis que formam um subsistema inteligente dentro do nível físico. Mostre, através de uma modelagem RM-OSI, um acesso pessoal a um ISP (ver figura 8.1), que utiliza uma rede núcleo NG-SDH para acessar a rede global de informação (internet).

**exercício 8.15** Aponte a principal diferença entre o CCAT do SDH/SONET e o VCAT do NG-SDH.

**exercício 8.16** Defina para cada uma das aplicações do exercício 8.9 um VCG adequado e mostre o quanto melhora a eficiência com o VCAT, comparando com a eficiência obtida com o CCAT.

**exercício 8.17** Explique por que o LCAS (*Link Capacity Adjustment Scheme*) depende de um sistema de controle ou de gerenciamento de tráfego no nível físico.

**exercício 8.18** Quais as principais diferenças entre a rede de transporte ótica (OTN) e a plataforma de transporte SDH/SONET?

**exercício 8.19** O que vem a ser o atraso diferencial no NG-SDH e em que aplicações ele é mais sentido. Explique por quê.

**exercício 8.20** Na figura 8.35, apresentam-se três acessos corporativos à rede global de informação (internet). Explique as principais diferenças de cada acesso. Na sua opinião, qual desses três acessos será o acesso dominante no futuro? Justifique.

**exercício 8.21** Enumere e comente as principais diferenças entre uma plataforma de transporte como a SDH/SONET e a rede de transporte óptica (OTN) do ITU.

**exercício 8.22** A OTN, como mostra a figura 8.41, é uma rede inteligente do nível físico, estruturada em seis subníveis. Desses, os três primeiros executam funções de TC (*Transmission Convergence*), enquanto os três subníveis mais baixos atendem funções de transmissão óptica. Comente as principais funções e objetivos associados a cada uma destas duas grandes divisões.

**exercício 8.23** A rede OTN utiliza um quadro com um *payload* fixo de 15.232 bytes. A ITU, ao fixar esse tamanho, se baseou em que critérios? Em sua opinião, esse tamanho está mais adequado para que classes de serviço? Justifique sua resposta.

**exercício 8.24** Você concorda que os três subníveis de transmissão óptica, OCh, OTM e OTS, possuem semelhança formal com os subníveis de rota, linha e secção da arquitetura SDH/SONET? Por quê?

**exercício 8.25** O nível de transmissão óptica e seus três subníveis podem ser realizados segundo um hardware que possui interfaces de entrada e saída baseados em fotônica (ópticos), enquanto o núcleo ou é óptico ou é eletrônico. Essa situação é caracterizada como *hardware* OOO (interface de entrada óptica, núcleo óptico e interface de saída óptica), ou como OEO (interfaces ópticas e núcleo eletrônico). Comente o desempenho e a realização das duas opções.

**exercício 8.26** O nível de convergência de transmissão inclui em suas funções a adaptação das estruturas de dados do usuário para uma estrutura OTU (*Optical Transport Unit*), que é encapsulada de forma desmembrada. O *payload* é encapsulado em um OCh ($\lambda_1$), enquanto os cabeçalhos são encapsulados em um canal óptico ($\lambda_2$) de supervisão e controle, ou OSC (*Optical Supervisory Channel*). Comente por que foi adotada essa transmissão em separado do *payload* e dos cabeçalhos da OTU.

**exercício 8.27** A tendência mundial preconiza o transporte de quadros Ethernet na rede núcleo. Mostre que a OTN está apta para ser uma rede de transporte de quadros Ethernet, conhecida também como *Carrier* ou MetroEthernet.

**exercício 8.28** O código FEC adotado pela OTN do ITU é o *Reed Solomon*. O código é do tipo RS(255, 239) – confira a secção 7.5.1 do capítulo 7. Mostre que, neste caso, uma ODU de 15926 bytes possui 64 símbolos de 239 bytes e a cada símbolo corresponde uma redundância de 16 bytes, portanto, o código possui uma capacidade de corrigir até 8 bytes por símbolo.

**exercício 8.29** Na OTN, pode-se falar também numa perda de desempenho devido ao acréscimo da redundância FEC a um quadro (aumenta a probabilidade de erro). Na figura 8.48, a curva 1 corresponde ao desempenho de transmissão de um quadro com a redundância FEC, porém, sem atuação do RS. Já a curva 2 corresponde a um quadro com redundância e com atuação do RS. Obtenha graficamente o ganho de código Gc da curva 1 sem RS, em relação à curva 2, com RS, supondo um BER fixo de $10^{-10}$. Mostre também que o ganho de código do RS é muito maior do que a perda devido ao acréscimo da redundância FEC.

**exercício 8.30** Pesquise na WEB os últimos avanços da tecnologia DWDM em termos de número de lambdas multiplexados numa fibra, capacidade máxima e alcance máximo obtido sem utilizar regeneradores.

### Termos-chave

ajuste da capacidade do enlace (LCAS), p. 329

arquitetura da OTN do ITU, p. 336

concatenação contígua (CCAT), p. 311

concatenação virtual (VCAT), p. 326

convergência de transmissão (TC), p. 339-341

hierarquia digital plesiócrona (PDH), p. 293

hierarquia digital síncrona (SDH/SONET), p. 297

plataforma de transporte NG-SDH, p. 317, 321

protocolo GFP, p. 322

rede de transporte de dados, p. 290

rede de transporte óptica (OTN), p. 331

subnível físico de transmissão óptica (OT), p. 347

# referências

AHA PRODUCT GROUP. *AHA application note*: interleaving for burst error correction. Moscow: AHA, 2004. Disponível em: <http://www.aha.com/show _pub.php?id=40>. Acesso em: 11 abr. 2011.

BARBULESCU, S. A.; PIETROBON, S. S. TURBO CODES: a tutorial on a new class of powerful error correction coding schemes. Part I: code structures and interleaver design. *J Electr Electron Eng Australia*, n. 19, p.129-142, 1999a.

BARBULESCU, S. A.; PIETROBON, S. S. TURBO CODES: a tutorial on a new class of powerful error correction coding schemes. Part II: decoder design and performance. *J Electr Electron Eng Australia*, n. 19, p. 143-152, 1999b.

BARLOW, G. *A G.709 optical transport network tutorial*. Milpitas: JDSU, c2011. Disponível em: <http://www.jdsu.com/ProductLiterature/g709otntutor_wp_tfs_tm _ae.pdf>. Acesso em: 2 jun. 2004.

BENNET, W. R.; DAVEY, J. R. *Data transmission*. New York: McGraw-Hill, 1965. (Inter-university electronics series).

BERGER, E. R. Nachrichtentheorie und codierung. In: STEINBUCH, K. *Taschenbuch der nachrichten-verarbeitung*. Berlin: Springer Verlag, 1962. p. 56-83.

BERGMANS, J. W. M. *Digital baseband transmission and recording*. [S.l.]: Springer, 2010

BERROU, C.; GLAVIEUX, A.; THITIMAJSHIMA, P. Near Shannon limit error-correcting coding and decoding: Turbo-codes. In: INTERNATIONAL CONFERENCE ON COMMUNICATIONS (ICC), 1993, Geneva. *Proceedings of the IEEE*. Geneva: IEEE, 1993. p. 1064-1070.

BOCKER, P. *Datenübertragung*: Band I, Grundlagen. Berlin: Springer Verlag, 1976.

BRIGHAM, E. O.; MORROW, R. E. The fast fourier transform. *IEEE Spectrum*, v. 4, n. 12, p. 63-70, 1967.

CARISSIMI, A. S.; ROCHOL, J.; GRANVILLE, L. Z. O modelo de referência OSI da ISO. In: CARISSIMI, A. S.; ROCHOL, J.; GRANVILLE, L. Z. *Redes de computadores*. Porto Alegre: Bookman, 2009a. cap. 2, p. 61-94.

CARISSIMI, A. S.; ROCHOL, J.; GRANVILLE, L. Z. Nível físico. In: CARISSIMI, A. S.; ROCHOL, J.; GRANVILLE, L. Z. *Redes de computadores*. Porto Alegre: Bookman, 2009b. cap. 3, p. 95-158.

CISCO SYSTEM. *Introducing DWDM technology*. San Jose: Cisco Systems, 2001. Disponível em: <http://www.cisco.com/univercd/cc/td/doc/product/mels/cm1500/ dwdm/dwdm.pdf>. Acesso em: 2 abr. 2011.

COOLEY, J. W.; TUKEY, J. W. An algorithm for the machine calculation of complex Fourier series. *Math Comput*, v. 19, p. 297-301, 1965.

DAY, J. D.; ZIMMERMANN, H. The OSI reference model. *Proceedings of the IEEE*, v. 71, n. 12, p. 1334-1345, 1983.

FIGUEIREDO, M. B.; SILVEIRA, A. O. Sistemas de cabeação estruturada EIA/TIA 568 e ISOC/IEC 11801 – Parte II. *Boletim Bimestral sobre Tecnologia de Redes*, v. 2, n. 7, 1998. Disponível em: <www.rnp.br/newsgen/9809/cab-estr.html>. Acesso em: 10 abr. 2011.

GALLAGER, R. G. Low density parity-check codes. *IRE Transactions on Information Theory*, v. IT-8, p. 2I-28, 1962.

GENDRON, R.; GIDARO, A. The G.709 optical transport network: an overview. [S.l.]: Exfo Electro-Optical Engineering, 2006. Disponível em: <http://documents.exfo.com/appnotes/anote153-ang.pdf>. Acesso em: 11 abr. 2011.

GIOZZA, W. F. et al. Redes locais de computadores, tecnologia e aplicação. [S.l.]: McGraw-Hill, 1986. cap. 3, p. 52-81.

GORSHE, S. *A tutorial on ITU-T G.709 optical transport network (OTN)*. [S.l.]: PMC-Sierra, 2009. Disponível em: <http://www.pmc-sierra.com/whitepaper-processor-mips-sonet-ethernet/otn/index.html>. Acesso em: 11 abr. 2011.

GRAPHMATICA 2.0g. Software livre para criação de gráficos. Disponível em: <http://www8.pair.com/ksoft/>. Acesso em: 2 fev. 2011.

HAMMING, R. W. Error detecting and error correcting Codes. *The Bell System Technical Journal*, v. XXIX, n. 2, 1950.

HANNA, S. A. *Convolutional interleaving for digital radio communications*. [S.l.: s.n., 1993]. Disponível em: <http://my.com.nthu.edu.tw/~jmwu/com5195/conv_interleaver. pdf >. Acesso em: 11 abr. 2011.

HAYKIN, S.; MOHER, M. *Sistemas modernos de comunicações wireless*. Porto Alegre: Bookman, 2008.

HELVOORT, H. *Next generation SDH/SONET*: evolution or revolution? Chichester: John Wiley & Sons, 2005.

HSU, H. P. *Análise de Fourier*. Rio de Janeiro: LTC, 1973. (Coleção técnica).

HUANG, F. *Evaluation of soft output decoding for Turbo Codes*. 1997. Thesis (Master of Science in Electrical Engineering)–Virginia Polytechnic Institute and State University, Blacksburg, 1997. Disponível em: <http://scholar.lib.vt.edu/theses/ public/etd-71897-15815/materials/etd.pdf>. Acesso em: 2 fev. 2011.

INTERNATIONAL ORGANIZATION FOR STANDARDIZATION, INTERNATIONAL ELECTROTECHNICAL COMMISSION. *ISO/IEC 7498*: Information technology – Open systems interconnection – Basic reference model: the basic model. 1996. Disponível em: <http://www.ecma-international.org/activities/ Communications/TG11/s020269e.pdf>. Acesso em: 16 mar. 2010.

INTERNATIONAL ORGANIZATION FOR STANDARDIZATION. TC97/SC16, ANSI: Data Processing – Open System Interconnection – Basic Reference Model (DP-7498). *Computer Networks*, v. 5, p. 81-118, 1981.

INTERNATIONAL TELECOMMUNICATION UNION. Telecommunication Standardization Sector (ITU-T). *Interfaces for the Optical Transport Network (OTN)*: recommendation G.709/Y.1331. Geneva: ITU, 2003.

INTERNATIONAL TELECOMMUNICATION UNION. Telecommunication Standardization Sector (ITU-T). *Framework for Optical Transport Network*: recommendations G.871. Geneva: ITU, 2004.

INTERNATIONAL TELECOMMUNICATION UNION. Telecommunication Standardization Sector (ITU-T). *Optical Transport Network (OTN)*: linear protection-AAP33: recommendations G.873.1. Geneva: ITU, 2003.

INTERNATIONAL TELECOMMUNICATION UNION. Telecommunication Standardization Sector (ITU-T). *Management aspects of Optical Transport Network elements*: recommendations G.874. Geneva: ITU, 2001.

KAMEN, E. W.; HECK, B. S. *Fundamentals of signals and systems using the web and the MATLAB*. 3rd ed. Upper Saddle River: Prentice Hall, 2006.

KARTALOPOULOS, S. V. *DWDM networks, devices, and technology*. Piscataway: IEEE Press, 2003.

KÄSPER, E. *Turbo codes*. Disponível em: <http://www.tkk.fi/~pat/coding/essays/turbo.pdf>. Acesso em: 2 dez. 2010.

KOBAYASHI, H. A survey of coding schemes for transmission or recording of digital data. *IEEE Transactions on Communication Technology*, v. 19, n. 6, p. 1087-1100, 1971.

KOPP, C. *An introduction to spread spectrum techniques*. Air Power Australia, 2005. Disponível em: <www.ausairpower.net/OSR-0597.html>. Acesso em: 2 fev. 2011.

KRAUSS, O. *DWDM and optical networks*: an introduction to terabit technology. Erlangen: Publicis, 2002.

LANGTON, C. *All about modulation – part I*. Complex2Real, c2002a. Disponível em: <http://www.complextoreal.com/chapters/mod1.pdf>. Acesso em: 2 mar. 2011.

LANGTON, C. *All about modulation – part II*. Complex2Real, c2002b. Disponível em: <http://www.complextoreal.com/chapters/modulation2.pdf>. Acesso em: 2 mar. 2011.

LANGTON, C. *Code division multiple access (CDMA) tutorial*. Complex2Real, c2002c. Disponível em: <http://www.complextoreal.com/CDMA.pdf>. Acesso em: 2 mar. 2011.

LANGTON, C. *Fourier analysis made easy – part 1, part 2, part 3*. Complex2Real, c1998. Disponível em: <http://www.complextoreal.com/tutorial.htm>. Acesso em: 22 maio 2010.

LANGTON, C. *Fundamental of signals*. [S.l.: s.n., 2008]. Disponível em : <http://www.complextoreal.com/chapters/signals.pdf> Acesso em: 6 abr. 2011.

LANGTON, C. *Ortogonal frequency division multiplex (OFDM) tutorial*. Complex2Real, c2004a. Disponível em: <http://www.complextoreal.com/chapters/ofdm2.pdf>. Acesso em: 2 fev. 2011.

LANGTON, C. *Trellis coded modulation (TCM)*. Complex2Real, c2004b. Disponível em: <http://www.complextoreal.com/chapters/tcm.pdf>. Acesso em: 2 fev. 2011.

LEINER, B. M. J. *LDPC Codes*: a brief tutorial. 2005. Disponível em: <http://bernh.net/media/download/papers/ldpc.pdf>. Acesso em: 2 dez. 2010.

LOCICERO, J. L.; PATEL, B. P. Line coding. In: GIBSON, J. D. *The mobile communications handbook*. 2nd ed. Boca Raton: CRC Press, 1999. cap. 6.

MOURA, J. A. B. et al. *Redes locais de computadores*: protocolos de alto nível e avaliação de desempenho. São Paulo: McGraw-Hill, 1986.

NAKAHARA, S. Modulation systems (Part 1). *Broadcast Technology*, n. 14, p. 10-17, Spring 2003a. Disponível em: <http://www.nhk.or.jp/strl/publica/bt/en/le0014.pdf >. Acesso em: 2 mar. 2011.

NAKAHARA, S. Modulation systems (Part 2). *Broadcast Technology*, n. 16, p. 16-22, Autumn 2003b. Disponível em: <http://www.nhk.or.jp/strl/publica/bt/en/le0016.pdf>. Acesso em: 2 mar. 2011.

OPPENHEIM, A. V.; WILLSKY, A. S. *Signals and systems*. 2nd ed. [S.l.]: Prentice-Hall, 1997. Disponível em: <http://www.ebookfree-download.com/ebook/signals-and-systems-second-edition-by-oppenheim-pdf.php>. Acesso em: 2 mar. 2011.

PERES, M. *Escolhendo cabos coaxiais*. Guaíba: Marcelo Peres, 2008. Disponível em: <http://www.guiadocftv.com.br/modules/smartsection/item.php?itemid=12>. Acesso em: 10 abr. 2011.

PRASAD, R.; OJANPERÄ, T. An overview of CDMA evolution toward wideband CDMA. *IEEE Communications Surveys*, v. 1, n. 1, p. 2-29, 1998. Disponível em: <http://wise.cm.nctu.edu.tw/wise_lab/course/data-com04/reading%20list/Chapter9.pdf>. Acesso em: 2 fev.2011.

REED, I. S.; SOLOMON, G. Polynomial codes over certain finite fields. *Journal of the Society for Industrial and Applied Mathematics*, v. 8, n. 2, 1960.

RIBEIRO, M. P.; BARRADAS, O. C. M. *Telecomunicações*: sistemas analógico-digitais. Rio de Janeiro: LTC, 1980.

ROBERTS, R. *The ABCs of spread spectrum*: a tutorial. Lenoir City: Spread Spectrum Scene, c2008. Disponível em: <http://www.sss-mag.com/ss.html>. Acesso em: 2 fev. 2011.

SCHUBERT, A. *G.709*: The Optical Transport Network (OTN). Milpitas: JDSU, c2011. Disponível em: <http://www.jdsu.com/ProductLiterature/G709-OTN_wp_opt_ tm_ae.pdf>. Acesso em: 22 mar. 2011.

SCHULTZ, S. *SDH pocket guide to synchronous communication systems*. Eningen: Acterna Eningen, [2004]. Disponível em: <http://www.induteq.nl/portal/telecom_ ict/bestanden/sdh_pocketguide.pdf>. Acesso em: 11 abr. 2011.

SHANNON, C. E. A mathematical theory of communication.*The Bell System Technical Journal*, v. 27, n. 3, p. 379-655, 1948.

SHANNON, C. E.; WEAVER W. *The mathematical theory of communication*. Urbana: The University of Illinois Press, 1969.

STALLINGS, W. Data and computer communications. 5th. ed. Upper Saddle River: Prentice Hall, 1997.

STALLINGS, W. *Wireless communications and networking*. Upper Saddle River: Prentice Hall, 2005.

STRAUCH, I. *Análise de Fourier em nove aulas*. Porto Alegre: UFRGS, 2009. Apostila da disciplina de matemática aplicada, do Departamento de Matemática Pura e Aplicada, do Instituto de Matemática, da UFRGS. Notas de aula.

SUN, J. *An introduction to low density parity check (LDPC) codes*. Morgantown: West Virginia University, 2003. Disponível em: <http://my.com.nthu.edu.tw/~jmwu/LAB/intro_LDPC.pdf>. Acesso em: 2 dez. 2010.

SYLVESTER, J. *Reed solomon codes*. [S.l.: s.n., 2001]. Disponível em: <http://www.csupomona.edu/~jskang/files/rs1.pdf>. Acesso em: 18 abr. 2011.

TANENBAUM, A. S. *Computer networks*. 3rd ed. Upper Saddle River: Prentice Hall, 1996.

TAROUCO, L. M. R. *Redes de computadores locais e de longa distância*. São Paulo: Makron, 1986.

TREND COMMUNICATIONS. *Trend's next generation SDH*: pocket guide. [S.l.: s.n., 2005]. Disponível em: <http://teleportal.cujae.edu.cu/mtelematica/cursos/redes-de-telecomunicaciones-2/bibliografia/referente-a-la-actividad-2/SDH.NG.quick.ref.pdf>. Acesso em: 11 abr. 2011.

UNGERBOECK, G. Trellis-coded modulation with redundant signal sets. *IEEE Communicatins Magazine*, v. 25, n. 2, p. 5-21, 1987.

UNIVERSITY OF SOUTH AUSTRALIA. *ITR's Turbo Coding Home Page*. 2009. Disponível em: <http://www.itr.unisa.edu.au/~steven/turbo/>. Acesso em: 2 dez. 2010.

VAFI, S.; WYSOCKI, T. A. *Performance of convolutional interleavers with different spacing parameters in turbo codes*. [S.l.: University of Wollongong, 2005]. Disponível em: <http://ro.uow.edu.au/infopapers/460>. Acesso em: 11 abr. 2011.

VAN ETTEN, W.; VAN DER PLAATS, J. *Fundamentals of optical fiber communications*. New York: Prentice Hall, 1991.

VITERBI, A. J. Error bounds for convolutional codes and an asymptotically optimum decoding algorithm. *IEEE Transactions on Information Theory*, v. IT-13, p. 260-269, 1967.

WALKER, T. P. *Optical transport network (OTN)*. [S.l.]: ITU, [2002]. Disponível em: <http://www.itu.int/ITU-T/studygroups/com15/otn/OTNtutorial.pdf>. Acesso em: 11 abr. 2011.

WIKIPEDIA. *Convolutional code*. [S.l.: s.n., 2010]. Disponível em: <http://en.wikipedia.org/wiki/Convolutional_code>. Acesso em: 2 dez. 2010

WIKIPEDIA. *Low-density parity-check code*. [S.l.: s.n., 2011]. Disponível em: <http://en.wikipedia.org/wiki/Low-density_parity-check_code>. Acesso em: 11 abr. 2011.

ZEMARO, M.; FONDA, C. *Radio laboratory handbook:* of the ICTP "School On Digital Radio Communications for Research and Training in Developing Countries". [S.l.: s.n.]: 2004. (Cables and Antennas, 1). Disponível em: <http://wireless.ictp. it/handbook/Handbook.pdf>. Acesso em: 10 abr. 2011.

# índice

**Legenda:**
- Os números seguidos pela letra **f** apresentam verbetes em **figuras**;
- Os números seguidos pela letra **t** apresentam verbetes em **tabelas**.

## A

Abstração do RM-OSI, níveis de, 34f
Alfabeto de caracteres BRASCII, 9f
Alfabeto de elementos, 9f, 11t
    codificação Huffman, 11t
Alocação, 159t, 160t
    de palavras, 160t
    de símbolos e comutação de modos, 159t
Amostragem de um sinal, 68f
Análise de sinais, 53-97
    espectro de um sinal periódico (análise de Fourier), 71-75
    funções senoidais, 59-71
        amostragem de sinais, 67-68
        propriedades, 61-64
        representação complexa de sinais senoidais, 68-71
        representação discreta, 64-66
    integral de Fourier e transformada de Fourier, 79-88
        potência e densidade espectral de um sinal, 87-88
    representação complexa das séries de Fourier, 76-79
    representação elétrica de informação, 56-59
    tipos de sinais, 54-55
        analógicos, 55
        de portadoras, 55
        digitais, 55
        discretos, 55
    tipo portadora, 54f
    transformada discreta de Fourier (DFT), 88-90
    transformada rápida de Fourier (FFT), 90-96
        demonstração gráfica de aplicação, 91-96

Arquitetura, 247f, 248f, 266f, 277f, 278f, 295f, 298f, 300f, 320f, 321f, 336-339
    ciclo de iteração de um *turbo decoder*, 278f
    de QaS utilizada em TC, exemplo, 247f
    de um codificador convolucional, 266f
    de um LFSR genérico, 248f
    G.709 da OTN, 336-339
    NG-SDH, 320f, 321f
    PDH do ITU, 295f
    rede de transporte SDH/SONET, exemplo de, 300f
    topologia de segmento de rede SDH/SONET, 298f
    turbo codificador, 277f
Associação de dígitos binários, 58f, 181f
    a símbolos elétricos, 58f
    na modulação básica de uma portadora, 181t
Atraso diferencial em aplicação suportada por VCAT, surgimento do, 328f

## B

Bloco codificador de canal, inserção no sistema de comunicação de informação de Shannon, 242f
Bloco de dados baseado no algoritmo HDVA (etapas na decodificação), 213f
Bloco de modulação de dados, 46
Bloco de símbolos (formação em um código RS(n, k)), 261f
Blocos funcionais, 150f, 165f
    de um receptor banda-base, 165f
    de um sistema de transmissão banda-base (diagrama), 150f

## C

Cabeçalho ODUk-OH (campos), 343f
Cabeçalho OTUk-OH (campos), 344f
Cabo coaxial, 100, 101, 104, 110f, 111f, 113f, 110-113, 137
    banda passante aproximada, 113f
    tipo RG, características, 112t
    detalhes construtivos, 110f

modelo incremental sem perdas, 111f
sistema de comunicação de dados com, 111f
Camadas (componentes e interações), 37f, 38f, 39f, 41t, 42f
  hierarquização progressiva, 42f
  sugeridas pela ISO (7), 41t
Campo OPUk-OH, 343f
Campo PCI do LO-VCAT, definição do, 330f
Campo PCI do HO-LCAS (obtenção a partir de estrutura de multiquadros), 331f
Canal, 2-6, 12, 15f, 15-18, 17f, 20-29, 46f
  binário, 16, 17f, 17, 20, 27
  binário de apagamento, 17f
  binário simétrico, 17f
  com perturbação, modelo de, 15f
  de comunicação de dados, 3f, 46f
Canal de transmissão, 139-177
  avaliação de desempenho (padrão olho), 172-175
  banda-base, 140, 148-151, 176
    blocos funcionais, 150
  características, 141-148
    capacidade máxima, 142-144
    condição de não distorção, 144-146
    equalização, 146-148
    largura de banda, 142
  códigos de linha, 152-162
    banda-base em blocos, 158-162
    banda-base para interfaces locais, 152-158
  distorções, 162-172
    interferência entre símbolos (critérios de Nyquist), 168-172
    ruído e probabilidade de erro em um canal, 164-168
Canais PDH europeu e norte-americano, 308f, 309f
  integração no SD do ITU-T, 308f
  integração no SONET, 309f
Classe de codificadores convolucionais (arquitetura), 207f
Classes de sinais (4) da comunicação de dados, 54f
Codificação banda-base, 149f, 149, 150
  processo de, 149f
Codificação de canal, 241-287
  códigos de correção de erros (FEC), 259-285
    RS, 260-265
    convolucionais, 265-272
    entrelaçamento, 272-276
    LPCD, 279-285
    *turbo-codes*, 277-279
  embaralhadores de entrada, 247-249
  funções de convergência de trasmissão (TC), 245-247
  fundamentos de teoria de erros, 249-259
    eficiência do método CRC, 258-259
    taxa de pacotes errados e probabilidade de erro de pacote, 252-254

taxa e probabilidade de erro, 251-252
técnicas de detecção de erros, 254-258
Codificação de um fluxo de bits aleatório com dibits (exemplo), 24f
Codificação dos caracteres do BRASCII, 9f
Codificador de canal, 3f, 5t, 17, 18, 20, 46, 47f, 47-48, 242, 243, 244, 249, 272, 273, 276, 285, 286
Codificador de fonte, 2-4, 3f, 5t, 6-12, 15, 16, 25, 28, 29
  padronizados, 5t
Codificador e decodificador, 157f, 275f
  *bifase* tipo *space*, circuito lógico, 157f
  de entrelaçamento do tipo convolucional, 275f
Codificador RS em *hardware* (exemplo), 263f
Codificadores convolucionais, 207f, 208f, 210f, 211f, 212f, 266f
  arquitetura, 207f, 266f
  circuito em hardware de, 208f
  codificação/decodificação, 212f
  diagrama em treliça, 210f
  modulador TCM, 210f, 211f
Códigos banda-base, 140, 154f, 155t, 156f, 151-158
  sensíveis à fase, 156f
    formas de onda, 156f
  sensíveis ao nível do sinal, 154f, 155t
    características, 155t
    formas de onda, 154f
Códigos convolucionais, 260, 267f, 265-271, 277
  classificação, 267f
Códigos de entrelaçamento, 272, 274, 275
Códigos em bloco recentes, 161t
Códigos FEC, 274f
  concatenação com código de entrelaçamento em um codificador de canal, 273f
Códigos LPCD, 260, 279, 280f, 284f, 284-286
  curvas de desempenho em redes sem fio WiMax, 284f
  exemplo de grafo bipartite simples, 280f
Códigos ortogonais (obtenção a partir de matriz de Hadamard/Walsh), 222f
Comunicação de informação (fundamentos), 1-29
  capacidade máxima de um canal, 21-28
    máxima velocidade de transmissão de informação, 27
    sem ruído, 22-24
    teorema de Shannon, 24-26
  fonte de informação e codificador de fonte, 6-12
    alfabeto de símbolos, 8-10
    eficiência de fonte e de código de fonte, 10-12
  modelagem do canal, 12-21
    canal binário de apagamento (BEC), 20-21
    canal binário simétrico (BSC), 17-20
    transinformação, equivocação e dispersão, 14-16
  o sistema de, 4-6

Concatenação contígua (CCAT), 313t, 315t, 311-317, 326f
Concatenação virtual (VCAT), 326f, 326-329
Conexão de rede, modelagem RM-OSI da, 43f
Conexão física, 45f, 47f
Constelações, 190f, 195f, 198f, 199f, 203f, 205f
    modulação 16QAM e 16PSK, 199f
    modulação DQPSK, 195f
    modulações 8PSK e 16PSK, 198f
    modulações N-QAM, 203f
    sistemas de modulações PSK, 190f
    8PSK (distâncias euclidianas), 205f
Convergência de transmissão (TC), 339-341
Conversão serial para paralelo do fluxo de bits, 227f
Correção de erros (FEC), 242
Curvas de desempenho de sistemas N-QAM, 204f

## D

Decodificador de canal, 3f
Decodificador de fonte, 3f
Decodificador RS (fluxograma simplificado), 264f
Demodulação, 3f, 47f
Desembaralhadores, 249f
Desenvolvimento em série de Fourier, 80f
Detecção de erros, 247, 250, 255f, 256f, 254-256, 258, 259, 286
    divisão polinomial de um bloco de dados no transmissor e receptor de um canal, 256f
    por paridade horizontal e vertical de um bloco de caracteres, 255f
Diagrama em blocos de modulador QAM genérico, 200f
Diagrama em blocos de transceptor OFDM, 237f
Dígitos binários, associação a símbolos elétricos, 58f
Discretização da função alvo, processo de, 93f
Discretização de um sinal senoidal, processo de, 65f
Dispersão, 3, 15f, 14-16, 19, 20, 21, 28
Distâncias, 205f, 206f
    ao quadrado dos pontos da constelação 8PSK, 206f
    euclidianas de uma constelação 8PSK, 205f
Distorção de um sinal e diferentes características de fase, 146f
Distorções em fibras, 128, 129
Distorções não lineares em sistemas de comunicação, 163t
Domínios tempo e frequência, equivalência dos, 169f
DS-SS (*Direct Sequence Spread-Spectrum*), 217

## E

ECD, 45f
Eficiência, 10, 329t
    CCAT x VCAT, comparativo de, 329t
    de código, 10
    de fonte, 10

Embaralhador de bits, 249f, 285
Enlace óptico OTN G.709 (curvas de desempenho), 346f
Entropia, 9-12, 14, 16, 19, 27-29
Equalização de um canal de comunicação de dados, processo de, 147f
Equivocação, 3, 15f, 14-16, 19-21
Erro de bit de diferentes códigos de linha (probabilidade), 166f
Espaço de sinais, formas de representação de um sinal no, 186f
Espaços físico bidimensionais, 185f
Espalhamento espectral, 216-220, 222, 223-225, 238
Espectro banda-base de um sinal, 148f
Espectro de frequências, 92f, 114f, 234f
    eletromagnético do ultravioleta ao infravermelho, 114f
    sinal OFDM, 234f
Espectros de sinais periódicos, 81f
Esquemas de modulação PSK e ângulos de fase, 187t
Estrutura, 45f, 46, 47, 49, 188f
    da camada, 46, 47, 49
    de um SCD segundo o RM-OSI, 45f
    modulador PSK em quadratura, 188f
Estruturas de dados da OTN G.709 (taxas, períodos e frequências), 340t
Evolução, 333f, 334f
    da capacidade máxima de uma fibra ótica, 333f
    do tráfego de voz e dados em sistemas de telecomunicações, 333f
    dos sistemas WDM, 335f

## F

Fator de mérito de uma fibra, 123, 125
Fibra óptica, 100, 101, 113-117, 122f, 122, 123, 124f, 127f, 129f, 128t, 130f, 125-130, 131f, 132f, 133, 134f, 137
    cabos padronizados em cabeamento estruturado para redes locais, 125t
    característica de atenuação na região do infravermelho, 127f
    dispersão, 132f, 134f
    distorções, 129f
    e variação do índice de refração numa seção transversal, 122f
    efeitos da dispersão temporal em pulsos luminosos, 131f
    fatores de degradação dos pulsos luminosos, 129f
    fibra monomodo com índice degrau (SMF), 124f
    fibra multimodo com índice degrau (MMF), 124f
    fibra multimodo com índice gradual, 124f
    janelas de transmissão, 128t
    mecanismos de propagação de um feixe luminoso, 124f

regiões de perdas, 130f
tipos, 122
Flutuação do SPE em relação ao TOH, 310f
Fluxo de bits, 201t, 273f
   Aleatório (etapas na modulação 16QAM), 201t
   entrelaçado, 273f
Fonte de informação, 2-6, 3f, 5t, 6-12, 13f, 13, 15, 27, 28
Fourier, 71-75, 76-79, 79-88, 88-90, 90-96
Função densidade de energia espectral de um pulso, 88f
Função energia de um pulso, 88f
Função onda quadrada e aproximação em série de Fourier, 92f
Função periódica, 62f
Função senoidal, 56, 59, 60f, 61-64, 68, 70, 71, 181f
   de tensão, 181f
   e parâmetros, 60f
Funções de convergência de transmissão, 242, 244, 245
Funções densidade de amplitude de alguns pulsos notáveis, 86f
Funções e serviços do nível físico OSI local, 47f
Fundamentos de teoria de erros, 249

## G

Geração de informação, processo de, 7f

## H

Hierarquia digital plesiócrona (PDH), 293-297
Hierarquia digital síncrona (SDH-SONET), 301t, 317f, 318f, 297-317
   estendida, 317f, 318f
Hierarquias de multiplexação digitais PDH, 294t
   europeia, 294t
   japonesa, 294t
   norte-americana, 294t
Hierarquização da rede internet para longas distâncias, 333f
Hierarquização progressiva das camadas no RM-OSI, 42f

## I

Informação, 2-10, 12-21, 23-25, 27-29
   fundamentos da comunicação de ver
   Comunicação de informação (fundamentos)
Integral de Fourier, 59, 71, 79, 81, 83-86
Interações, 35f, 38f
   entre camadas adjacentes do RM-OSI, 39f
   entre camadas pares de 2 sistemas OSI, 38f
   entre 2 sistemas segundo o RM-OSI, 35f
Interconexão de sistemas, 33, 40

Interface de acesso, 45f
Interferência entre símbolos, 140, 144, 149, 152, 168-172

## J

Janela de transmissão, 128t, 135

## L

Largura de banda, 142, 143f
   influência na transmissão de um trem de pulsos periódico, 143f
Linha de transmissão, 102f, 101-107
   modelo incremental, 102f

## M

Mapeamento, 23t, 189t, 192t
   de conjuntos de bits a níveis elétricos de um sinal (esquemas), 23t
   dos dibits para símbolos de modulação em QPSK, 192t
   dos símbolos banda-base para símbolos de modulação BPSK, 189t
Matriz de picotamento, 269t
Mecanismo de decodificação de um sinal NRZ polar, 165f
Mecanismo dos ponteiros, 311f
Meio físico, 45f, 47f, 100, 101, 104
Meios de comunicação, 99-137
   cabo coaxial, 110-113
      CATV, 112-113
   fibra óptica, 113-135
      distorções, 128-133
      fator de mérito, 123-126
      fibras padronizadas do ITU-T, 133-135
      física óptica, 114-122
      janelas de transmissão, 126-128
      tipos, 122-123
   linha de transmissão, 101-104
      sem perdas, 103-104
   par de fios, 104-109
      par trançado em redes locais, 108-109
      par trançado telefônico, 107-108
Modelagem RM-OSI da conexão de rede, 43f
Modelo de camadas OSI da OTN, 339f
Modelo de referência OSI, 33
Modelo de Shannon, 49
Modem de canal de voz do tipo inteligente, 50f
Modulação, 3f, 47f, 179-239
   técnicas de, 179-239
      CDMA, 216-226
         DS-SS, 217-223
         FH-SS, 223-224
         TH-SS, 224-226

modulação digital de uma portadora, 184-187
modulação discreta, 180-184
  processo representado no domínio tempo e freqüência, 184f
  processos básicos de uma portadora por um sinal de informação discreto s(t), 182f
PSK, 187-198
  8PSK e 16PSK, 197-198
  BPSK, 188-191
  DPSK, 195-197
  QPSK, 191-194
QAM, 198-204
  16QAM, 200-202
  sistemas de modulação N-QAM, 202-204
TCM, 204-214
  codificador convolucional, 206-208
  funcionamento básico, 208-214
  fundamentação teórica, 204-206
técnicas de acesso múltiplo, 215-216
técnicas de transmissão OFDM, 226-237
  transformadas FFT e IFFT, 229-232
  sistema de transmissão, 232-235
  blocos funcionais de um transmissor e receptor OFDM, 236-237
Mudanças analíticas na série de Fourier, 82t

# O

Operações binárias soma e produto, 281t
OSI, sistema de comunicação de dados, 31-51
  aplicação de um RM-OSI a uma rede, 41-44
  elementos estruturais de uma camada OSI, 36-38
    conexões e pontos de acesso de conexões, 38
    entidades, 36
    interfaces ou pontos de acesso de serviços, 37
    protocolos de comunicação e internos, 37
    serviços e funções, 37
  era da informação, 32-33
  interações entre camadas adjacentes de 2 sistemas OSI, 38-39
  modelo RM-OSI, 33-36
  padronização das camadas do RM-OSI, 39-41
  SCD no RM-OSI, 44-50
    modelo de comunicação de informação de Shannon, 45-46
    codificador de canal, 47-48
    bloco de modulação e demodulação de dados, 48
    funções estendidas do nível físico, 48-49

# P

Padrão olho, 140, 173f, 172-175, 177
  geração a partir de um fluxo de bits aleatórios, 173f

Par de fios, 100, 101, 104, 105f, 105, 107, 109t, 136
  padronização em redes locais, 109t
Par telefônico, 107f
  característica de amplitude e fase, 107f, 108f
  utilização para tráfego simultâneo do sinal telefônico e dados de internet, 108f
Parâmetros, 102, 105-107, 109-111
  primários, 102, 105-107, 109-111
  secundários, 102, 107
Paridade da palavra de código (verificação), 282f, 283f
Periodização da DFT, 95f
Plataforma, 317, 321, 336f
  de transporte NG-SDH, 317, 321
  ótica OTN/DWDM, pilha de protocolos suportados, 336f
Plataformas digitais padronizadas, 291f
Probabilidade de erro de bit de diferentes códigos de linha, 166f
Processo de geração de informação, 7f, 8f
  aleatório e fluxo médio de informação, 8f
Protocolo
  de nível físico, 45f, 47f
  GFP, 322
  NG-SDH no modelo OSI, 321f, 322f
Pulso, 84f, 86f, 88f, 129f, 131f, 143f, 171f
  efeitos da dispersão temporal, 131f
  fatores de degradação, 129f
  formato de diversos tipos, 171f
  função densidade de energia espectral, 88f
  função energia, 88f
  funções densidade de amplitude, 86f
  no domínio tempo, 84f
  sinal NRZ polar codificado, 172f
  transmissão de um trem de pulsos periódico, 143f

# Q

Quadros da CCAT, 314f
  de baixa ordem do SDH (estrutura), 314f
  de ordem superior do SDH (estrutura), 316f
Quadro GFP, 323f, 324f
  encapsulamento, 324f
Quadro OTUk, 341f, 342f

# R

Rajada de erros, 243f
Recepção, 15f
Receptor de informação, 3f
Rede, 41f, 43f
  de computadores simples (topologia), 41f
  modelagem RM-OSI da conexão de, 43f
Rede de transporte de dados, 289-358
  NG-SDH, 317-331
    arquitetura, 319-322

concatenação virtual, 326-329
esquema de ajuste da capacidade do enlace, 329-331
protocolo GFP, 322-325
OTN, 331-350
   arquitetura do ITU, 336-339
   subnível de TC, 340-347
   subnível físico de OT - DWDM, 347-350
PDH, 293-297
SDH/SONET, 297-317
   arquitetura, 298-301
   concatenação contígua (CCAT), 311-317
   convergência do PDH para, 305-309
   funcionalidades da hierarquia digital, 301-304
   mecanismo do ponteiro, 309-311
   protocolos de seção (linha e rota), 304-305
Representação de uma função complexa, 70f
Representação discreta de funções, 64
Representação gráfica de um número complexo, 70f
Ruído, 140, 144, 151, 152, 165f, 163-165, 167, 168, 172, 174, 175, 243f
   gaussiano, 165f, 243f
   impulsivo, 243f

## S

SCD (estrutura segundo o RM-OSI), 45f
Segmento condutor metálico genérico, modelo elétrico de, 106f
Segmento de 100m de par trançado pra redes locais tipo Ethernet, modelo de, 109f
Sequência periódica de um fluxo de bits, 73f
   analógicos, 54f
   digitais, 54f
   discretos, 54f
Série de Fourier, 64, 72, 76, 79, 82, 87
Símbolos do campo de Golois, 263t
Sinal de ruído n(t) do tipo branco ou gaussiano, 163f
Sinal elétrico e(t) senoidal ou tipo portadora, 180f
Sinal NRZ polar codificado com pulsos cossenolevantados, 172f
Sinais, análise de ver Análise de sinais
Sistema, 33, 40, 45f, 201f, 271f, 334f
   aberto, 33, 40
   de codificação e decodificação segundo o algoritmo de Viterbi, 271f
   de modulação 16QAM, 201f
   local, 45f
   remoto, 45f
   WDM com 2 canais por fibra, 334f
Sistema de comunicação da informação, 13f, 14f, 141f
   modelo, 13f, 14
   ponto a ponto básico
   relação entre as entropias, 14f

Sistema de comunicação de dados, 32, 33f, 33, 44, 46f, 46, 51, 100f, 223f
   aplicação dos diferentes meios em, 100f
   modelo, 33f
   de Shannon e RM-OSI (modelo), 46f
   OSI ver OSI, sistema de comunicação de dados tipo DS-SS, 223f
Sistema de transmissão OFDM, 233f, 235f
   Básico (funcionalidades), 233f
   características na utilização em redes sem fio do padrão IEEE 802.11, 235f
Sistema linear sem distorção, 145f
Sistemas, 32-38, 40, 42-44, 47, 49, 50, 51
Subsistema inteligente de 3 subníveis dentro do nível físico, 50f
Subsistema no RM-OSI, conceito de, 36f
Subsistemas, 36, 45, 48, 51
Suportadoras ortogonais em QAM (conjunto), 226f

## T

Taxa de pacotes errados, 252
Técnicas básicas de SS (Spread Spectrum), 217f
Técnicas de acesso múltiplo por múltiplas portadoras, 216f
Tipos de sinais, 54, 56
Topologia, 41f, 298f, 338f, 349f
   rede de computadores simples, 41f
   rede OTN, 338f, 349f
   segmento de rede SDH/SONET (arquitetura), 298f
Transceptor, 45, 151f
   banda-base (detalhes internos), 151f
Transformada de Fourier, 79, 83, 84, 85, 87-89, 97
Transformada discreta de Fourier (DFT), 88, 90
Transformada rápida de Fourier (FFT), 90
Transinformação, 3, 15f, 14-17, 19, 28
Transmissão, 15f
Transmissor UWB com codificação TH-SS, 225f
Transporte de dados de usuário (portas de acesso do SDH e SONET), 312f
Truncamento do espectro, processo de, 94f
Turbo-codes, 260, 277f, 277, 278, 279f
   arquitetura genérica, 277f
   com dois codificadores RSC, 279f
Turbo decoder, 278f
   arquitetura de um ciclo de iteração, 278f

## V

VCG (processo LCAS de adição de novo membro), 332f
Virtual container da CCAT, 314f, 316f
   de ordem baixa (obtenção), 314f
   de ordem superior, 316f